宇宙航行百科全书

北京航空航天大学出版社

宇宙航行百科全书

从"斯普特尼克"号到"好奇"号,一部完整的太空故事。

[英] 贾尔斯·斯帕罗　著　　《航空知识》　译

目录

DK Penguin Random House

Original Title: Spaceflight: The Complete
Story from Sputnik to Curiosity
Copyright© Dorling Kindersley Limited 2007, 2009, 2019
Text (excluding foreword) copyright
©Giles Sparrow 2007, 2019
A Penguin Random House Company

本书中文简体版专有出版权由DORLING KINDERSLEY
授予北京航空航天大学出版社。

图书在版编目(CIP)数据

宇宙航行百科全书 / （英）贾尔斯·斯帕罗著；
《航空知识》译. -- 北京 : 北京航空航天大学出版社，
2024. 12. -- ISBN 978-7-5124-4554-3

I．V4-49

中国国家版本馆CIP数据核字第2024B1J865号

后阿波罗时代
168

在太空工作
186

卫星与探测器
242

走进未来
286

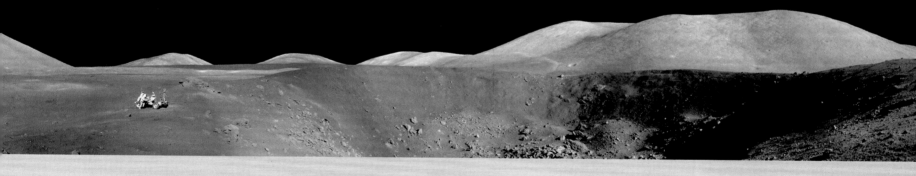

宇宙航行百科全书

[英] 贾尔斯·斯帕罗 著

《航空知识》 译

策　　划：航空知识杂志社
执行总监：俞　敏　武瑾媛
翻　　译：张智慧　温熙月
审　　译：周好楠
责任编辑：江小珍
印刷装订：北京华联印刷有限公司

出版发行：北京航空航天大学出版社
北京市海淀区学院路37号（100191）
http://www.buaapress.com.cn

发行部电话：（010）82317024
传　　真：（010）82328026
读者信箱：bhpress@263.net
邮购电话：（010）82316936
开　　本：850×1168 1/16
印　　张：20
字　　数：1133千字
版　　次：2024年12月第1版

印　　次：2024年12月第1次印刷
ISBN 978-7-5124-4554-3
定　　价：258.00元

若本书有倒页、脱页、缺页等印装质量问题，
请与本社发行部联系调换。

联系电话：（010）82317024

www.dk.com

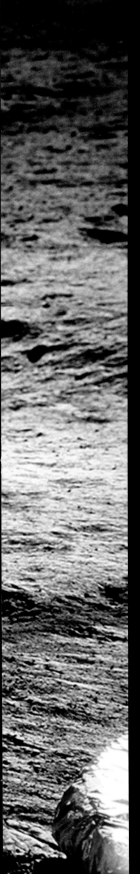

"阿波罗"11号登月创造了人类首次踏上另一个星球的壮举。它是整个阿波罗计划中的标志性事件。但是，荣誉应归于更多的人。没有那些早期执行探索任务的宇航员，首次登月就无法实现。比如，在确定着陆可行性之前，我们必须实施两次特别危险的任务——"阿波罗"8号和"阿波罗"10号开展绕月球活动。事实上，直到"阿波罗"13号几近以灾难告终，我们才意识到宇航员们在早期任务中所面临的危险有多大。然而，当我和任何人谈论阿波罗计划时，他们通常会问的第一个问题就是："有多少人在月球上行走过？"我不得不给他们答案：12人。然而，我们不应忘记，总共有24人离开地球轨道飞向了月球，这一壮举至今未被复制。

同时，与其他宇航员一起，成千上万的地面人员做出了巨大的贡献，他们也参与了登月计划。自从离开NASA以后，我一直积极推动未来的太空探索。一些从事阿波罗计划的先驱工程师一直在鼓励我从事这项事业。

不管怎样，我已经从事载人航天事业40多年——也就是说，几乎涵盖整个航天时代以及这本书所讲述的大部分时间段。

人们普遍认为，太空时代开始于1957年10月4日，即苏联发射"斯普特尼克"1号卫星进入轨道时。说实话，这件事儿当时并没有给我留下什么太好的印象。当然，我有自己的理由。当时，美国与苏联正处于激烈冷战。作为一名美国的空军飞行员，我当时正驻扎在西德，接受驾驶战术战机将核武器投送到苏联的训练。如果核战争真的爆发了，我几乎不可能返回任何一个基地。对于一个刚刚拥有家庭的28岁年轻人来说，这是一个残酷的现实问题。当"斯普特尼克"进入太空并发回无线电信号时，对我来说，那只是一个噱头。

然而，1961年4月，当加加林成为第一个进入太空的地球人时，情况就不同了。我自己的

踏上新世界的第一步

我的这张照片是尼尔·阿姆斯特朗在静海拍摄的。我稍微向前倾，以避免因背包的重量失去平衡；在我的小腿上可以看到月尘的污迹，因为我误判了登月舱底部台阶和月球表面之间的距离。但总体来说，在月球上行走是很容易的。这些初期行走吸引了很多注意力。这是可以理解的，毕竟登月事件具有象征意义；但从技术角度来说，这是最简单的任务之一。

"在月球上行走是**小菜一碟**，
但抵达月球绝非易事。"

境遇也发生了变化，我正在完成一篇关于太空交会对接飞行技术的博士论文。在航天时代的早期那些年，大事接踵而至。加加林从太空返回不到一个月后，阿兰·谢泼德实现了亚轨道飞行，成为第一位进入太空的美国人。20天后，时任美国总统肯尼迪发表了他那篇著名的演讲，宣布要在10年内将人类送往月球并安全返回地球。

那段时间里，我逐步积极参与航天计划。1962年底，我完成了我的论文。次年10月，我接受了宇航员办公室主任德科·斯莱顿的邀请，加入了宇航员计划。东西方阵营的关系仍然很紧张，但毫无疑问，冷战极大地推动了人类航天事业的发展。当我们投身水星计划、双子座计划以及随后的阿波罗计划时，苏联正在训练他们自己的宇航员执行太空飞行任务，而且他们有一批以总设计师谢尔盖·科罗廖夫为代表的优秀工程师。

在推进双子座计划时，我能将前期对太空交会对接的研究应用到实际中。很明显，要在月球着陆，无论是在绕地轨道还是绕月轨道都需要飞船的各个太空舱能够分离并能再次对接。我不仅为这些技术的发展做出贡献，还帮助开发新的太空行走训练方法。在迈克尔·柯林斯完成"双子座"10号的太空行走之后，我们开始进行水下训练。对现在的宇航员来说这是基本训练科目，但在当时，这是个全新项目，谁也没有尝试过。在加入NASA之前，我学过带水肺潜水，所以水下环境对我而言就像在家一样熟悉。1966年我和吉姆·洛弗尔一起执行"双子座"12号任务时，就把交会对接技术和水下训练付诸实践。在那次任务中，我们进行了对接，我做了三次太空行走。

双子座计划之后是阿波罗计划。当然，关于阿波罗计划，我们已经说了很多，也写了很多。回想起来，阿波罗任务对我而言之所以意义非凡，不仅是因为它的大胆和

飞行生活

开飞机和开飞船是两种截然不同的体验。在太空，驾驶员通常能控制的较少，更多地依赖计算机和地面的帮助。我的空军飞行员生涯开始于朝鲜战争（上图）。我总计在太空度过了290个小时，其中包括在"双子座"12号飞船舱外的5小时太空行走（下图）。

"我依然记得当我在月球上时的想法：我们两个人，尼尔和我，比任何两个人都要**走得更远**。这种远，不仅是在距离上的远，还有我们要做什么才能作为回报。毕竟，相比任何其他人，我们所受到的关注也要**多得多**。"

最终的成功，也是因为我们在短时间内取得了很大的成就（从宣布登月计划到第一次登陆只用了八年的时间），以及我们表现出的很强的适应能力。例如，我们很快就从"阿波罗"1号可怕的火灾中恢复过来。"阿波罗"8号任务也很快就开始了。这是第一次载人进入月球轨道任务，是向前迈出的一大步。但必须比原先计划的更快，因为我们认为苏联会抢占先机开展他们的绕月探索。

回顾过去60年的载人航天历程，不仅要庆祝我们所做的事，而且需要正确地理解过去，清楚地意识到我们犯下的错误，从而为未来规划正确的道路。

培养一种与我们在阿波罗时代相似的精神是应该做的事情。NASA在过去40年里的两个主要项目是航天飞机和国际空间站。这两者在技术上都是了不起的，都非常雄心勃勃，而且极其复杂。尽管取得了一些成功，但这两个项目并没有完全达到预期效果。如果要更好地适应未来发展，一种方法是同步开展多个项目。当年美国的主要项目是猎户座。我们需要为这个项目寻求最佳解决方案，因为它将为我们在下一个十年的后期重返月球提供技术支持。

在我看来，太空飞行不应完全是职业宇航员的专利。希望有尽可能多的人参与其中。自从航天飞机计划推出以来，宇航员选拔范围越来越广，这种情况应该持续扩大。我们应该为所谓的"太空游客"（我更愿意称之为"星际飞行家"或"星际旅行者"）提供机会。这可以通过共同努力向孩子们传授有关太空的知识并以此吸引他们来实现。毕竟，教育是未来的关键所在。我希望这本书能帮助激励下一代宇航员，并在某种程度上帮助人们在未来60年在太空取得与最初的60年一样的巨大成就。

下一步

每当注视自己的这个脚印，我就会冒出一个念头：它可能会成为人类太空探索的一个象征。现在，我们离开月球已经50年了。或许再过十年，就会有下一位宇航员在那里留下印记。重返月球计划总是令人欢欣鼓舞。

1940年1月：火箭人

美国火箭先驱罗伯特·戈达德（左一）和他带领的工程师团队在新墨西哥州罗斯威尔市的工厂里检查一枚新研制的火箭。

火箭梦想家

几个世纪以来，遨游太空曾经是幻想家、讽刺作家和少数几名思辨科学家的专有话题。但是步入20世纪后，一切都变了，火箭第一次被当作太空旅行唯一实际可行的方式。同时，系列设计革新把火箭从特大号烟花爆竹转变成了洲际弹道导弹。太空时代的谱系很复杂。19世纪的小说家们先后影响了像俄国的康斯坦丁·齐奥尔科夫斯基、美国的罗伯特·戈达德以及德国的赫尔曼·奥伯特这样的火箭理论专家。他们都为火箭科学做出了自己独特的贡献，同时也有很多其他发现。转而，这些先驱又影响了另一代人——主要是俄国人和德国人。在俄国和德国，火箭从一种实验器材发展成为战争武器。第二次世界大战余波未平之时，超级大国争先用德国火箭这一机密技术服务于实现自己的目标。但自始至终，在幕后工作的火箭工程师和科学家们都追寻着航天梦。

早期的火箭

在航天飞行以前，已有了火箭——一开始它不过是个新奇的东西，后来却成为战争中的强大武器。
几个世纪以来，随着火箭在世界各地的几次军事冲突中都发挥了关键性的作用，其重要性逐渐被认可。

希罗（Hero）发动机

公元1世纪，古罗马科学家希罗设计出了最早的蒸汽机。在半球形容器下方加热，水沸腾并从喷管中喷射出水蒸气产生推力，使球体转动。

科学家们花了很长一段时间才意识到，火箭是一个根据简单的作用与反作用原理运作的"喷气式发动机"——燃料废气从一个方向排出时，火箭就会得到相反方向的推力。所以，任何一枚火箭的基本需求就是要有能以一种相对稳定的状态进行保存、但根据需要会剧烈燃烧的推进剂。然而，直到20世纪只有一种东西符合要求：一种黑色粉末，也就是火药。火药由木炭、硫黄和硝石（硝酸钾）构成，点燃就会爆炸。

历史上并未记载早期的这种具有大规模杀伤性的武器的发明情况，但人们认为其源于11世纪中叶前后的中国宋代。也许是在看到粉末爆炸时产生的力能把装它的箱子猛推着横穿房间之后，人们就自然而然地用它来做推进剂了。

1232年，在对战成吉思汗统领的蒙古骑兵时，宋军就利用了这种可以利用自身力量推进的"飞炮"来守卫宋朝的开封城。不过，早期的这些"火箭"对于守城人和攻城人来说几乎同样危险。因为包裹着这些"火箭"的薄纸或纸片的任何一部分如果烧透了，就会形成另一个排气口，于是"火箭"就可能会从相反的方向发射，把落点及其周围都烧着。

然而，这种新型武器并不足以使宋朝免受战乱。1214年，蒙古骑兵正在向西扩展他们的帝国疆域。在这场横跨东欧的战争中，蒙古骑兵自己也用了火箭。黑火药的秘密随之解开——在1250年前后，英国学者罗吉尔·培根首次写下了配方（他用密码进行了伪装，唯恐它成为武器）。但当蒙古骑兵带来的威胁被一系列自身内部纷争瓦解时，黑火药的知识便迅速传播开来。1288年，阿拉伯军队曾在攻打西班牙的巴伦西亚市时使用了一种火箭。到了1405年，火箭已经成为中世纪的一种常见武器。这一现象被德国工程师康拉德·凯耶瑟写进了他的军事指南手册《论战争防御技术》。

当中国进入了一个相对和平的朝代——明朝时，欧洲的火箭发展仍在急速进行。凯斯尔已经把火箭安装在稳固的长杆顶端并把它放在一个沟槽形的发射台上，这样就能进行基本的定位。17世纪的波兰作家卡齐米日·希敏诺维奇为各种各样的火箭做了图示，有的和现在的设计看上去很相似，都有长长的管体、稳定翼，甚至有多级推进（见本书第23页）。1715年，俄国沙皇彼得大帝为新首都圣彼得堡制订的计划中就包括一个用来大批量生产火箭的庞大的工厂。但实际上，由于火炮的射程和精确度

康格里夫火箭

这种火箭是由威廉·康格里夫（上图）设计的，有许多重要的创新，如围绕着底部的稳定翼。后来康格里夫使其从铜制发射管中发射，有助于控制火箭的航行方向，并降低发射中走火的风险。

万户的火箭椅

关于中国早期火箭技术，有一个传奇广为流传。据说明朝官吏万户曾用一把装了47枚火箭的椅子飞天。

战争中使用的火箭

火箭流行起来的一个要素是其便携性。康格里夫的火箭可移动、可安装在发射架上且点火相对容易，甚至可以从像船只这样又小又不稳定的平台发射。这幅画作描绘了1812年战争期间英国对美国舰队发起的一次袭击。

得到提高，火箭即将被淘汰。

金属包裹的火箭

18世纪，又是来自东方的发明"拯救"了火箭——这次是源自印度。大约在18世纪中叶，迈索尔王国的苏丹海德尔·阿里（Hyder Ali）曾下令建造用铁做防护壳的火箭，而不再用硬纸片或纸张包裹火箭。由于更重的包层可以更有效地控制火箭的排气方

先进的火箭技术

如图所示，军械员正在根据卡齐米日·希敏诺维奇的规划建造火箭。在那个年代，关于可计算出飞行路线和目标的弹道学研究正突飞猛进。

向而且不会烧透，因此尽管新型火箭更重，射程却极大地提高了，已经可以达到远不止800米的距离。到18世纪后期，英国密切掌控印度时，阿里的儿子提普（Tippu）在1792年和1798年两次围攻塞林伽巴丹期间，充分利用了父亲的发明。不过，火箭没能帮他免于战败。实际上，最后他们反而帮助了敌军。被缴获的火箭运回英国后，或许启发了在皇家军械厂工作的威廉·康格里夫，他开发了一个更先进的模式。康格里夫首次为自己的火箭装上了有效载荷，或称货物。他把一个单独的黑火药载荷安装到火箭的前端，当这个黑火药载荷受到冲击时就会爆炸——这就是第一枚弹头。他还发明了一个改良版的发射平台。而且他还开始意识到，与单独使用一个排气口相比，使用一圈五个小型排气喷管可以让火箭的稳定性更好。

19世纪，康格里夫的设计经过了多次更改。1807年，英国人亨利·特伦格劳斯（Henry Trengrouse）设计了一种可以为遇难船只带来救生索的火箭，这

术语
运动定律和万有引力定律

一直到17世纪后期，哲学家们仍保有这种观点，即宇宙是受超自然的力量，或者稍微好点，是受神秘力量支配的，与地球上以及地球以外的事物的运行没什么关系。1609年左右，这种观点开始发生转变。当时，约翰尼斯·开普勒彻底抛弃了天球论和天体钟表式机械论这些旧观念，取而代之的是可以准确描述（但不能解释）行星轨道的行星运动定律。

英国科学家艾萨克·牛顿（左图）最终指出，行星的运行和地球上的客观存在物的运动可通过三条简单的运动定律和一种他称之为引力的力的作用来解释。万有引力是任何有质量的物体都会产生的一种力。

种火箭很快就在英国国内甚至其他国家成为海岸警卫队的重要装备之一。此后不久，又发明了以火箭助力的鱼叉和信号弹。不过，最重要的进展发生在1844年，当时，另一名英国人威廉·黑尔（William Hale）把尾喷管稍微倾斜，使火箭绕纵轴自旋，发现火箭飞行时稳定性更好。这意味着火箭终于可以摆脱笨重的稳定杆了。

太空预言家

从古典时代开始，作家们就已经幻想地外旅行了。而19世纪的工业革命加上科学技术的进步，掀起了一波推理性小说的浪潮，激励着后代去实现太空旅行。

失重的错误

儒勒·凡尔纳笔下的旅行者们只有在穿越地球和月球的引力平衡带时才会体验到失重。然而，事实上，由于他们的飞船一直恒速航行，所以在发射后，他们就会立刻处于失重状态。

来自萨莫萨塔的罗马诗人、讽刺作家琉善是公认的世界上第一位科幻小说作家。他的作品《真实的历史》创作于公元150年前后，讲述了一批旅行者被海上的飓风卷入太空并最后到达月球的故事。然而，琉善主要是在写一个虚幻的故事。在那个年代，太空旅行的严苛条件仅能靠猜测。随后的文学作品讲述的都是类似的故事，比如，17世纪英国一名主教弗朗西斯·戈德温构想了一个乘着鹅拉的车进行了一次月球探险的故事。最终找出行星轨迹运动定律并为日心太阳系最终下定论的天文学家约翰尼斯·开普勒讲了一个考虑更为周全的虚幻故事。权威专家开普勒在其写于1634年的作品《梦境》中，讲述了一个去月球探险的故事——人可以到地球的大气层外旅行。但小说提到发射过程会很痛苦，并且太空环境十分危险，有太阳产生的强辐射。

儒勒·凡尔纳

凡尔纳是个多产的作家，他写了54本小说和不计其数的短篇故事。他常常回归探索未知环境这一主题，并对未来世界做出一些预言。

向月球发射的炮弹

虽然这幅《从地球到月球》的插图隐含了某种可驱动探月飞船的发动机，但凡尔纳从未写到过这种装置。

凡尔纳和威尔斯

然而，科幻小说的真正繁盛是在19世纪。法国作家儒勒·凡尔纳围绕科幻主题创作了一系列的探险小说，其中最有影响力的就是《从地球到月球》（1865年）。凡尔纳认真地尝试着解决向月球发射宇宙飞船的问题，他选择让他笔下的主人公们用一座叫做哥伦比亚德的巨大加农炮驱动探月飞船。不过，他对物理定律的理解存在误区：他并没有意识到，当炮弹被点火时，飞船里的乘员会被瞬间加速压扁（这一点开普勒考虑到了）；另外，他对引力的影响有误解（请见左上方的插图说明）。相比之下，赫伯特·乔治·威尔斯的登月飞行故事中极少有甚至没有现实性的尝试。在写作于1901年的《月球上的第一批人》一书中，威尔斯创作的是下一代人的故事，通过

早期版本

《从地球到月球》（左图）和它的续篇《环游月球》曾是那个时代的畅销书，出版了多种语言的版本，并且几乎一直在印售。

让自己笔下的一个人物发明一种能够消除引力作用的物质来解决太空飞行的难题。这种物质被命名为"卡沃瑞特"。当给宇宙飞船外部整个涂上卡沃瑞特涂层后，只需把它射向天空，无需任何明显的推力。因此，凡尔纳是把故事的重点放在人的个性和月球旅行本身，而威尔斯的想象也无可厚非。因为对他而言，太空旅行主要是一种达到目的的手段。一旦登上月球，当旅行者们遭遇到不可思议的外星社群时，这个故事就变成了一种政治寓言。在他1898年写的更有影响力的《星球大战》一书中，威尔斯写的火星人似乎是用一种"太空炮"来给它们侵略地球的飞船点火的。

无论是凡尔纳的错误还是威尔斯的错误，对于任何一个通晓当时的物理学知识的人来说都会是很明显的。但直到下一代，即使是那些受过教育的人们仍旧在批评这些火箭技术的先驱们，并声称太空旅行绝无可能——其实当时太空旅行已几近实现。陈旧的地心观念仍在顽抗，而且关于运动定律和引力定律，也似乎存在一些特别容易造成误解的事情。

传记档案

尼古拉·基鲍契奇

在19世纪，不止一次有人提议用火箭作为航天器动力装置，但最不可思议的例子毫无疑问要数尼古拉·基鲍契奇（1853－1881年）的故事了。19世纪80年代，俄国还是一个君主专制的国家，受沙皇和贵族的统治，下层阶级群情激愤，最终导致了1917年的革命。基鲍契奇是一名受过培训的工程师，他加入了革命派，还制造出了手榴弹。这些手榴弹在1881年被用于刺杀沙皇亚历山大二世。基鲍契奇因受到牵连被捕入狱并被判处死刑。在狱中，基鲍契奇画了一幅速写，一种用火箭作动力装置的载客平台设计图（类似左图中展示的那样）。他把这张图交给了政府，但他去世后，这张图就尘封在档案室，直到1917年才得以重见天日。

尽管存在这些问题，但威尔斯、凡尔纳及其追随者对塑造出新一代科学家的想象力做出了贡献。太空旅行似乎不再是一场空幻的梦，而是一个可以抵达的目标。至少在一些圈子里，人们现在可以严肃地讨论这个话题，而不必担心被嘲笑。

探月飞船

上面这张插图描述的是，《月球上的第一批人》这本书中的叙述者贝德福德先生在帮助卡沃尔博士把嵌板安装到球形的宇宙飞船上，那些嵌板都涂有反引力的物质——卡沃瑞特。

赫伯特·乔治·威尔斯

儒勒·凡尔纳的兴趣主要在于讲述科学探险类的故事，而赫伯特·乔治·威尔斯则更像是一个政治作家，他常常用他那些关于未来的小说来宣传他的社会主义信念。

火箭先驱

为实现太空旅行，康斯坦丁·埃杜阿尔多维奇·齐奥尔科夫斯基比任何其他人做得都要多，他提出了很多现在仍应用于火箭学的技术和原理。然而，他大半生里只是一名默默无闻的教师，直到晚年才赢得认可。

凡尔纳和威尔斯已经使太空探索的课题为人们所接受，而让太空探索变得可以实现的任务就留给了另一批人。这些人当中，最伟大的一位无疑就是康斯坦丁·埃杜阿尔多维奇·齐奥尔科夫斯基。1857年，齐奥尔科夫斯基出生在俄罗斯的小镇伊热夫斯克，幼年时期，他遭遇了一场令他几乎全聋的疾病。后来，他

> ## "从使用**火箭设备**的那一刻起，天文学就将迎来一个全新的伟大时代。"
>
> ——康斯坦丁·齐奥尔科夫斯基，1896年

成为那个时代最伟大的实用科学思想家之一。

齐奥尔科夫斯基从小就对飞船和气球极为着迷。他开始相信，一个密闭的飞船可能适合太空旅行。当时，大部分科学家已经意识到地球以外的太空是真空的——那些气球升空实验已经表明：当海拔高时，气压会迅速下降。由于大多数推进系统依赖于介质来产生推力，因此在真空条件下它们就会失效。那么，如何才能推进和操纵航天器呢？

从一座凡尔纳式的加农炮中高速射出是根本不可能的。齐奥尔科夫斯基的实验表明，生物在加速度最高为60米/秒^2（约为地球重力加速度的六倍，或用$6g$表示）的条件下可以存活，但不能再高了。他还算出了地球的逃逸速度，也就是从地球表面发射一个

物体，使它不会被行星的引力拉回来所必需的速度。结果表明，逃逸速度是11.2千米/秒左右。很明显，能在近乎瞬间的突然加速过程中达到这个速度的任何尝试，都会导致航天器里的乘员被压死。

齐奥尔科夫斯基提出，解决方案是设计一种"独立式火箭"或"喷气式发动机"，使得无论在大气层内还是在大气层外都可以产生稳定的加速度，最终达到航天器能在轨道上运行所需的速度——航天器离开地球的趋势与地球的引力完全平衡——或者甚至能完全脱离地球去星际空间遨游。实际上，齐奥尔科夫斯基并不是第一个提出用火箭作运载工具进行太空旅行的人（这项荣誉属于17世纪的法国作家萨维尼恩·西拉诺·德·贝尔热拉克），但他是第一个认真看待这个想法的人，他发表了很多翔实的科学论文。1903年完成的《利用喷气式器械探测宇宙空间》一书，是他的科学成果的集大成之作。

齐奥尔科夫斯基取得的重大突破之一就是意识到多级火箭会比单级火箭更有效率（见本书第23页）。他也是第一个明确如何用转向叶片改变排气方向从而控制火箭在真空中的方向的人。齐奥尔科夫斯基确信，抵达太空会需要液体燃料，因为就推进剂来说，黑火药（见本书第12页）的力量太微弱了，而且它只有通过和大气中的氧气发生反应才能燃烧。一枚真正的独立式火箭不仅要携带着燃料罐，还要携带着化学氧化剂罐——采用能与液氧燃烧的液氢燃料将会是最佳选择。不过在当时，这些物质还不可能大规模量产。

发明家的工作坊

齐奥尔科夫斯基在卡卢加镇当老师的时候，还制作了很多模型，用来论证他的猜想。但他从未尝试自己发射一枚火箭。

一代元老

齐奥尔科夫斯基的大半生都是在默默无闻中度过的。直到1917年俄国革命之后，他的设想，例如液体火箭的设计图（右图），才得到广泛认可。他在1935年去世后，成了公认的新科学先驱。

术语
火箭的工作原理

向上运动

固体燃料

反作用力，使火箭向与燃烧物喷射相反的方向运动

燃烧

向下运动

高速喷射的粒子

火箭发射遵守动量守恒定律——即除非施以外力，否则一个系统的动量（质量乘以速度，或某个方向上的速度）必定保持不变。所以，当燃料在一特定火箭的内部快速燃烧使得气体从排气口快速排出时，火箭自身必定会向相反方向运动，以此来保持总动量不变。由于火箭的质量远远超出排出气体的质量，所以它的加速比排出气体的加速慢得多。火箭在离开地球的大气层后，在真空状态下也可以同样运行良好，甚至运行得更好。

新世界的先锋

虽说康斯坦丁·齐奥尔科夫斯基成为公认的现代火箭学的奠基人属于实至名归，但对于与他同时代的人来说，他的很多设想却鲜为人知。比如美国人罗伯特·戈达德，他是一名物理学讲师，1926年，他发射了第一枚用液体燃料推进的火箭，由此引领了一场变革。

1882年，戈达德出生在马萨诸塞州伍斯特市，他从小就对物理学有浓厚的兴趣，不过，直到1898年读了赫伯特·乔治·威尔斯写的《星球大战》后，他对航天飞行的热忱才迸发出来。由于疾病缠身，戈达德被同学们落下了一大截。尽管如此，他仍孜孜不倦地进行研究，直至成为普林斯顿大学的研究员。1913年，他得了几乎致命的肺结核，不得不回到家乡伍斯特市。身体一恢复，他就到附近的克拉克大学执教，在这里他获得了博士学位，并一待就是20年。

1909年，戈达德就意识到了液体燃料的潜在效能（与齐奥尔科夫斯基的研究无关）。在伍斯特市，他的身体逐渐康复，这激励他继续行动起来。此后不久，在1914年，他开始为火箭设计注册专利，包括一个多级飞行器和一枚用液体燃料推进的火箭。与齐奥尔科夫斯基提出的把液氢和液氧进行混合的理论不同，戈达德用汽油作燃料、用液态一氧化二氮作氧化剂，将两者组合使用。根据当时的技术，这种方法是实用的。一旦回归工作，他就开始开发实用发动机。起初他自己掏腰包来做实验，但后来获得了史密森尼学会提供的支持。并且，在美国参与第一次世界大战后，他也随即获得了军队的支持。他用小剂量固体燃料做的实验使他发现了火箭喷管的最优设计——就是1890年瑞典工程师古斯塔夫·德·拉伐尔首次提出的用在蒸汽机上的一种喷管模型。尽管戈达德演示了巴祖卡火箭筒的雏形，但在他把自己的诸多理论付诸实践之前，战争就结束了。

1919年，戈达德在《达到超高空的方法》一书中汇总了他所做的工作。对于许多国家来说，这是为他

更大、更好
戈达德的火箭开发进展迅速，从早期的桌上模型（上图），到内尔火箭，再到大型先进设计，如20世纪40年代早期的P系列火箭（右图）。此时，火箭各组件的顺序更接近现代，在燃料罐顶部装有流线形前锥体，下部是燃烧室。

罗伯特和内尔火箭
戈达德自豪地展示第一枚用液体燃料推进的火箭，它在一个梯子状的支架上。与之后的设计相比，这枚火箭实际上是上下颠倒的——燃料罐和氧化剂罐位于底部，上面是一个起防护作用的圆锥体，用平行的管子把燃料罐和氧化剂罐与顶部的燃烧室连接起来。

> "……昨天的梦想
> 就是**今天的希望**
> 和明天的现实。"
>
> ——罗伯特·戈达德，1904年

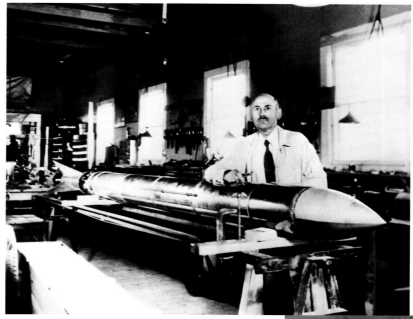

在罗斯威尔市工作

1940年，戈达德在自己位于罗斯威尔市内的实验室里研究设计更先进的火箭。这种设计也是首次用涡轮泵把燃料高比例压进燃烧室的设计方式之一。

航天倡导者

戈达德最有名气的一张肖像照摄于1924年，他在克拉克大学的黑板前论述要抵达月球可能得使用火箭。令人遗憾的是，戈达德的此类主张却招致了媒体的无情调侃。

们面临的太空旅行提出的第一个重要提议，而戈达德不得不忍受记者们铺天盖地的嘲讽，他们以攻击戈达德对基础物理一无所知为乐趣，但事实上，记者们当时说的应该是他们自己才对。1920年1月，《纽约时报》刊登了一篇文章，极尽嘲讽之能事，不过，该报在1969年最终发表了撤销该文章的声明，那是"阿波罗"11号登月后的第二天。

内尔升空

尽管如此，戈达德仍坚持不懈。1926年3月16日，他见证了自己的液体燃料火箭（昵称内尔）首次升空。这次飞行只持续了2.5秒，飞行高度是13米，但原理已得到证明。

20世纪20年代后期，在伍斯特市频繁进行的发射活动引起了很多关注。戈达德想要更多的私人空间，通过他的朋友飞行员查尔斯·林白（飞越大西洋的第一人），他获得了资助人丹尼尔·古根海姆的资金支持，从而得以迁移到新墨西哥州的罗斯威尔市。在那里，他继续改进自己的火箭，直到1945年逝世。此外，他还为美国海军研制过试验机。戈达德试图重新获得军方的关注，却屡屡碰壁，然而，他的工作得到了一个欧洲国家的赏识——德国甚至曾试图在他的研究团队中安插间谍。

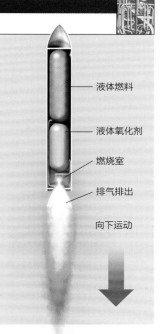

术语
用液体燃料推进的飞行

在戈达德之前的时代，用在火箭上的液体燃料比黑火药的效率高得多，但液体燃料有很多固有风险，因为它们用的化学品有时会极不稳定，而且很难生产并储存。燃料会频繁地和空气中的氧发生反应，而为了能够自给自足，火箭必须携带化学氧化剂。如右图所示，燃料和氧化剂要放在单独分开的罐子里携带，而且要经过一个管道网才能到燃烧室，在燃烧室里，它们可能会自发地发生反应，也可能需要一个火星子把它们引爆。虽然用固体燃料推进的现代火箭比用黑火药推进的老一代火箭高效不少，但采用液体燃料的设计仍保有一个核心优势——燃料消耗率可以被调高或调低，甚至可以暂停然后再重新开始。

液体燃料
液体氧化剂
燃烧室
排气排出
向下运动

铸就梦想

虽然现代火箭学的很多基础性工作是在俄罗斯和美国完成的，但太空旅行的设想却是在德国真正确立起来的。20世纪初期，太空预见者们播下了种子，最终使火箭计划在第二次世界大战中实现。

漂泊的一生

1894年，奥伯特出生在奥匈帝国的赫曼斯塔特市（现为罗马尼亚的锡比乌市）。为了学习医学，他搬到了慕尼黑。1918年旧时代的帝国解体后，他留在了德国。之后，他曾在澳大利亚、意大利和美国度过了短暂的时光。1962年退休后，他最终回到了德国，于1989年去世，享年95岁。

在德国，能与戈达德和齐奥尔科夫斯基相提并论的人物无疑是赫尔曼·奥伯特。戈达德曾受威尔斯的启发，而奥伯特对太空旅行的兴趣是在他11岁时读了凡尔纳的《从地球到月球》一书后被激发出来的。有几年，他一直在制作自己的模型火箭。虽然他原本是按照父亲的嘱咐学医。但作为一名军医，在战壕里经历过第一次世界大战的严酷后，他决心追随自己在物理学方面的兴趣。然而，他并未获得海德堡大学的博士学位，这主要是因为他的毕业论文探讨的是火箭旅行中的生理学和医学方面的问题，而他的物理学导师对此一窍不通。奥伯特并没有修改也没有提交那篇论文，而是出资将它出版成书，就是那本《飞往星际空间的火箭》（1923年）。正如发生在美国的戈达德身上的情况那样，奥伯特对这种貌似奇怪的主张进行的公开宣传很快就让他小有名气。虽然戈达德那些相对适度的建议受到了公开嘲弄，但是，奥伯特这些更空幻的提议却受到了热烈欢迎。部分原因在于像马克斯·瓦里尔和威利·莱伊这样的畅销书作家的一些作品得到了普及。即使奥伯特已经独立提出了自己的大多数观点（例如用液体燃料推进的火箭和多级"火箭"），这些与戈达德和齐奥尔科夫斯基都无关，这一点无可否认。但他曾在1920年致信那个孤独的美国人，向他索要一本他的早期论著。这一事实足以引起大西洋彼岸的怀疑和嫉妒——戈达德终其余生都用"那个德国人"来称呼奥伯特。

整个20世纪20年代，奥伯特的声望和名气不断攀升。1929年，他对自己的作品进行了修改和充实，出版了《通往航天的道路》一书，引起了更多关注。

奥伯特的著作

赫尔曼·奥伯特的书《飞往星际空间的火箭》（上图）激励了许多工程师，比如太空旅行协会（VfR）的会员们。在这张照片中（右图），奥伯特穿着黑色工装，正站在即将在《月里嫦娥》首映式上发射的火箭旁。

火箭和电影

作为一部默片，《月里嫦娥》在有声电影越来越受欢迎的时代似乎并不是很成功。令人啼笑皆非的是，弗里茨·朗为了增加紧张感而加进剧本的倒计时却使得该片反复被提及。

想象之旅

虽然弗里茨·朗的电影对航天飞行进行了首次现实描写，但它并不是第一部触及月球之旅这个想法的电影——这项荣誉属于法国先驱乔治·梅里爱摄于1902年的《月球旅行记》（右图），这部影片的氛围更轻松愉快。

弗里茨·朗的憧憬

弗里茨·朗拍摄的《月里嫦娥》是一个关于探险队乘员之间相互猜忌和怀疑的故事，这支探险队到月球是为了寻找天文学家曼菲尔迪特教授发现的金子。

> **"火箭……可以被建造得极为……强大……使它们能够载人升空。"**
>
> ——赫尔曼·奥伯特，1923年

火箭、协会和火箭协会

为什么饱受战乱之苦的德国在面对火箭带来的机遇时十分"开放"，而当时取得战争胜利而且更富裕的美国却并非如此呢？现实中，这只是处于20世纪20年代的魏玛共和国，在摆脱了旧时代的皇帝实行的压迫性质的保守主义之后，其科学和文化蓬勃发展的昙花一现。这是其中一个方面的原因。另一个方面的原因就是德国表现派电影的发展。而且毫无意外，这两个方面最终合而为一了。

1929年，电影导演弗里茨·朗聘请奥伯特和威利·莱伊担任他热望的新作《月里嫦娥》的顾问，它将成为第一部有关太空旅行的严肃影片。这部影片大量借用奥伯特的观点，并且普及了火箭的形象，这个形象一直沿用至今。它还证明了奥伯特虽然是个优秀的理论家，却不是个工程师。朗认为，在电影开幕时发射一枚火箭将是一个完美的宣传噱头。他说服了奥伯特。奥伯特和他的同事们为了建造德国的第一枚用液体燃料推进的火箭一起干了几个月的苦力活儿，但

收效甚微，而且测试期间发生了一次爆炸，夺走了奥伯特一只眼睛的视力。

尽管如此，在1929年后期，奥伯特确实设法做到了对实验室里一枚叫"基吉达斯"的液体燃料火箭发动机进行测试点火。此时，他已经开始和一位名叫沃纳·冯·布劳恩的年轻而热情的工程师合作了。此前，他们曾在太空旅行协会（VfR）以及火箭协会见过面。当时，奥伯特作为一名理论家和新一代火箭专家们的知名前辈为熟悉的领域提供支持，当VfR成功发射了一系列火箭时，他最终得以见证他的部分梦想成为现实。从随后德国的导弹计划到后来美国的太空计划，奥伯特虽然很有影响力，但一直是个外围人物。

火箭协会

20世纪二三十年代，世界各地成立了很多火箭协会，即一些志同道合的物理学家和工程师们合作研发新型、更强大的火箭类型的俱乐部。

全世界早期的大部分火箭协会都是从热衷于此的业余爱好者们所组成的团体起步的，比如美国和英国的星际协会（分别创立于1930年和1933年）以及法国天文协会的航天部［创立于1927年，为命名而首次创造出"航天学"（astronautics）一词］。但有两个特殊的协会引起了本国政府的注意。

VfR协会

德国的宇宙航行协会（Verein für Raumschiffahrt）或称太空旅行协会（VfR协会）是由飞机制造商容克的一名工程师约翰内斯·温克勒在1927年于布莱斯洛（现在是波兰的弗罗茨瓦夫市）创立的。作家马克斯·瓦里尔和威利·莱伊就是其早期成员。不久后，该协会人数就激增到了500人，其中不乏一些有影响力的人物，比如赫尔曼·奥伯特、尤金·桑格、亚瑟·鲁道夫和一个叫冯·布劳恩的年轻学生。

1931年2月，温克勒从德雷绍发射了欧洲第一枚用液体燃料推进的火箭——HW-1。他的火箭混合使用了液态甲烷和液氧，威力巨大，能到达500米的高度。在接下来的几个月里，VfR的会员们在柏林附近的火箭发射场进行了一系列目标越来越宏大的发射活动，设计图是鲁道夫·内贝尔构思的，而火箭是由克劳斯·里德尔建造的。不久，这些米拉克火箭就能到达1千米以上的高度了。

GIRD 09型火箭

叶夫列莫夫早期设计的火箭利用液氧与一种石油凝胶燃料。这种混合燃料设计比GIRD-X型火箭的性能要好得多。首次发射到达了400米的高度，下一次发射就到达了1500米的高度。

年轻的爱好者

年轻的冯·布劳恩（右图右侧）正在VfR协会的火箭发射场上搬运一枚HW系列火箭，该发射场位于柏林郊外。

发射GIRD 09型火箭

1933年8月，在喷气推进研究小组（GIRD）的好几次混合燃料火箭试发射期间，尼古拉·叶夫列莫夫（左图）在处理其中一次试发射中遇到的液氧泄漏危机。

德国的火箭专家们

VfR协会的会员包括鲁道夫·内贝尔（左图最左侧）、赫尔曼·奥伯特（居中）、克劳斯·里德尔（中间偏右，穿浅色外套）和冯·布劳恩（最右侧），这张照片显示，他们簇拥着即将在《月里嫦娥》首映式上发射的火箭。里德尔正拿着一枚米拉克火箭。

1932年，VfR协会邀请了德国陆军上尉瓦尔特·多恩伯格来观看演示。这次试发射以失败告终，但给多恩伯格留下了深刻的印象，他可以给这群人提供资金——前提是他们要保守工作秘密并致力于军事应用。陆军对火箭武器极感兴趣，因为其是《凡尔赛条约》为数不多的未加以严格管制的领域之一。虽然VfR协会最后还是拒绝了多恩伯格的提议，但关于是否该接受这个提议的争论异常猛烈，差点造成分裂。不到一年，纳粹党夺取德国政权，他们早期的举措之一就是宣布民用火箭实验不合法。冯·布劳恩和其他几名VfR协会会员很快就被纳入多恩伯格麾下，为陆军效力，而其他人中有很多都从实践研究领域退回到了理论领域。

GIRD

在苏联，能与VfR协会匹敌的是喷气推进研究小组（GIRD）。它是在1931年由两个早期火箭俱乐部合并而成立的。它有很多分部，但最重要的分部是在莫斯科和列宁格勒（分别被称为MosGIRD和LenGIRD）。MosGIRD主要是由一名叫弗里德里希·赞德尔的狂热航天支持者发起的。它的很多成员都在后来的苏联太空计划中发挥了重要作用，最重要的两位当属谢尔盖·科罗廖夫和米哈伊尔·吉洪拉沃夫。在LenGIRD方面，瓦伦汀·格鲁什科是其重要成员。

1933年8月，MosGIRD已经发射了GIRD 09型火箭，它依托一个用混合半固体燃料推进的火箭发动机（它将燃料和氧化剂混合，产生燃烧气体和推力），是由吉洪拉沃夫和尼古拉·叶夫列莫夫设计的。同年11月，苏联第一枚真正意义上的液体燃料火箭——赞德尔的GIRD-X型火箭——升空，飞行高度为80米，它是用乙醇和液氧提供动力的。然而，赞德尔没能活着见证这一切——他在同年3月份死于斑疹伤寒。科罗廖夫取代了他的位置，成为了GIRD名义上的领袖。

VfR协会是一个独立的民间团体，而GIRD从未享有过同等程度的自主权，因为它的大部分成员已经

GIRD成员

1933年11月发射前，自豪的苏联太空爱好者们围绕着用液体燃料推进的GIRD-X型火箭。年轻的谢尔盖·科罗廖夫正站在火箭右边。

在为苏联政府效力开展有关火箭的研究项目了。随着GIRD的活动逐渐引起政府的注意，这个组织被纳入红军麾下，由陆军元帅图哈切夫斯基执掌。由此，它与列宁格勒的气体动力实验室（GDL）合并，成立了喷气推进研究所（RNII）。可惜RNII的主任更关心喷气推进而不是火箭技术，而且格鲁什科把对液氧火箭的研究工作取消了，以便为他的硝酸系统类工作提供支持。这对前GIRD的成员而言，后果是灾难性的。

导弹的诞生

起初，瓦尔特·多恩伯格努力想让德国陆军相信，火箭会成为一种可用于实战的武器。
但最终他带领着一支聚集了VfR协会精英的火箭团队造出了第一颗导弹。

测试A4

A4在1943年的一次发射。A4的前两次发射
分别在1942年6月和8月13日，但均由于制
导故障而失败。当年10月的第三次发射中，
火箭飞行到了85千米的高度。

1932年，当VfR协会与瓦尔特·多恩伯格接触，寻求可能的资金资助时，他们找对了人。多恩伯格是一名从第一次世界大战中退役的军人，并且研究了几年物理学，当时是库莫斯多夫西部一处小型武器试验机构的负责人。他全力支持用火箭来做弹道导弹这个想法——先启动发动机让它们到达航线的最高点，再降落到弹道上，它的弹道类似于任何其他射弹的弹道。这种实用建议是20世纪20年代后期，由法国的火箭爱好者罗贝尔·埃斯诺-佩尔特里第一个提出的，但他没能让法国军方对他的提案产生兴趣。

冯·布劳恩是主张VfR协会应接受资金，为军事化应用服务的成员之一。这个协会的会员们在整体上对航天的兴趣远远大于对导弹的兴趣，但一些成员不想与战争有任何关联，他们和把军事资金视为一种手段来最终为研究工作取得重大支持的成员之间存在很大分歧。

虽然VfR协会最终拒绝了陆军抛出的橄榄枝，但不可避免地，它的一些中坚力量跟随资金走向而流失。他们的工作成果是很多目标越来越宏大的火箭设计图，也就是A系列。A1从未付诸实践，更遑论发射了。然而，1934年12月，冯·布劳恩自己就从博尔库姆岛发射了一对A2火箭，命名为马克斯和莫里茨。这些火箭将乙醇/液氧推进剂混合燃烧，并把一个重要的新特色纳入进去——在火箭中部的一个转子式陀螺仪。这个转子部件的重量有助于稳定整个火箭，确保它保持稳定的飞行路线，最高可以到达2 000米左右。

这次成功，以及火箭试车台试验中证实双发动力强于单个A2

> **"这……是太空旅
> 行……新时代的
> 第一天。"**
> ——瓦尔特·多恩伯格，
> 1942年10月3日A4型火箭首次成功发射

试验平台

这是在佩内明德为一次试验筹备的，它显示了历史上第一枚大型火箭的实际大小。

火箭动力的事实，说服了陆军为火箭投入更多资金。由于冯·布劳恩团队的成长，库莫斯多夫已不再适合作基地了，于是在波罗的海海岸的佩内明德建立了一个新基地。接下来的几年，它逐渐发展出一套综合性设施，成为用于测试发动机性能的试验场以及用于火箭总装的工厂。

建造A4型火箭

1936年夏天，纳粹德国正在备战。一种新型试验火箭——A3型火箭正在研发中，但越来越大的压力在于生产一种可以用于实战的导弹。A4型火箭的大致轮廓顺势而生，它会是一枚将所有现用系统成比例放大的大型火箭。多恩伯格表示，它应该能携带一颗100千克重的爆破弹头飞越超过260千米远的距离。

A3型火箭的试验始于1937年下半年。和之前的火箭相比，它有更强劲的动力，发射时产生了1 500千克推力，燃料消耗最多能持续45秒。它使用一个小型液氮（受热后会汽化成高压气体）罐把推进剂高速注入发动机。A3型火箭还融合了一个由陀螺仪和加速器构成的制导系统。虽然面临着一些现实问题，但理论上是合理的——这是一种首次使用并直到现在仍旧在使用的技术。

A4型火箭的酝酿期很长，德国自己的军事等级制度在一定程度上延迟了A4型火箭的问世，这对同盟国来说不啻为一件幸事。1939年和1940年闪电战取得的成功使德国陆军对该战术的优越性深信不疑，以至于决定削减对多恩伯格的项目的资助。此外，建造一个有25 000千克推力的发动机仍是一项重大技术挑战。科学家们面临的

长度	14米
最大直径	1.7米
总质量	12 870千克
未添加燃料时的质量	4 008千克
发动机	1 × A4
发射推力	25 000千克力
制造商	米特尔维克兵工厂

第一枚导弹

A4型火箭是所有其他液体燃料火箭的原型，包括最现代化的弹道导弹和航天运载火箭。时至今日，火箭技术仍旧遵循着A4型火箭团队提出的准则。

测试工具套件

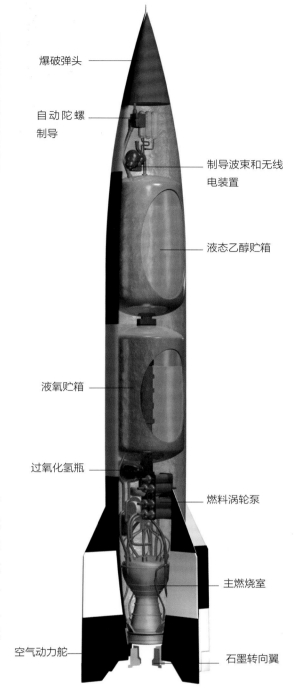

这个电子设备箱是用来对A4型火箭进行发射前的测试的。通常，发射程序是从装甲车里或发射场附近的掩体里启动的。所有其他人员撤至安全距离。

一个主要问题就是如何把燃料以足够快的速度注入燃烧室以产生所需的推力。高速涡轮泵可以解决这个问题，它由过氧化氢和高锰酸钾发生的猛烈化学反应驱动。同时，在研究中的一枚新型火箭上进行了其他系统的试验，这枚火箭就是A5型火箭。1942年10月3日，第一枚A4型火箭成功发射之时，德国迅速了结这场战争的希望已经破灭，于是这种新型武器得到重视。不久，这枚火箭就有了一个新名字。

火箭各部位标注：
- 爆破弹头
- 自动陀螺制导
- 制导波束和无线电装置
- 液态乙醇贮箱
- 液氧贮箱
- 过氧化氢瓶
- 燃料涡轮泵
- 主燃烧室
- 空气动力舵
- 石墨转向翼

突袭佩内明德

航空照片和波兰抵抗运动报告引起了同盟国的怀疑，1943年8月，同盟国对佩内明德发起了空袭。

制导陀螺仪

后期的A系列火箭使用了几个陀螺仪和加速计来精确计算火箭飞行的弹道、速度和距离，这样就可以使用能改变排气方向的转向翼来制导了。

导弹投入战争

虽然早在1942年下半年A4型火箭就首次发射成功，但花费了差不多两年多的时间这枚导弹才准备好投入使用。那时，它已经有了一个臭名昭著的化名——V-2。

移动式发射架

造成V-2型火箭延迟投入使用的一个原因就是需要为它开发一个运输系统。在这些火箭进入敌军市区范围之前，不得不从诺德豪森给它们填充燃料并通过铁路网把它们运到前方部队。

随着大批量生产A4型火箭的迫近，很明显佩内明德越来越不适合大规模制造火箭，甚至可能连继续测试火箭都不适合了。1943年8月，同盟国发起的一系列毁灭性空袭成为压在德军身上的最后一根稻草。伤亡者中包括瓦尔特·泰尔，他设计了A4型火箭的高性能发动机，很善于创新。德军决定，把大部分试飞工作转移到波兰南部的布利兹纳进行，同时，导弹的大规模制造会在德国中部诺德豪森镇附近的孔斯坦山下隧道里的巨大兵工厂米特尔维克着手进行。留在佩内明德的工作将主要着眼于研发。

在约瑟夫·戈培尔领导的宣传部的坚持下，A4型火箭从此更名为复仇武器-2型火箭，简称V-2型火箭。V-1已经被用来命名喷气推进式"飞弹"了，它和V-2型火箭一同在佩内明德进行测试，而且也是在米特尔维克兵工厂生产的。

为了给巨大的地下工厂供应源源不断的苦力，德军对米特堡-多拉附近的集中营进行了扩充。到1943年末，在山下极为恶劣的环境中，集中营里有成千上万人过劳致死。

即使拥有大量资源，生产进行得也并不顺利——冯·布劳恩的团队还在佩内明德完善火箭，而每次修改都会以浪费时间和失去劳工的生命为代价。同时，为新武器建造配套军事设施的工作也在进行中。V-1型飞弹需要长长的混凝土"滑雪坡"来助其起飞，而V-2型火箭的设计是在移动式发射架上快速部署的。德军开始沿着法国海岸线筹建很多防御工事，其目的是供V-2型火箭发射使用，但同盟国空军针对这些防御工事展开猛烈轰炸，最终让它们报废了。

1944年中期，就在揭开了欧洲大陆解放序幕的诺曼底登陆日（D-day）后不久，同盟国对接下来的安排已做好打算——那些坠毁的V-2型火箭残骸已经从波兰和瑞典被偷偷运到伦敦，而且情报分析专家们已经通过空中侦察任务洞悉了火箭的大小和性能。

恐怖从天而降

1944年6月，伦敦开始受到第一批V-1型飞弹的袭击，但它的发动机发出的声音很有特点，这在某种程度上给下方的百姓发出了预警。9月初，当V-2型火箭终于完成部署时，它可以静默接近目标，这使它取得了更为突出的心理效应。V-2型火箭是弹道导弹，发动机工作至它抵达弹道最高点。然后，它就会几乎无声无息地落向目标。V-2型火箭的制导系统极为粗糙，使它不过是一把钝器，但当它击中居民区时，就会造成毁灭性的影响：当一枚火箭击中安特卫普的一家电影院时，造成了567人死亡，而发生在伦敦东南部的一次袭击则造成了160人死亡。定位困难意味着大多数导弹将大城市而不是小城镇作为袭击目标——其中，伦敦和安特卫普所承受的袭击约占这3 000多次火箭袭击中的90%。每枚V-2型火箭都运载着一个装有1吨多炸药的弹头，从海拔约100千米的高空以四倍于声速的速度降落，几乎不可能被拦截或防守。

等到V系列武器部署好时，德国陆军却节节败退，而从"梅耶尔拖车"发射平台将这些武器点火

满目疮痍

1945年3月8日清晨，一枚V-2型火箭击中伦敦中部的史密斯菲尔德市场的一角，造成110人死亡。然而，这枚导弹已是轰炸英国的最后一批导弹之一了——此后几周内，英国国土已不在V-2型火箭射程范围。

"……它们的飞行速度**比声速还要快**……你能反应过来的第一件事就是发生爆炸了。"

——1944年，伦敦，V-2型火箭袭击的目击者

发射也就变成了一种打了就跑的军事行动。一支熟练的V-2型火箭队能够在两小时内组装并发射一枚导弹，还能撤退。不过，通常由于移动速度太快，只能把现场的发射器就地炸毁。随着德国陆军被迫撤退，而且目标城市超出射程范围，V-2型火箭袭击才结束。1945年3月轰炸最终停止。

号在飞行中有解体的趋势，这个问题直到1944年下半年才得以修正。虽然这些导弹造成了重大人员伤亡，但它们从未达到扭转战局的程度——到V-2型火箭投入使用之时，它真正成了纳粹政权的"复仇武器"，尽管当时同盟国的军队正在欧洲大陆定下德国的命运，但V-2型火箭的存在对欧洲的同盟国而言是最后一场心理战。

最后一击

一共有6 000多枚V-2型火箭被制造出来，但这些武器远远称不上稳定可靠，而且初期的几个型

山下

这些纳粹时期的彩色照片清晰地捕捉到了在诺德豪森的山下，人们生活和工作的真实情形。最多的时候，有多达10 000名劳工被迫在地下工厂工作，他们不仅要生产V-2，还要生产V-1飞弹。在阴冷潮湿的环境中，很多人死于肺炎。

胜者为王

V-2型火箭袭击表明，德国在火箭研发方面遥遥领先，而由于从战时同盟关系转变为冷战竞争关系，美国和苏联正竞相抢夺德国的火箭技术。

艾伦·杜勒斯

美方的"云翳"行动（或称"回形针"行动）是由美国陆军情报局的艾伦·杜勒斯推动的，他就是后来的艾森豪威尔总统任期内的美国中央情报局（CIA）局长。

"带我们去见艾克（艾森豪威尔）！"

在巴伐利亚州被捕的V-2火箭研发团队。几周前，冯·布劳恩因车祸伤到了胳膊。上图中左边戴帽子的是多恩伯格。

多拉（集中营）制品

纳粹政府保存了完整的火箭计划资料，从建造合同到特制的集中营纸币。

虽然冯·布劳恩的导弹介入得太晚，并不能影响战争的结局，但它们确实证明了火箭又一次成为一种强大到可怕的武器：速度快、最终抵达时几乎静默而且难以拦截。显然，弹道导弹会成为未来战争中的主角。当时，正如西方民主主义阵营和东方共产主义阵营的领导人设想的那样，他们和敌对势力正在全世界范围内发生冲突。因此，得到德国的先进技术就成了双方的高优先级任务。

1945年2月，美国人罗伯特·斯塔韦尔上尉受命到欧洲追捕V-2型火箭的策划人，并把他们带到美国羁押。一个月后，美国驻巴黎的陆军军械情报组组长霍尔格·托弗托伊上校接到命令去追缴完整的V-2型火箭，多多益善，以便日后用于测试。对这两人来说，这无异于与时间赛跑——德国的很多关键导弹发射场地正好位于苏联红军的行军路线上。但对美国人而言十分幸运的是，冯·布劳恩和他的团队有自己的打算。

投诚的战俘

1945年5月5日，当苏联军队雄赳赳气昂昂地赶到佩内明德时，却发现自己扑了一场空——导弹靶场和工厂早在2月中旬就废弃了，还被故意炸得稀烂。冯·布劳恩和他的团队已经先去了米特尔维克工厂附近的诺德豪森，那里距离美军的行进部队更近。3月19日，柏林下令销毁所有德国实验计划的相关记录——而冯·布劳恩却连夜偷偷带走了14吨资料，并把它们藏在洞穴里，以备后用。

1944年8月起，V-2型火箭团队开始由党卫军将军汉斯·卡姆勒指挥，他以前是一名集中营的指挥官，似乎打算用这个团队做筹码来保命。3月下旬，他把整个团队南运到了巴伐利亚州。4月，卡姆勒失踪了——也许是被暗杀了，也许是逃命去了。5月2日，当美军第44步兵师终于到达村子里时，冯·布劳恩和他的团队主动向追捕他们的人投降了。

普通士兵可能没有立刻意识到他们的战利品的价值，但罗伯特·斯塔韦尔肯定意识到了。4月11日，诺德豪森被攻占，那里有大量的导弹配件储备，但没有科学家或文件的踪影。还有一个问题就是，不管是诺德豪森还是加米施-帕滕基，6月份就要被苏联政府接管了，科学家们就是在这两个地方接受审讯。在巴黎的托弗托伊看到了迅速转移的必要性。他派遣了一个小队去诺德豪森搜集能制作100枚V-2型火箭的零

地下工程的入口

美军在孔斯坦山发现一处用质地柔软的石膏岩修建的巨大建筑群。第二次世界大战早期，此地用于储存燃料和毒气。很多在米特尔维克工厂惨死的囚徒都曾在此辛苦劳作数月。

流水线

装配线贯穿两条长1.9千米的平行坑道A和B。导弹被放在铁轨拖车上，铁轨连接坑道B中的多条过道，终点处的高度超过15米，可将导弹竖立以备测试。

成品零件的存货

坑道A用于把零件和设备运进工厂或工厂周围，同时还有很多短一些的交叉隧道用于存储。V-2型火箭的流水线式生产意味着现场存有大批成品零件。

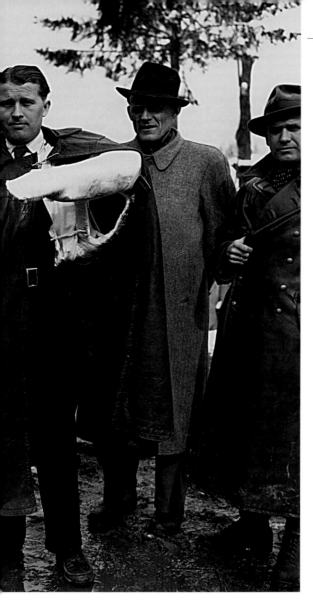

"德国已经战败，但我们一定要铭记，是我们的团队最先成功**触达外太空**……"

——1945年，冯·布劳恩，意指V-2型火箭达到海拔100千米的高度

米特堡-多拉

1945年4月11日，位于米特堡-多拉（Mittelbau-Dora）的各个集中营被解放。这里的环境并不比别处的集中营好，被纳粹政府判定为低等的或有罪的人得在定量配给极少的情况下进行高强度工作。当米特尔维克的各个V-2型火箭工厂全面运转时，需要约5 000名囚徒。据统计，在工厂运转的20个月内，至少有26 500人死亡，也就是说制造一枚成品导弹大概要牺牲五条性命。这恰恰表明，V-2型火箭是这样的武器——因制造它而逝去的生命比它在战争中实际夺取的生命更多。

部件，并把它们运回美军占领区。斯塔韦尔也以诺德豪森为根据地，在这里追捕到了很多还没南逃的火箭团队高层成员，还找到了文件的藏匿处。由于移交最后期限的逼近，斯塔韦尔和托弗托伊安排了一大批佩内明德的员工及其家属撤离到美军占领区。

7月19日，华盛顿批准了"云翳"行动（即后来的"回形针"行动）。斯塔韦尔和托弗托伊得到授权，向这些德国人提供为期六个月的在美国工作的签约机会。大多数人都需要费些唇舌——他们的家人只能留

在德国——而且六个月期满之后怎么办还未知。第一批合同最终是在9月12日签订的，首批科学家们几天之内就乘飞机撤离了欧洲。

虽然大多数火箭团队成员归美国，但苏联人还是获得了大量战利品。佩内明德、诺德豪森归他们了，其他几位重要的科学家，如制导与控制团队的著名科学家赫尔穆特·格罗特罗普选择了东方阵营。总体而言，两个超级大国开始战后的导弹军备竞赛时，可谓势均力敌。

逆火行动

1945年夏天和秋天，英国陆军对他们行军途径低洼山村时缴获的V-2型火箭（左图）实施了多次点火测试。由于是在德国北部的库克斯港进行发射，所以火箭团队的科学家们（上图）常常从南部的驻地乘飞机前来协助。

冯·布劳恩：美国榜样

在太空竞赛中，美方最重要的人物是一名入了美国国籍的德国人。但即使当他成为全美闻名的人物时，
他曾密切参与V-2计划的过往也会持续引发很多令人尴尬的问题。

V-2抵达

被缴获的德国火箭是用航空母舰（如中途岛号航空母舰）运到美国的，然后被运到布里斯堡，或被直接运到白沙。

火箭团队

这张合影拍摄于1946年，是白沙试验场的116名德国火箭专家中的105位的合影。冯·布劳恩在前排中间偏右的位置，一只手插兜。

1945年9月29日，冯·布劳恩抵达得克萨斯州的布里斯堡。作为"云翳"行动的一部分，首批共七名德国科学家被带到美国，他就是其中之一。在德国近五个月的评估期间，他就已经接受美国火箭专家团队的咨询了。他给美国陆军编制了关于德国火箭计划现状的报告，并帮助美国人把他团队的其余成员聚拢了。如果说美军此前曾对将冯·布劳恩作为他们的新导弹计划所需之人有所怀疑，那么冯·布劳恩自主自愿的合作态度则使这种怀疑烟消云散了。

1912年，冯·布劳恩出生在德国波兹南省（现归属波兰）维尔西茨镇的一个贵族家庭，是家里的次子。他从小就醉心于天文学，读了赫尔曼·奥伯特的著作后，受其影响，激发出了他对火箭的兴趣。12岁时，他试图模仿万户（见本书第12页）的壮举，把火箭绑在一辆推车后面沿着柏林的街道试驾。年轻的冯·布劳恩渴望掌握奥伯特的理论，他全心投入到物理学和数学的研究中，最终在18岁时被夏洛腾堡技术高中录取。就是在这里，他加入了VfR协会并展现出他在实用型火箭工程方面的才能。

冯·布劳恩的纳粹身份一直备受争议，贯穿他在美国的整个职业生涯——即使时至今日，这一点仍为美国太空计划的前期阶段笼罩上了一层阴影。虽然不太可能事后做出判断，但他的主要动机似乎一直是对把火箭应用到太空旅行中的痴迷。1937年他加入纳粹党，1940年被任命为臭名昭著的党卫军的中尉，但他一直主张，如果他要继续从事火箭研究，这些都是政治上必要的策略；除了口头上的支持，他从未对纳粹的理念付出过任何行动；并且他的党卫军职位纯粹是名义上的——他声称只穿过一次制服。然而，冯·布劳恩显然对米特尔维克附近的集中营和在佩内明德被强迫劳动的外国劳工的情况心知肚明。对于他参与了一个以平民为最终发射目标的导弹计划是否就犯下了战争罪仍旧是一个有争议的话题，尤其是当多恩伯格因其在这个项目中发挥的作用而在战后受到起诉时。然而，多恩伯格一直是旗帜鲜明地支持纳粹党，但他仅仅因囚禁了两年，之后也还是奔赴美国了。

布里斯堡的生活

1946年一整年，美国人都在布里斯堡重新召集冯·布劳恩以前的团队核心成员。从诺德豪森偷偷带走的文件资料运来了，从米特尔维克工厂缴获的几十枚导弹和成吨的零部件也通过海路运到了美国。

火箭推销员

冯·布劳恩很快就证明了自己在媒体面前作为火箭技术和太空探索的倡导者所产生的影响力，仿佛他正身处权力中心一样。上面这张照片展示的是他在一场记者招待会上挥舞着一个"红石"火箭的模型。20世纪50年代，通过与沃尔特·迪士尼开展一系列流行电视纪录片合作，布劳恩更加巩固了他在美国公众心中的地位。

发射"缓冲器"号火箭

布里斯堡团队的早期项目之一就是"缓冲器"号火箭。这是一个针对两级火箭的设计的基础测试，该两级火箭的设计包含一枚小型WAC"下士"导弹，安装在V-2型火箭第一级上部。"缓冲器"号火箭创下了一系列发射高度纪录，最高达到393千米。这些任务以及白沙试验场的V-2型火箭发射，都属于第一批将科学仪器送到太空边缘的试验。

在新墨西哥州沙漠中的白沙试验场附近，对缴获的V-2型火箭进行了重造和点火试验。这个小组的主要作用就是对此提出建议，并协助解读含有德国火箭计划的机密资料蕴含的价值。当时，还有另一个重要因素推动着弹道导弹的开发——对日本城市进行的毁灭性轰炸最终终结了第二次世界大战太平洋战场的战争，这也预示了原子战争新时代的到来。苏联人当时正赶着开发自己的核武器，而美国已经向广岛和长崎空投了核弹。显然，如果美国要保持自己的军事优势，首选的投送系统将是一枚配有核弹头的洲际超声速导弹。的确，在太空时代初期的几十年间，超级大国对更优越的导弹技术的展示欲成为了一个关键因素。

《科利尔》杂志

1952年至1954年间，冯·布劳恩、威利·莱伊和汉斯·哈伯（一名研究太空旅行对人体产生的影响方面的专家）在《科利尔》杂志上发表文章，阐释了他们对太空探索的未来的展望。

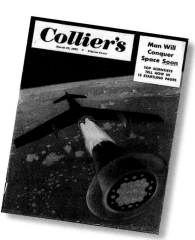

在布里斯堡度过了几个月的时间，并没有取得什么成效——重造和测试V-2型火箭的工作进展极其缓慢，微薄的预算和一些政治因素导致的耽搁（比如美国联邦调查局局长J·埃德加·胡佛担心火箭团队是危险分子）也对工作毫无助益。这些德国人不放过任何机会推进更有促进作用的活动，比如撰写报告和文章，并在后来想出一个点子，让V-2型火箭运载着一些科学仪器和小老鼠以及几只小猴子飞行。

冯·布劳恩一如既往地热衷于宣传航天，并开始向任何愿意听他讲的人表达自己的意见——既面向军方，也愈发面向大众媒体。因此，美国公众开始与冯·布劳恩产生复杂的联系——既将他视为讽刺电影《奇爱博士》（又译为《核战狂人》）里那个潜藏的纳粹分子，认为他应受到公众批判，但又认为他是使美国人最终登上月球的天才，应当向他致敬。

聚焦历史

火箭团队合法化

随着这些德国人的家属加入进来并在美国定居，"回形针"行动面临着一个政治上的两难境地。因为当时火箭团队是直接飞抵美国的，没有签证，所以他们的存在不能得到美国官方认可。最终的解决办法有点滑稽——这些德国人乘大客车跨越墨西哥边境来到华雷斯镇（Juárez），在这里申请签证后重新入境美国。然而，直到1955年，很多人才在亨茨维尔市的一个典礼上获得了美国公民身份。

总设计师

在沃纳·冯·布劳恩成为美国媒体的常客时，他的主要竞争对手默默无闻地完成了最伟大的成就。天才工程师谢尔盖·科罗廖夫，航天飞机的总设计师，生前让苏联在太空领域一直保持领先地位。

年轻的科罗廖夫

据说，科罗廖夫对航空的热情是由1913年他还是个小男孩时观看的一场飞行表演所激发出来的。一直到第二次世界大战期间，他的主要工作都是飞行器设计。

复杂的性格

在科罗廖夫的下属看来，他是个魅力超凡但又要求严格的人，载人航天的梦想就是他的驱动力。然而，他难以信任别人，不愿意花时间去应付那些他认为是骗子的人。这种个性为他招来了很多麻烦。

最终在太空竞赛中成为对手的两人之间的反差可以追溯到各自的出身。冯·布劳恩是德国贵族的后裔，而1907年出生于乌克兰日托米尔的科罗廖夫，则是穷工匠家的孩子。他三岁时，父母离异，但母亲对这个小男孩说他的父亲已经死了。科罗廖夫主要由祖父母抚养，他是个极具数学头脑的优秀学生。1916年，母亲嫁给一名机电工程师，他的这位继父将他引入实用工程学的大门。不久后，在俄国革命前夕，他们举家搬迁到敖德萨市。在这里，科罗廖夫对飞行器的兴趣日益浓厚。

1923年，他加入了本地的一个航空协会，由此获得了第一手飞行体验。1925年，他随家人搬到了莫斯科，进入了鲍曼技术学校学习，之后在一家航空设计局工作。就是在这一时期，他认识了火箭专家、太空爱好者弗里德里希·赞德尔，并在1931年成为MosGIRD（莫斯科喷气推进研究小组，见本书第23页）的创始成员之一。

升降起伏

1933年，苏联政府决定正式推进火箭研发，并任命科罗廖夫为新喷气推进研究所（RNII）的副所长，全力研发导弹和装有火箭发动机的飞行器。就是在这里，科罗廖夫首次见到了瓦伦汀·格鲁什科，他的一位终生对手。20世纪30年代是苏联领导人约瑟夫·斯

研究用火箭

一枚精制的苏联R-2型火箭在俄罗斯南部的卡普斯京亚尔试验场等待发射。这枚火箭由一枚未开发完全的德国V-2型火箭演变而来，在1950年进行首飞。R-2型火箭设计得比V-2/R-1型火箭更为瘦长，发动机更强大，而且沿壳体安装了两个吊舱，能够把科学仪器和小动物乘客运送到高空。

年轻的冒险家

1929年，科罗廖夫（左）和萨瓦·莱辛（中）设计了一个用火箭驱动的滑翔机SK-9，科罗廖夫作为副驾驶，乘着它从莫斯科飞到了科克特贝尔。照片中，著名飞行员K·K·阿尔采乌洛夫（右）在检查滑翔机。

航空院校

这张照片拍摄于科罗廖夫（左二）在莫斯科鲍曼技术学校求学期间，飞行器设计师安德烈·图波列夫是他的指导老师之一。

传记档案

瓦伦汀·格鲁什科

瓦伦汀·彼得罗维奇·格鲁什科（1908－1989年）和科罗廖夫一样，出生于乌克兰。他和科罗廖夫一样见证了太空竞赛的全盛时期，同时，二人也进行着明争暗斗。格鲁什科小时候读了儒勒·凡尔纳的小说，由此对太空旅行充满热情。他在列宁格勒（现在的圣彼得堡市）学习物理学，在气体动力实验室（GDL）工作，并在1931年加入了GIRD的列宁格勒支部。GIRD与GDL合并后，二人同为RNII工作，格鲁什科与科罗廖夫的争斗从此开始。1946年，格鲁科什受命担任OKB-456设计局的总设计师，主管火箭发动机设计。

大林的统治鼎盛期。1937－1938年，很多人趁机通过告发一些看起来无关紧要的事情而平步青云，或得报旧怨。科罗廖夫有悖传统观念的个性使他成为了靶子。1938年6月22日，不幸降临。科罗廖夫后来才知道格鲁什科是主要指控他的人。

起初，科罗廖夫被送到了环境恶劣的西伯利亚古拉格劳改营。但随着战争爆发，科罗廖夫掌握的那些专业技能就显得极为珍贵。1942年，他在莫斯科科学家监狱里工作。具有讽刺意味的是，他还要服从格鲁什科的领导。科罗廖夫在这里研究火箭助推的战斗机。1944年6月，他终于被释放（1957年得到赦免）。

几个月后，科罗廖夫被任命为红军上校，并飞往民主德国，在列弗·盖杜科夫将军手下从事V-2型火箭材料的还原和复刻工作。有一段轶事，说他和另一名军官为了在库克斯港看英国"逆火"发射，躲在了围篱外。

回到苏联后，科罗廖夫受命在第88科研所（NII-88）执掌一支设计团队。这个研究所的主要任务是开发弹道导弹，这使他得以研究日后用在太空旅行上的技术。早期的计划涉及复制德国V-2型火箭（被称为R-1型火箭）以及改良的R-2型和R-3型火箭。然而，基于V-2型火箭的设计的局限性愈发明显，而科罗廖夫已胸有宏图。

戈罗多米亚的实验

很多为苏联工作的德国V-2型火箭科学家是1946年在赫尔穆特·格罗特罗普的领导下被送过来的。他们大多在莫斯科北部的戈罗多米亚岛定居，为科罗廖夫等人效力，研究各种项目。发动机试验台、风洞和其他设备被运到这里。不过这些德国人的主要作用是培养新一代苏联火箭科学家。

导弹与火箭机

20世纪40年代末美国与苏联开始了导弹竞赛，两国都致力于利用获取的德国技术开发更强大、射程更远的导弹，甚至试验机。

X-1型火箭机

贝尔飞机公司用火箭发动机推进的X-1型飞机是第一架突破声障和第一架接近太空边缘的飞机。

1950年初，布里斯堡的德国火箭团队开始向美国阿拉巴马州的亨茨维尔市搬迁，这里的战时兵工厂被改造成一个开发和制造远程弹道导弹的新中心。一项之前在通用电气公司进展缓慢的叫做"赫尔墨斯-C1"的项目，被重新指派给红石兵工厂的这处新基地。该计划中的这枚新导弹，也就是后来为人们所知的"红石"导弹，具备加载核弹头飞越320多千米的能力。虽然这枚弹头比V-2火箭的那枚重得多，但两者射程相近，这些德国人在任务中几乎没有遇到什么挑战。他们对V-2进行了有效的重新设计，做出了一系列改进，其中一些改进的首次提出要回溯到佩内明德时期。1953年中期，第一批"红石"导弹从佛罗里达州卡纳维拉尔角的一处鲜为人知的试验场发射。在美国其他地方，其他小组也在开发火箭技术的新用途。作为加利福尼亚州技术研究院的一部分，喷气推进实验室（JPL）致力于研究用固体推进剂（比用黑火药动力更强）的短程战术导弹。海军正在研发一系列名为"维京"的科研用火箭，要求能把照相机和实验载荷发射到高空大气层。美国国家航空咨询委员会（NACA）正忙着充分利用第二次世界大战最后几年德国制定的那些计划，提出各种稀奇古怪的实验设想。这些设想最终演变成首批测试技术的原型机——X-planes系列飞机，后来它们变得很常见。贝尔X-1型飞机是这些奇异的飞行器中首架成功采用火箭发动机推进的飞机。

苏联的导弹计划由科罗廖夫继续领导，先是在NII-88研究所，1946年起主管OKB-1实验设计局并担任总设计师。科罗廖夫实际上成为苏联远程弹道导弹（LRBM）计划背后的驱动力。LRBM项目取得的首批成果是从德国技术演化而来——1950年投入使用的R-1型导弹或多或少算是V-2型火

竞争对手海军

冯·布劳恩的团队并不是美军研究火箭开发的唯一力量。美国海军自己的项目——"维京"火箭计划也在进行，声称研制出于科研目的的探空火箭。

发射台上

R-7型导弹规模庞大，需要用丘拉塔姆（Tyuratam）综合发射场（见本书第59页）的一种新型发射台。整个装配过程中必须用一些倾斜的支撑塔架将其固定在合适的位置，这些塔架在发射过程中，会打开并脱离火箭。发动机下方有一个燃烧井，用来收集排气并通过导流槽将其转移，以避免对火箭造成损伤。

箭的复刻，而R-2型导弹虽然延长了射程，提升了有效载荷，但核心元器件还是德国技术。然而，新的重大项目——R-3型导弹，要求在运载能力上取得巨大飞跃，必须重新设计。科罗廖夫组织了一个非正式的总设计师委员会，方便六个OKB设计局的主管会面并就R-3等大项目进行合作。其中瓦伦汀·格鲁什科发挥了至关重要的作用——他领导OKB-456设计局的设计团队，负责研究更强大且更稳定可靠的用液体燃料推进的发动机。

科罗廖夫的很多早期试验已经涉及固体燃料推进剂火箭，但是对缴获的V-2型火箭的了解使他意识到，液体燃料才是远程导弹的关键。被捕的德国科学家们

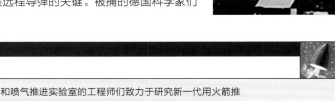

聚焦历史

突破声障

当亨茨维尔市和喷气推进实验室的工程师们致力于研究新一代用火箭推进的导弹时，NACA还有其他计划。虽然喷气机还是很新潮的技术，但使用火箭作为新一代战斗机的强大发动机是有可能的。在战争结束的那几个月，德国已经在构想一种用火箭推进的Me 262喷气式战斗机的变体，但这个想法只停留在原型阶段。1946年，NACA启动了一项试验机计划，要在未来几十年内生产X-planes系列飞机。该系列飞机中的首架就是由贝尔飞机股份有限公司制造的短粗形的XS-1（即后来的X-1）。由查克·耶格尔（右图）驾驶的这架飞机成为了首架突破声障的飞机。

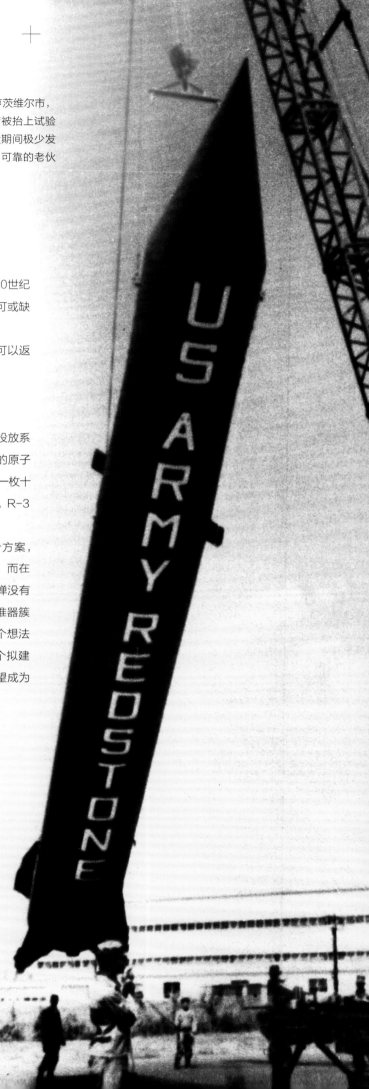

可靠的老伙计

在20世纪50年代初期的亨茨维尔市，一枚早期的"红石"火箭被抬上试验台。"红石"火箭在服役期间极少发生故障，所以它获得了"可靠的老伙计"的绰号。

在漫长的火箭开发期间也被定期询问。但到了20世纪50年代初期，他们就不再是苏联火箭计划中不可或缺的成员了，此时本土专家已能挑起大梁。

不久以后，大部分被捕的德国人都得到了可以返回故国的许可。

导弹投放

1949年苏联成功测试首批核武器，对弹载投放系统有迫切需求。苏联前期的原子弹比对手美国的原子弹更重，显然，唯一实际的部署方式是需要借助一枚十分强大的"火箭"——洲际弹道导弹（ICBM）。R-3项目被搁置，以专注研发洲际导弹。

科罗廖夫和他的团队最终提出了一种设计方案，官方名称为R-7型导弹，别称为塞米卡或小七，而在西方，它的代号"警棍"流传更广。R-7型导弹没有采用火箭级堆叠持续点火的方式，而是采用助推器簇围绕着中间的芯级，可以一次性全部点火。这个想法是由米哈伊尔·吉洪拉沃夫在1948年针对一个拟建的航天器运载火箭首次提出的，该运载火箭有望成为实现飞天的火箭。

火箭专家们

这张著名的照片上是20世纪50年代初期在亨茨维尔市工作的几位杰出人物，从左到右为：制导专家恩斯特·施图林格、霍尔格·托弗托伊少将、赫尔曼·奥伯特、冯·布劳恩和喷气飞机先驱罗伯特·鲁泽尔。

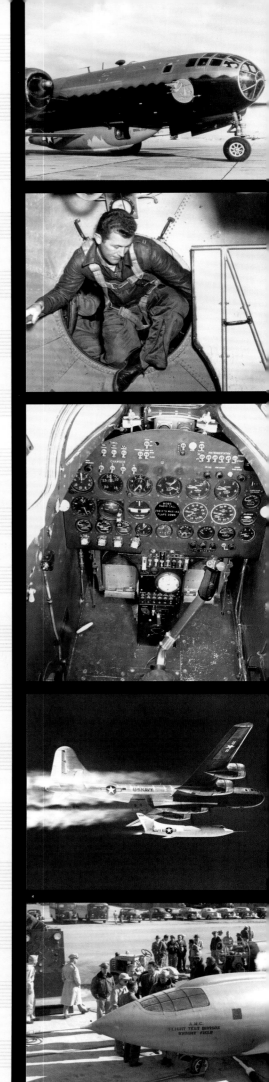

突破极限

查克·耶格尔驾驶贝尔X-1型飞机进行的超声速飞行奏响了太空时代的序曲。这是一项大胆的任务，带来了不可预估的成果，决定着喷气航空时代的到来。在令人毛骨悚然的五分钟里，耶格尔首次突破并感受了声障之外的世界。

王牌飞行员

1941年，耶格尔作为机修工应征入伍美国空军，仅一年后，他就成为了一名飞行员。

1946年3月，美国陆军航空队（当时的名称）和NACA曾订购过贝尔X-1型飞机。在第二次世界大战余波未平之时，喷气式战斗机的潜力变得愈发明显。但仍有些重要问题亟待解答，如：当一架飞机穿越声障时会发生什么？贝尔飞机公司收到生产三架试验机的订单，要求采用发动机公司最新生产的XLR-11型火箭发动机。贝尔飞机公司刚完成初次试验，这些飞机就被交付给刚成立的美国空军，以执行达到和突破声障的任务。

> "优先级顺序是：尽快让飞机的飞行马赫数**超过1**、活下来和**不让空军蒙羞**。"
>
> ——查克·耶格尔回顾他史诗般的飞行时如是说。

"迷人的格莱尼斯"

起初X-1叫XS-1型飞机［"试验性（Experimental）"和"超声速（Supersonic）"两个单词的缩写］，但很快就被NACA简化了。不过，耶格尔用了他妻子的名字——格莱尼斯为这架飞机命名。

从发射到着陆

一架B-29型舰载机将耶格尔带入高空，他俯身钻过B-29飞机炸弹舱的门，登上了X-1型飞机。进入X-1驾驶舱后，他发现关闭舱门很困难——几天前他从一匹马上摔下来，摔断了两根肋骨，但他没有声张。舱门安全关闭后，B-29型飞机把它的载荷——耶格尔和X-1扔下，就像扔一颗炸弹一样。几秒钟之后，耶格尔启动了火箭发动机。在具有重大历史意义的五分钟飞行后，他以滑翔方式在位于加利福尼亚州的穆拉克基地（现爱德华兹空军基地）着陆。

3-2-1 投放！
这张珍贵的彩照展示了独特
橘色涂装的X-1被载机释放
后的精彩瞬间。

> "如果想长久地当飞行员，你得**知道何时前进**，以及何时避退。"
>
> ——查克·耶格尔就试飞员需要具备的特殊技能做出的回应。

总统授予荣誉

随后，耶格尔连同贝尔飞机公司的拉里·贝尔和NACA的约翰·斯达克在白宫的一次招待会上受到了杜鲁门总统的接见。整个20世纪50年代，耶格尔一直是个社会名人、美国的英雄。照片上是耶格尔和杜鲁门总统的继任者——德怀特·艾森豪威尔总统。

1947年10月14日，耶格尔登上了"迷人的格莱尼斯"，随后点火启动发动机，尝试突破声障。这次飞行的通讯记录本中记录着耶格尔、项目工程师杰基·里德利上尉和投放飞行员兼项目主管罗伯特·卡德纳斯少校之间的对话：

罗伯特·卡德纳斯： 8-0-0。倒计时开始：10-9-8-7-6-5-4-3-2-1-投放！

查克·耶格尔： 点火四号【火箭燃烧室】。四号点火成功。将点火二号。二号启动。将切断四号燃料供应。四号关闭。将点火三号。三号燃烧。将关闭二号并点火一号。一号启动。将再次点火二号。二号启动……将再次点火三号。三号启动。**加速状态良好**。已有轻微抖振——属于正常的不稳定现象。哎，里德利，把这儿记录一下。升降舵操纵性恢复。

杰基·里德利： 收到，已记录。

查克·耶格尔： 里德利——再做一个记录。这个马赫计有点问题。它有点儿变形！

杰基·里德利： 如果有问题，我们之后会修好的——我估计，你是产生幻觉了！

事实上，当仪表显示飞行马赫数为0.96时，耶格尔已经突破了声障，把湍流抛在了身后。几秒钟后，飞机仍在爬升状态，他关闭了火箭发动机，留存了30%的燃料，并准备滑翔返航。

铭记于电影

耶格尔的超声速飞行在汤姆·沃尔夫的书《太空先锋》中占有很大比重。该书叙述了试飞员群体以及"水星"七人组的宇航员们的故事，随后被拍成了电影，由山姆·谢泼德扮演耶格尔。

进入轨道

20世纪50年代，当两个对抗的超级大国平稳地向前推进导弹计划时，双方的太空爱好者们相信，同样的技术可以用在太空探索上。国际地球物理年的科学研究通告即将到来，最终促使双方高层采取行动。

20世纪50年代初期，科学界有很多人认为太空旅行的时代已经到来。把人类发射到太空的想法被认为十分古怪，但把某种人造卫星送入轨道似乎有望实现。鹰派专家和军方掌权人都看到了好处：太空或将成为冷战中重要的新前线，并且一旦冷战变"热"，太空也将成为至关重要的战略要素。

向太空奋进

受政治影响，美国不仅没有把太空探索提上议事日程，甚至仍然认为它不具备实际可行性。当哈里·S·杜鲁门总统看到一份呈上来的小卫星发射计划时，非但不予理会，还认为是胡言乱语。这份计划建议趁1957—1958年国际全球物理年的时机将一颗小型卫星发送入轨。

但是，太空倡导者们没有退却，他们开始直接向公众发出呼吁。协作很关键，1951年威利·莱伊组织了一个太空旅行研讨会，把狂热爱好者和工程师们汇聚

一只"老鼠"在太空？
1954年，参加纽约峰会的代表们在审视弗雷德·辛格博士的"老鼠"（MOUSE，"最小的不载人地球轨道卫星"的英文首字母缩写）模型，这是美国在国际地球物理年早期策划阶段提出的一个项目，但后来被搁置了。

"朱庇特"项目
1953年8月20日，第一枚"红石"火箭升空。随后几年，冯·布劳恩的团队对它进行了改进，研制出"朱庇特"A和"朱庇特"C多级火箭。这些都是陆军的"朱庇特"中程弹道导弹计划的一部分，灵感源自"轨道飞行器"项目。后来"朱庇特"C型火箭更名为"朱诺"，成为美国第一颗卫星的运载火箭。

技术
首次从太空返回

放弃"轨道飞行器"项目后，美国国防部很快批准了陆军开发"朱庇特"中程弹道导弹，这对亨茨维尔团队而言是一根救命稻草。由于"朱庇特"导弹的弹道是离开地球大气层后再进入，因此以"红石"火箭为基础的测试运载器计划获得了许可，通过把"朱庇特"的头锥等组件带入太空，测试它们能否挺过再入大气层时的高温。作为原"轨道飞行器"项目的产物，"朱庇特"A型火箭和"朱庇特"C型火箭的数据与之前的实验极为相似。第一个从太空成功重返地球的物体是一个"朱庇特"导弹的模型，发射于1957年8月8日。

到一起，人员范围涵盖亨茨维尔市的导弹团队以及美国火箭协会的业余爱好者。很快，他们就相互交流了兜售美国太空旅行梦的最佳方式。一些人挖苦地评论道，除非苏联人威胁要第一个抵达太空，否则美国绝不会作出承诺。

到1954年中期，情况开始有所好转。当时，海军研究办公室联系冯·布劳恩，请他参加一个由顶尖科学家们参加的峰会，审查已在设计阶段的各种卫星提案并设法推进。最后敲定的提案是"轨道飞行器"项目——一个以"红石"火箭为基础的发射系统，成本低廉。顶部加装用便宜的固体燃料驱动的第二级火箭。冯·布劳恩保证在国际全球物理年会议期间，可以用它把一颗几千克重的卫星送入轨道。

1955年春，当"轨道飞行器"项目顺利开展时，冯·布劳恩却被排除在美国太空计划之外。参加国际全球物理年会议的科学家们认为该计划太过粗糙，并主张第一颗美国卫星应当仅允许美国人参与。如果没有军事霸权之争，这些反对意见还有可能不被采纳。由于苏联方面取得的进展令人震惊，因此艾森豪威尔

测试"红石"火箭
在一次发动机静态点火试验中，排放的气体从"红石"火箭的底座喷薄而出。红石兵工厂的试验台使亨茨维尔的工程师们能够测量出火箭发动机产生的推力的大小。由于陆军不愿在该地资助大型建设项目，德国人被迫在紧张的预算内通过有效利用小额资金来建造发射台。

总统决定考虑发射卫星。为此，专门成立了一个委员会来调查陆军、海军和空军的提案。海军的"先锋"项目提案被选中，它声称在同样的时间里研发的三级火箭可携带比"红石"火箭更重的有效载荷。

在国际全球物理年应景地发射一枚卫星最终成为了美国政府的优先级事项，但亨茨维尔团队却成了局外人。

规划目标D

与此同时，苏联的科罗廖夫也跟政府部门博弈。从第二次世界大战结束起，各式各样的卫星项目已经涌现。1954年3月，苏联宣布参与国际全球物理年，标志着官方首次承诺进行太空探索。1955年8月，苏联批准了一项卫星发射计划并设立了第三航天委员会，由麦斯提斯拉夫·克尔德什担任主席，协调苏联的太空计划。但该计划中的不确定性一直挥之不去，直到1956年1月，科罗廖夫抓住苏联领导人尼基塔·赫鲁晓夫来视察在研制的R-7型火箭的机会，向他展示了米哈伊尔·吉洪拉沃夫在研究的一项被称之为"目标D"的卫星实验室项目。一开始，赫鲁晓夫并不感兴趣，直到科罗廖夫指出，有了这枚即将完工的R-7型

发动机布局

一个组装好的R-7型火箭底座上部署着20个大号喷嘴——每个RD-107型助推发动机都有四个喷嘴，中部的RD-108型发动机也有四个喷嘴。小号的微调喷嘴用来实现火箭转向。

火箭，苏联就有办法发射一枚美国人意想不到的大卫星。赫鲁晓夫认为这可以让美国有挫败感，于是决定支持该项目。吉洪拉沃夫的团队被移交给了科罗廖夫主管的OKB-1设计局，并享有最高级优先权。太空竞赛即将拉开大幕。

竞争对手

到了这一阶段，双方的导弹力量之间横亘着一条不可逾越的鸿沟。右图的左侧展示了未经改进的"红石"火箭，其射程大概是320千米。然而，R-7型火箭的发动机簇设计使其射程远得多，也让它成为第一枚真正意义上的洲际弹道导弹。

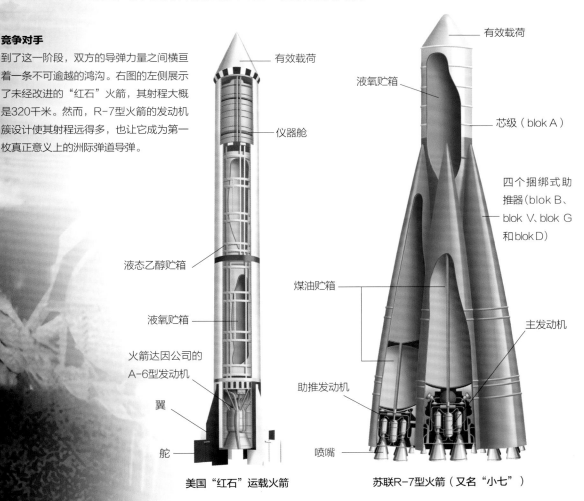

有效载荷

仪器舱

液态乙醇贮箱

液氧贮箱

火箭达因公司的A-6型发动机

翼

舱

美国"红石"运载火箭

有效载荷

液氧贮箱

芯级（blok A）

四个捆绑式助推器（blok B、blok V、blok G和blok D）

煤油贮箱

主发动机

助推发动机

喷嘴

苏联R-7型火箭（又名"小七"）

1959年1月：变化的风
在弗吉尼亚州兰利市，由美国国家航空航天局（NASA）主管的一个巨大风洞里，一名技术员在测试"水星"号太空舱样舱的性能之前对它进行检查。

太空时代的开端

到1957年，苏联和美国都掌握了向太空发射卫星的技术。至于第一个发射的会是谁，则在很大程度上取决于国家意志。科罗廖夫的团队不得不匆忙地重新设计卫星，为发射做好准备。冯·布劳恩的小组被边缘化，而取代他们的海军火箭团队则遇到了问题。不管怎样，没人能预料到第一次太空发射会对公众想象力造成多么震撼的影响。美国人认为苏联技术落后的信念被动摇了，而苏联领导人尼基塔·赫鲁晓夫很快就意识到了建立太空优势具备的宣传价值。

20世纪50年代末至60年代初，太空竞赛拉开帷幕。两个超级大国都在尝试愈发大胆的技术，努力创造新的第一。其中，最大胆的行为要数发射首个载人航天器，这类计划将创造出一种新时代英雄——宇航员。

1957年1月25日
"目标D"的设计进度一拖再拖，苏联政府随后下令制订相关计划，发射一颗初级卫星，以率先实现首次发射。

1957年5月15日
一枚苏联R-7型两级洲际弹道导弹首次点火试验失败，它是最终版"斯普特尼克"号运载火箭的芯级。

1957年8月21日
一枚苏联R-7型洲际弹道导弹（西方情报机构以代号"警棍"为其命名）从丘拉塔姆成功发射。

1957年10月4日
一枚经过改造的R-7型运载火箭从丘拉塔姆升空，运载着"斯普特尼克"1号卫星。苏联塔斯社通讯社向世界宣布发射成功。

1957年10月25日
"斯普特尼克"卫星的电池耗光，无线电信号也停止了。

1958年1月4日
"斯普特尼克"1号卫星在再入大气层时烧毁。

红星闪耀轨道

1957年10月4日，"斯普特尼克"1号卫星从地球以外的高空发出信号，开启了全新的探索时代。卫星无线电发出的信号声也是苏联取得了太空优势的明确信号。

"斯普特尼克"1号卫星是一个83千克重的钢制球体，直径约为58厘米，只含有一个简单的无线电发射机。它和吉洪拉沃夫的"目标D"轨道实验室这一宏伟计划相去甚远。苏联原计划以一种更令人印象深刻的方式进入太空时代，是什么打乱了它的计划呢？

"斯普特尼克"的诞生

按时开发"目标D"并于1957年发射的计划虽然有一个前景良好的开端，并得到了苏联国家元首的直接批准，但由于其他机构未能满足OKB-1设计局提出的要求，这颗卫星未能赶上进度。举例来说，化学部本应供应优质硅，用于"目标D"的太阳能电池，但交付期一拖再拖。到1956年9月时，项目明显已陷入困境。航天委员会的姆斯季斯拉夫·克尔德什在科学院的一次会上如是说。考虑到美国可能会在苏联卫星仍在研制时率先实现发射，科罗廖夫决定开发一个小得多且更容易实现的卫星。他将其命名为"斯普特尼克"，或称"旅伴"。

1957年初，科罗廖夫将自己的应变计划汇报给了苏联领导。这个计划包括两个小型的"斯普特尼克"卫星试样和一种新的为前往轨道的卫星提供保护的R-7火箭"保护罩"。1月末，这个经过调整的计划获得了批准，并在OKB-1设计局享有最高级优先权。当然，这也取决于R-7火箭能否成功发射。

测试R-7火箭

当新的"斯普特尼克"卫星计划相关工作进行时，R-7火箭项目组压力倍增。1957年5月，第一款火箭抵达丘拉塔姆综合发射场（见本书第59页）。但5月15日尝试进行的发射，在火箭升空100秒后以失败告终，原因是燃料泄漏，导致一个捆绑式助推器着火爆炸。为了避免这种情况再次出现，做了一些改造，但在第二次和第三次测试时又出现了其他问题。8月21日，一枚R-7火箭终于在弹头解体前一路跟跄地抵达堪察加半岛的目标区域。9月7日的另一次发射也是如此。显然，还需要进行一些测试才能使R-7火箭成为一枚稳定可靠的洲际弹道导弹（ICBM）。但对于发射卫星而言，即使只靠它也已经足够可靠了。

发射倒计时

9月20日，苏联国家委员会会议批准发射，当时设

获得消息
1957年10月5日清晨，大多数正在工作中的美国人惊慌地获知，就在他们刚刚睡觉的时间里，一颗苏联卫星已经在他们头顶至少飞过四次了。对于德怀特·D·艾森豪威尔总统而言，这是一个令他震惊的信号——苏联的技术已经追平美国甚至可能已处于优势。

双喜临门
"斯普特尼克"卫星的发射（上图）不仅标志着苏联在火箭领域取得了优势，而且是R-7火箭的完美首秀。所以，尼基塔·赫鲁晓夫（右图）对这个结果非常满意。

"……这个全新的社会主义社会竟让人类**最大胆的梦想**成为现实。"

——1957年10月4日，塔斯社官方新闻公报

在轨的"斯普特尼克"卫星

"斯普特尼克"卫星在脱离防护罩和火箭芯级后，放出了4根长2.4～2.9米的无线电天线。它们发出的"哔哔"声承载了有关压力和温度的数据，依据声音的持续时间来编码。

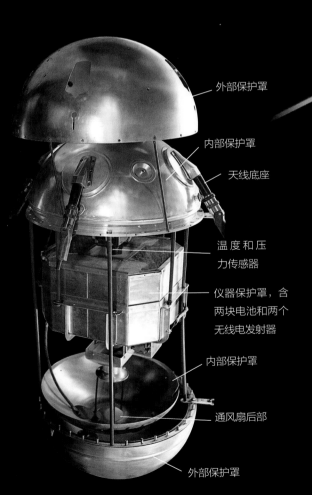

外部保护罩

内部保护罩

天线底座

温度和压力传感器

仪器保护罩，含两块电池和两个无线电发射器

内部保护罩

通风扇后部

外部保护罩

"斯普特尼克"1号卫星结构

虽然简单，但第一颗卫星的各方面都有其科学性。球形外观有助于降低大气阻力（三个月后，大气阻力最终还是使卫星再入焚毁），而内球体则验证了后续用于加压舱的设计理念。

定的发射日期是10月6日。但是传言在华盛顿召开国际地球物理年会议时，美国将在那一天呈递一篇题为"在轨卫星"的科研论文。即使苏联情报机构确信，美国只是在计划一次亚轨道发射（见下一页），科罗廖夫还是不想失去创造历史的机会，遂把发射日期提前了两天。

莫斯科时间1957年10月4日晚10:28，一枚经过改造的R-7火箭运载着"斯普特尼克"项目1号（PS-1）卫星，从位于丘拉塔姆的发射台发射升空。升空过程十分完美，"斯普特尼克"1号卫星（这是这颗小卫星更为人所知的名字）从火箭的芯级脱离的过程也毫无瑕疵。然而，等到"斯普特尼克"展开天线、开始发射信号时，它已经超出了苏联的接收范围。在不安中等待了90分钟后，它再次进入监测区，此时一段稳定的信号流证实了卫星正处于一个距离地球215～939千米的稳定轨道上。太空时代从此开启。

措手不及

"斯普特尼克"卫星的飞行情况受到了全世界科学家们的监测，比如美国斯坦福研究所的科学家们（上图）。除了科学研究，他们还在追寻太空中这颗苏联卫星。

美国的回应

苏联"斯普特尼克"1号卫星的发射令美国猝不及防，于是美国想匆忙地发射一颗卫星作为回应。但由于一直受到混乱决策的困扰，这次发射并未以胜利告终，反而成为耻辱。

1957年10月4日晚，美国收到苏联已经发射了一颗卫星的消息。在华盛顿参加国际全球物理年会议的科学家们排队向兴高采烈的苏联代表团祝贺。新闻爆出时，在亨茨维尔的冯·布劳恩正在招待一批重要人士，包括新任美国国防部长和陆军的参谋长。"今天，人类向火星迈出了第一步。"强调完这一点后，冯·布劳恩转而就重启运载火箭计划的重要性向他的客人进行游说，他提出这一计划以"红石"火箭为基础（见本书第48页）。

白宫大为震惊，既震惊于情报机关的失察，也震惊于"斯普特尼克"1号卫星本身。数年来，美国中央情报局（CIA）并不重视苏联进军太空的雄心，认为那只是宣传，而且苏联卫星技术不可能胜过美国。美国陆军研发参谋长詹姆斯·M·加文万分震惊，他把"斯普特尼克"比作是"科技领域的珍珠港"——美国已经输掉了一场看似稳赢的比赛。

在争论无休止地进行着时，一个迫切的问题是如何回应。艾森豪威尔面临着一个艰难的决断。他认为与苏联在导弹方面的表面差距，在很大程度上是一种误解，这种误解源自美国的导弹计划和情报搜集能力需要对大众保密。当时，"红石"火箭由美国陆军弹道导弹局管控，可靠性不断提升；空军和海军的"宇宙神"（Atlas，又称阿特拉斯）和"大力神"（Titan，又称泰坦）洲际弹道导弹计划也在顺利进行中，它们的射程更远。同时，U-2高空侦察机使美国对R-7火箭的情况了如指掌。

尽管如此，美国民众紧张不安，需要官方做出快速回应。10月9日，艾森豪威尔祝贺苏联向太空发射了一颗卫星，把"斯普特尼克"称为"小球"。他坚称美国的计划不会变更，并宣布于12月发射"先锋"号火箭。其中运载火箭已做好准备的暗示是不切实际的。实际上，由海军研究实验室的约翰·P·哈根执掌的"先锋"号团队很清楚，按照艾森豪威尔的时间表匆忙发射，将是一场危险的赌博。

踉跄的"先锋"号

美国海军的研究用火箭已击败"红石"火箭，成为了美国的卫星运载火箭。它混合使用了已有的和新型的火箭级。理论上，使用经过试验测试的部件本应

发射台上的惨败
美国海军战胜了冯·布劳恩的美国陆军团队，获得第一颗美国卫星的火箭发射任务。之后，美国海军的"先锋"号火箭在发射台上爆炸了，数百万美国人在电视上看到了这一幕，大失所望。

新管理层
1956年，陆军弹道导弹局（ABMA）在红石兵工厂成立，冯·布劳恩的团队投奔到少将约翰·B·梅达里斯（上图左）麾下。

就位
1957年中期，亨茨维尔。

NASA的诞生

1957年11月21日，国际全球物理年美国卫星委员会的成员们向几位有影响力的人物致函，建议成立一个民用机构来管理太空计划。一年内，艾森豪威尔就建成了NASA，T·基斯·格伦南（右一）担任局长，休·德莱顿（左一）担任副局长。

使项目更容易，但该火箭从一开始就备受忽视。主要原因是"先锋"是一个科研项目，而非军事项目，配给的预算非常少。举例来说，之前建造过"维京"火箭的主承包商把经验丰富的员工调去从事能获得更多利润的"大力神"洲际弹道导弹项目。当艾森豪威尔发表宣言时，"先锋"号的部件甚至还没有组合到一起进行过一次试验性发射。而一枚完整的运载火箭首秀发射成功也是其重大成就（无论是V-2型火箭、"红石"火箭还是R-7型火箭都未能实现这一点）。但在10月份的测试中，火箭的一级和二级运转良好，见此，华盛顿方面坚持下次发射要尝试把一颗美国卫星发射入轨。在美国人忧心忡忡之时，苏联又发射了"斯普特尼克"2号卫星，"先锋"号团队承受的压力更大了。

失败的卫星

12月6日，世界各大媒体云集卡纳维拉尔角，见证"先锋"号TV-3火箭的发射。这枚23米长的运载火箭的鼻锥体里携带着一颗真正的"小球"——一颗葡萄柚大小、1.8千克重的卫星。由于糟糕的天气，发射被推迟了两次。在第三天，似乎一切都很适宜，倒计时也按计划进行，全国有上百万电视观众在观看这一幕。上午11点44分，火箭发动机点火，它开始慢慢地从发射台升空，上升了1.3米的高度。随后，在发射两秒钟后，剧烈的爆炸把火箭的第一级撕裂，上边的部件也倾倒且烧毁了。雪上加霜的是，卫星独自逃离了熊熊大火，任意滚动，并向每个带着无线电设备的人发射出"哔哔"的信号声。美国向太空迈进的第一步就这样毁于火海。为了恢复尊严，美国必须快速行动。

有效载荷

第三级
阿勒格尼弹道实验室（ABL）的"牵牛星"号固体燃料发动机

技术

"先锋"号运载火箭

虽然"先锋"号有23米高，但它最宽的部位直径仅为1.14米，与外观相对矮胖的"红石"火箭及其变型相比，它无疑是典型的"高挑"火箭。火箭第一级采用液氧煤油燃料，由通用电气公司在"维京"火箭的成功的基础上设计。第二级使用的发动机与海军的"空蜂"探空火箭发动机类似，使用硝酸和偏二甲肼（UDMH）混合燃料。第二级中有火箭的制导系统，但不是用尾翼而是通过调整万向架上的排气喷管来控制火箭的姿态。最高级是固体燃料推进火箭，由中央火箭公司制造，在分离过程中被设定为旋转式以保持稳定。

第二级
Aero公司的AJ-10发动机

第一级
通用电气公司的X-405型发动机

1957年10月12日
"斯普特尼克"1号卫星取得成功后，赫鲁晓夫命令科罗廖夫的卫星与发射团队迅速建造并发射一颗更大的卫星，要能够运载一只小狗。

1957年11月3日
"斯普特尼克"2号卫星运载着小狗莱卡从丘拉塔姆发射。系统发生故障后几个小时内，小狗在惊吓和高温中死去。

1957年11月7日
"斯普特尼克"2号卫星的发射机失灵，使莱卡的命运成为一个谜团。

1957年11月10日
这一天是官方认定的莱卡死亡的日期，当时它的食物和氧气应当已经耗尽了。

1958年4月14日
"斯普特尼克"2号卫星脱离轨道并再入地球大气层。

莱卡的旅行

首次发射卫星后一个月内，苏联再次让世界震惊——它发射了一颗更大的"斯普特尼克"卫星，还带上了一位乘客——首个进入轨道的生物。

1957年10月初，OKB-1设计局团队正沉浸在"斯普特尼克"1号卫星取得成功的喜悦中，准备享受自己应得的假期。不料，尼基塔·赫鲁晓夫却另有打算。他对太空的兴趣被西方新闻界的反应激发出来。10月12日，他亲自向谢尔盖·科罗廖夫发来贺电，并询问他下一步的计划。此时"目标D"仍未准备就绪，而在丘拉塔姆有一枚备用的R-7火箭（"斯普特尼克"1号卫星的备用火箭），显然，有机会通过发射一颗更重的卫星来巩固苏联的优势。科罗廖夫知道，他们还有一些设备存货。鉴于在之前的发射试验中已经多次带着小狗到达过大气层边缘并把它们带回，大部分小狗都安然无恙，科罗廖夫建议，首次把动物送入轨道将不仅能获得科研上的领先，还能取得宣传上的优势。

故此，科罗廖夫迅速把自己的团队成员从休假状态中召回，投入到"斯普特尼克"2号卫星的研制工作中。OKB-1设计局通常是根据科罗廖夫的草图，而不是根据合适的草案来开展工作的，但赫鲁晓夫命令设计局在一个月内发射卫星。回想起来，他们的成就卓越不凡，似乎科罗廖夫在开发"斯普特尼克"1号卫星的过程中就已经提前制订了后续计划。

制造卫星

第一次从轨道获得真实科研数据的机会是"斯普特尼克"2号卫星提供的。这个航天器的基本设计为圆锥状，在比较窄的那端安装了一组传感器，用于测量太阳发出的高能辐射。传感器的后方是一个增压球体——它是原PS-2卫星的核心，现在它被安装上了更精密的无线电发射机，用于从轨道上上传回数据。在这个航天器的底部是一个圆柱形的增压舱，小狗会在这个舱里进行太空旅行。

科罗廖夫的团队已经开发出了可以监测小狗在火箭飞行过程中健康状况的传感器，但这次飞行的时间更长，有新的挑战。尽管卫星外部的变化很剧

发射准备
"斯普特尼克"2号卫星虽然内部空间狭小，但仍旧有地方让"莱卡"躺下休息。发射前两天，它就被固定在座位上以适应环境。

太空狗
小狗在苏联早期的太空探索中发挥的作用，如同后来灵长类动物在美国所发挥的作用。1954年7月，两只小狗搭乘R-1D型火箭成功抵达离地面100千米的高度，这张照片就是科罗廖夫和其中一只小狗的合影。

历史聚焦
苏联的痕迹划过天空

"斯普特尼克"2号卫星的主要成就之一就是推翻了少数人的言论，他们称"斯普特尼克"1号卫星不过是苏联编造的一场骗局。自20世纪20年代起，西方世界的主流观点就认为苏联技术落后，且不具备创新能力。甚至在苏联测试第一批核武器时，很多人仍认为他们的技术都是从西方偷来的。对于普通的西方民众来说，"斯普特尼克"1号卫星的出现是一起颠覆性事件，所以一些人拒绝接受现实一点也不奇怪。然而，"斯普特尼克"2号卫星大到当它划过夜空时，肉眼就能看到。卫星本身并没有携带光源，只能反射太阳光。而这张延时曝光的摄影作品，足以作为地球的天空中出现过一颗新天体的物证。

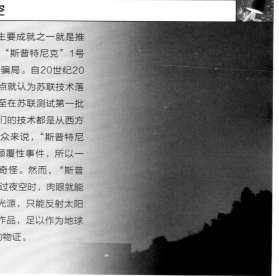

莱卡永存

莱卡的形象成为了早期太空时代的象征，被用在苏联和其他国家的邮票、明信片甚至烟盒上。

烈，但为了保持稳定的温度需要进行隔热。要控制食物、水和空气，且需要把动物呼出的二氧化碳从空气中过滤掉，以防累积过多引起中毒。还有一个棘手的问题是，怎样在失重环境下处理小狗的排泄物呢？

一只小狗的一生

莱卡（含义是"吠叫"）是在飞行中携带的10只待定动物之一。之前使用的小狗都是浅色毛发的杂种小雌狗——因为毛色浅，所以它们能被火箭装载的相机捕捉到，使用非纯种狗是因为人们认为它们更健壮。而使用小雌狗则是为了简化收集排泄物的"纸尿裤"的设计。莱卡被发现时，正在莫斯科的街道上流浪。发射前，它接受了训练，以便能够忍受越来越有限的空间。太空医学专家奥列格·加岑科最终选定了它来实施这次任务。

"斯普特尼克"2号卫星内部

"斯普特尼克"2号卫星的直径和"目标D"的直径类似，可以把它装进标准的R-7型火箭的鼻锥体里。右图为把外部防护罩移除后的卫星模型。

辐射和粒子探测器

原"斯普特尼克"PS-2卫星的增压核心，内含无线电发射机

增压舱，内含生命维持系统

1957年11月3日，"斯普特尼克"2号卫星升空。几个小时内，苏联一直在宣传这一最新壮举。这颗卫星重508千克，进入轨道时仍然装在燃料已耗尽的重6 800千克的R-7火箭芯级上。苏联国家通讯社塔斯社报道说莱卡对航天器内的压力适应得很好，但由于无法把它带回地球，因此为航天器配备了一个系统，在轨道上运行10天后，在莱卡的食物、水或空气供应不足之前，能以无痛的方式使它长眠。定期报道持续更新，但在11月7日发生一次无线电故障后，就再也没听到什么消息了。当时外界普遍认为，莱卡在飞行了一周左右后就自然死亡了。

45年后，随着苏联的解体，有关莱卡真实命运的故事才浮出水面。虽然这次发射是成功的，而且莱卡的心率很快就下降到正常水平，但实际上卫星和火箭的芯级是要分离的。当分离失败时，部分防护性隔热层会被扯掉，导致热控制系统发生故障。舱内温度快速上升到40℃，莱卡的心率开始再次上升。飞行6个小时左右时，莱卡在高温和惊吓中死去。

太空计划中伤亡的动物不多，莱卡就是其中之一，它也是至今唯一一只被单程送入太空的动物。如果时间允许，科罗廖夫本打算设计某种返回舱，这样不仅可以挽救这只小狗，还能提供更有用的科研资料。这次飞行使莱卡成为历史上最有名的小狗。1998年，奥列格·加岑科普反省道："时间过得越久，我越觉得对不起它。我们没有从这次任务中获得足够的成果，让这只小狗死得其所。"

1957年11月8日
随着海军"先锋"号火箭发射失败,"轨道飞行器"项目正式重新启动,要求在90天内发射一颗卫星。

1958年1月31日
"朱诺"1号火箭成功把"探险者"1号卫星送入轨道。

1958年3月5日
"探险者"2号卫星因火箭上面级发动机未能点火而发射失败。

1958年3月17日
美国海军"先锋"号火箭终于成功把一颗被称为"先锋"1号的小卫星送入轨道。

1958年3月26日
"探险者"3号卫星搭载另一枚"朱诺"1号火箭发射成功。

1958年5月23日
"探险者"1号卫星的电池发生故障,卫星不再发送信息,不过它仍然在轨运行了12年。

1958年7月26日
"探险者"4号卫星成功发射。

1958年8月24日
"探险者"5号卫星因火箭助推分离故障而发射失败。

庆祝成功
发射成功后,威廉姆·皮克林、詹姆斯·范·艾伦和冯·布劳恩在一场拥挤的华盛顿新闻发布会上开心地展示"探险者"1号及其火箭的全尺寸模型。

美国抵达太空

由于"斯普特尼克"2号卫星一直占据着世界各地的头条,因此美国政府终于允许重启陆军的太空发射计划。紧随"先锋"号火箭之后,"探险者"1号成为美国的第一颗卫星。

爆出"斯普特尼克"1号卫星新闻的当晚,国防部长尼尔·麦克尔罗伊恰巧在参观红石兵工厂,他要求沃纳·冯·布劳恩以行动自证——如果允许陆军团队重新启动以卫星发射为目标的相关工作,多快才能送些东西进入轨道?乐观的冯·布劳恩表示,60天足矣。而他的指挥官约翰·B·梅达里斯比较谨慎,认为90天更为可行。

无论如何,华盛顿的决策源自"斯普特尼克"2号卫星的发射,以及领悟到苏联的太空计划并非只是一次性宣传噱头。11月8日,亨茨维尔团队获得了发射卫星的批准,但附带几个条件。其中最重要的一点就是卫星的属性——艾森豪威尔仍旧对在太空计划中使用军用火箭持特别保留意见,因此命令卫星必须携带一组仪器来开展一些真正的科研。这或许只是为了帮他们超过苏联人的成就。

运载火箭是一枚经过改造的"朱庇特"C型火箭(是在年初完工并测试的一枚改进型"红石"火箭),但卫星不得不从零开始设计。加利福尼亚州喷气推进实验室(JPL,当时是近程导弹的研发场)的威廉·H·皮克林说服梅达里斯让自己的团队来建造这颗卫星。亨茨维尔团队则集中精力准备好运载火箭。JPL实验室后续研发出了很多颗卫星,而这是首颗卫星。为了简化设计,这颗很快被命名为"探险者"1号的卫星,实际是由一枚"中士宝贝"固体燃料导弹改造而来,可以自己推进进入轨道。它只有前半部分装着科学仪器(见下图)。这颗卫星通过一圈装在鼓状容器里经过改装的"中士宝贝"火箭与下面级"朱庇特"C型火箭相连。这些火箭分两

得偿所愿
美国终于把一颗卫星送入轨道这个令人惊喜的消息,暂时安抚了没有安全感的美国公众。

卫星和运载火箭

这个把"探险者"1号连接到"红石"火箭第一级的鼓状容器(带有黑色竖条的那个)内含两级"中士宝贝"火箭。外圈的11枚火箭先点火,然后另外3枚点火,将"探险者"1号带入轨道。

组进行点火,在飞行中途分离,有效地充当了两个中间级。与"先锋"号火箭一样,上面级在发射和上升期间被设置成旋转式来保持运载火箭的稳定性。

轨道上的"探险者"

相比"先锋"号团队不得不顶着截止日期已公开的压力工作,"探险者"1号的准备工作绝大部分是保密

"朱诺"号点火起飞

定格"探险者"1号开始升入太空这个具有历史意义的时刻,"红石"火箭一级喷射出了一根火柱。与有缺陷但精致的"先锋"号火箭相比,"朱诺"号运载火箭似乎又矮又粗

的。12月20日,改装后的"朱庇特"C型火箭——为了与军用计划火箭区分开,把它更名为"朱诺"了——被空运到了卡纳维拉尔角。然而,直到1958年1月后期才把卫星装进火箭。在两次尝试发射未果后,1月31日,强风减弱了。当地时间晚上10点48分,"朱诺"主发动机点火。尽管是保密的,但还是有几千人聚集到附近观看。

掩体内部

神经紧张的工程师们在库尔特·德布斯的监督下监测"探险者"1号的进展。德布斯是发射操作中心的主管,也是V-2型火箭团队的一位成员。

冯·布劳恩、皮克林和其他人在五角大楼的作战室观看发射。结果,"探险者"1号进入了一个比预定轨道更高的轨道,位于最高点时距离地球2 520千米。这使它成为当时发射得最远的物体,但轨道更长也意味着收到确认卫星在轨道上安全运行的信号会有一些延迟。2月1日早上,等到冯·布劳恩、皮克林和詹姆斯·范·艾伦到美国国家科学院参加记者招待会时,媒体已事先得知,布劳恩等人受到了英雄般的欢迎。

"探险者"1号内部

"探险者"1号后部是一个袖珍版喷气推进实验室出产的"中士宝贝"火箭。前部含有3个科学仪器:一个温度传感器;一个用来收集微小陨石撞击卫星声音的传声器系统和一个粒子探测工具(实际上是一个超大号盖革计数器);还有一个无线电发射机,用来把数据传回地球。

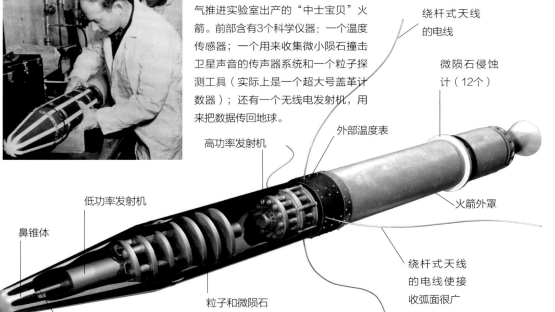

绕杆式天线的电线

微陨石侵蚀计(12个)

高功率发射机

外部温度表

低功率发射机

火箭外罩

鼻锥体

绕杆式天线的电线使接收弧面很广

粒子和微陨石探测工具

温度传感器

人物小传

詹姆斯·范·艾伦

威廉姆·皮克林把设计"探险者"1号科研仪器的任务交给了詹姆斯·范·艾伦(1914—2006年),他是一位自20世纪40年代起就一直研究高层大气和近地空间的科学家,曾参与研制从白沙试验场发射的V-2型火箭和"缓冲器"号火箭上携带的粒子探测器及其他仪器。他是在国际全球物理年期间发射卫星这一项目最有力的倡导者之一。他因工作在科学领域得以留名——"探险者"1号发现了地球大气层外存在的辐射带——现在被称作"范艾伦辐射带"。

早期卫星

太空竞赛时的公开过招之后，是一个实验性尝试期，当时双方都尝试把越来越大的卫星送入轨道，并确立可能的未来太空使用权。

20世纪50年代末到60年代初见证了很多的"第一次"：第一次通过卫星进行通信试验，第一次尝试对地观测并用卫星获取情报，以及出现了第一批轨道实验室。

太阳能

虽然"先锋"号运载火箭注定最终被可靠性更高的"朱诺"号及其后续型号火箭所击败，但它确实是一个重要的里程碑。1958年3月17日，它成功把"先锋"4号卫星送入轨道。这颗小"葡萄柚"型卫星和来年12月份美国发射失败的那颗一模一样，是第一个使用太阳能电池来产生能量的航天器。

吉洪拉沃夫的"目标D"卫星对太阳能的运用更令人印象深刻。1958年5月15日，它作为"斯普特尼克"3号卫星终于被送入轨道（4月份曾发射失败过，说明此次使用的是备份卫星）。该航天器有多处创新，其中之一就是配备了一个能把仪器数据储存在磁带里的数据记录器，并且当卫星进入苏联接收站的接收范围时，记录器会回放这些数据。尽管记录器因没有正常运转从而限制了从卫星返回数据，但其原理在后来得到了广泛应用。"斯普

"回声"计划

"回声"1号是NASA最早发射的卫星之一，发射后它膨胀成一个直径为30米的球体。当这颗被称为"气球卫星"的航天器被看到时，它反射的信号可以被远距离接收到。

特尼克"卫星发射间断了两年，1960年后继续进行。后来的"斯普特尼克"号实际上是为"东方"号载人任务所做的测试。

天眼

因为美国和苏联的太空计划均由军事优先级所驱动，所以在取得航天飞行方面的成果后，两者很快就尝试开展了监视活动。与侦察机相比，天基照相机更不容易受到地面攻击的伤害（1960年5月，当一架美国U-2型侦察机在苏联上空被击落时，这一理念更是得到了证实）。由于用电子方式把照片从太空传回地球的技术还在起步阶段（见本书第53页），因此获取高分辨率图像的最佳方式就是使用感光胶片拍摄并随后把它带回地球。为了对其进行测试，美国发射了一连串"发现者"号卫星（也称作"日冕"号）。其中，"发现者"13号卫星在1960年8月11日首次把胶片带回地球。它把胶片投放进了大气层，在下降过程中由一架C-119型运输机取回。同时，"萨摩斯"计划进行了电子图片传输的实验，在轨道上先形成照片再传送回地球。

磁强计

粒子探测器

光子探测器

静电磁通计

无线电天线

太阳能电池板

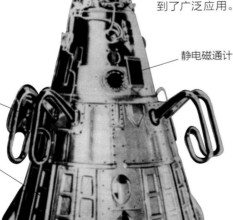

"斯普特尼克"3号

这是第三颗即将发射的"斯普特尼克"卫星，重达1 327千克，比当时美国希望能发射的卫星重量重得多。它携带了各种用来研究地球周边环境的仪器。

追踪卫星

太空时代的到来使得超级大国对自己发射的卫星展开全球追踪，并在追踪方式上相互角逐。位于英格兰焦德雷尔班克的第一个大型射电望远镜有了一个新用途，即对发射进行追踪。很快，美国就在世界各地设置了跟踪站，而苏联则配备了一支追踪舰队，可以在航天器在轨运行期间一直与它保持联系。

地外中继

    通信是卫星技术证实其优点的另一个领域。一个大型在轨卫星可以充当无线电信号的反射器（1960年5月启动的"回声"项目验证了这一点）。卫星也可以广播一段预先录制好的信号（如同"斯科尔"一样，它在1958年向世界传送了一段来自艾森豪威尔总统的圣诞致辞）。如今的通信卫星的直接前身是美国陆军的"信使"1B卫星，它发射于1960年10月，是世界上第一颗有源中继器式卫星，能记录从地面发出的信号并把它们转播出去。

技术
卫星设计

让复杂的机器在太空运转需要很多创新技术。最棘手的问题之一就是向阳面和阴影面的温差会造成零件的扩张和收缩，并最终导致其断裂。镀银的隔热层通过反射大量太阳辐射有助于改善这种情况，同时高导热性的导管可以把热量从温度较高的区域传递到温度较低的区域。如此娇贵的电子设备内部必须加入填充物做衬垫，以缓冲发射时的压力，这些设备还必须足够皮实以能够在飞行中安全穿越大量的辐射和带电粒子。大部分卫星和探测器还需要稳定系统和转向系统。

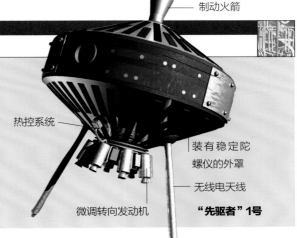

制动火箭
热控系统
装有稳定陀螺仪的外罩
无线电天线
微调转向发动机
"先驱者"1号

1958年8月17日
一枚未命名的美国空军太空探测器本打算绕月球轨道运行，却在发射两分钟后被毁。

1958年10月11日
"先驱者"1号在飞往月球的途中未能挣脱地球轨道。

1959年1月2日
苏联发射"月球"1号，也被称为"梦想号"。它与月球失之交臂，但成为了离开地球轨道的第一个人造天体。

1959年3月3日
经历三次发射失败后，"先驱者"4号挣脱了地球轨道，但错失了进入月球轨道的机会，偏离了60 000千米，未传回任何数据。

1959年9月12日
"月球"2号发射。

1959年9月14日
"月球"2号成功撞击月球。

1959年10月4日
"月球"3号发射。

1959年10月7日
"月球"3号运行到月球背面，并传返回月球背面的首批图像。

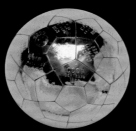

首次抵月

月球是地球的天然卫星，在浩瀚宇宙中，它就在我们家门口。所以，很明显它就是我们探索太阳系的第一站。但是在20世纪50年代，登月仍旧是一项重大技术挑战。

带到月球的货物

"月球"1号和"月球"2号都携带着一种有效载荷，是一些小型具有象征意义的物品，包括用五边形旗做成的"足球"，在受到冲击时会爆炸并散播苏联的国徽。

1958年初，苏联在太空竞赛中尚处于明显的领先地位。让人略感意外的是，历史上第一批对月球的发射活动实际上是从卡纳维拉尔角开始的。1958年8月的首次尝试是美国迎接国际全球物理年计划的一部分。它使用了"雷神–艾布尔"I型火箭，即在空军的新型"雷神"号中程弹道导弹顶部安装海军的"先锋"号火箭作为第二级和第三级。不幸的是，起飞仅77秒后，第一级就失灵了。

第二个月，刚成立的NASA接管了探月计划，并立刻重启之前的发射计划。这枚名为"先驱者"1号（Pioneer 1）的探测器，比它未命名的姐妹探测器飞得更远些。但由于一个编程错误，它仍然未能达到挣脱地球引力并抵达月球所需要的速度，而是沿着弧形轨道到达了距离地球113 584千米的高空，随后在太平洋坠毁。

其他的向月球发射的尝试也遭遇失败。"先驱者"2号的某级火箭发生故障后迅速向地球坠落；"先驱者"3号也遭遇了类似的命运，它使用的是陆军的"朱诺"II运载火箭（"朱庇特"中程弹道导弹成品的改装版）。不过，至少，"先驱者"1号和"先驱者"3号上搭载的辐射探测器帮助确定了"范艾伦辐射带"的范围。

"月球"探测器

在美国进行这些发射试验期间，苏联表面上无所作为，实际却在秘密开展大量工作。1958年3月，苏联国

去往月球的路线

前两枚"月球"探测器进行了简单的近天体探测飞行和撞击着陆，而"月球"3号按照数字8形状的轨道绕月球飞行，并返回地球，约于1960年3月再入大气层。

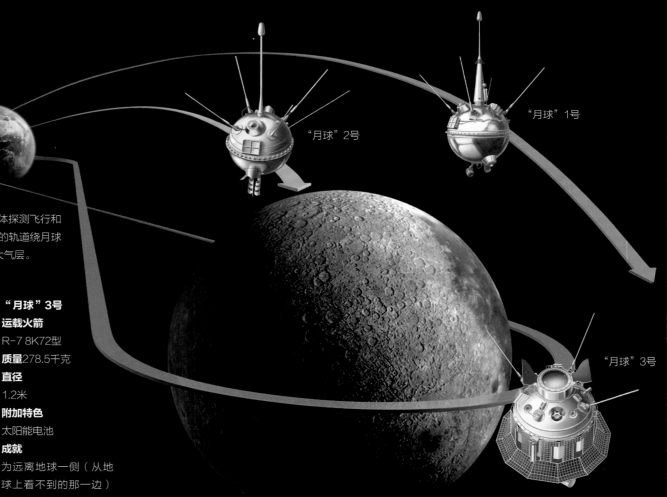

"月球"2号

"月球"1号

"月球"3号

"月球"1号	"月球"2号	"月球"3号
运载火箭	**运载火箭**	**运载火箭**
R-7 8K72型	R-7 8K72型	R-7 8K72型
质量361千克	**质量**390.2千克	**质量**278.5千克
直径	**直径**	**直径**
0.9米	0.9米	1.2米
成就	**成就**	**附加特色**
未能撞击月球，但成为了第一个进入太阳轨道的航天器	成为了第一个抵达月球的人造天体	太阳能电池
		成就
		为远离地球一侧（从地球上看不到的那一边）的月背拍照

远离地球一侧

由于月球在绕地球轨道运行的同时，也在绕自己的轴心自转，因此月球的另一侧在地球上是看不到的。从首批图像中可以看到月背环形山密布的地形。

家委员会已经批准了一连串月球探测器任务，但是考虑到新探测器的大小和重量，所以不得不为现有的R-7火箭安装一个新的上面级以将有效载荷发射到月球。1958年9月23日，苏联开始进行试射，但前三次都以爆炸告终，直到1959年1月2日，"月球"1号（又被称为"梦想号"，更大众化的别名是"月球星"）挣脱地球引力的束缚，在发射约34小时后飞经月球，距离月球5 995千米。本打算用这枚航天器直接撞击月球，但控制系统故障使得本次任务演变成了一

次不是那么近的近天体探测飞行。无论怎样，苏联仍然可以宣布它取得了另一项胜利。3月，美国首枚获得部分成功的月球探测器"先驱者"4号在飞往月球途中错失目标，偏离了60 000千米。相比较而言，苏联的成就变得更加明显。

在1959年余下的全部时间里，苏联人独享月球。9月14日，他们成功使"月球"2号撞击了月球。冒险越过"范艾伦辐射带"后，这枚探测器还发现了太阳风——一种从太阳上不断向外吹出来的粒子流。

1959年取得的最后一个成就是在10月7日，"月球"3号成功绕转过月球，并使用一种独创的电子摄影系统发回了月球背面的第一批图像。

建造中

"月球"系列探测器都是在科罗廖夫领导的OKB-1设计局生产出来的。如左图所示的"月球"3号是早期设计中最复杂的一款，包含一架照相机和额外的太阳能电池板。

技术
为月球的"黑暗面"成像

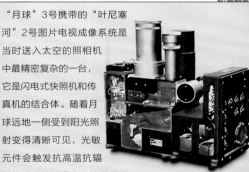

"月球"3号携带的"叶尼塞河"2号图片电视成像系统是当时送入太空的照相机中最精密复杂的一台，它是闪电式快照机和传真机的结合体。随着月球远地一侧受到阳光照射变得清晰可见，光敏元件会触发抗高温抗辐射的感光胶片曝光。这些程序都是在探测器上自动处理的，并且一旦探测器与地球恢复联系，第二个无线电指令就会触发传输系统。这会用到一个阴极射线管，它会把光线透过胶片投射到一个光电传感器上，传感器会生成与胶片透明度成比例的信号。当阴极射线管来回扫描过每张图片时，送回地球的不断变化的信号可以重现17张多山的月球远地一侧的图像，这些图像虽然分辨率低，但仍不失突破性。

走向行星

在太空领域相互竞争的超级大国接下来的宏伟目标是地球的邻近行星——金星和火星。但他们很快就会知道，探索每颗行星都有其独特的挑战。

苏联已经在太空竞赛这股新热潮中取得了优势，它的运载火箭也同样强大，可以把更大的卫星送入轨道，还能把小一些的有效载荷发射到离地球更远的地方；并且，通过使用额外附加的火箭级，可以使卫星和有效载荷一起摆脱地球引力。

然而，与轨道发射甚至与探月发射都不同的是，向行星发射航天器依赖于天时。因为金星、地球和火星都在以不同的速率绕太阳运行，它们之间的距离是不断变化的，所以发射太空探测器的唯一可行时段是在行星处于最接近地球的位置前后，发射窗口期通常很短，可能只有几周时间。

首次尝试

虽然美国和苏联首次涉足行星际空间都是由错失对月球的近天体探测飞行偶然所致，但20世纪50年代末，NASA把它的"先驱者"计划转变成了一系列预定任务，来调查地球以外的遥远空间环境。

那时，谢尔盖·科罗廖夫在1959年底获准研发一系列行星探测器，并打算在来年后期火星处于与地球的接近点期间向火星发送一枚探测器。随着发射窗口期的临近，显然它恰好会和苏联领导人尼基塔·赫鲁晓夫访问美国的时间重合——这将是又一次展现苏联雄姿的绝妙机会。

收到的数据

在帕萨迪纳喷气推进实验室的一张显示"水手"2号进展的图表前，建造"水手"系列探测器的科学家们在展示长长的来自金星的数据纸带。

但幸运之神第一次背离了苏联人。1960年10月中旬，在一次对火星进行的近天体探测飞行任务中，两次探测器试发射均因火箭故障而告终。这些情况都被掩盖了下来，但流言四起，传言还有第三次，即一次灾难性的火箭爆炸事故。长期以来，它被看作是为登陆火星所做出的又一次失败尝试。真实情况截然不同，在很长一段时间内，一直是苏联导弹计划的绝密内容之一（见本书第64页）。

几个月后，在金星处于与地球的接近点前后时，苏联人发射了第一枚"金星"号探测器。最初的失败再次被掩盖——上面级火箭失灵后，它不可能离开地球轨道；而第二次尝试发射的探测器还被说成是苏联取得的又一次胜利，尽管当时它已在飞往金星的途中遭遇通信系统失灵。除了"先驱者"系列探测器

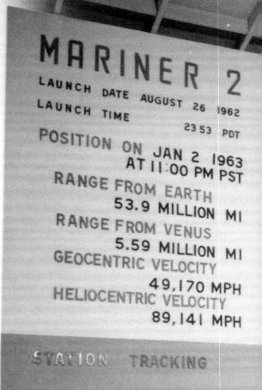

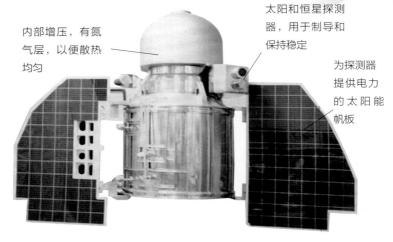

对行星的设想

直到20世纪60年代，大多数人对其他星球的认识是从有远见的美国艺术家切斯利·博尼斯泰尔的画作中获得灵感的。此处展示的是他最著名的作品《从土卫六上看到的土星》。

"金星"1号

"金星"1号比之前发射的任何太空探测器都更为精密，它的直立高度为2米，重约643.5千克，携带多种科学仪器。

内部增压，有氮气层，以便散热均匀

太阳和恒星探测器，用于制导和保持稳定

为探测器提供电力的太阳能帆板

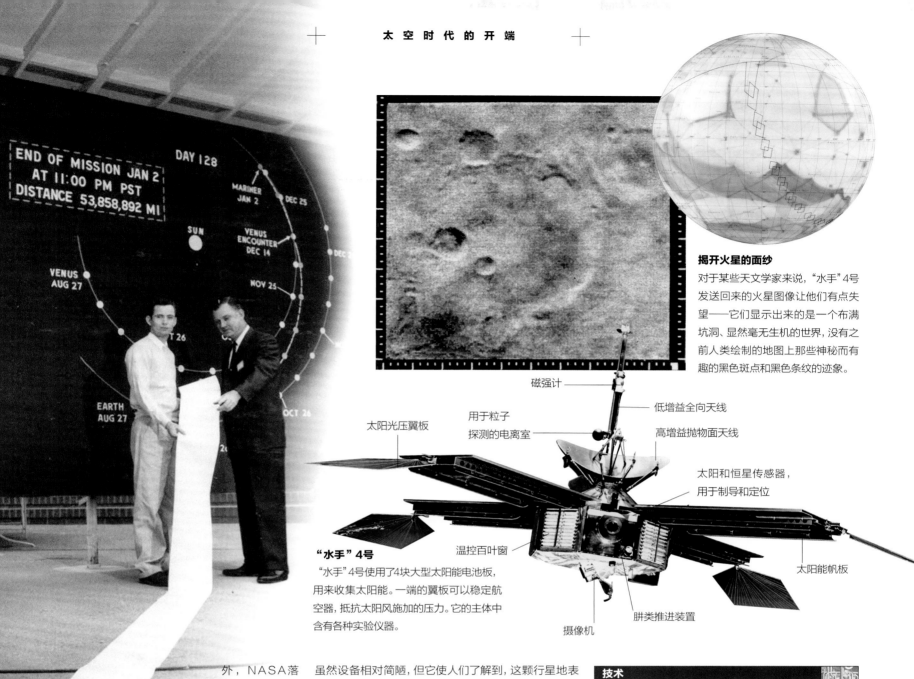

揭开火星的面纱
对于某些天文学家来说,"水手"4号发送回来的火星图像让他们有点失望——它们显示出来的是一个布满坑洞、显然毫无生机的世界,没有之前人类绘制的地图上那些神秘而有趣的黑色斑点和黑色条纹的迹象。

磁强计

用于粒子探测的电离室

低增益全向天线

高增益抛物面天线

太阳光压翼板

太阳和恒星传感器,用于制导和定位

温控百叶窗

太阳能帆板

肼类推进装置

摄像机

"水手"4号
"水手"4号使用了4块大型太阳能电池板,用来收集太阳能。一端的翼板可以稳定航空器,抵抗太阳风施加的压力。它的主体中含有各种实验仪器。

外,NASA落后于苏联,且错过了1960年和1961年的发射窗口期。但接下来的一年,美国人准备好了向这两颗行星发射自己的第一波"舰队",这就是"水手"系列探测器。慎重起见,苏联和美国双方都遵循一个策略,即成对地建造探测器。这样就可以在同一发射窗口期发射两枚探测器。对NASA而言,这是一个"能第二次得到幸运之神眷顾机会"的故事。

当飞往金星的"水手"1号探测器因运载火箭(以"宇宙神"洲际弹道导弹为基础)偏离轨道而被毁时,"水手"2号只用了几周时间就准备好启航了。这次,这颗行星际探测器终于一切运转正常。三个半月后,"水手"2号对金星进行了第一次飞掠探测,

虽然设备相对简陋,但它使人们了解到,这颗行星地表温度极高,有浓密到令人窒息的大气层,并且金星的自转周期是243个地球日,比金星上的一年时间还要长。

到下次火星处于与地球的接近点时,历史重演了。"水手"3号在防护罩被卡住之后未能离开地球轨道,但1964年11月28日,"水手"4号完美发射。飞行7个月后,这枚探测器于1965年7月14日飞掠火星,进入了这颗红色行星的10 000千米范围内。它发回了21张珍贵的火星地表图片,显示出火星没有磁场,而且它的大气层比预计的要稀薄得多。

整个20世纪60年代,"水手"系列探测器一直为NASA服务。1967年"水手"5号飞经金星,1969年7月和8月,"水手"6号和"水手"7号对火星进行了近距离飞掠探测。在此期间,苏联人有一段很长时间的学习期,直到他们的"金星"系列探测器开始取得成果(见本书第266~267页)。

技术
探测行星际空间

随着"探险者"1号(如下图所示)取得成功,NASA开始研究"先驱者"系列探测器,这些探测器的发射贯穿整个20世纪60年代。其中,第一批以月球为目标的探测器相对简单。但在1960年3月,"先驱者"5号被特意送入地球轨道和金星轨道之间的围绕太阳的一条轨道上。这是NASA第一次获得跨越行星间距离与一个航天器进行通信的经验。这枚探测器为"先驱者"6号到9号铺平了道路。这些更为精密的探测器于1965年12月到1968年11月期间先后发射,设计目的是让每颗探测器的运行天数达到180天。但实际上,它们运行了好几年,使科学家们能够监测横贯太阳系的环境。

英法的航天

随着超级大国之间太空竞争步伐的加快，其他国家开始意识到拥有独立发射能力的重要性。最先付诸实践的是英国和法国，但两国的太空计划朝着截然不同的方向发展了。

第二次世界大战结束时，英国和法国都继承了一小部分德国V-2型火箭遗产，热衷于此的工程师们（其中很多人是火箭协会成员出身）很快就投入到复制和学习这项技术的工作中。正如超级大国的太空计划那样，尽管这些项目的驱动力来自军事优先权，但从业者大多是太空爱好者。

无经费支持的期盼

1954年，英国开始在澳大利亚的帮助下（澳大利亚内地的伍默拉地区被用来当试验场）研究自己的中程弹道导弹——"蓝光"号。尽管早期试验取得了成功，但不断急剧上升的成本和对"蓝光"号军事效益的质疑最终导致这个计划在1960年被取消。

但"蓝光"号以其他形式又存续了10年。起初，英国试图引起加拿大和澳大利亚的兴趣，一同协作建造一枚名为"黑王子"的三级运载火箭，用"蓝光"号做它的第一级。但当时没有达成协议，这枚导弹后来就成为了命运多舛的欧洲ELDO（欧洲运载火箭发展组织）项目（见本书第229页）的关键部件。在研发"蓝光"号的同时，英国还在研发一枚小一些的探空火箭（或称研究用火箭），名为"黑骑士"。起初是为了测试要用在"蓝光"号上的弹头设计方案。与众不同的

沙漠中的发射台

下图中所示的是一枚在伍默拉做好发射准备的"蓝光"号导弹。虽然多次测试成功，但令澳大利亚气恼的是，英国政府在1960年放弃了这个项目。

是，"黑骑士"号使用高浓度过氧化氢（HTP）作为氧化剂。HTP起先用于德国的某些实验性火箭发动机，具有易燃性，燃烧猛烈，这使"黑骑士"号的"伽马"发动机设计方案得到了极大程度的简化。

到20世纪60年代，英国在高浓度过氧化氢推进方面处于世界领先地位。1964年，皇家航空研究院提议，基于现有的"黑骑士"号技术建造一个小型且造价低廉的卫星发射用运载火箭。这枚后来被称为"黑箭"的火箭的计划得到了英国政府的批准，但它的经费却一拖再拖，在终于得到发射试验通行证后，于1969年开始进行发射试验。但对于这个计划来说，一个糟糕的开端并不是困难的全部。在它即将取得巨大成功的前

与澳大利亚的密切关联

虽然"蓝光"号导弹在英国制造，但英国因没有合适的发射场而不得不把这些导弹从坎布里亚郡的斯佩德艾德火箭研究院（如上图所示）装船海运，跨越大半个地球抵达在伍默拉的澳大利亚导弹靶场，以待测试。"蓝光"号和"黑箭"号的运输延误使得发展困难的英国航天事业雪上加霜。

夕，英国政府出奇地缺乏远见，居然在1971年7月取消了这个项目。之后，英国满足于依靠小型的美国火箭来发射自己的卫星。但很快，英国卫星本身也成为过去式。自20世纪70年代起，英国在太空方面仅涉足它在新成立的欧洲航天局（ESA）中参与的部分。

法国进入太空领域

正当英国的火箭计划因缺乏政治远见最终失败时，法国的相关工作却欣欣向荣。20世纪40年代后期，法国科学家在几位被捕的德国科学家的帮助下制订计划，打算把冯·布劳恩规划的V-2型火箭的换代品——A9型火箭变为现实。虽然这些想法过于好高骛远，但它们仍旧引领"薇洛妮卡"系列探空火箭取得了成功。这些探空火箭的首次发射是在1950年。在进行这些工作的同时，法国研发了一系列弹道导弹原型，每个都以一种宝石的名字命名。

1961年，法国新成立的航天机构——国家太空研究中心决定建造一枚卫星运载火箭，这枚火箭后来被称为"钻石"号。与其说它是一种变革，不如说是一种演进——在一个经过试验和测试的两级"蓝宝石"号导弹上加装了第三级火箭。1965年11月，"钻石"A型的首次发射在阿尔及利亚的汉马吉尔进行并取得了极大成功，把一颗"A-1"型（或称"阿斯泰利克斯"号）小型卫星发射入轨。这使得法国成为地球上第三个发射自制卫星的国家。法国在参与到ELDO项目的同时，"钻石"号的发射活动继续进行。但在20世纪60年代后期，法国还在法属圭亚那地区的库鲁研发了经过改良的"钻石"B型运载火箭和一个新的综合

"阿斯泰利克斯"号与"戴尔培森"号

第一颗法国卫星"阿斯泰利克斯"号（左图）只比一个在轨运行的无线电发射机略胜一筹。"戴尔培森"号（上图）则更为先进，它含有一个经过改装的发射机，用来测量卫星的速度，并由此测量出不断变化的地球引力。

发射场。1970年3月，"钻石"B型首次在库鲁发射，而且这个计划一直持续到1975年。当法国最终放弃本国制造的运载火箭时，它成为了欧洲航天局更宏大的"阿丽亚娜"项目中的唯一领导者。

在沙漠中升空

1965年，一枚"钻石"A型火箭从法国原来的位于阿尔及利亚汉马吉尔的发射场发射升空。

"爱丽儿"系列

英国的第一批卫星是"爱丽儿"系列卫星，于1962年到1979年间搭乘NASA的"德尔塔"火箭以及固体燃料火箭"侦察兵"发射。"爱丽儿"1号和2号卫星是在美国建造的，装备了英国的实验仪器，而"爱丽儿"3号和4号卫星是完全由英国建造的。每颗卫星都研究了银河系的无线电信号以及地球电离层的特性。相形之下，后来的"爱丽儿"5号和6号则是早期X射线天文卫星中的两颗。

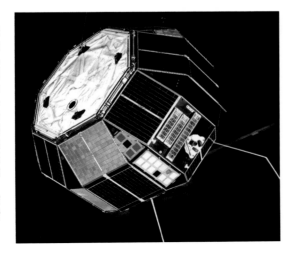

历史聚焦
英国在太空领域的绝响

"黑箭"号的首次试飞是在1969年6月，代号"R0"。由于转向装置的问题，它偏离了轨道，但八个月后的第二次试验取得了成功（右图），这为1970年9月的卫星试发射扫清了障碍。不幸的是，"R2"号未能抵达预定轨道，当时它的第二级火箭过早地停止了运行。尽管该项目会在1971年7月被取消，但它已经取得了发射"R3"号运载火箭的许可。由于只有一次纠正的机会，就把发射延迟到了1971年后期。不过这次一切进展顺利，"普洛斯彼罗"号卫星于1971年10月28日进入轨道。尽管如此，这个项目却没有得到"免死金牌"，而英国则获得了一项殊荣，它成为了第一个放弃本国卫星发射能力的国家。

"东方"号诞生

随着他们在太空竞赛中领先地位的确立，苏联工程师将注意力转向下一个巨大的挑战——研发一款适合载人航天的飞行器。

尽管早在20世纪40年代后期，米哈伊尔·吉洪拉沃夫就第一个拟定了载人航天器的草案，但直到20世纪50年代中期，总设计师委员会才开始严肃地讨论这个想法。1955年，在由于R-7型洲际弹道导弹相关工作享有优先级而把这个想法搁置之前，有大约五个各不相同的航天器设计方案被纳入了考虑范围，而且搭载R-5型火箭进行一系列亚轨道飞行的提案已经进行到了招募志愿者宇航员这一步。

走下画板

1957年早期，随着首次卫星发射的相关计划进展良好，科罗廖夫在OKB-1设计局建立了一个新的规划小组。在这个小组，有才能的年轻工程师们开展能搭载R-7型火箭发射的载人航天器的设计工作。这个后来被称为"启蒙班"的小组，制订了一个有两个部件的航天器提案：将一个球形的降落舱安装在圆锥形仪器舱的前方。这与吉洪拉沃夫的"目标D"卫星（"斯普特尼克"3号）的设计类似。仪器舱会被遗弃在轨道上，而宇航员在整个飞行过程中都会坐在降落舱内，直到最后一刻被弹射出来并跳伞降落到地面。

这枚航天器最初为"目标"OD-2号，但很快它就被赋予了一个更能引起情感共鸣的名字——"东方"号。1958年6月，在科罗廖夫盖章批准这个设计方案之时，它又有所改进，规划了载人和不载人两个版本。不载人的版本后来被称为"天顶号"，它的降落舱将携带侦察设备。1959年5月，就这个计划的哪个部件应享有优先权这个问题进行了几次激烈的政治争论后，国家委员会最终批准了一个旨在于1960年后期实现首次载人航天的生产进度表。

然而造化弄人——1960年5月进行了试发射后，太空计划的其他方面在1960年后期遭受了一连串挫折（见本书第54页及64~65页），直到1961年春天，科罗廖夫才获许冒险进行载人发射。

发射升空

和所有在丘拉塔姆发射的火箭一样，R-7型系列火箭沿着一个专门建造的铁路系统被水平运送并在发射台被竖起指向天空。

生产中

时至今日，为"东方"号的各个舱建立的生产线系统大体上未做变动。图中，工程师们正把一个"东方"号航天器安装进它的发射防护罩内。

技术

拜科努尔航天中心

拜科努尔航天中心是苏联的主要发射中心。实际上坐落于丘拉塔姆村附近，距离拜科努尔镇370千米——这个发射场的地点被故意误传，以迷惑西方的情报机构。1955年中期，基地开始快速建设。一小队建筑工和工程师被送到哈萨克斯坦（当时是苏联的加盟共和国）沙漠中一个遥远的地方，他们在那里开辟场地——用于准备和发射火箭。同时，丘拉塔姆的铁路也得到了完善和扩展，用来从莫斯科附近的工厂和设计局中把火箭和其他设备运送出来。

1955
1956
1957
1958
1959

1960

1961
1962
1963
1964
1965
1966
1967
1968
1969
1970
1971
1972
1973
1974
1975
1976
1977
1978
1979
1980
1981
1982
1983
1984
1985
1986
1987
1988
1989
1990
1991
1992
1993
1994
1995
1996
1997
1998
1999
2000
2001
2002
2003
2004
2005
2006
2007
2008
2009
2010
2011
2012
2013
2014
2015
2016
2017
2018
2019
2020

1960年5月19日
被伪装成"斯普特尼克"4号的"东方"号舱进行首次不载人试飞，最终滞留在轨道上。

1960年8月19日
"东方"号第二次测试（即"斯普特尼克"5号），将两只小狗丝翠卡和贝尔卡带入太空，并在轨道上运行一天后，成功把它们带回地球。

1960年12月1日
"斯普特尼克"6号被发射入轨，但在第二天重返大气层时被烧毁。

1961年3月9日
"斯普特尼克"9号携带着一个宇航员人体模型和一只叫做切尔努什卡的小狗飞行成功。

1961年3月25日
又一次成功试飞，这次是以"斯普特尼克"10号的名义进行的，为苏联人进行载人发射扫清了障碍。

东方之星
丘拉塔姆发射场位于现哈萨克斯坦中部，远离苏联边境，面积达6 721平方千米。另外，发射场地上沿飞行航向还有104 279平方千米的地方被清理出来，以防火箭发射失败造成人员伤亡。

1959年8月
宇航员选拔小队访问苏联各地的空军基地，从一流飞行员中寻找候选宇航员。

1960年3月
星城的训练综合体开始施工。

1960年6月11日
星城的宇航员训练中心建成。科罗廖夫已经选出了"东方"号候选飞行员的最终名单。

1960年6月18日
20名已经通过选拔的宇航员候选人访问加里宁格勒，参观正在研制中的"东方"号太空舱。

1960年9月19日
科罗廖夫提交了一份关于载人航天的正式提案以待共产党的中央委员会正式批准。

1961年1月6日
首次"东方"号载人飞行的六名最终候选人名单草拟完毕。

1961年3月
盖尔曼·蒂托夫和尤里·加加林当选为"东方"1号的备选飞行员。

宇航员训练

1959年5月，苏联研制载人太空舱的计划终于被批准，可以开始寻找合适的宇航员了。

虽然直到1959年后期才开始正式寻找宇航员候选人，但针对一名合格宇航员需要具备的品质，此前已进行了一些讨论。随后，和美国一样（见本书第70页），选拔人员很快意识到，喷气式飞机的飞行员最有可能符合这些基本要求。

1959年8月，航空医学领域的专家组开始访问苏联各地的空军基地，面试将去驾驶一种被他们隐晦地描述为"全新飞行器"的候选人。尽管一些选拔标准很普通，如身高、体重。但事实证明，不管飞行员对太空旅行是否有兴趣，很多人仅仅因为太高或太重就被淘汰了。

选拔小组起草了一份名单，在大约3 000名面试者中，仅有102名有可能成为宇航员。随后，他们被送去接受紧张而且有时令人痛苦的医学检查。除了很多次X射线检查和生理检查外，专家还评估了他们的心理健康和应对精神压力以及孤独感的能力。难度最大的挑战是隔离室，候选人每次会在隔离室里生活和工作几天时间，日夜更替周期由实验操作人员随意设定，偶尔还会有震耳欲聋的噪声打破一向宁静的环境。经过这些程序后，候选人减少到40人，但随着限期将至，第一批候选宇航员减至20人。

简陋但有效

盖尔曼·蒂托夫在一种器械上旋转。这种器械可以让宇航员感受快速加速。苏联还使用快速旋转的离心机来训练宇航员。

投入训练

当候选宇航员们抵达莫斯科开始训练时，他们惊讶地发现自己处在一个令人生畏的大人物的监管之下。此人就是刚刚得到任命的宇航员训练负责人尼古拉·卡马宁（见本书第61页的说明框）。卡马宁的管理方式是把艰苦的体能锻炼、学术讲座和实操训练相结合。起初的讲座几乎全部以飞行中涉及的生物医学问题为重点，但这无法吸引这群几乎全是工科背景的人。因此，卡马宁和科罗廖夫从OKB-1设计局引入了一批工程师，讲航天器和运载火箭的设计、轨道力学和天文学。训练活动包括旨在模拟失重状态的抛物线飞行、弹射座椅测试、无数次跳伞和隔离室训练。此外，宇航员们必须适应新设计出来的宇航服。这种宇航服由高空加压服改良而来，宇航员们必须在整个飞行过程中都穿着这种宇航服。起初，受训人员所在的基地是莫斯科的一个机场，但到了6月份，在莫斯科郊

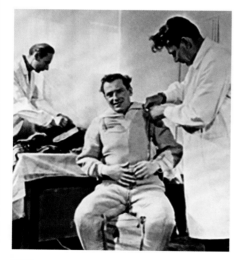

着装
一名受训人员正在穿着宇航服的内衬衣物，苏联的宇航服是从高空加压服演变而来的。

电极检查
盖尔曼·蒂托夫正在专心接受医学检查。受训人员经常要忍受剧烈的震颤或极端的温度。

承受压力
在高空压力室，宇航员们要承受极低的气压，来预测他们在高空的情况。

第一批宇航员

这张珍贵的合影是1964年在星城拍摄的，上面是第一批苏联宇航员，一共9人。后排从左到右是斯普特尼克宇航员别克维斯基、蒂托夫、加加林、尼古拉耶夫和波波维奇。前排是鲍里斯·叶戈罗夫、康斯坦丁·费奥蒂斯托夫，"上升"1号宇航员弗拉基米尔·科马洛夫，以及瓦莲京娜·捷列什科娃（前排右二）。

区的兹维兹德尼-格罗迪克镇（又名星城）专门建造的新设施已准备妥当。其中包括一架为"东方"号航天器准备的飞行模拟器。但由于设备的限制，决定再次减少参训宇航员数量。

1960年5月30日，"随时准备小组"成立。有幸成为其组员的是尤里·加加林、阿纳托利·卡塔晓夫、安德里安·尼古拉耶夫、帕维尔·波波维奇、盖尔曼·蒂托夫和瓦伦汀·瓦尔拉莫夫。卡塔晓夫和瓦尔拉莫夫后来因事故致残而出局，由瓦莱里·别克维斯基和格里戈里·尼利伍波夫替补。加加林和蒂托夫很快成为了科罗廖夫的首选人选。不过他对整个小组都很喜爱，还称呼他们为"我的小燕子们"。

推迟与挫折

即使到了宇航员已开始训练且"东方"号的太空舱下生产线的时候，关于载人发射是否应该继续推进，以及应该在什么时候推进，仍旧存在很大争议。军方把载人航天看作是一种宣传噱头，因此仍在游说政府把载人航天的经费集中用于不载人的以"东方"号为基础的侦察卫星上。

同时，早先两次发射火星探测器的尝试均遭遇失败（见本书第54~55页），而第三次则以酿成了后来被称为"涅德林灾难"（见本书第64页）的重大事故而告终。此外，自从"斯普特尼克"5号携带的两只小狗中的贝尔卡在轨道上患病之后，人们还担心太空飞行对生物的影响。与西方国家的传闻相反，苏联并不鲁莽，赫鲁晓夫和工程师们一点也不愿意让宇航员冒险，直到他们有希望把宇航员毫发无损地带回来。

首次载人航天发射原定于1961年春进行，然而一场灾难来临。3月23日，受训人员中年龄最小的一位，24岁的瓦伦汀·邦达连科在充满纯氧的隔离室中因突发火灾丧生。此时距离原定发射窗口期只有几天时间。几位主要的宇航员没有被立刻告知发生了什么。一周后的3月30日，发射授权最终得到批准。

人物小传
尼古拉·卡马宁

尼古拉·卡马宁将军（1908－1982年）在1960年至1971年担任宇航员训练负责人，备受尊重且令人敬畏。他之前的职业是极地探险员，接受过飞行员培训。1934年，因在一次救援行动中发挥重要作用而声名鹊起。他救援的是被困在北冰洋中一艘被冰封住的汽轮上的乘客和船员。这次事件使他被冠以"苏联英雄"的称号。在星城，由于他的管理方式强硬，很多宇航员不喜欢他。但他的一些想法很有创见——他很想训练一批女性进入太空，并且支持平民当宇航员的倡议。

"东方"号飞船

第一艘载人飞船由米哈伊尔·吉洪拉沃夫的"启蒙班"团队设计，包括一个球形的载人降落舱、一个不载人的仪器舱以及制动火箭发动机。不载人版的飞船以"斯普特尼克"号为掩护，发射了4次（有时被称为斯普特尼克号"飞船"，源自俄语"korabl"）；载人版飞船则发射了6次。虽然后来载人飞行计划被放弃了，但不载人版"东方"号改型飞船携带侦察相机和其他实验设备继续飞行了30年。

"东方"号火箭

"东方"号火箭的下面级与稳定可靠的R-7型"塞米卡"火箭的下面级一样，有4个RD-107型发动机组，环绕着1个由RD-108型发动机驱动的芯级。上图为在装配过程中把一个侧边的发动机组连接到芯上。这两组发动机都是由煤油和液氧提供动力。

RD-107型发动机

RD-107型发动机是由瓦伦汀·格鲁什科研发的，用一个涡轮泵为燃烧室输送燃料。燃烧室与V-2型火箭上安装的燃烧室类似。四个这种燃烧室连通四个主要的火箭喷嘴，同时侧边还有两个用万向架固定的微调发动机，用于帮助火箭转向。

有效载荷整流罩

第三级

芯级

捆绑式助推器

从拜科努尔发射

当"东方"号火箭发射升空时，每一侧的支撑台架都从火箭上脱落。从排气口喷出的火焰被导入下方的深坑里，然后沿着坑道逸出，避免对火箭造成威胁。

再入大气层和着陆的次序

为了让"东方"号飞船离轨，需要让它在太空中调个头，面向后方。一旦制动火箭点火，仪器舱就会分离出来，而降落舱则朝地球坠落。再入大气层后，宇航员从舱中弹射出来，并和降落舱分别用降落伞空降到地面。仪器舱继续在轨道上运行。

"东方"号火箭

为"东方"号开发的8K72K型运载火箭使用的是一枚R-7型火箭的下面级，配有一个3米高的第三级，其发动机与早期发射"月球"号系列探测器时使用的助推器类似。

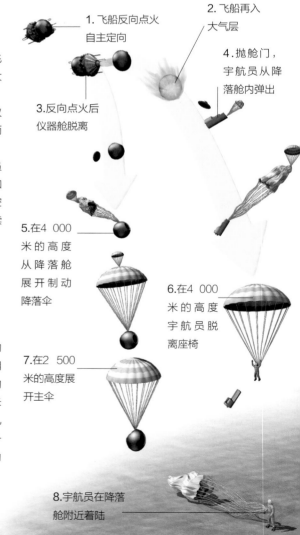

1. 飞船反向点火自主定向

2. 飞船再入大气层

3. 反向点火后仪器舱脱离

4. 抛舱门，宇航员从降落舱内弹出

5. 在4 000米的高度从降落舱展开制动降落伞

6. 在4 000米的高度宇航员脱离座椅

7. 在2 500米的高度展开主伞

8. 宇航员在降落舱附近着陆

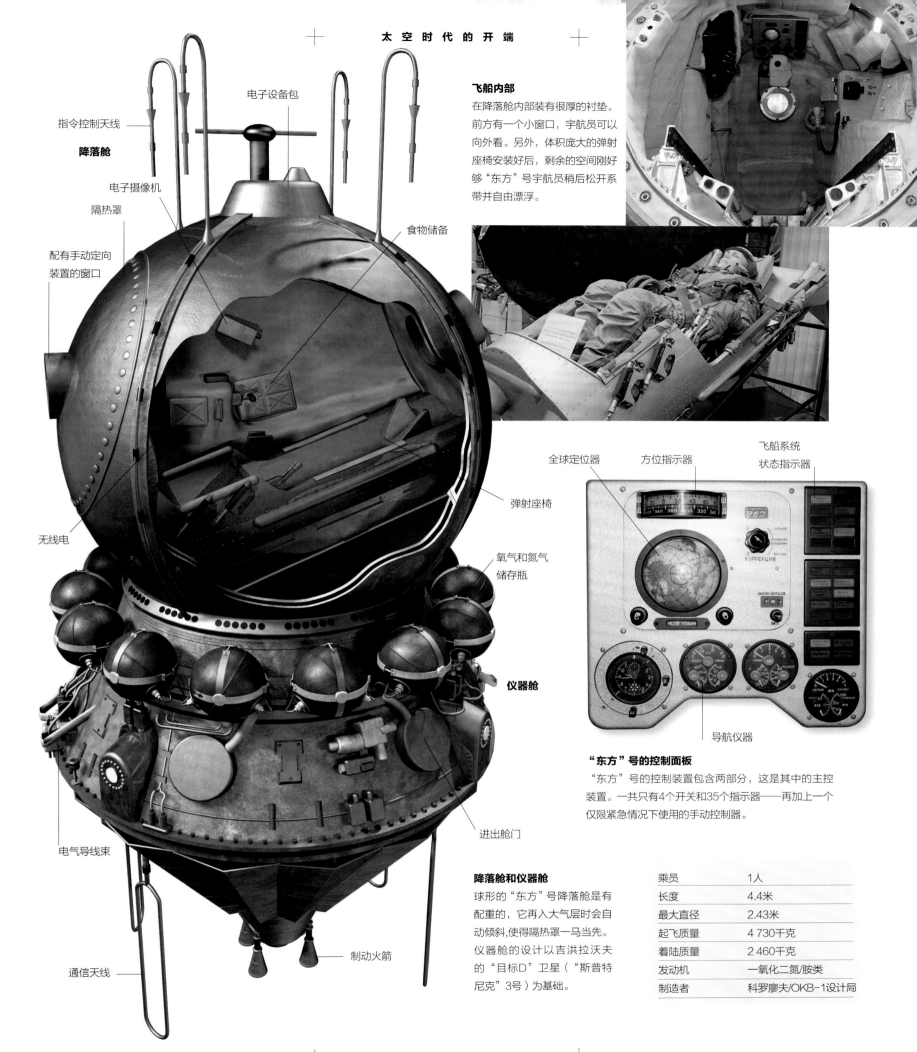

降落舱

指令控制天线

电子设备包

电子摄像机

隔热罩

配有手动定向
装置的窗口

无线电

食物储备

弹射座椅

氧气和氮气
储存瓶

仪器舱

电气导线束

进出舱门

通信天线

制动火箭

飞船内部

在降落舱内部装有很厚的衬垫。
前方有一个小窗口，宇航员可以
向外看。另外，体积庞大的弹射
座椅安装好后，剩余的空间刚好
够"东方"号宇航员稍后松开系
带并自由漂浮。

全球定位器　　方位指示器

飞船系统
状态指示器

导航仪器

"东方"号的控制面板

"东方"号的控制装置包含两部分，这是其中的主控
装置。一共只有4个开关和35个指示器——再加上一个
仅限紧急情况下使用的手动控制器。

降落舱和仪器舱

球形的"东方"号降落舱是有
配重的，它再入大气层时会自
动倾斜，使得隔热罩一马当先。
仪器舱的设计以吉洪拉沃夫
的"目标D"卫星（"斯普特
尼克"3号）为基础。

乘员	1人
长度	4.4米
最大直径	2.43米
起飞质量	4 730千克
着陆质量	2 460千克
发动机	一氧化二氮/胺类
制造者	科罗廖夫/OKB-1设计局

米特罗凡·涅德林

米特罗凡·涅德林曾在西班牙内战中抗击法西斯分子，还在乌克兰指挥过炮兵部队。在他引以为傲的军旅生涯结束后，能用来确认他身份的东西就只有那颗证明他是"苏联英雄"的金星了。

涅德林灾难

1960年10月24日，撼动了拜科努尔航天中心的大爆炸是火箭史上最大的灾难，它带走了苏联126名航天人和导弹人的生命。

多年以后，关于涅德林灾难的真实情况才浮出水面。据美国侦察卫星显示，航天中心发生了一些事情，但无法知道到底发生了什么。大多数分析师认为，鉴于这次爆炸在"火星"1号和"火星"2号发射失败不久后发生，且1960年的火星发射窗口期临近结束，这次爆炸应是第三次尝试发射火星探测器时发生的

事故。实际情况是，在火海中心的火箭是一枚苏联弹道导弹的原型，由谢尔盖·科罗廖夫的上一任副手、当时的竞争对手米哈伊尔·扬尤设计。这次灾难是由一个人的急躁和对安全程序的漠视造成的。苏联原想再次做出一项惊人之举，但却出了大麻烦。

爆炸片段

当导弹发动机起火时，根据设计被触发的照相机一帧帧地拍摄到了这次大爆炸及其可怕的后果。最终，只留下了焦黑的R-16导弹的残骸。

火球袭击

这次爆炸使周围120米的土地变为废墟。很多人当即身亡，还有些人被发射台周围的栅栏困住了。大火肆虐了两个小时才得到控制。

"发射台上方喷射出一个**火焰柱**。我们恍恍惚惚地看到**火焰一次又一次地喷出来，直到一切归于宁静**……尸体的姿势很奇特——衣服和头发都被烧光了。**根本辨认不出是谁。**"

——在附近一个观察点的无名工人

"……照相机……记录了当时的场景……脚手架上的人们在**烈火和浓烟**中四处奔逃；很多人跳下来后被**火焰吞噬**，消失无踪。"

——苏联核物理学家、持不同政见者安德烈·萨哈罗夫（Andrei Sakharov），《回忆录》，1990年

发射台上的火箭是R-16型洲际弹道导弹。虽然科罗廖夫的R-7型运载火箭已经证明了自己的强大，但它并未用作战争武器，因为它无法长期携带燃料储存。扬尤的R-16型导弹本可以解决这个问题，而且它已经被授予了最高优先级，由苏联战略火箭部队的负责人马歇尔·米特罗凡·涅德林负责。涅德林迫切希望在11月7日十月革命周年纪念日前发射这枚火箭。因此，尽管有多名工程师发出严正警告，认为火箭并未做好发射准备，但R-16型火箭还是在10月21日被移到拜科努尔41号场地的发射台上。直到10月24日，所有事情都进展不顺。就在前一天，涅德林还拒绝了一项把燃料排空并把火箭从发射台上移下来的请求。当得知需要继续延期时，他坚持要亲自去发射台看看发生了什么。在极短的时间内将无数项检查和程序过一遍，更有可能出错——的确，事故发生了。18点45分，在指挥掩体里对一个定时器进行例行重置时，触发了导弹第二级点火，并引发了下方一级的燃料箱起火，从而形成一个威力骇人的火球。

米哈伊尔·扬尤幸存下来，只是因为爆炸发生时，他正在和几位同事一起抽烟休息。这场事故夺去了他打算在太空计划中做出重要贡献的雄心壮志。不过仅仅三个月后，在1961年2月，R-16成功进入太空。

"……人们**逃向**另一个发射台的一侧，朝向掩体……但是这条路上新铺了一层沥青带，沥青**瞬间融化**，很多人被困在了这团又烫又黏的东西里，成为火灾的牺牲品。"

——安德烈·萨哈罗夫，1990年

"……发生了一场大火，把装着推进剂组成成分的罐子烧毁了。**伤亡人数多达100人甚至更多**，其中死亡人数——有好几十人。涅德林长官也在现场……现在正在搜寻他。"

——米哈伊尔·扬尤告知克里姆林宫

发射台布局
一份现代的地图显示出发生灾难时，41号场地是怎样布局的。R-16型火箭矗立在左图中六边形的中心位置，而圆形表示的是发生爆炸时涅德林所处的位置。

遇难者纪念碑
多年以后，才竖起了这块遇难者纪念碑。每次发射前，高层都会依照传统到访这里。

1958年3月18日
在NACA的艾姆斯实验室召开的一次会议上，马克西姆·法纪特展示了他关于载人航天飞行的弹道发射概况的论文。

1958年7月29日
议会批准成立NASA。

1958年10月1日
NASA正式成立。

1958年10月7日
T·基斯·格伦南公布NASA的载人航天计划，并成立航天任务组。

1958年12月17日
根据阿伯·西尔弗斯坦的建议，载人航天计划被命名为"水星"计划。

1959年1月12日
麦克唐纳公司得到了生产"水星"号太空舱的合同。

1959年4月9日
被选拔出参加"水星"项目的七名宇航员与公众见面。

"水星"号起步

1958年后期，新成立的NASA向世界公布了自己的载人航天计划。但当苏联的工程师们可以依靠大型火箭直接进入轨道时，NASA还不得不缓慢地推进其计划。

当然，有些美国工程师自"斯普特尼克"号发射前就一直在对载人航天这个选择进行权衡。很多早期的设计工作都是在NACA的无人驾驶飞行器研究部完成的。像马克西姆·法纪特和罗伯特·吉尔鲁斯这样思想超前的人编制了一份飞行任务概论，其设计是把一个锥形无翼航天器抛入轨道，航天器底部装配有被称为烧蚀保护层的防护罩，当航天器再入大气层时会烧掉烧蚀保护层。一旦航天器在大气低层达到最终速度，就可用降落伞进行软着陆。

当NASA1958年10月成立时，局长T·基斯·格伦南做出的首批决策中有一项是建立航天任务组。这是一个由有才能的科学家和工程师组成的专门小组，成员来自NASA合并进来的各个机构，其任务就是实现载人航天。法纪特是这些被选进小组的人之一，吉尔鲁斯则被任命为小组的负责人。

1958年12月15日进行了一场关键性的会面。格伦南在红石兵工厂会见了包括冯·布劳恩在内的美国陆军弹道导弹局（ABMA）的工程师们。尽管亨茨维尔小组直到1960年才被正式纳入NASA（届时变身为马歇尔航天飞行中心），但这里的工程师们立志要为美国的载人航天计划做出重要贡献。他们不仅帮忙设计用来把人送入地球轨道的运载火箭，还提供了一份"实现在1967年把美国人送上月球"这一目标的有完整步骤的方案。

抵达轨道的步骤

1958年12月17日，格伦南向世界公布了"水星"项目，计划随着不同运载火箭的进度而逐步推进该项目。一枚被称为"小乔"的小型火箭将携带仿制的太空舱抵达高空。"红石"系列火箭和"朱庇特"系列火箭将进行多次弹道发射，"弹跳"进入太空。最终，由美国空军正在研制的巨大"宇宙神"洲际弹道导弹将太空舱送入轨道。

但是当计划启动时还面临一个问题，即"什么人能够成为宇航员？"NASA内部就选拔标准展开了激烈的讨论。尽管有些人的想法更前卫（见左下方的说明框）。最终，艾森豪威尔下令应当从试飞员中选拔宇航员。1959年4月9日，美国出现了七名新英雄——意在成为第一批遨游太空的"水星"号宇航员们。

旋转

多轴空间测试惯性设备（MASTIF）是一个"水星"模拟器，安装在万向悬架上，能够让受训人员练习控制三个不同轴向上的运动。

幸运七人组

当选为"水星"号宇航员的试飞员们在围观一枚"水星-红石"运载器模型，该运载器将被用来执行美国的载人航天任务。

历史聚焦

"水星"号项目中的女性

在"水星"项目早期，美国似乎想选择一名女性来当第一名宇航员。这个想法是伦道夫·洛夫莱斯博士在1959年早期提出的。当时他正在评定航天飞行所需的医学标准。洛夫莱斯主张，女性比男性体型更小、更轻，需要的氧气更少，而且能更好地应对精神压力。一群有天分的女性飞行员，包括杰丽·科布（左图）在内，秘密来到洛夫莱斯诊所，并接受严格的测试，以这种方式来证明自己确实和男性候选人一样优秀。有几位继续进行了更深入的训练。然而，她们当中没有一人能够最终进入太空，这是当时的社会态度导致的一种必然。

"水星"七杰

NASA选拔出来的这组宇航员将成为代表美国进入太空的民族英雄。不过，他们也要遵守严格的训练制度，为自己进入太空做好准备。

总统艾森豪威尔在1958年圣诞节期间做出决定：只有军方的试飞员可以被纳入宇航员计划第一阶段的选拔范围。虽然他是军人出身，但他愿意保留航天计划的民用部分（因此成立了NASA）。不过在这件事上，他注意到试飞员拥有很多必要的特质。

在1959年1月早期，NASA的选拔委员会开始筛选508名潜在候选人。其中有大约110人接到面试和笔试的电话通知。到2月份，这个数字已经锐减到仅剩32人。随后，所有候选人都接受了一系列医学检查。出于各种担忧，其中的14人被淘汰，剩下的18人成为了宇航员候选人。在最终抉择中，政治因素开始发挥作用。计划的第一阶段预计有七次发射，1959年4月1日，吉尔鲁斯在与选拔委员会促膝协商并仔细斟酌后，从来自海军和空军的候选人中分别挑选了三人，第七位则来自海军陆战队。

穿好宇航服

由B·F·古德里奇公司（B.F. Goodrich Company）为NASA设计的这款银色宇航服成为了"水星"号计划的一个标志性形象，此图中的模特是约翰·格伦。

七人组面对新闻媒体

一周后，NASA的局长格伦南向召集来的媒体介绍了宇航员们。他们是斯科特·卡彭特、L·戈登·库珀、约翰·格伦、维吉尔·格斯·格里森、瓦尔特·施艾拉、艾伦·谢泼德和唐纳德·K·德科·斯莱顿。

NASA从一开始就刻意讨好新闻媒体和大众，精心安排拍照机会，布告设计显得兴致高昂。七人组拍照时穿着充满未来感的银色宇航服，在沙漠中进行生存训练，还在麦克唐纳公司的工厂查看正在建造中的原型。大部分候选人都是不苟言笑的军人，但格伦在媒体面前表现突出，成为七人组中最有魅力和最爱自黑的人。不过，七人之间的竞争依然很激烈。在首场新闻发布会上，当被问及他们认为谁应该成为第一个进入太空的人时，除了格伦和施艾拉，每个人都举起了一只手，而他俩举了两只手。

人物小传

克里斯·克拉夫特

克里斯·克拉夫特于1924年出生在弗吉尼亚州。在加入NASA前，他是NACA的一名航空工程师。1958年，他受命负责为"水星"号开发飞行控制系统。早期的卫星发射可以在卡纳维拉尔角的掩体里进行控制，但持续时间更长的载人飞行需要一支庞大的团队在专门的航天地面指挥中心进行持续监测。时至今日，克拉夫特开发的技术和规程仍用在NASA的飞行控制上，而且他成为了"水星"计划期间NASA首位飞行主管。20世纪60年代，他从这个岗位隐退，但仍全面负责飞行控制。

1959

1959年4月1日
航天任务组的选拔小组为"水星"号计划选定了七名宇航员候选人。

1959年4月9日
在一场新闻发布会上，向全世界介绍了"水星"七人组。

1959年4月27日
"水星"号宇航员报到入职。

1959年7月
开始用多轴空间测试惯性设备（MASTIF）进行训练。

1959年12月
宇航员开始失重飞行训练。

1960年2月
"水星"七人组在北加利福尼亚州的莫尔黑德天文馆学习天文导航。

1960年2月
七人组开始"水下出舱训练"。

1960年4月1日
宇航员完成离心机训练。

1960年7月
七人组在内华达州的沙漠里进行生存训练。

火箭飞机

当"水星"七人组仍在接受训练时，高超声速的X-15型火箭飞机正在创造一系列航空纪录。几名驾驶它的飞行员将获得美国空军的宇航员翼章。在试飞员和宇航员之间也开始了一场友好的较量。

太空先锋

在新闻发布会间隔期间，宇航员们进行了紧张的训练。除了水中和陆上的生存训练外（以防他们着陆时落在无人区），还设有天文学、空间科学和工程学方面的课程，还有跳伞、为适应失重而进行的抛物线飞行以及无止境的模拟训练。除此之外，他们还必须保持住自己的飞行技能。还有一件最让宇航员们感到沮丧的事——在最初的计划中，"水星"号太空舱完全自动飞行，宇航员几乎无事可做。尽管他们接受了所有训练，但似乎他们比乘客强不了多少，只能寄希望于地面上的工程师们使飞

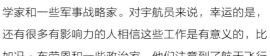

行期万无一失。试飞员同事们的调侃，加上NASA计划在一些试飞中用黑猩猩来取代宇航员，更加深了这种沮丧感。迪克·斯雷顿谈到那些工程师时，只是半开玩笑。那些工程师们认为如果他们"不必担心宇航员受伤"，那工作就简单多了。

虽然媒体努力推动载人航天飞行，但仍然有很多人觉得让人类去做机器能做的工作毫无意义。这些人是包括詹姆斯·范·艾伦在内的一些科

高空飞行者，空中精英

"水星"七杰在一架康维尔公司的F-106B型飞机前合影。这是NASA购买的几架高性能飞机之一，让宇航员用来保持自己精心磨练的飞行技能。

驾驶"呕吐彗星"

在一架经过改装的C-131飞机的客舱里，两名"水星"宇航员体验了几秒钟的失重感。所谓的"呕吐彗星"飞向高空，然后按照抛物线飞行路线坠落，这样，乘员会进行自由落体运动。

学家和一些军事战略家。对宇航员来说，幸运的是，还有很多有影响力的人相信这些工作是有意义的，比如冯·布劳恩和一些政治家，他们注意到了航天飞行在塑造美国新愿景方面的价值。

此外，"水星"号系统多处进行了重新设计，使飞行员有更多事可做。虽然整个系统设计的是自动运行或受地面控制，但宇航员们将能够控制推进器来调节航天器的高度，还能手动触发制动火箭启动以再入大气层。

太空舱样板

第一批太空舱模型是在NASA兰利分部内部建造的，用于搭乘"小乔"号火箭进行试验发射。其设计宗旨是模拟"水星"号成品的重量和空气动力特性。

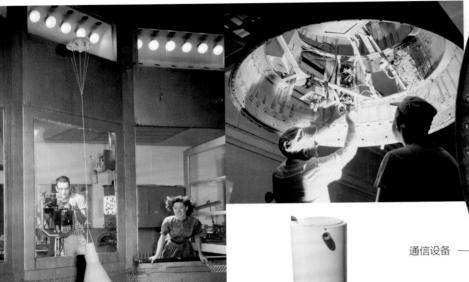

配备爆炸螺栓的
进入与逃生舱口

烧蚀隔热罩

模制宇航员
支撑背板

通信设备

翻滚喷口

环境控制系统

宇航员腿部
安全装置

仪表面板

太空舱测试

带有等比缩小的降落伞的太空舱模型在风洞接受测试（上图）。将在溅落时起缓冲作用并使航天器保持飘浮状态的充气圈也接受了测试（右图）。同时，工程师们开始研究愈加复杂的太空舱样板（右上图）。

"水星"号太空舱

NASA的首个载人航天器只有苏联"东方"号质量的三分之一——它只能这么轻，这样才能由当时威力相对弱小的美国火箭发射。然而，这两艘飞船都不得不解决同样的问题，即在轨生命支持、在太空重新定向和再入大气层。潜在承包商们大力推荐了各种设计，但NASA的航天任务组已经知道，他们想要的是一个锥形、无翼的太空舱，它将沿着弹道轨迹再入大气层。1959年1月，麦克唐纳飞行器公司获得了主合同。

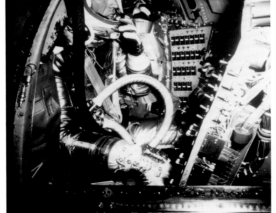

飞行控制

与"东方"号的极简主义相比，"水星"号太空舱排列着一排排开关和控制器，这一设计主要得益于"水星"七杰们坚持不懈的游说。他们认为，把训练有素的飞行员仅仅当作乘客或者当作"罐头里的斯帕姆午餐肉"一样（这一令人难忘的比喻是持怀疑态度的查克·耶格尔提出的）送入太空毫无意义。

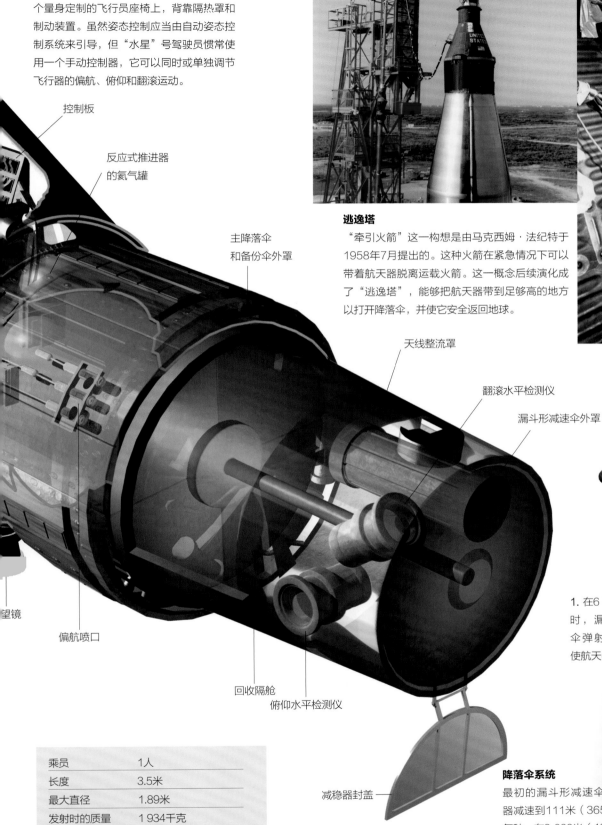

"水星"号航天器

狭窄的"水星"号太空舱中，宇航员坐在一个量身定制的飞行员座椅上，背靠隔热罩和制动装置。虽然姿态控制应当由自动姿态控制系统来引导，但"水星"号驾驶员惯常使用一个手动控制器，它可以同时或单独调节飞行器的偏航、俯仰和翻滚运动。

控制板

反应式推进器的氦气罐

望镜

偏航喷口

回收隔舱

俯仰水平检测仪

减稳器封盖

主降落伞和备份伞外罩

天线整流罩

翻滚水平检测仪

漏斗形减速伞外罩

乘员	1人
长度	3.5米
最大直径	1.89米
发射时的质量	1 934千克
着陆时的质量	1 130千克
发动机	固体火箭制动装置
制造者	麦克唐纳飞行器公司

逃逸塔

"牵引火箭"这一构想是由马克西姆·法纪特于1958年7月提出的。这种火箭在紧急情况下可以带着航天器脱离运载火箭。这一概念后续演化成了"逃逸塔"，能够把航天器带到足够高的地方以打开降落伞，并使它安全返回地球。

名字和数字

戈登·库珀在他人的帮助下进入"信仰"7号太空舱进行飞行演练。每个"水星"号太空舱都有一个由其驾驶员为它取的名字并以数字7为后缀。克莱斯勒公司的员工塞西莉亚·毕比把这些标志画到航天器的一侧。

漏斗形减速伞

主降落伞包

主降落伞

1. 在6 700米高度时，漏斗形减速伞弹射并展开，使航天器减速

2. 在3 000米高度时，主降落伞展开

3. 随着主降落伞打开，充气气垫从隔热罩后部展开

降落伞系统

最初的漏斗形减速伞使航天器减速到111米（365英尺）每秒。在3 000米（10 000英尺）的高度时，主降落伞被打开，降落速度下降到9米（30英尺）每秒。

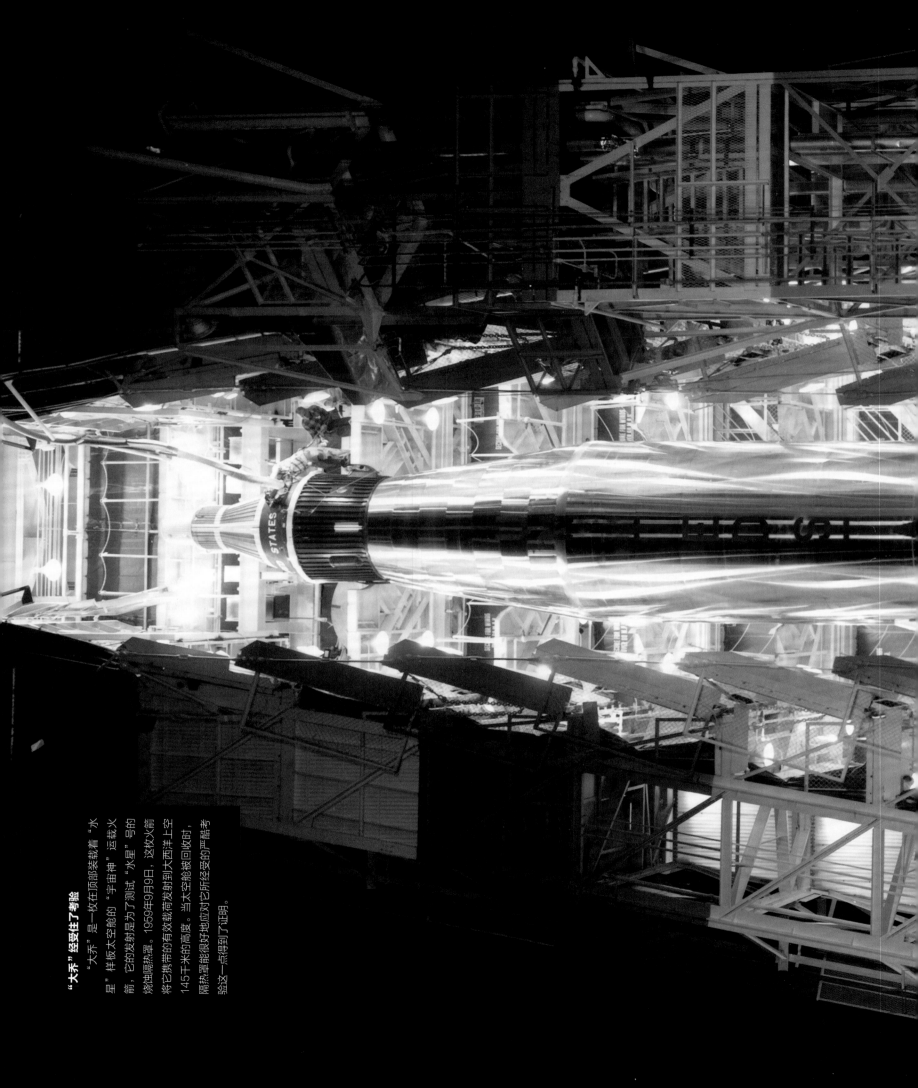

"大乔"经受住了考验

"大乔"是一枚在顶部装载着"水星"样板太空舱的"宇宙神"运载火箭。它的发射是为了测试"水星"号的烧蚀隔热罩。1959年9月9日,这枚火箭将它携带的有效载荷发射到大西洋上空145千米的高度。当太空舱被回收时,隔热罩能很好地应对它所经受的严酷考验这一点得到了证明。

试验与太空黑猩猩

在NASA致力于把一名宇航员送入太空之前，他们通过进行一系列不载人发射和多次以灵长类动物为乘客的飞行，对"水星"号的技术进行了全面彻底的检测。

当"水星"七杰把时间花在训练或在媒体面前展示自己时，麦克唐纳公司和在弗吉尼亚州兰利机场的航天任务组办公室（早期为NACA的实验室）的工程师们正在艰难地完成最终将把七杰送入太空的运载器。

发射"小乔"号

为了测试圆锥形"水星"号太空舱的基本原理，生产了很多极简单的样板模型。这些模型能安装在相对便宜的"小乔"号助推火箭的顶部进行发射。这种助推火箭是一种两级运载火箭，每一个火箭级本身就是由四个使用固体燃料的火箭构成的火箭组。

在这些样板太空舱和火箭上装配着用来记录每次飞行时的压力和温度的仪表。低空飞行测试的是逃生系统，而更高的航迹可以使工程师们观察到"水星"号再入大气层的运动方式，并测试热防护罩原型产品的性能。随后的两次"小乔"号任务中携带了乘客——名字为"山姆"和"山姆小姐"的两只恒河猴——以测试它们在真实的"水星"号任务中的受压生存能力。两只动物都活了下来，没有明显的副作用。

当苏联的工程师们在早期试飞中习惯把小狗送入太空时，NASA的医学专家们却认为，灵长类动物能提供太空旅行压力的最佳数据——如果一只猴

给一只黑猩猩试装
"汉姆"和后来的太空黑猩猩"伊诺斯"（如上图所示）都穿上了为航行定制的宇航服。就"汉姆"的情况来说，当因阀门松动导致座舱内压力骤降时，宇航服很可能救了它一命。

子可以在"水星"号发射和再入大气层后存活且状态良好，那么似乎人类也可以做到这一点。此外，使用灵长类动物还有另一个优点——有些灵长类动物很聪明，可以接受训练，医生们可以评估它们在轨道上的心理历程。

第一只进入太空的黑猩猩

一组6只黑猩猩接受了搭乘"水星"号太空舱进行试飞的训练。其中，一只名为"汉姆"的雄性黑猩猩被选中，在1961年1月31日搭载用"红石"火箭发

模拟器训练
当"汉姆"被带上天时，"水星"七人组仍被困在地面上。图中，约翰·格伦正在弗吉尼亚州兰利机场的"水星"号程序训练器中进行一项模拟训练。

射的"水星"太空舱进行了一次亚轨道飞行。对"红石"火箭所做的测试都进展顺利，但把太空舱送入轨道所需要的"宇宙神"号运载火箭还是遇到了问题。显然，NASA的第一次载人航天发射只能在亚轨道上进行了。"汉姆"进行的这次飞行是载人飞行的预演，遇到了很多小问题，但它克服了这些压力，这使专家们确信，即使出一些差错，"水星"任务也不会致命。然而，冯·布劳恩坚持再进行一次不载人的"红

石"火箭发射，这让被选定为进行首次亚轨道飞行的飞行员艾伦·谢泼德十分恼火。七人组中有几个人已经觉得受到了轻视，因为事实上是一只黑猩猩，而不是他们，在太空计划中发挥了带头作用。3月24日对"水星-红石"运载器的配置进行的最后测试进展完美，但由于暴露出了谢泼德的"自由"7号太空舱存在一些问题，发射又被延迟了。与此同时，苏联即将再一次掌握主动权并把控新闻头条。

"汉姆"归来

美国军舰"唐纳"号回收舰的指挥官在"汉姆"上船时向它致意。太空舱越过了预计的溅落地点，在回收舰队的视野外着陆了。等到直升机找到它时，航天器已经开始下沉。

黑猩猩升空

发射"水星-红石"2号期间，主发动机燃料的供给速度比预计的快，因此"汉姆"不得不承受比预期高得多的地球引力，峰值达到15g。但它毫发无损地活了下来。不过这一故障也意味着"汉姆"的失重状态持续时间超过了六分半钟——比预计的时间长了两分钟。

"汉姆"咬紧牙关

在飞行中，摄像机全程监测"汉姆"的反应。在上升和再入大气层期间，它感受到了极大的加速度，但它恢复得很快而且出色地完成了任务。

人物小传
太空黑猩猩"汉姆"

"汉姆"（1956－1983年）在野外被捉到时还是一只小猩猩，它成为了在20世纪50年代后期安顿在新墨西哥州霍洛曼空军基地的一群黑猩猩中的一员。NASA从这些黑猩猩中招募了六只。它们被训练按照正确的顺序拉动一系列控制杆以获得奖励。如果它们做错了，就要遭受轻微的电击。"汉姆"在完成飞行任务后就退役了，去了华盛顿特区的国家动物园，然后又去了北加利福尼亚州。1983年，它就在那里去世了。黑猩猩群中的大多数都没有它这样幸运，但最后一批是在1997年退役，然后定居在佛罗里达州的一处保护区。

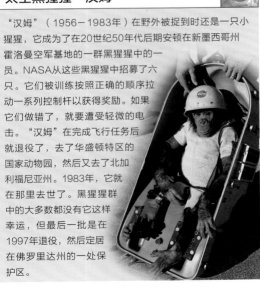

进入太空的第一人

1961年4月12日，第一名宇航员被送入太空。这对世界的震慑力几乎等同于三年半以前发射"斯普特尼克"1号。然而，尤里·加加林乘坐"东方"1号进行的短时间飞行差点以灾难收场。

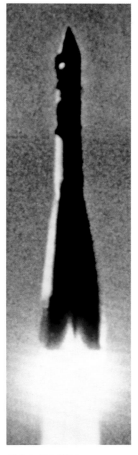

"东方"号起飞

携带着"东方"1号的R-7型运载火箭从丘拉塔姆的发射台脱离升空。航天器中的加加林（左图）无法自由移动，而且他对航天器的影响仍旧极小。

1961年3月末，苏联的首次载人航天飞行已得到授权批准。但是，由谁来首飞呢？人选缩减到两人——旗鼓相当的两位好友加加林和蒂托夫。

国家委员会在4月7日进行了会议商讨，他们认为蒂托夫可能是这两个受训员中更合适的那个。然而，加加林在把握好无条件服从和独立思考之间的细微界限方面表现得更好，正因如此，他才赢得了这一份令人梦寐以求的殊荣。这个决定是在闭门会议中做出的。第二天，委员会再次促膝商谈，在加加林、蒂托夫和摄像机都在场的情况下，当众复述了这一决定。

4月11日，莫斯科时间凌晨5点，R-7型运载火箭携带着"东方"1号沿着从装配场到丘拉塔姆发射台的路径出发了。随后进行了一天演练和全面详尽的测试。当晚，医疗团队通过安装在床垫里的传感器对加加林和他的替补的睡眠模式进行了监测。事实证明这是一种适得其反的措施——为了使医生相信他们度过了一个宁静的夜晚，两人在床上僵硬地躺着，几乎一夜没睡。

进入轨道

4月12日凌晨5点30分，科罗廖夫亲自叫醒了宇航员们。最后进行了一系列医疗检查后，两名宇航员都穿好了宇航服。蒂托夫不得不承受着巨大的痛苦和加加林同一辆客车抵达发射场，然后在他的同伴安全进入"东方"号太空舱时等在一旁待命。直到被带到一个观察掩体，蒂托夫才脱掉他的宇航服。

与此同时，工程师们为加加林接通各种监测器和生命支持系统以确保他的安全。"东方"1号的控制器被锁定在自动驾驶仪上，只有输入一个三位数的密码才能解锁，原定在紧急情况下由地面控制来发送密码。然而，有不少于四个人在加加林被封进航天器之前向他透露了这个密码。在最后关头，监视舱口关闭的电路发生了一个小故障。之后，开始进行正式倒计时。上午9时06分，R-7火箭的主发动机点火并慢慢托举加加林进入轨道，这一场108分钟

人物小传

尤里·加加林

加加林（1934-1968年）是农民的后代，出生于斯摩棱斯克市附近的一个集体农庄。他很早就显露出了学术潜力，在大学学习了工程学知识，1957年应征入伍成为一名战斗机飞行员。1960年，他被选中参加宇航员训练，很快就成为受训人员"六强榜"中最受科罗廖夫赏识的一位（图为两人的合照）。这使他轻松地成为第一位进入太空的宇航员。然而，在完成这一具有历史意义的飞行后，他对自己刚获得的名人身份很不适应。他被誉为"苏联英雄"到处巡访，因而患上了抑郁症。最终，在为搭乘"联盟"3号重返太空而进行的训练中因飞机失事而罹难。

的飞行将创造历史。

"东方"号起初沿着轨道越过西伯利亚向东北方向飞行。通过多个测控站收到的遥测信号，控制器计算出了精确的飞行路线。然后航天器向东南方向移动，越过太平洋并到达地球夜半球的上空。

加加林在飞跃西半球的时候处于无线电失联地带。此时，莫斯科广播电台已经在公布苏联取得的最新成就了。这份公告发布得太早了，因为飞行中最危险的部分还没到来。

当"东方"1号开始在非洲上空再入大气层时，炸药炸毁了仪器舱和降落舱之间的主要连接线路，但一束很细的电缆没有按计划分离开。然后，当"东方"1号突降跌入大气层时，它开始疯狂地打转。幸运的是，航天器周围渐渐增强的炽热气体最终烧毁了这束电缆，使加加林的太空舱重获自由。在地面上空7千米高度时，自动压力传感器炸毁舱口并将加加林连同他的弹射座椅一起弹射到空中。他按计划跳伞降落到地面，落在萨拉托夫州。

108分钟

尤里·加加林被载入史册的那一刻始于1961年4月12日莫斯科时间早上9点06分。携带着"东方"1号的R-7火箭发动机点火升空，缓缓脱离位于拜科努尔的发射台。在离开莫斯科之前，这位史上首名宇航员录制了一段语音，在发生意外情况时，这可能会成为他的墓志铭：

"亲爱的朋友们，我认识的以及不认识的朋友们，我亲爱的同胞们和全世界人民！从现在起几分钟内，一枚强大的苏联火箭将推动我的飞船进入浩瀚的外太空……此刻，我的全部人生就在眼前，化为这一激动人心的瞬间。"

居家好男人
加加林和瓦莲京娜·歌莉娅切娃是在奥伦堡飞行员学校训练时相识的。1957年他们结为夫妇，并养育了两个女儿，埃琳娜和噶尔雅。

飞行两分钟时，R-7型火箭的助推器分离，加加林感受到了一次突然加速，芯级继续单独飞行。五分钟后，芯级燃料耗尽并分离。在此之前，"东方"1号的外罩也已经抛离。当火箭末级将加加林推向轨道时，他汇报：

"我能看到地球。**能见度**很好……我差不多什么都能看见。积云层下面有一定的空间。**我在继续飞行 —— 一切顺利。**"

四分钟后，发动机熄火，上面级分离，把加加林留在一个运转周期为89分钟多一点的椭圆形轨道上。当加加林与拜科努尔失去无线电联系后，

他与科尔帕舍沃跟踪站进行了简短的联络。随后，他独自度过了飞经西伯利亚北部上空时的三分钟。在他飞到夜半球的太平洋上空时，他和祖国通过东海岸的哈巴罗夫斯克市的一个站点进行了最后一次联系。

正当加加林失去最后联系时，莫斯科广播电台和苏联通讯社塔斯社正在报道这次成功的发射：

"苏联已成功把一枚载人宇宙飞船式卫星发射送入地球轨道。现在在宇宙飞船上的是**飞行员、宇航员尤里·阿列克谢耶维奇·加加林。**他是一名空军飞行员，27岁。宇宙飞船的发射时间是1961年4月12日莫斯科时间早上9点左右，**宇宙飞船被命名为'东方'号**，重4 725千克，包括飞行员的重量但不包括运载火箭末级的重量。宇宙飞船密闭的舱里配备了一个收发两用的无线电设备、一台电视机和一个电话式通信系统。"

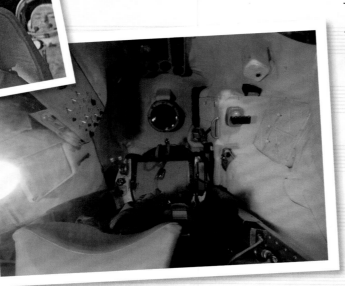

从客车到太空舱
加加林和候补宇航员盖尔曼·蒂托夫同乘这辆客车抵达发射台。7点10分，加加林在狭窄的"东方"号太空舱里坐好。一小时后，他被密封在舱内，以待发射。

最后一次挥手致意
这是尤里·加加林在被主建造人奥列格·伊万诺夫斯基封进"东方"1号之前拍摄的最后一张照片。这一全自动的航天器有一个小键盘，用来在紧急情况下通过输入由地面发送的密码来解锁手动控制器。但在发射前，尼古拉·卡马宁、谢尔盖·科罗廖夫和伊万诺夫斯基都把密码告诉了加加林。

平安着陆
当回收队前去收回烧焦了的"东方"1号降落舱时，加加林已经像一名英雄一样受到了人们的欢迎，人们通过无线电广播听到了报道，前来表示祝贺。之后，在他再次被带到聚光灯下之前，有一点时间供他来进行短暂的沉思。

"成为第一个进入太空的人，独自进行一场史无前例的与自然的对决——还有什么可奢求的呢？"

——尤里·加加林，发射前于莫斯科记录

10点10分时，加加林飞回昼半球的大西洋上空。"东方"1号自动调姿以应对再入大气层时的燃烧。当飞向非洲上空时，独自一人的宇航员继续发送他的常规状态信息，不过并没人能在信号接收范围内接收这些信息。进入新一天（指太空中的一天，即飞行一圈后——译者注）的15分钟后，距离着陆还有8 000千米的高度时，"东方"号发动机点火42秒进行持续制动控制。当仪器舱和降落舱分离时，连接它们的主电缆线被卡在原位了，加加林发现自己被两个连在一起冲入大气层的太空舱晃得天旋地转。

> "当看到我穿着宇航服，还拖着降落伞踉跄前行时，她们开始**惊恐地后退**。我告诉她们，不要害怕，我和她们一样，是一名苏联人，**是从太空降落下来的**，我必须找到一部电话打给莫斯科！"
> ——加加林描述他碰到一名农妇和她的女儿时的场景。

最终，直到10分钟后，再入大气层所产生的热烧毁了电缆，仪器舱在10点35分左右掉落。至此，降落舱稳定下来，但还要承受20分钟的弹道降落过程。在此期间，加加林在高达8g负载的压力下差点昏过去。"东方"1号从黑海上空飞过，再次进入苏联的领空，并逐步减速。最后，在10:55到达规定的海拔高度7千米时，飞船将逃生舱自动弹射出去。几秒钟后，当飞船展开自己的降落伞降落时，加加林也被从座椅上弹射出来，获得自由。

喜气洋洋的赫鲁晓夫

赫鲁晓夫收到加加林安全返回的喜讯。随后不久，莫斯科广播电台报道："10点55分，宇航员加加林安全返回祖国大地。"两天后，加加林飞到莫斯科与苏联领导层会面，并作为民族英雄受到大规模人群的欢迎。这是从第二次世界大战结束以来，这个城市集会人数最多的一次。

1961年8月6日
盖尔曼·蒂托夫搭乘着"东方"2号升空，成为第一个在轨道上度过了一天时间的人。

1962年8月11日
安德里安·尼古拉耶夫乘"东方"3号发射入轨。

1962年8月12日
紧随尼古拉耶夫之后，帕维尔·波波维奇搭乘"东方"4号进入轨道，这是首次多人同时出现在太空中。

1962年8月15日
"东方"3号和"东方"4号再入大气层，相差几分钟先后着陆。

1963年6月14日
"东方"5号将瓦莱里·别克维斯基带入轨道。

1963年6月16日
"东方"6号与别克维斯基驾驶的太空舱在轨道上会合。瓦莲京娜·捷列什科娃成为首个进入太空飞行的女性。

1963年6月19日
"东方"5号和"东方"6号成功返回地球。

"东方"号领先

此后，数次"东方"号任务先后突破了一系列太空领域的"第一次"，目的是在太空竞赛中将美国人远远甩在后面。例如，"东方"2号见证了宇航员盖尔曼·蒂托夫在太空度过了整整一天时间。

将"飞行一天"作为目标的决定有其部分必然性——"东方"号的轨道是倾斜的，并且由于地球旋转缓慢，这意味着发射几小时后，太空舱将不再处于苏联领土上空。任务规划者不得不做出决策：是选择五个小时内处于苏联上空的绕轨三圈任务，还是选择在太空停留一整天？"飞行一天"所显示的更大宣传效果无疑左右了这一决定。

不过，还存在一个科研动机。当时，长时间失重状态可能对人体产生什么样的影响还属未知。为期一天的飞行将使宇航员有时间在轨道上吃饭和睡觉，还能测试他如何应对心理问题。1961年8月6日"东方"2号发射后的几个小时，一个问题逐渐被显露出来。

编队飞行

当蒂托夫试着入睡时，他开始呕吐。不过在饮食方面他没有遇到什么问题，他简单地控制住航天器，还用一部胶片摄像机从驾驶舱窗口记录下窗外的景象。再入地球大气层时，"东方"2号经历了和"东方"1号相似的分离问题，但蒂托夫在轨运行17圈之后，通过跳伞平安回到地球。虽然此后的任务会继续延长飞行时间，但这次不太可能为克里姆林宫提供其

第一个进入太空的女性

虽然有传言说捷列什科娃在轨道上患上了严重的太空病，而且不怎么和地面管制员交流，但"东方"6号还是实现了所有目标。

所需要的大量宣传素材。并且，只是进行持续时间更长的任务所能提供的新的科学数据或工程成果太少。由于"东方"号航天器自身存在局限性，只有一种能继续进行的方法——即所谓的"编队飞行"。

经过多次推迟（主要是由"天顶"号侦察卫星研发出现问题所致，这枚卫星在1961年后期享有优先利用R-7型火箭进行发射的权利），1962年早期，苏联开始对一群宇航员开展专业训练。然而，当1962年8月11日安德里安·尼古拉耶夫乘坐"东方"3号发射升空时，全世界都不知道还有什么值得期待的。精确到23小时32分钟之后，当"东方"3号沿着自己的轨道运转回丘拉塔姆时，帕维尔·波波维奇驾驶的"东方"4号发射升空，加入太空

"东方"1号：英雄加加林

加加林返回地球之后，被誉为民族英雄，并被送到世界各地巡访，他受到了电影明星般的款待。在这张照片中，他和妻子瓦莲京娜以及尼其塔·赫鲁晓夫在阅读报道他飞行

"东方"2号：盖尔曼·蒂托夫

照片中，蒂托夫和其候补宇航员尼古拉耶夫（右侧）正在客车上。蒂托夫是第一批受训人员中最合适的一位，也是在隔离测试中表现最好的一位。这使他成为进行首次持续

"东方"3号：安德里安·尼古拉耶夫

尼古拉耶夫在隔离训练中表现出来的耐受能力为他赢得了一个绰号"铁人"，而且有可能创下了忍耐力的新纪录。后来他和同事、宇航员瓦莲京娜·捷列什科娃结婚。不过

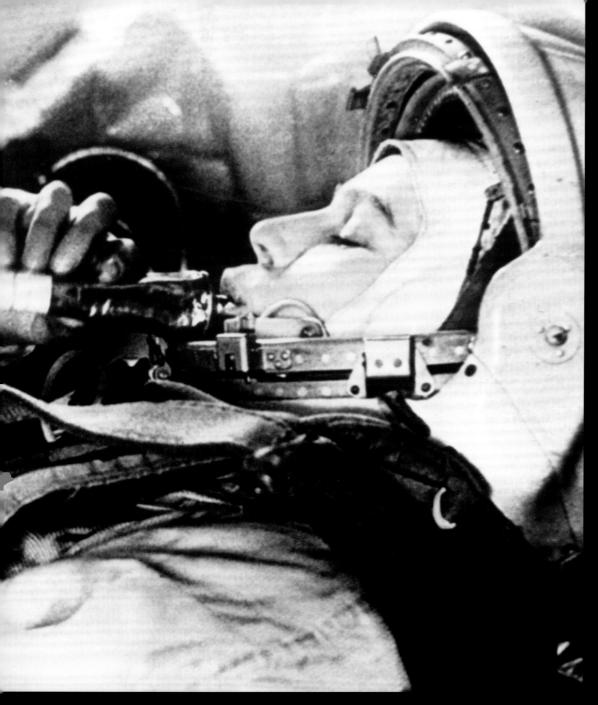

航天器编队，入轨后，它们仅相距6.5千米。

宇航员们能在航天器逐渐飘移远离之前，建立起航天器之间直接的无线电联系。当他们在8月15日先后相差几分钟回到地球时，尼古拉耶夫已经在太空停留了四天。

虽然科罗廖夫想继续"东方"号计划，但他被否决了——"上升"号的改进工作将享有优先权。不过最后一次编队式"东方"号任务仍然取得了宣传上的胜利——1963年6月14日，瓦莱里·别克维斯基乘坐"东方"5号进入轨道，在轨运行两天后，与第一位女性宇航员瓦莲京娜·捷列什科娃乘坐的"东方"6号会合。捷列什科娃是一个跳伞专家，也是由卡马宁和科罗廖夫为飞天而训练的一群女性中的一员。这两名宇航员于6月19日返回地球，标志着"东方"号计划的终结。

"东方"3号和"东方"4号：全世界都在收听

莫斯科人民聚集在一个车载收音机周围，聆听"东方"3号和"东方"4号的编队飞行报道。虽然"东方"号未能在轨道上进行机动，但至少三年以后美国才实现了对这一

"东方"4号：帕维尔·波波维奇

波波维奇的飞行本来是要在"东方"3号返回地球之后继续进行的，但当他报告在下方有"暴风雨"时，爆发了一阵混乱。这是一个商定好的代号，表示他觉得恶心，因此

"东方"5号和"东方"6号：捷列什科娃/别克维斯基

"东方"5号和"东方"6号任务取得成功之后，赫鲁晓夫在莫斯科的红场与瓦莲京娜·捷列什科娃和瓦莱里·别克维斯基一起向公众示意。别克维斯基在轨道上停留了五

1961年5月2日
由于云层覆盖，原计划进行的首次"自由"7号太空舱发射被取消。所载宇航员的身份被透露给新闻媒体。

1961年5月4日
由于糟糕的天气，"自由"7号的发射被第二次推迟。

1961年5月5日
"自由"7号终于在9点34分发射，进行了一次15分钟的亚轨道飞行。谢泼德成为首个进入太空的美国人。

1961年5月25日
美国总统约翰·肯尼迪向国会发表了著名演讲，郑重承诺美国人将在十年内登上月球。

1961年7月18日
天气原因使预定的"独立钟"7号发射被推迟。

1961年7月21日
再次推迟之后，格斯·格里森的"独立钟"7号太空舱终于被成功发射到太空。然而，溅落之后的一个舱口故障使太空舱进了水，不过，格里森很幸运地没有溺水身亡。

"水星"号升空

在加加林乘"东方"号飞行之后的一段时间里，美国看起来在太空竞赛中再次被超越了。"水星"号计划能尽早起步且取得成功是十分重要的。而幸运的是，NASA做到了。

苏联宣布"东方"1号任务取得成功令世界上其他国家感到震惊的程度并不像"斯普特尼克"1号突然出现时那样大，但对美国人来说，只差几周时间却被击败仍旧很令人恼火。令艾伦·谢泼德尤为怒不可遏的是，他认为这些拖延都是由于过度谨慎的管理造成的。与此同时，刚在白宫正式就任总统的约翰·肯尼迪发现自己被指控过于自满，这和他曾针对艾森豪威尔政府提出的指控一样。

首个载人"水星"号航天器终于在1961年5月2日做好了发射准备。"自由"7号宇航员的姓名成为一个被严防死守的秘密，直到由于天气糟糕而取消发射之后，才向媒体披露艾伦·谢泼德的身份。接着又推迟了几次，直到5月5日发射的一切条件才万事俱备。即使到了这个时候，在倒计时环节又发生了几次延迟。最后谢泼德的耐心被耗光了——"你们怎么还不把这只该死的蜡烛点着（意指发射火箭——译者注），'因为我已经准备好出发了！'"他厉声对飞行地面指挥中心说道。

早上9点34分"水星-红石"3号从发射台升空，把它的飞行员载入史册。和"东方"1号的旅程相比，"自由"7号进入太空的飞行只是一次短时间的"弹跳"，仅持续了15分钟22秒。但多亏NASA决定直播整个任务过程，它才能和高手过招。4 500万美国人通过电视观看直播，这有助于让全世界相信，美国和苏联是并驾齐驱的。在某一方面，他们实际上是领先的——谢泼德是第一名乘坐太空舱从太空返回的宇航员，不过由于"东方"1号的返回处于保密状态，当时外界并不知道这一点。

"独立钟"破损

5月8日，"水星"号的宇航员们在白宫参加了一场庆功晚宴。当回到NASA时，他们的想法已经转向进行第二次亚轨道飞行了。"自由"7号的一切几近完美，如果下一次任务也进展顺利的话，就能进行第三次飞行了。

格斯·格里森把自己的太空舱命名为"独立钟"7号并在太空舱一侧的下部画上了一条纹路，以此向1776年在费城宣读《独立宣言》之前曾鸣的"独立钟"致敬。

事后证明这是一种预示——7月21日"独立钟"的飞行进展完美，但在溅落后不久，用来固定新的且更大的逃生舱门的爆炸螺栓被意外触发，使太空舱进水并沉入大西洋洋底。格里森的宇航服里注满了水，幸运的是，他本人逃生成功了。

整装待发
在爬进"独立钟"7号前，格里森看起来心情愉快。在他身后，是加大版的逃生舱门的窗口。

格里森走出去
1961年7月21日，格斯·格里森坚定地向"水星-红石"4号火箭大步走去，技术人员和支持保障人员聚集在火箭的基座周围。

人物小传	
艾伦·谢泼德	

艾伦·巴特利特·谢泼德（1923－1998年）出生在新罕布什尔州。在二战期间，他在美国"科格斯韦尔"号（USS Cogswell）驱逐舰上服役。随后，他接受了海军飞行员训练，1947年获得翼章，1950年成为一名合格的试飞员。1959年，他被选拔加入"水星"计划。成为第一个进入太空的美国人之后，他错过了进行二次"水星"号飞行的机会——NASA决定把精力集中在"双子座"计划之前，曾短暂地考虑过一个为期三天的任务。1963年，他成为NASA宇航员办公室的主任。由于内耳出现问题，他失去了指挥第一次"双子座"任务的机会。1969年做完手术之后，他参加了"阿波罗"计划并在1971年担任"阿波罗"14号任务的指挥官。1974年，他从NASA退休并投身于商业，在几家公司的董事会中任职。

几乎进入轨道

与"东方"1号不同——直到实际的飞行开始之前，"东方"1号几乎是在完全保密的状态下进行准备和实施的——1961年5月5日，"水星－红石"3号在卡纳维拉尔角发射艾伦·谢泼德乘坐的"自由"7号太空舱是在铺天盖地的报道中进行的。

独一无二
在练习穿增压服时，艾伦·谢泼德的招牌式歪嘴笑出现了。谢泼德是个矛盾综合体，性格多变——也许描述为"反复无常"会很贴切。

谢泼德早上醒得很早。和候补宇航员约翰·格伦以及其他团队成员一起用完早餐后，他接受了最后一次体检并被认定为"适合飞行"。穿好宇航服之前，他的多处皮肤上被安放了生物传感器。美国东部标准时间凌晨3点55分，他登上转运车，出发前往发射台。他后来回忆：

"其实直到拖车——它载着我，我穿着**一件带有供氧设备等物品的宇航服**——慢慢停在发射台时，兴奋感才开始增强。"

凌晨5点20分，谢泼德进入了飞船。他在里面发现了一张格伦留下的便条，上面写着"此处禁止手球！"发射原定在7点25分进行——除非推迟，他还要等125分钟。但是在发射前15分钟时，发生了

第一次暂停，随后又进行了一连串叫停。过了一个小时，又过了至少一个小时，谢泼德遇到了一个麻烦，他告知了发射控制中心的戈登·库珀。根据通信文本的记录，当谢泼德解决个人问题时，太空舱的电源不得不被切断：

艾伦·谢泼德：戈登！
戈登·库珀：请讲，艾伦。
艾伦·谢泼德：伙计，我想尿尿。
戈登·库珀：什么？
艾伦·谢泼德：你听到我说的了。我想尿尿。我在这里等得地老天荒了……告诉他们关掉电源！
戈登·库珀：好了，艾伦。电源关了，快去吧。

罐头里的人
谢泼德后来评论说："当我意识到一个人的安全系数是由政府合同出价最低的投标人所决定的时，那种感觉令人警醒。"

进入太空的四个步骤
在宇航服技术员施密特的帮助下，谢泼德和格伦一起穿好宇航服，但只有谢泼德带着便携式供气装置向龙门式升降机迈出了重要的一步。一到那里，他就在地勤人员的帮助下进入了狭小的太空舱。施密特和他握手告别，地勤人员祝愿他"平安着陆！"

"我认为**我们所有人都相当相信统计数据**……任务成功的概率为88%，而**活下来的概率是96%**。而我们愿意接受这个概率占优势的赌局。"

——艾伦·谢泼德，1991年2月

谢泼德登上"自由"7号4小时14分钟后，发射控制中心终于"点燃了蜡烛"（发射了火箭），谢泼德飞向太空。45秒钟的上升过程很顺利，但是当火箭接近声障时，抖动越来越强烈。飞行两分钟时，谢泼德正在承受约为6*g*的过载。又过了20秒，下方的"红石"火箭发动机关闭。"自由"7号仍在向太空飞行，随着它的外部温度上升到104°C，运载火箭和逃逸塔陆续分离。谢泼德描述他能见到的景象：

"从潜望镜看去……**景色太美了**。佛罗里达州被云层覆盖，占据了东海岸附近十分之三到十分之四的部分，一直到哈特勒斯都被遮盖着……我能看到奥基乔比（湖）。认得出安德罗斯岛，以及那些礁石。"

太空舱在抵达它的最高飞行高度187千米时开始自动掉头。现在，谢泼德负责手动控制，对太空舱的姿态进行微调，并启动制动火箭。当骤然降落到再入弧线时，被绑在太空舱隔热罩上的制动装置被丢弃。在再入大气层过程中，在漏斗形减速伞于6 400米的高度展开之前，谢泼德承受的过载高达11.6*g*。在3 000米的高度时，主降落伞为太空舱进一步减速，使它以相对缓慢的10.5米／秒的速度溅落。

"火箭运行完美，而我要做的就是从再入大气层时的受力作用下活下来。在时间**只有16分钟的相当短的飞行中，你要做好一切工作。**"

——艾伦·谢泼德，1991年2月

鞠躬致谢

在溅落11分钟内，谢泼德被救起并运送到美国军舰"尚普兰湖"号上。在接听肯尼迪总统的致电之前，谢泼德向鼓掌欢迎的船员们致谢。

"水星"号进入轨道

1962年2月，约翰·格伦绕地球轨道运行了具有历史意义的三圈，使NASA暂时回归到和它的对手——苏联方更为持平的地位。然而，第一次进入轨道的"水星"号并不是毫无瑕疵的。

尽管1961年7月格里森执行的"独立钟"7号任务结尾时近乎是一场灾难，但"水星"系列太空舱已经证明了自己在飞行中的可靠性。同时，"宇宙神"洲际弹道导弹似乎也已经克服了初期的一些小故障——现在是时候把两者结合，然后把"水星"号送入轨道了。

然而，NASA曾抱有的与它的对手——苏联扳平比分的全部希望都在8月6日破灭了。那一天，盖尔曼·蒂托夫乘"东方"2号（见本书第80页）成功进行了为期一天的太空飞行。当时，吉尔鲁斯领导的航天任务组正从兰利搬到得克萨斯州休斯敦市的新的载人航天飞行中心。尽管承受了一些团体催促进行载人发射的压力，但他们继续坚持进行平稳有序的资格程序。"水星"号太空舱的第一次不载人任务是在9月13日由一枚"宇宙神"火箭发射的，进展完美。但NASA坚持再进行一次太空黑猩猩飞行，这样才会有信心把人送入轨道。

于是，11月29日，一只像汉姆那样的雄性黑猩猩——以挪士被"水星-宇宙神"5号发射到太空。尽管航天器的在轨姿态控制方面出了点儿问题，但飞行进展顺利，以挪士出色地应对了181分钟的失重并承受了比"汉姆"更高g值的过载。至此，"水星-宇宙神"结合体已准备好运送它的首位人类乘客了。

人物小传
约翰·格伦

约翰·H·格伦（1921—2016年）出生于俄亥俄州，是"水星"七杰中军衔最高的成员。他经历过第二次世界大战和朝鲜战争，是海军陆战队的受勋上尉。他魅力超凡的性格使他成为七人之中最受媒体追捧的人。

返回地球之后，他从NASA退役，从事商业和政治领域的工作，最后成为俄亥俄州的民主党参议员（1975—1999年）。1998年，他在77岁高龄之时重返轨道，搭乘"发现者"号航天飞机（见本书第207页）执行一次为期九天的任务，成为太空旅行者中年龄最大的一位。

接踵而至的推迟

NASA想在1961年底之前把格伦发射入轨的急切是可以理解的，但接踵而至的推迟加在一起使其不能如愿。在卡纳维拉尔角测试期间，硬件设备出现的一些问题使发射不断推迟。最终设定了一个暂定发射日期——1月16日。"宇宙神"燃料罐的故障又把这个日期耽搁到了1月23日，而接下来，糟糕的天气状

"友谊"7号
每名宇航员都要为自己的飞船选一个名字。照片上是格伦和克莱斯勒公司的员工塞西莉亚·毕比，一名负责绘画所有标志的画师。

格伦向大家致意
热情的格伦终于在早上6点03分登上了他的飞船。他已经醒来四个小时了，所以不得不在发射前多等了差不多四个小时。

登上太空舱
格伦爬进指定位置，有70个螺栓固定舱门。当这个程序进行到一半的时候，发现一颗螺栓破损了，所以不得不重来一遍。

从太空看日出

当格伦飞到印度洋上空时，他形容日出"很美"。它持续的时间比他预期的更长，而且甚至到了地球的夜半球上空时，一条被日光照亮的蓝色弧线还在地平线上徘徊。

295分钟后平安返航，尽管在大西洋溅落时比预计高度低了60千米，但很快就被拉到美国"诺亚"号回收舰上了。后经测试发现，发生故障的是传感器而非隔热罩。

海军陆战队奖章

格伦获得了美国海军陆战队授予的一枚特制奖章，以纪念他这次成功的轨道飞行。

况导致发射又推迟了一周。2月1日，当为火箭加注燃料并准备发射时，工程师们又发现一处严重的燃料泄漏故障，并花了两周时间来维修。然而，故障修复后，天公又不作美了，直到2月19日，天气开始放晴，才能为第二天的发射做准备工作。

"友谊"7号的飞行

当地时间2月20日早上9点47分，格伦的飞船终于冲入卡纳维拉尔角上方那一片晴朗无云的蔚蓝天空。这次发射进行得很完美，"友谊"7号很快就进入距离地球159～265千米的轨道上。

飞船的飞行路线是向东飞越大西洋，飞过加那利群岛和尼日利亚的跟踪站上空，然后飞过印度洋上空，再越过地球的夜半球。当它把澳大利亚抛到身后并飞到太平洋上空进入日出时分时，格伦报告，他看到太空舱外跳动着细小的发着光的微粒。这些"萤火虫"样的谜团最后由斯科特·卡彭特（见本书第89页）解开。

在大西洋上空，格伦利用太空舱的推进器成功将飞船掉头，这样他就能面朝前方了。但当他接近美国西海岸时，偏航发动机的自动控制开始出现问题，他不

得不通过手动控制来维持太空舱的姿态。在第二圈的89分钟运行期间，出现了更严重的问题。手动控制已经快速耗尽了太空舱的燃料，格伦被告知让太空舱自由飘移以保存燃料供后续使用。更严重的是，第一次经过卡纳维拉尔角上空时，飞船上的一个传感器显示：隔热罩和着陆缓冲垫并未安全就位。事实上，它们似乎只能由被固定在隔热罩上的反推发动机组控制。经过分析，飞行主任克里斯·克拉夫特决定，在再入大气层期间，反推发动机组应留在原位，而不是像预计的那样被丢弃。

当"友谊"7号在飞越太平洋最后一圈时，格伦在反推发动机点火之前调整飞船姿态，目的是在加利福尼亚州上空脱离轨道。再入大气层时让反推发动机组仍在原位需要的手动控制比平时更多，但格伦证明了自己足以胜任这项任务。由于燃烧的发动机组碎片跟在飞船后面，格伦享受了一场盛大的"灯光"秀。飞船在轨运行

历史聚焦
NASA的计算机专家

从1943年起，NACA雇用了一批数学家（大多数为女性）在弗吉尼亚的兰利研究中心进行航空计算。种族隔离意味着这些"人类计算机"被划分为白人和非裔美国人两个群体。1958年NASA成立后，隔离政策结束。计算机为"水星"计划的发展提供了重要的计算支撑。2016年的电影《隐形的身影》中对此进行了戏剧性的描述。凯瑟琳·约翰逊（1918年出生）被调到飞行研究部，对"水星"计划早期的所有飞行进行轨道计算。最为著名的是，直到她核实了"友谊"7号任务的电子计算轨迹后，约翰·格伦才同意发射。

导弹发射阵列

这张卡纳维拉尔角的航拍照片是在1964年拍摄的，从中可以看到从北部海岸到一排导弹发射阵地的景观，这些阵地很多是用于测试"红石"系列火箭和早期的洲际弹道导弹的发射台，很多"水星"号任务也是从这里出发的。远处，NASA阿波罗时代的更大发射台正在施工。

后期的"水星"号任务

落后于苏联差不多一年时间，NASA终于抵达了轨道，其余的"水星"号任务被用于拓展美国在太空的体验并对轨道科学的可行性进行调研。

壮观的"极光"

1962年5月的一个清晨，"水星-宇宙神"7号发射升空。斯科特·卡彭特驾驶的飞船"极光"7号，得名于卡彭特小时候住的那条街道。

当1961年约翰·格伦被指派执行"水星"号第一次轨道飞行任务时，德科·斯莱顿被告知，他将成为第二个进入轨道的美国人。但是等到格伦完成了具有历史意义的飞行之时，命运发生了转折——医生发现斯莱顿心跳有点不稳定。这名倒霉的宇航员被禁飞，因此1962年5月24日是斯科特·卡彭特驾驶的"极光"7号太空舱进入了轨道。这次绕轨3圈的飞行实质上是重复格伦的飞行，但这次宇航员会把精力集中在科研方面，而不是航天器的情况。卡彭特简要地学习了流体在轨道的失重环境下是如何表现的、如何用餐以及如何从太空拍摄地球。他还偶然地解开了格伦遇到的轨道"萤火虫"的谜团——在卡彭特即将开始第三圈的飞行时，他意外撞上了舱壁，磕到了头，因而震掉了外壁上的一些闪闪发光的冰晶。再入大气层期间，制导和校准系统出现了一些小故障，造成了一些麻烦，而卡彭特在比目标高度低400多千米时溅落。等到回收船到他身边时，他已经从太空舱顶部逃出来了并浮在一个救生筏上。

技术
卡纳维拉尔角

出于各种各样的原因，NASA的主要发射场是在佛罗里达州的卡纳维拉尔角已经建成的美国空军基地的北部逐渐形成的。1949年，由于接受测试的导弹射程更远，无法在像白沙发射场这样位于内陆的发射场进行试验，于是，这里被首次指定用于弹道导弹测试。它优越的位置使它后来成为卫星试验发射的必选之地——由于地球自转，靠近赤道的地区比两极附近的地区转动得更快，而且在较低纬度地区向东发射的运载火箭会得到显著的提速，从而有助于进入轨道。

这个发射综合设施，也就是如今的肯尼迪航天中心，实际上是两个单独的机构——NASA的民用和商用发射台在北半部分的梅里特岛上，而空军在南部运营着一个军用发射场。但实际上，民用发射经常在军用发射台上进行，反之亦然。

技术
"水星－宇宙神"运载火箭

"水星"计划后期使用的"宇宙神"D型运载火箭是美国空军的"宇宙神"洲际弹道导弹的改进版，配置独特，被称为"1.5级"。在两侧的发动机脱离前，火箭底部的三个发动机都从同一贮箱里汲取燃料和氧化剂并同时点火。改进版的"宇宙神"火箭至今仍是美国航天发射的主力。它的单层外皮设计独特，同时充当燃料箱外壁，减轻了火箭的重量，增加了射程。

"西格玛"号和"信仰"号

卡彭特再入大气层时遇到的问题使瓦尔特·施艾拉执行的"西格玛"7号任务的重点转移回工程方面。10月3日，在绕地球轨道运行6圈期间，测试自动控制系统花费了大量时间。施艾拉还测试了用于在太空进行锻炼的弹性装置，尝试通过星星的方位来操控飞船的运行方向，还进行了第一场从太空播送的电视直播。这次再入大气层时很完美，"西格玛"7号在太平洋溅落。

最后一次"水星"号任务由戈登·库珀担任驾驶员，这也是截至当时飞行时间最长的任务——运行周期为34小时，绕地球轨道22圈。"信仰"7号飞船需要做出改进才能支持这么长时间的飞行，所以直到1963年5月15日才进行发射。库珀在飞行期间忙着开展一系列实验，包括从太空舱释放并追踪一颗频闪微卫星。他还从太空对地球进行了研究。他报告说看到了下方地球上的个别道路和房屋，地面人员认为他当时是出现了幻觉。但他的这些报告最后为现代遥感科学铺平了道路。

随着库珀成功在太平洋溅落，NASA的一些人强烈要求进行一次为期三天的"水星"号任务。但该是继续前进的时候了。1961年5月，美国总统给NASA布置了一个新的令人兴奋的任务——他们要到达月球。

1967年11月 目标：月球

NASA的首个巨型"土星"5号火箭矗立在发射台上，待命执行"阿波罗"4号的试验任务。此后两年内，同型火箭将陆续把多人送往月球。

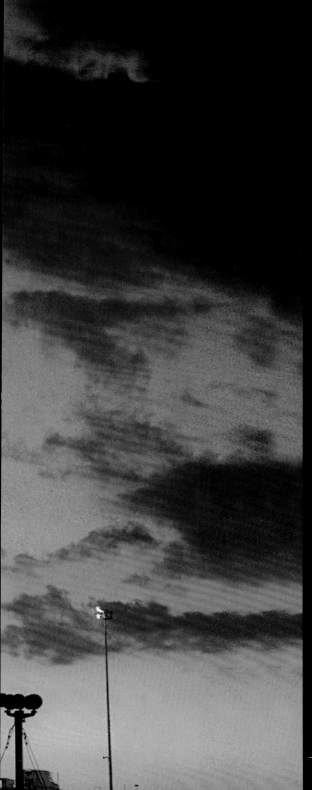

登月竞赛

　　在整个20世纪60年代，太空竞赛成为所有冷战方对抗的出口，并蔓延至地球上的公开冲突中。年轻的美国新总统充分意识到苏联在太空中的优势将在全球产生政治影响，他用一个看似疯狂的宏大目标来激励他的国家——在10年内把美国宇航员送上月球。

　　登月挑战是整个太空竞赛的最后阶段——目标处于20世纪60年代技术的极限，拓展了各方的创造力与工程技能，同时保持着诱人的可实现性。在早期阶段，敌对大国继续对每一项新的壮举进行公开的竞赛，但是苏联的计划开始出现裂痕，他们的月球计划最终在几乎完全保密的情况下失败了。约翰·肯尼迪或许无望看到，但美国不负众望，最终成为太空竞赛的胜利者。

肯尼迪的挑战

随着美国在早期太空竞赛中被彻底击败，1961年，肯尼迪总统宣布了一项雄心勃勃的计划：把人送上月球以接替苏联的太空优势地位。

约翰·肯尼迪能就任总统部分归功于太空竞赛——他把苏联早期的胜利变成了自己的优势，指责艾森豪威尔政府自满。他的就职典礼恰逢NASA新局长到任。1961年2月，詹姆斯·韦伯同时掌管了该机构和"水星"项目。NACA的前负责人休·德莱登成为他的副手。此外，肯尼迪成为总统后做的第一件事就是成立一个由副总统林登·贝恩斯·约翰逊领导的国家航天委员会。

逐月竞赛

尽管肯尼迪最初很受欢迎，但由于几次政治挫折以及尤里·加加林的历史性飞行的成功，他与美国选民的蜜月期在几个月内就结束了。虽然即将到来的艾伦·谢泼德亚轨道之旅会有助于恢复美国人的自豪感，但必须做一些事情来吸引国民的注意力聚焦在一个更遥远的目标，从而超越人们对于苏联太空优势的印象。

就在加加林飞行两天后的4月14日，肯尼迪召集部分政府高级官员和NASA的高级官员召开了一次政策会议。肯尼迪问，美国在什么点上能够最终超越竞争对手。就发射实力而言，苏联又将毫无疑问地会成为第一个将多名宇航员送入太空的国家。

任何发射大型或半永久性空间站的计

德科·斯莱顿（1924－1993年）是唯一一位入选"水星"七杰宇航员队伍而没有执行"水星"任务的宇航员。由于心律不齐，他退出了"水星"计划并从空军退役。之后，斯莱顿负责NASA宇航员办公室，负责"双子座"和阿波罗计划全程的宇航员选拔，充分发挥出其擅长选拔出能够和谐共处的宇航员的能力。经过很长一段时间的治疗，他于1973年通过了飞行考核，并在1975年执行了"阿波罗－联盟"任务。

划也可能是苏联领先。然而，当谈到月球时，竞争似乎更加平衡。虽然苏联很可能首先实现宇航员绕月飞行，但宇航员着陆月球并安全返回地球的任务需要如此多的新技术，美国是有机会赶上的。如果全力以赴的话，美国人首先登陆月球的概率大概是50%。

尽管任务本身的细节仍有待解决，但这对肯尼迪来说已经足够好了。5月初，约翰逊、韦伯和其他人开会起草了一份政治辩解，说明为什么美国应该与苏联竞争登月。这份材料成为5月25日总统向国会发表的历史性声明的基础。声明称：

"我认为这个国家应该致力于在十年内实现这样的目标：把人送上月球，然后把他安全地带回地球。在当代，没有其他任何一项航天工程会比这更令人印象深刻，对太空的长期探索中没有比这更重要的了；也没有其他任何一项计划会如此困难、如此昂贵。"

有了这样一个雄心勃勃的目标，NASA不得不改变任务优先级。直到现在，一个仍不为人知的设想是，太空探索将大致遵循20世

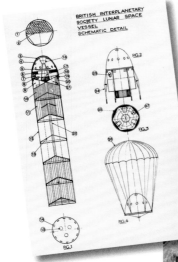

英国的远景

1937年，英国星际协会针对如何开展载人登月任务进行了详细研究。他们设计的宇宙飞船与"阿波罗"号有着惊人的相似之处。

挑战"钢板"

肯尼迪太空旅行的承诺更具政治性而非个人性——他理解冷战时期美国人民的意愿。在向国会发表历史性讲话后，他很快发现美国国会山的政治家们赞同他的观点。

> "我们决定在这**十年间登上月球**并实现更多梦想，并非因为它们轻而易举，**而是因为很难实现。**"
> ——美国总统约翰·肯尼迪，休斯敦，得克萨斯，1962年9月

纪50年代中期冯·布劳恩在《科利尔》杂志上发表的系列文章的模式，即将进入地球轨道作为月球航行的前奏。现在将有一个全面的月球竞赛，这将需要新的航天器和新技能。由于"水星"舱相对有限，将需要一艘中转的训练航天器——一种可用于进行轨道机动、空间交会对接以及其他技术的飞行器。这个飞行器就是被称为"双子座"的飞船。

投向太空的目光

冯·布劳恩的火箭团队将在美国登月计划中扮演关键角色。图为1963年11月，冯·布劳恩正在向肯尼迪介绍他的"土星"发射系统。

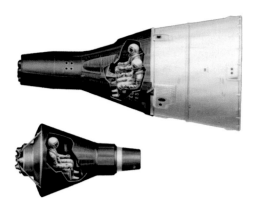

舱体比较

尽管"双子座"的返回舱恰好与双人版"水星"飞船大小相同，但这只是大型"双子座"飞船的一部分，在它后部还装有反推段和设备舱。

"双子座"飞船

"双子座"有三个舱：返回舱、反推段和设备舱。乘员被限制在返回舱，关键的电力及制氧设备放在设备舱，反推段内有变轨推进器和用于触发再入的制动火箭。

乘员	2人
长度	5.6米
最大入轨直径	3.05米
发射时的质量	3 673千克
着陆时的质量	1 983千克
发动机	4台固体燃料变轨发动机
制造者	麦克唐纳飞机公司

易维护

"双子座"设备舱周围部署的小舱口使得工作人员能方便地更换组件及消耗品。

技术
首个"可飞行"飞船

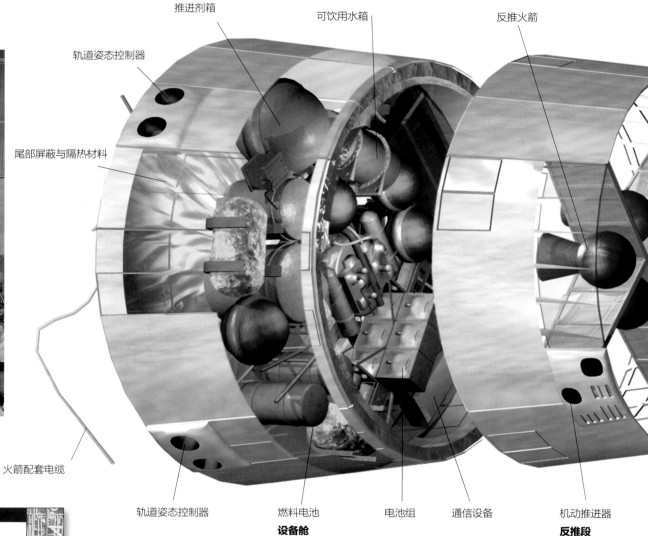

推进剂箱
轨道姿态控制器
可饮用水箱
反推火箭
尾部屏蔽与隔热材料
火箭配套电缆
轨道姿态控制器
燃料电池
电池组
通信设备
机动推进器
设备舱
反推段

"双子座"飞船

"双子座"被称为首个真正意义上的飞船。因为它的革命性设计使它能变轨并真正在太空"飞行"。此前的飞船只能沿着它入轨时的轨迹前进。它也是第一艘具有对接能力的航天器。在"阿波罗"之后，"双子座"的设计在许多方面比成功的飞船更先进。在1966年完成最后一次飞行任务后，"双子座"甚至拥有了"来世"：基于"双子座"提出了新的项目并一直持续到20世纪70年代。

滑翔伞试验

关于"双子座"的一个早期构想是让它在罗加洛翼滑翔机的帮助下在地面着陆。然而，试验表明，机翼部署并不总是可靠。因此，这一构想被放弃了，取而代之的是海上溅落。

"双子座"燃料电池

"双子座"是首个使用燃料电池的航天器,通过氢氧化学结合生成水来产生电能。这使得它比以往的航天器能够运行更长时间。

电力连接器

燃料输入及输出管道

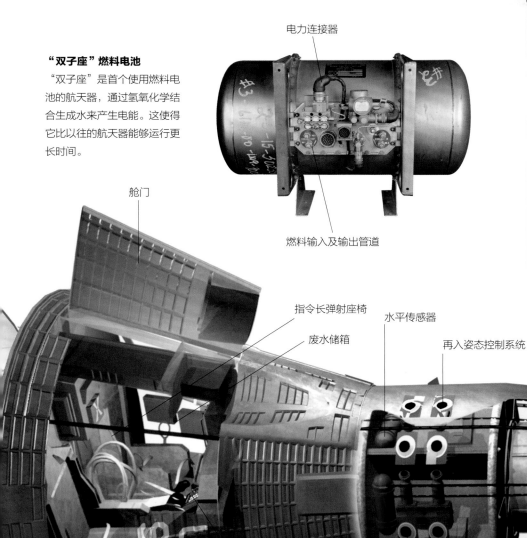

舱门

指令长弹射座椅

废水储箱

水平传感器

再入姿态控制系统

热防护

第二宇航员弹射座椅

仪器面板

返回舱

再入姿态控制系统

降落伞着陆系统

对接天线

减速伞系统

"双子座"座舱内景

飞船座舱内部和飞机的驾驶舱类似,部分原因在于一位来自加拿大的工程师吉姆·钱伯林,他在加入NASA前曾参与"银箭"战斗机项目。

"双子座"4号被起吊

"双子座"飞船抵达肯尼迪航天中心(上图)后,使用吊塔将其安放在"泰坦"运载火箭上方。与"水星"号及"阿波罗"号不同,"双子座"飞船顶部没有逃逸塔,宇航员使用他们的弹射座椅进行紧急逃生。

海上回收

"双子座"有两个点悬挂在降落伞上,这使得它能水平溅落。飞船自身的重量使它能在水中保持直立,直到回收人员到达并为它装上漂浮圈。

"上升"号飞船

在美国"双子座"项目宣布后，谢尔盖·科罗廖夫决心保持苏联在太空竞赛中的领先地位。于是诞生了"上升"号，一种仓促改装且具有危险性的三人飞船。

当美国于1961年宣布"双子座"计划时，它给苏联当局和工程师们制造了一个两难的境地。"东方"号飞船的真正后继者是科罗廖夫雄心勃勃设计的三人"联盟"号综合体(见本书第128页)，但此时尚处于早期研发阶段。同时，已有迹象表明"双子座"的首飞将会早于"联盟"号。

也许，最终的登月竞赛还未开始，苏联就会在太空竞赛中失去领先地位。面对这一局势，科罗廖夫采取了孤注一掷的做法——这将使宇航员的生命面临比以往任何时候都更大的风险。这位首席设计师显然是在没有咨询上级的情况下决定开发一种临时的三人舱。

微小的调整
就外形而言，"东方"号和"上升"号飞船就像双胞胎。甚至新增的反推火箭被安装在减速伞上，而不是舱体上。

科罗廖夫的赌注

1964年2月，在一次视察"联盟"飞船的工作中，科罗廖夫向在场的宇航员宣布不再使用"东方"号飞行，已在组装的飞船将会转换为新的配置。

一种形式是将三人塞进拥挤的舱内。另一种形式是让两名宇航员身穿舱外宇航服与气闸舱连接，使他们能够离开飞船在太空中自由飘浮。

满足这些要求所需的代价是宇航员的飞行更加危险——弹射座椅将被靠背椅所取代，使用一枚新的反推火箭减缓返回舱在接近地面时的下降速度，从而使舱内宇航员能安全降落。最危险的是，三人舱里的宇航员没有足够的空间再穿着宇航服，而是用连身衣代替。一旦舱内失去压力，他们在太空真空环境中将得不到应有的保护。包括卡马宁在内的几位同事对科罗廖夫的计划都表示怀疑。然而，在一个月内，该项目已取得进展。

赫鲁晓夫从未被告知这些安全风险，但即使他知道，他也可能不会否决该提议。

选拔乘员

乘员选拔是一个漫长的过程。起初，尤里·加加林本人得到了命令。但卡马宁不愿意让加加林这样一个民族英雄冒险承担如此危险的任务。"东方"4号的候补飞行员弗拉基米尔·科马罗夫最终被选中。由于"东方"号首次允许非训练有素的人员进入太空，所有人都认为让一名医生随行会有好处。同时，作为对宇航工程师们的激励，科罗廖夫同意其中一人将有机会乘坐已完工的飞船进入太空。最终，医学专家鲍里斯·叶戈罗夫和工程师康斯坦丁·费克蒂斯托夫成功入选。

尽管最初瞄准8月首飞有些好高骛远，但科罗廖夫还是在10月12日发射了"上升"号飞船。这次飞行仅持续了24小时，相对平稳，为苏联提供了一次宣传良机。这次任务的确为太空飞行中的乘员间协作提供了有价值的参考。

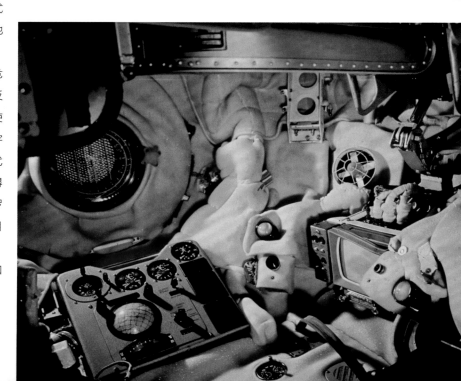

"上升"号的内景
基于"东方"号设计而来的"上升"号飞船搭载三名宇航员，非常拥挤，仪表盘也非常难懂。

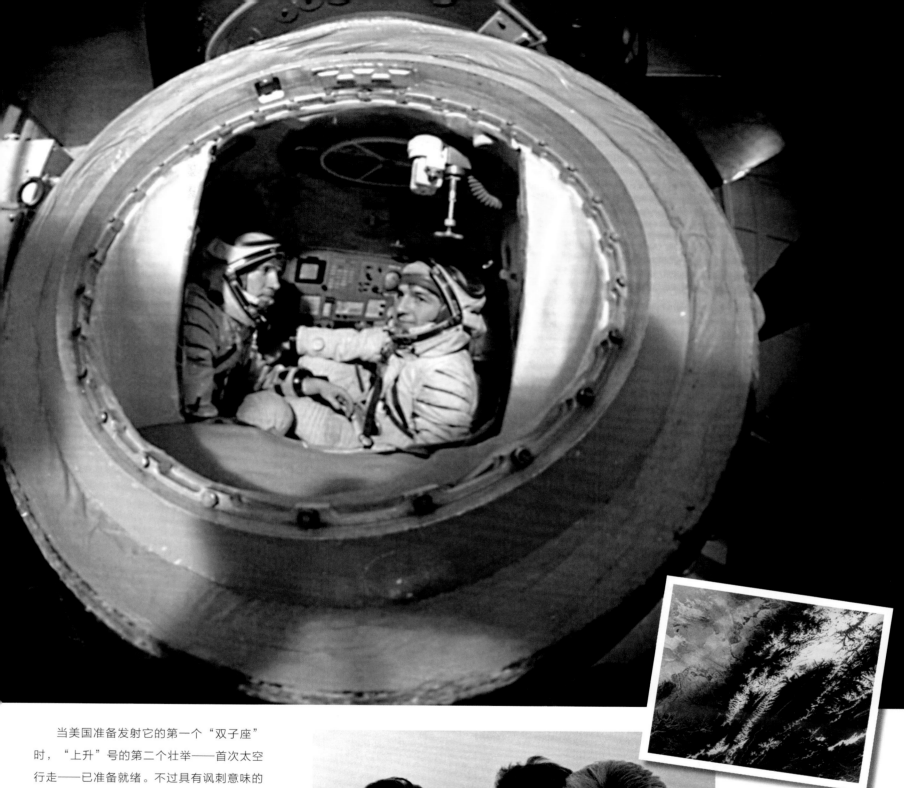

当美国准备发射它的第一个"双子座"时，"上升"号的第二个壮举——首次太空行走——已准备就绪。不过具有讽刺意味的是，科罗廖夫的重要支持者赫鲁晓夫却不再有资格为这一新的胜利欢呼。当"上升"1号在地球上空盘旋时，列昂尼德·勃列日涅夫取代了他。

充满填充物的舱内

对抗风险的一个措施是用软垫填充舱内所有的表面。但是，一旦降落伞或反推火箭出现故障，这种做法显然于事无补。

"上升"号三杰

第一批"上升"号试飞员：弗拉基米尔·科马罗夫（左）、鲍里斯·叶戈罗夫（中）和工程师康斯坦丁·费克蒂斯托夫（右），他们从太空发回了一些关于地球的奇幻图景（上图）。

"双子座"进入飞行

早期的"双子座"任务给了NASA首次长期太空飞行的经历，也创造了NASA多个太空史上的第一，为后期完成更先进的任务铺平了道路。

"双子座"以惊人的速度完成了从概念设计到研制成形的过程——第一次试飞是在1964年4月8日，距离项目启动不到30个月。"双子座"不得不满足这一时间表，以履行其作为"水星"任务和计划于1967年启动的"阿波罗"任务之间的桥梁任务。虽然"双子座"太空舱类似于一个放大的"水星"舱（最初曾被命名为"水星"2号），但它标志着一次重大飞跃——"双子座"是第一艘真正的宇宙飞船，因为它能够变轨并在太空中机动。

首飞

"双子座"的首次测试发射被安排在1964年，主要是检查飞船的在轨性能。这次飞行没有载人，携带了一些能够在发射和在轨阶段返回数据的仪器。"双子座"1号没有返回功能，因此，1965年1月又发射了一艘短时间亚轨道飞行的太空舱来评估再入条件。1965年3月23日，"双子座"3号为第一次载人发射准备就绪。

时任宇航员办公室负责人的德科·斯莱顿将有经验的宇航员和新招募的宇航员混合编队。首个"双子座"乘组由格斯·格里森（"自由钟"7号的宇航员）和

技术
"双子座"的"大力神"运载火箭

所有的"双子座"任务都是由"大力神"II运载火箭完成的。"大力神"火箭脱胎于美国空军的"大力神"洲际弹道导弹。它是两级火箭，连同"双子座"一起高33.2米，一级为双火箭发动机，以偏二甲肼（UDMH）和四氧化二氮的混合物为燃料。发动机相对简单，因为这种燃料和氧化剂的组合是自燃方式，不需要点火系统，接触即燃烧。二级有一个单独的发动机，燃烧相同的燃料，三个发动机都用万向架安装了排气喷嘴，可以倾斜以改变方向。

约翰·杨组成。鉴于早年的不幸经历，格里森以"永不沉没"的泰坦尼克号的灾难幸存者的名字"莫莉·布朗"命名太空舱。这也是最后一艘由其乘员命名的宇航器。

"莫莉·布朗"舱的飞行并没有像她的同名者事件那样轰动——它只在轨运行了3圈。不过，3圈飞行期间，宇航员得以测试他们的新发动机并首次实现在太空中变轨。他们还享用了宇航员杨私带进飞船里的腌牛肉三明治，这事儿让任务控制中心颇为恼火。

更长更远

第二次载人飞行任务更加雄心勃勃。詹姆斯·麦克迪维特和埃德·怀特在"双子座"4号轨道上停留了4天多，埃德·怀特成为美国历史上第一位在太空行走的宇航员。宇航员还开展了很多实验项目，并试图与"大力神"火箭废弃的上面级交会，但并未成功。

1965年8月发射的"双子座"5号将目标又向前推进了一步。新的燃料电池使得宇航员戈登·库珀和皮特·康拉德在轨道上停留了8天，进行了各种实验。这次飞行也是由宇航员设计的飞行任务徽章(见本页左上角)的首次亮相，不过官员们坚持将之前的"Eight days or bust"（8天或取消）字样删除，以防出现飞船提前返回的情况。

人物小传
吉恩·克兰兹

飞行主管吉恩·克兰兹(生于1933年)在许多历史性任务中执掌NASA的新休斯敦任务控制中心。克兰兹出生于俄亥俄州，毕业后在美国空军预备队受训并成为战斗机飞行员，之后加入麦克唐纳飞机公司从事地空导弹研发工作。

然后，他加入美国的太空任务组并成为早期"水星"任务的程序指挥，负责确认电源从卡纳维拉尔角的发射控制台平滑转移到"水星"上的控制室。到"双子座"4号任务时，他已经被提升为飞行主管(与控制小组一起参与每次任务值班的人员之一)。由于参与"阿波罗"13号任务，他成为NASA最知名的调度人员。

连续飞行

飞行指令长皮特·康拉德，1965年8月与乘组执行"双子座"5号任务，在打破了8天飞行纪录后，同乘组的宇航员戈登·库珀为他拍摄了这张照片。

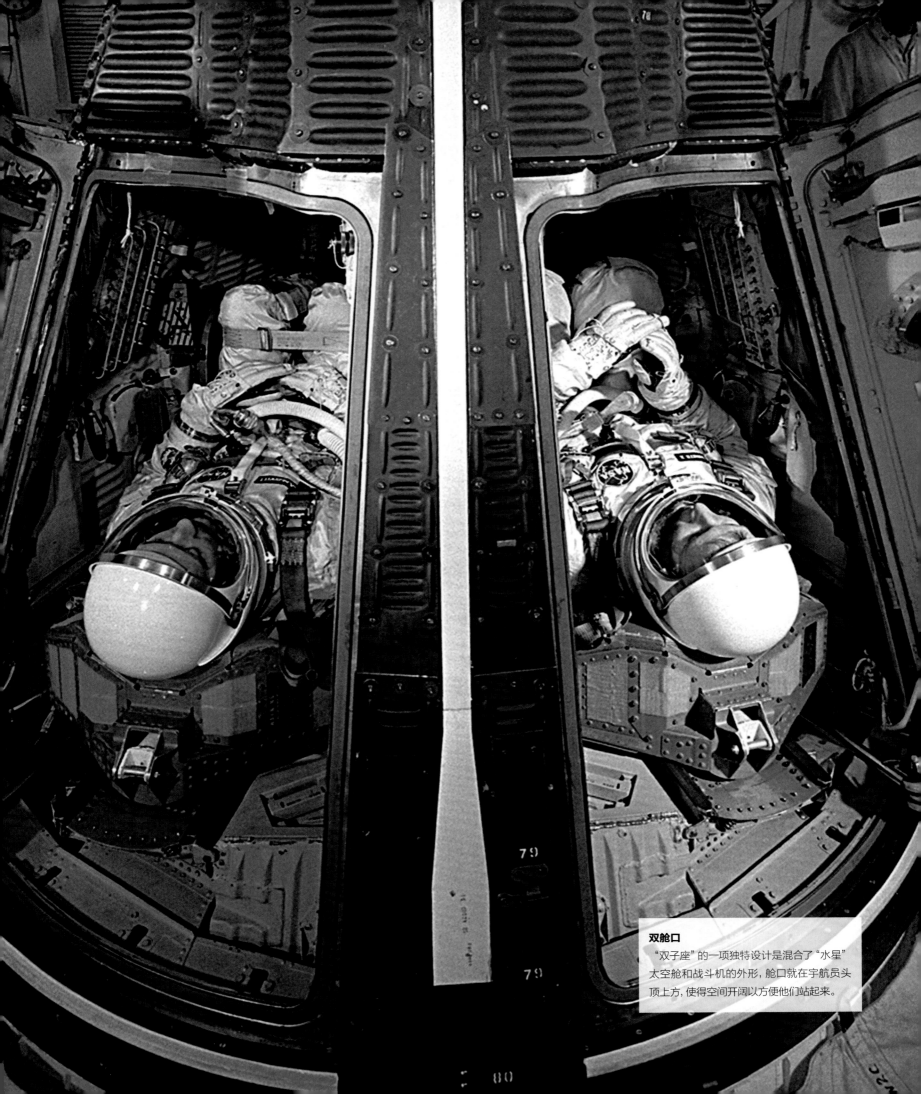

双舱口

"双子座"的一项独特设计是混合了"水星"太空舱和战斗机的外形,舱口就在宇航员头顶上方,使得空间开阔以方便他们站起来。

溅落演练

在得克萨斯州埃灵顿空军基地的水上逃生训练现场,约翰·杨跨坐在"双子座"的座舱上,而格斯·格里森在救生筏的一端。格里森曾经参与"水星"任务的水上逃生训练。起初,他想把他的"双子座"3号太空舱命名为"泰坦尼克号",但这一想法被NASA官方坚决否决了。

自由飘浮

埃德·怀特进行的15分钟太空行走显然比当年阿列克谢·列昂诺夫要顺利得多，詹姆斯·麦克迪维特拍到的这张照片令人惊叹。然而，他的操纵枪里的燃料很快就用完了，他也陷入了难以返回飞船的困境。

首次太空行走

基于对未来宇航任务更为复杂的考虑，宇航员离开飞船进入太空中的操作能力迫切需要得到验证。

谢尔盖·科罗廖夫设计了一种双人"东方"号飞船的变体舱，装有与三人版"上升"1号相同的可充气、可拆卸式气闸舱。最初被称为"出口"，后来又改名为"上升"2号。当局认为原来的名字暴露了任务的目的，如果太空行走不能进行，则可能会导致尴尬。

四名宇航员参与了这次任务的训练，但阿列克谢·列昂诺夫一直是首次太空行走的第一候选人。帕维尔·别里亚耶夫被选为指挥官，在整个任务期间留在飞船内值守。经过多次试验，包括一次全自动发射和适配假人太空行走，"上升"2号于1965年3月18日从拜科努尔发射。

在飞行第二圈时，气闸舱充气膨胀，列昂诺夫出舱后飘浮在地球上方12分钟（见上文）。这是一次历史性的出舱，也是最终令人紧张到精神崩溃的任务。返回地球的过程也并不顺利——主减速火箭故障意味着别里亚耶夫不得不在接下来的飞行圈次内对备份发动机进行手动点火。但糟糕的舱工艺导致了46秒的点火延迟，

苏联太空行走
"上升"2号狭促的设计意味着帕维尔·别里亚耶夫给他的同伴列昂诺夫拍摄的照片无法超越美国同行。

于是飞船超出了预定的着陆区。

不止如此，"上升"2号还重蹈了困扰"东方"1号和"东方"2号飞船的分离问题覆辙。当返回舱终于在彼尔姆地区的雪地上颠簸着陆时，它已远离预定着陆区大约368千米。天寒地冻，舱外围着一群好奇的狼。宇航员不得不在冰冷的飞船里待了一晚上，直到第二天营救人员乘雪橇到达。

怀特在太空

美国的太空行走计划（或称EVA）是在苏联实现太空行走之后才被提出的。宇航员埃德·怀特在1965年6月在"双子座"4号任务中走出太空舱。

幸运的是，"双子座"飞船在每个宇航员座椅上方都设计了一个双舱口，不需要做任何修改就可以方便地离开——宇航员只需要减压并打开怀特的舱口，就可以让他走入太空，而不需要任何复杂的"上升"号式太空行走。虽然怀特和列昂诺夫一样仍被一根绳索连接在飞船上，但怀特随身带了一支手持"喷气枪"，从其喷嘴喷出的加压气体能够推动他四处活动，直到燃料供应耗尽。

怀特的太空行走留下了比列昂诺夫更加壮观的图像，这使得NASA摆脱了再次落后于苏联的公众印象。然而，当时无人知道列昂诺夫的太空行走是苏联时代的第一次也是最后一次太空行走。随着赫鲁晓夫的下台，"上升"号计划被取消，OKB-1的设计者完全专注于"联盟"号的开发了。

人物小传
埃德·怀特

埃德（爱德华·希金斯）·怀特（1930-1967年）出生于得克萨斯州，是NASA的第二批宇航员之一。在学习航空工程之后，他成为了美国空军飞行员，之后成为试飞员。他是乘组团队中的明星，在"双子座"4号任务后，原计划在"双子座"10号任务中再次飞行，但却在1967年晋升为"阿波罗"1号的主要乘员。他和同伴在"阿波罗"1号舱内训练时不幸死于突发的大火（见本书第118～119页）。

> **"我回来了，但这是我生命中最悲伤的时刻。"**
> ——1965年6月3日，埃德·怀特被告知再次进入"双子座"舱内时如是说。

阿列克谢·列昂诺夫

列昂诺夫无拘无束的性格和幽默感使他在早期受训宇航员中很受欢迎。在"东方"1号飞行任务中，加加林抽出时间"向Blondin问好"——意在问候列昂诺夫的金发。

黑暗中的独行者

"上升"2号任务见证了宇航员首次离开飞船在只有宇航服保护的情况下进行太空行走的尝试。尽管最终取得了成功，但阿列克谢·列昂诺夫的10分钟太空之旅差点儿以灾难告终。

在"上升"2号环绕地球飞行第二圈期间，指挥官帕维尔·别里亚耶夫开始给伏尔加气闸舱充气。同时，列昂诺夫带上了在太空行走时为舱外宇航服提供氧气的背包。这套舱外宇航服本身就是一个改良版的标准"东方"号压力服，名为"金鹰"。背包将氧气吹入宇航服，减压安全阀则允许将携带有二氧化碳、热量和湿气的空气排入太空。这一设计特性很快就被证明是至关重要的。列昂诺夫爬进了气闸舱，别里亚耶夫在他身后关闭舱门并排出舱内气体，让他的同伴飘浮到太空中去，一直飘到连接飞船的那根5米长的绳索的极限。正如他后来回顾的那样：

"我感到惊讶的是，地球看起来非常**像一个地球仪或地图，**而且黑海真的是黑色的——地球上最黑的海洋……我想知道是谁为它起名为黑海的？他怎么知道是黑色的呢？**我可是从外太空看到的！**"

正当列昂诺夫沉浸在太空飘浮的愉悦中时，问题已经来临。无法忍受的酷热使得舱外宇航服在真空中开始膨胀，列昂诺夫无法触及裤腿上的开关，因此也无法激活那台安装在他胸前的高质量瑞士相机。太空行走最困难的部分才刚刚开始。

"上升"号内部

"上升"号返回舱对两名身着舱外宇航服的宇航员来说显得非常狭小。帕维尔·别里亚耶夫也身着舱外宇航服，以防伏尔加气闸舱系统出现意外。

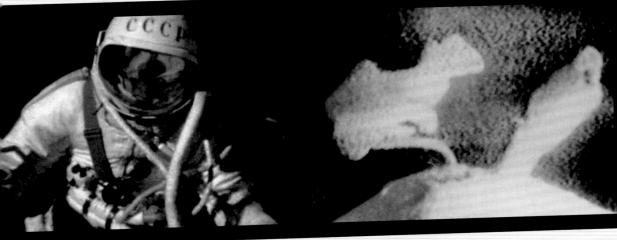
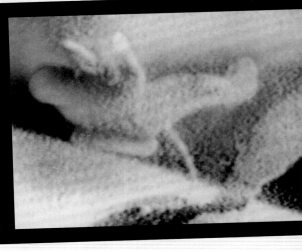

飘进太空

列昂诺夫没能有机会取回安装在气闸舱外的高清照相机。他在太空行走时的大部分图片都转自电视摄像头，模糊不清。他的女儿被他在太空中孤独的形象吓坏了，他年迈的祖父则批评他胡闹。

"我从未意识到'**地球当然是圆的。**'这句话是什么意思，直到我在太空中看到了地球。"

——阿列克谢·列昂诺夫，1980年

在太空行走了10分钟后，列昂诺夫试图返回气闸舱。根据预定程序，他要抓住气闸舱的舱口并先将脚伸进去。但是由于宇航服过于膨胀，列昂诺夫发现手套已经膨胀脱开了手指，靴子也因为膨胀而从脚上脱开。他试图先让头部进去，但却无法进入气闸舱。唯一的解决办法是打开减压阀，排出宇航服里的空气。

"我不得不做出**降低舱外服内压力**的决定。但降多少？降太多会导致体内血液沸腾，夺取我的性命。但我不得不这么做。**我没有向地面报告这件事。**"

一旦进入舱内，他不得不在狭小的空间内翻转身躯以便关闭身后的舱门，这样才能使气闸舱加压。力气几乎耗尽的列昂诺夫在离开"上升"号飞船20分钟之后才返回舱内。

列昂诺夫的太空行走被苏联誉为等同于加加林首飞的伟大胜利，其画面被做成硬币、奖牌、邮票和徽章等各种纪念品。

庆祝探索行动

美国被列昂诺夫的壮举深深吸引，尤其对其在任务后的新闻发布会上个性化的表现印象深刻。于是，NASA匆忙地在"双子座"4号任务中也增加了太空行走任务。

"建造载人空间站并探索宇宙与人类在太空中的活动能力**密不可分。**"

——阿列克谢·列昂诺夫，1980年

苏联英雄

这张纪念明信片展现了列昂诺夫像超级英雄一样飘浮在地球上方的太空中。他努力返回气闸舱的真相在几十年内一直没有得以公开。

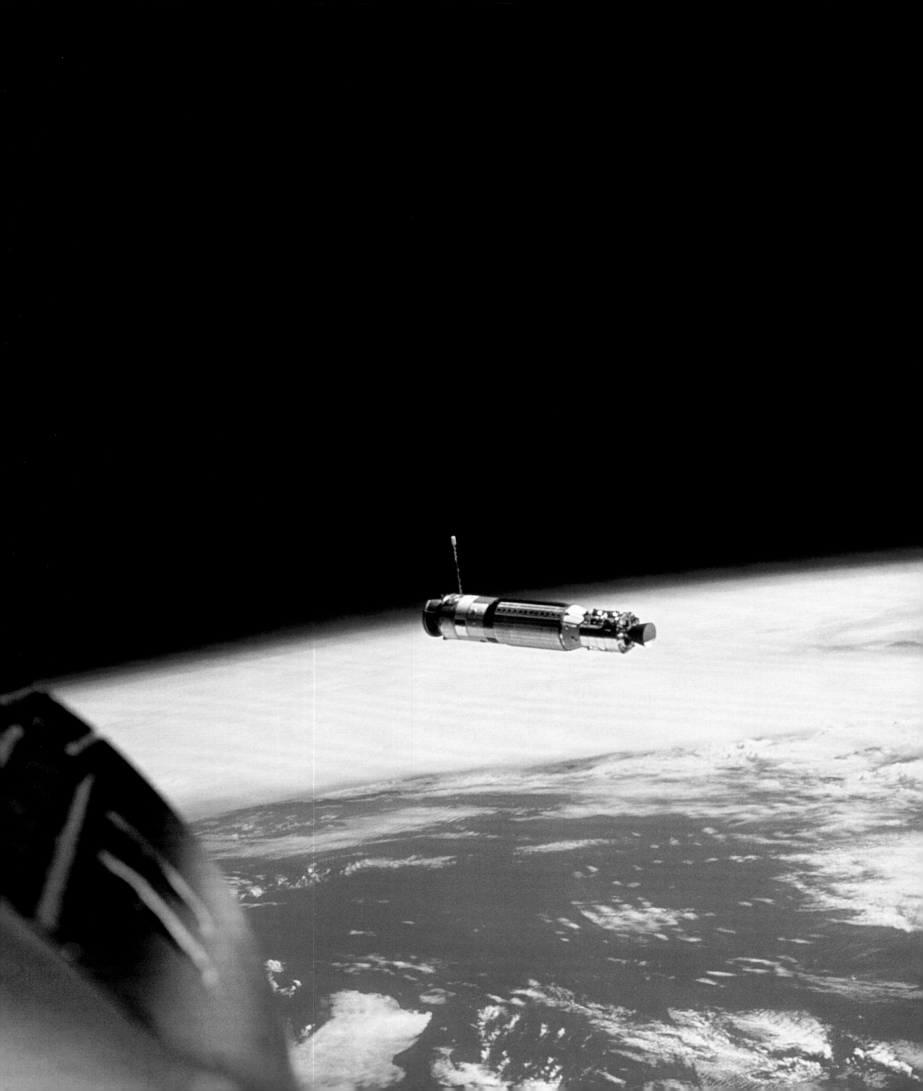

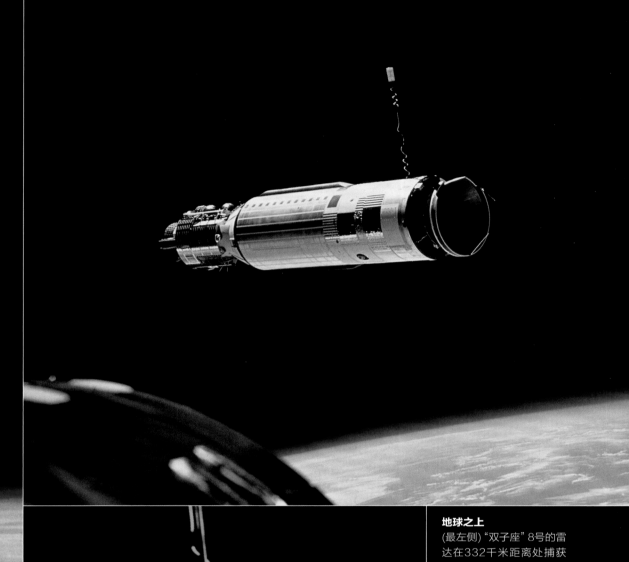

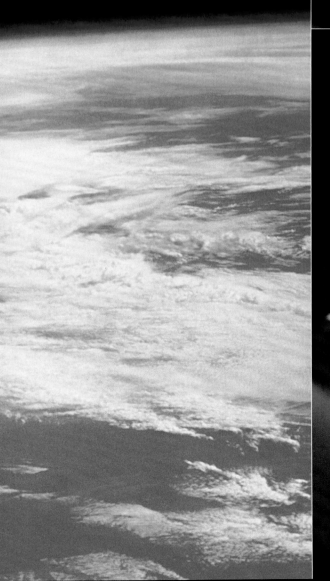

地球之上

(最左侧) "双子座" 8号的雷达在332千米距离处捕获到了 "阿金那" 自动转移飞行器, "肉" 眼可以看到140千米之外的火箭上面级。尼尔·阿姆斯特朗将 "双子座" 8号转移到 "阿金那" 上方以便于大卫·斯科特监视航天器的状况。

失重华尔兹

（上图）在46米之外完成了对航天器的检查后, 阿姆斯特朗使用 "双子座" 8号的交会系统使其与目标飞行器处于同一条水平线上, 然后以8厘米/秒的速度靠拢它。

对接就绪

（左图）最终, "双子座" 8号的鼻锥边缘进入目标飞行器 "阿金那" 的对接适配器, 对接机构启动, 第一次太空对接完成。但在接下来的几分钟内, 阿姆斯特朗和斯科特不得不为他们的性命而战, 因为他们的飞船旋即失去了控制。

1965年8月23日
由于燃料单元故障，"双子座"5号无法与预定目标飞行器进行对接。之后，实践了一次在轨虚拟对接。

1965年10月15日
由于"阿金那"对接目标飞行器因故障未能入轨，"双子座"6号任务被紧急取消。

1965年12月4日
"双子座"7号成功发射，宇航员吉姆·洛维尔和弗兰克·博尔曼进行了为期14天的飞行任务。

1965年12月12日
之前计划的"双子座"6号任务因发动机点火故障而再延缓发射。由于宇航员并未从飞船中被弹射出去，发射可以重新进行。

1965年12月15日
"双子座"6A号（之前的"双子座"6号）发射并与"双子座"7号进行对接。

1966年3月16日
"双子座"8号在发射后很快成功进行首次太空对接。但是一个故障使得任务提早结束了。

轨道巴雷

要抵达月球，任何可行的计划中都必须包括太空交会对接。演练交会对接是后续"双子座"任务的关键部分。

单从节省燃料角度考虑，可能会觉得前往月球的最直接路线是这样的：直接从地球发射一艘航天器，使其在月球上某点着陆，并且该航天器携带足够的燃料，可以从月球起飞返回地球。但这显然是不可能的。NASA的任务规划人员提出了两种可行方案（见本书第117页），但这两种方案都需要月球航天器的各部分精确飞行从而能够在轨组合在一起。

早期尝试

早期"双子座"的飞行控制试验表明，有很多新东西需要学习。"双子座"3号任务证明了飞船可以变轨，但当"双子座"4号试图捕获被自己丢弃的上面级时却遇到了挫折："双子座"推进器点火，但没有追上目标，宇航员怀特和麦克迪维特发现他们进入了一个更高的轨道（见右页的大图）。

"双子座"5号释放了一个小型分离舱进入另一个轨道用于目标捕获练习。但一项燃料电池问题的出现意味着乘员不能冒着浪费能量的风险去捕捉分离舱。幸运的是，实习宇航员兼轨道力学专家巴兹·奥尔德林提出了一项新的试验——虚拟交会，"双子座"5号飞

技术
变轨

太空变轨非常容易，只需点燃发动机减缓或加速航天器即可。在图示的例子中，起初，两个航天器并排在环绕地球的圆形轨道上运行。金色航天器推进器短时点火，但却没能让它在现有轨道上移动得更快，而是被推到一个具有更高远地点（轨道上离地球最远的点）的椭圆形轨道上。航天器距离地球越远，运行速度就越慢，再加上它运行的距离更远，因此金色飞船就会越来越落后，尽管它和红色飞船仍有一个共同的近地点（离地球最近的点）。

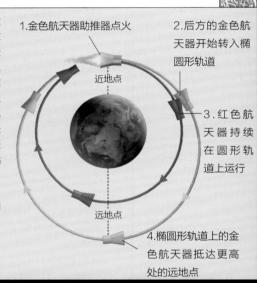

1.金色航天器助推器点火

2.后方的金色航天器开始转入椭圆形轨道

3.红色航天器持续在圆形轨道上运行

近地点

远地点

4.椭圆形轨道上的金色航天器抵达更高处的远地点

到了一个精确的地点，没有燃烧过多的燃料。

双飞

下一项计划是与已经发射到轨道上的无人"阿金那"目标飞行器（或称ATV，即自动转移飞行器，一种改装火箭上面级）会合。该任务本该由"双子座"6号执行，但意外发生了：1965年10月25日，当宇航员沃尔特·希拉和托马斯·斯塔福德已经坐在装载"双子座"6号的"泰坦"号火箭上准备执行任务

历史聚焦
遭遇旋转

"双子座"8号和"阿金那"ATV对接后，大卫·斯科特和尼尔·阿姆斯特朗即面临着一个严峻的问题：一个推进器故障导致飞船快速旋转。与ATV脱离后，情况变得更糟，阿姆斯特朗别无选择，只能关闭推进器并启动再入发动机来平衡飞船。这招管用，但却使得飞船在仅发射10小时后就紧急返回了。

太空相会

在操作"双子座"6A进行自主控制交会时，宇航员希拉和斯塔福德拍下了"双子座"7号的这张图片。彼时，"双子座"7号已经在轨飞行了11天。

接近

在距离最近处，两艘"双子座"飞船距离非常近，以至于在距离地球上方260千米的太空中，宇航员可以隔着舷窗举起手写的标志来进行交流。

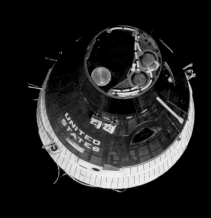

眼见为实

在他们接近的过程中，"双子座"7号的宇航员吉姆·洛维尔问："能见度如何？""双子座"6A中的宇航员沃尔塔·希拉回答："相当糟糕，我能透过窗户看到里面的你和你的同伴。"

时，他们的追逐目标（"阿金那"）却发生了爆炸，任务不得不被取消。

"双子座"7号的任务原是开展为期两周的太空驻留耐力测试。宇航员弗兰克·博尔曼和吉姆·洛维尔却提出了一个大胆的建议：为什么不让"双子座"6号的希拉和斯塔福德与他们交会呢？NASA官方进行了一些说服，但最终"双子座"7号于12月4日发射，被重新命名的"双子座"6A在11天后发射。

希拉熟练地将他的飞船引导到距离等待目标不到30厘米的地方，宇航员们互相挥手致意，但他们没有办法对接。常规发射计划恢复于1966年3月，尼尔·阿姆斯特朗和大卫·斯科特的"双子座"8号首次与ATV进行太空对接。然而，这次任务是短暂的，由于停靠的飞船发生危险旋转，飞行提前结束。

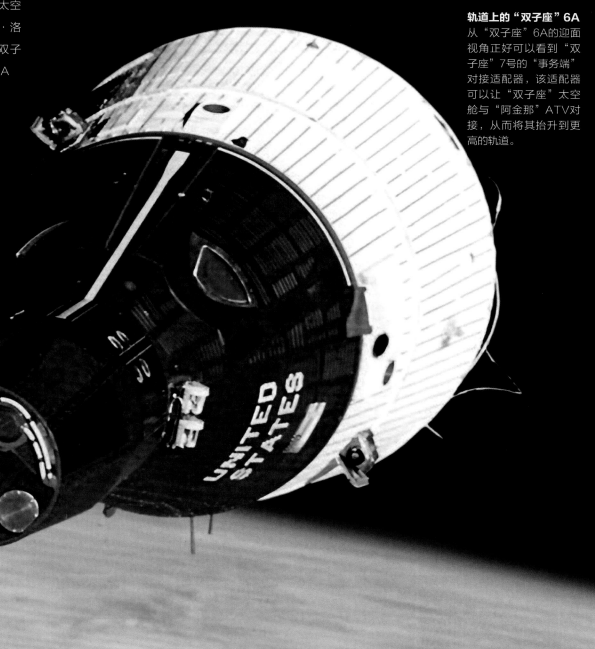

轨道上的"双子座"6A

从"双子座"6A的迎面视角正好可以看到"双子座"7号的"事务端"对接适配器，该适配器可以让"双子座"太空舱与"阿金那"ATV对接，从而将其抬升到更高的轨道。

学会飞行

随着美国宇航员为即将到来的"阿波罗"任务做好准备,在"双子座"计划的最后阶段开展了一系列的越来越大胆的飞行、对接和舱外活动。

发射前,"双子座"9号受到了厄运的诅咒——1966年2月,原任务乘组成员艾略特·西和查尔斯·巴塞特乘飞机前往密苏里州圣路易斯的麦克唐纳工厂,在着陆时因飞机在雾中坠毁而身亡。于是,候补乘组的托马斯·斯塔福德和尤金·塞尔南接替了他们的任务。

这次飞行任务原计划要与"阿金那"ATV会合,但与以前发生的情况一样,目标飞行器未能到达轨道。NASA在短短两周内建造并发射了一个替换ATV,"双子座"9号任务也改名为"双子座"9A以突出是候补乘组任务。备份ATV发射两天后,即6月3日,"双子座"9A发射。两个飞行器的会合进行得很完美,但宇航员发现目标飞行器外层包裹的防护罩没有正确分离开,因此对接无法进行。尽管如此,飞行任务仍在继续,乘员实施了多种轨道机动操作。

"双子座"9A飞船携带了一个宇航员操纵单元(AMU)或称为火箭包,以助力宇航员在轨道上运行。原计划让塞尔南测试该装置,但该装置之前被安装在了航天器的后舱段,塞尔南因缺乏可以抓握的设施而无法抵达那里。等到好不容易到达那里,他发现如果要穿上AMU就意味着必须先切断他与飞船之间的系绳,这可能会使他无法再次附着飞船。最后,塞尔南精疲力竭,大汗淋漓,面罩上也因出汗而起雾。

这就很危险了。于是,在进行了128分钟的出舱活动后,塞尔南回到了飞船内,尽管任务还没有完成,但收获了很多教训。

从"双子座"10号到"双子座"11号

幸运的是,塞尔南的遭遇是"双子座"最后一次重大挫折。一个多月

骑在最高处

"双子座"11号宇航员理查德·戈登跨坐在"阿金那"ATV上。他将系绳系在ATV上,以便用于后续首次在太空产生人造重力。

在轨适配器

专为"双子座"9号设计的增强型目标对接适配器(ATDA)飘浮在地球上空,它的外壳仍然半连接在一起。这种不寻常的景象让托马斯·斯塔福德发出了令人难忘的评论,说它是一只"愤怒的鳄鱼"。

后,约翰·杨和迈克尔·柯林斯驾驶的"双子座"10号实现了两次非常成功的交会——先与自己的ATV对接,然后利用它的推进器变轨,与"双子座"8号期间遗弃的ATV进行近距离交会。柯林斯甚至太空行走到了这个休眠的航天器那里。

1966年9月12日发射的"双子座"11号也取得了成功。宇航员皮特·康拉德和理查德·戈登在发射仅85分钟后就与他们的"阿金那"ATV进行了对接,并将轨道推进到了创纪录的1374千米的高度。然后,戈登进行了一次太空行走,将"双子座"舱上的缆绳系在"阿金那"上。当他们要返回较低轨道而欲与ATV分离时,两艘航天器开始围绕其共同的质心旋转。对两名宇航员来说,这相当于是形成了一种微弱的人工重力场。

最后的欢呼

"双子座"的最后一次任务是最雄心勃勃的,并且幸运的是取得了巨大的成功。在因航天器故障造成一系列延误之后,巴兹·奥尔德林和吉姆·洛维尔于1966年11月11日进入轨道,他们这次四天的任务对"阿波罗"任务所需的技术都至关重要的演练,他们练习了对接、分离以及共同机动。然而,由于担忧ATV发射后的状况,不得不放弃利用它将组合体送入更高轨道的计划。也许这次任务最重要的成就是奥尔德林的出舱活动。这次飞船舱外安装了额外的把手,可以帮助宇航员在失重的情况下进行机动,奥尔德林在脐带绳的另一端进行了两个多小时的各种实验测试,最终证明宇航员是可以在航天器外有效开展工作的。

受挫的计划

当仓促发射的ATDA目标飞行器进入"双子座"9A的视野时,托马斯·斯塔福德喊道:"看看那头麋鹿!"但是防护罩距离完全脱落就差一点,把"双子座"飞船的对接锥段送入开放端口太冒险了。

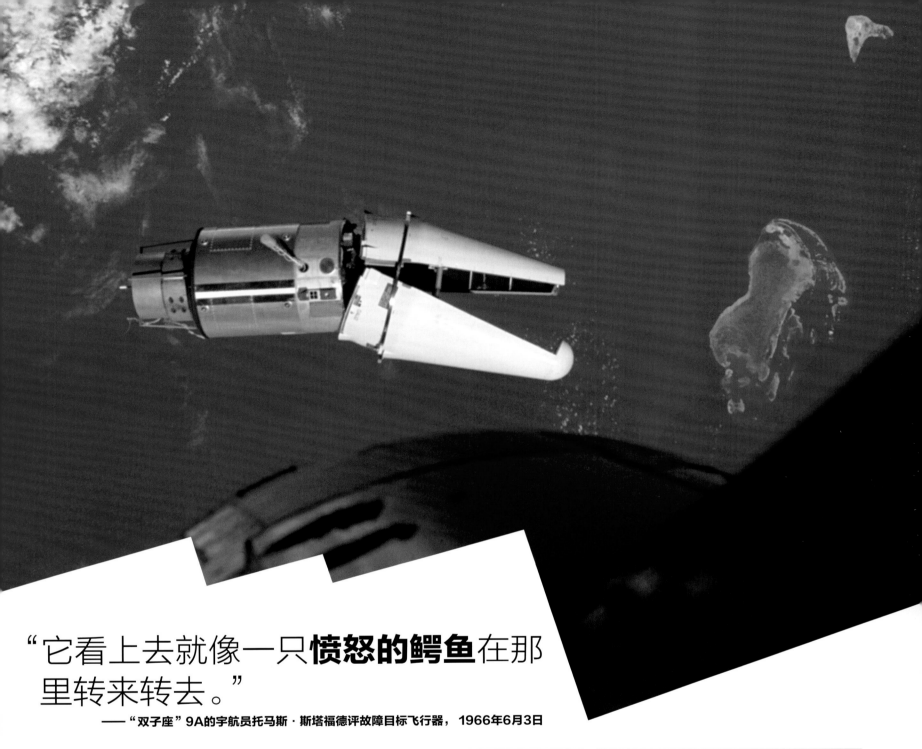

> "它看上去就像一只**愤怒的鳄鱼**在那里转来转去。"
>
> ——"双子座"9A的宇航员托马斯·斯塔福德评故障目标飞行器，1966年6月3日

站立实验

"双子座"12号的首次出舱活动持续了不到两个小时，它更像是一个站立任务——巴兹·奥尔德林站在太空舱的出舱口开展了几项试验并安装了紫外线影像摄像机。

粒子收集器

任务中，奥尔德林取回了一个微陨石收集器。该装置用于收集在地球轨道上飘移的小粒子。事后对这些物质进行了分析，以试图找出任何适合在太空中生存的有机体的迹象。

自由飘浮

在第二次出舱活动中，奥尔德林系着与飞船连接的脐带绳自由飘浮。在那里，他飘移到固定在ATV表面的一个工作平台上进行试验并拍摄星域图片。

1961年8月23日
"徘徊者"1号发射,却未能进入预定的地球轨道。它是NASA系列月球撞击着陆器任务中的一项以失败告终的工程试验。

1962年1月26日
首个前往月球的探测器"徘徊者"3号发射,但与目标完全错过了。

1964年7月31日
"徘徊者"7号成为首个成功着陆的探测器。它在撞击月球之前不断传回图片。

1966年6月2日
"勘测者"1号抵达风暴洋,首次在月表成功软着陆。

1966年8月10日
月球轨道器1号发射并进入月球轨道。这是五个最成功的轨道探测器中的第一个,获取了小到2米范围的反映月球表面细节的图像。

1968年1月31日
月球轨道器5号在成功完成任务后坠落到月球上。

勘测月球

为了给"阿波罗"计划铺平道路,NASA启动了一项雄心勃勃的月球探索计划。该计划包括三个不同系列的探测器:"徘徊者"号、"勘测者"探测器以及月球轨道探测器。

当美国总统肯尼迪在1961年5月宣布美国的登月计划时,NASA当时最接近成功的登月计划是1959年3月的"先驱者"4号(见本书第52页)。月球仍有许多谜团——虽然有些是属于只有天文学家才感兴趣的科学难题,但另一些问题可能对任何试图登陆月球的探索行为都有直接影响。例如,月球上的大量环形山是由火山爆发形成的还是由来自太空的撞击形成的?如果它们与火山有关,那么月球上还会有地震活动吗?如果它们是由撞击形成的,那么它们的表面是稳定的呢,还是被撞击成了粉末呢?会不会无法承受降落的航天器的重量?

自动探测器

为了回答这些问题,NASA开发了三种自动探测器。每个探测器都将加深我们对月球的理解,并帮助我们回答"阿波罗"计划中的一些仍然悬而未决的问题。其中第一个是相对平庸的"徘徊者"探测器,后续是更有成就的"勘测者"探测器以及月球轨道探测器。"徘徊者"计划始于1961年,目标是让探测器在月球上降落并传回撞击时刻的图片。然而,早期的发射任务始终被问题所困扰。"徘徊者"1号和2号计划在地球轨道上进行测试,但在火箭发射出现故障后,甚至连这一点也没有达到。

"徘徊者"3号与月球完全错过。"徘徊者"4号击中了它的目标,但在发射时受损,没有返回任何数据。"徘徊者"5号既受损了又没有击中目标。"徘徊者"6号的飞行近乎完美,但相机发生了故障。1964年,情况有所好转,"徘徊者"7号在传回4 300多张照片后,撞击在哥白尼陨石坑南部。"徘徊者"8号和9号也取得了成功,分别撞击在静海和阿方苏斯火山口。它们仔细勘测了月球表面,解开了一个谜——月球上的一些陨石坑太小了,只可能是小行星碰撞的结果。

软着陆与轨道器

成功率更高的"勘测者"探测器以及月球轨道探

全向天线

六相机光圈

仪器外壳

太阳能电池

太阳能帆板

"徘徊者"撞击着陆器

"徘徊者"是首个全向三轴稳定探测器,而不再是通过旋转来保持稳定。这是通过从氮气喷射气流中注入少量推力来实现的。这样就可以使用向太阳倾斜的大型平板太阳能电池板,而不是早期的旋转鼓式设计,从而大大增强了探测器的供电能力。

"徘徊者"7号——1964年7月31日

当"徘徊者"7号最接近月球时,相机启动,传回了美国航天器拍摄的首幅月球图片。

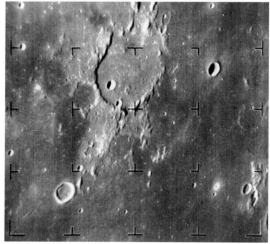

"徘徊者"7号——1964年7月31号

在撞击前8分钟,距离月表1 335千米处,"徘徊者"7号拍下了直径约63千米的破碎的居里克环形山的图片。

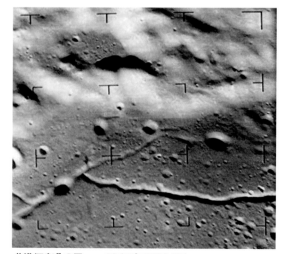

"徘徊者"9号——1965年3月24日

伴随着"徘徊者"9号坠向阿尔法索斯撞击坑,电视观众看到了直播画面。从650千米的高度俯瞰,撞击坑底部的熔岩管道清晰可见。

从月球上看地球

1966年8月23日，月球轨道器1号传回了这幅标志性的"第一张照片"——地球在月球的上空"升起"。事实上，这是探测器在其运行第16圈时拍摄的，当时它即将从月球的最远端经过，远离地球视线。

测器系列取得了更多成果，这表明NASA在20世纪60年代早期收获颇丰。"勘测者"系列探测器的设计目的是在月球预定区域进行软着陆，并将有关月球状况的数据发回。"勘测者"1号探测器于1966年6月2日抵达风暴洋。令人欣慰的是，它并没有无声无息地下沉，而是发回了有关月球表面化学物质的图像和数据。在接下来的20个月里，又跟进发射了6个"勘测

者"探测器。其中，"勘测者"2号和"勘测者"4号探测器因撞击而失败。与此同时，NASA还发射了5个系列月球轨道器，它们陆续成为月球的卫星。前三个位于月球周围不同的轨道上，集中对"阿波罗"任务可能的着陆场进行成像。而后的两个则完成了一项范围更广的科学调查，从远近及不同侧面勘察了99%的月表区域，并绘制了较高分辨率的月图。

技术

反推火箭

反推火箭是一种安装在航天器上的发动机，可以在点火时提供逆向（减速）力。反推火箭最常用于航天器在行星或月球表面降落时。大小合适的降落伞只能减缓物体下降的速度，并且它需要大量大气来产生阻力。因此，在没有气体的月球上软着陆时，反推火箭是必不可少的。反推火箭的另一个主要用途是修正飞行器的轨道——减缓它的速度（见右图的月球探测器），这样它就不会以高速飞过星体，而是被重力所吸引并被拉入轨道；反推火箭还可以让航天器一步减速，使其从轨道上下降并着陆。

反推火箭

来自地球的访客

1969年12月，"阿波罗"12号的宇航员在风暴洋区域"勘测者"3号的着陆点的步行可达范围内着陆，并对它在月球上30个月的运行情况进行了检查。

"双子座" 6号

"双子座" 5号

"双子座" 8号

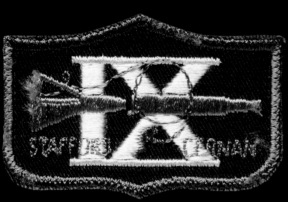

"双子座" 9号

"双子座" 10号

"阿波罗" 7号

"阿波罗" 8号

"阿波罗" 9号

"阿波罗" 10号

"阿波罗" 11号

"阿波罗" 12号

"阿波罗" 13号

"阿波罗"14号

"阿波罗"15号

"阿波罗"16号

"阿波罗"17号

"阿波罗-联盟"号

NASA任务徽章

这些熟悉的徽章用于识别NASA任务，但"水星"时代还没有。"双子座"和"阿波罗"号任务徽章为美国太空探索史增添了丰富多彩的元素。

第一个任务徽章是在"双子座"5号乘员的直接要求下诞生的。在格斯·格里森想要给"双子座"取名莫莉·布朗(见本书第82页)之后，NASA决定不再允许宇航员命名他们的飞船。戈登·库珀强烈认为，宇航员应该在每一次任务上体现某种个性化的印章，并向时任NASA局长詹姆斯·韦伯提交了一个受航空启发的手工"任务徽章"。这一想法得到了批准，但前提是"8 days or bust"（8天或取消）这几个字被掩盖了。如果飞行任务无法持续到预定时间，NASA不想相信命运，也不愿遭到媒体的冷嘲热讽。

在"双子座"和"阿波罗"的整个任务中，宇航员们满怀热情地设计他们的徽章。有的招募家庭成员帮忙，有的与NASA的官方艺术家合作。其中最引人注目的是"阿波罗"8号徽章，这是吉姆·洛维尔在一次与弗兰克·博尔曼共同执行飞行任务时勾勒出来的图案，当时他们已经知道自己将进行首次环月飞行。

从"阿波罗"9号开始，要区分LM和CSM（指令与服务舱）就意味着宇航员再次被允许命名他们的飞船。比如后来的"阿波罗"徽章一般意味着飞船的名字，如最著名的"阿波罗"11号鹰徽章。雅致的"阿波罗"15号徽章是由意大利服装设计师（前航空工程师）埃米利·奥普奇应乘员的特殊要求而设计的。后阿波罗时代的任务徽章往往是基于NASA的想法，然后根据乘员的要求进行选择和调整。有意思的是，天空实验室的徽章被错误地编号，他们忽略了天空实验室1号任务实际上是空间站的发射，这是一项无人发射任务。

天空实验室1（2）

天空实验室2（3）

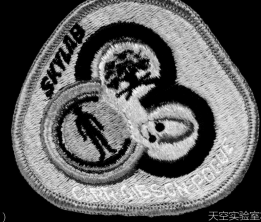

天空实验室3（4）

1960年9月
约翰·霍伯特开始在NASA内部游说，倡导在月球轨道实施载人交会对接。

1961年10月27日
"土星"1号运载火箭的测试发射标志着"阿波罗"计划的首次任务启动。

1961年12月21日
NASA选择了"土星"C-5火箭作为月球任务火箭。在此之前，NASA向阶段生产商授予了建造合同。

1962年2月6日
罗伯特·吉尔鲁斯与太空任务小组给出定论：LOR任务是前往月球的最佳途径。

1962年6月7日
冯·布劳恩支持LOR任务。

1962年7月11日
詹姆斯·韦伯宣布NASA决定将"阿波罗"任务基于LOR任务框架之上。

1963年11月7日
发射台终止实验1实施，代表着样本"阿波罗"CSM任务开始首次测试。

规划"阿波罗"

在肯尼迪总统宣布重大消息后，NASA的专家们把他们的注意力转向了如何将"阿波罗"计划变为现实。

把飞船送上月球并使它安全返回地球并非易事。首先，必须做出的决定就是如何到达月球。很快，三种方案被明确提出，它们各有优缺点。它们是直接上升（DA）模式、地球轨道交会（EOR）模式和月球轨道交会模式（LOR）（见本书第117页的图）。

虽然直接上升是最简单的模式，但它需要比其他方案更多的燃料，而且涉及建造真正巨大的火箭，大到要完成火箭的建造和测试几乎肯定会把项目拖后到1969这一最后期限。因此，选择范围缩小到对飞行对接与分离点的选择。EOR模式将细致的演练任务安排在相对安全的地球轨道，但它也涉及要有一艘满载燃料的航天器降落到月球表面。LOR模式中的飞行机动远离地球，一旦失败宇航员可能滞留，但它大大减少了月球着陆器的尺寸。最终，LOR的倡导者、以兰利研究中心的约翰·霍伯特为首的团队赢得了冯·布劳恩的重要支持。1962年7月LOR任务模式正式获批。

月球火箭

更多的争论是关于"阿波罗"登月火箭的选择的。当冯·布劳恩的ABMA团队正式加入NASA时，NASA已经在研制自己的大型火箭——"新星"号。亨茨维尔团队则提出了一项名为"土星"的重型火箭计划。火箭的一级已在测试中，上面级研发计划也在推进。于是，NASA成立了一个以经验丰富的工程师亚伯·西尔弗斯为首的评估委员会。他们推荐了包括巨型"土星"C-5在内的多种型号的火箭。NASA最终认定，这枚火箭（后来被称为"土星"5号）会比他们自己的"新星"火箭更容易在最后期限前投入生产。由于登月火箭无法在几年内准备好，他们还计划开发"土星"C1（后来的"土星"1号），一种更依赖于现有技术的简易变体，用于在地球轨道上测试月球航天器硬件。冯·布劳恩非常高兴，亨茨维尔新成立了马歇尔航天飞行中心，他在那里的团队将是美国进军月球的核心力量。

组装中的飞船
位于加利福尼亚州唐尼的北美航空工厂的技术人员正准备将热防护装置安装到"阿波罗"CSM012指令舱上，该舱本该属于"阿波罗"1号。

"土星"1号火箭组
"土星"1号火箭的下面级正从运输驳船上卸下。这个角度暴露了它的秘密——八枚装有改进型发动机的"红石"火箭捆绑在一枚"木星"火箭的周围，这就是冯·布劳恩的首枚"土星"火箭的构建基础。

飞行床架

着陆月球需要精确使用登月舱的反推火箭。为了训练控制下降，宇航员使用笨拙的月球着陆试验车，后被戏称为"飞行床架"。

月球飞船

一项LOR任务要求一艘飞船至少由两部分组成——停留在月球轨道上的母船和一艘能够降落到月表的着陆器。为了简化再入过程，NASA最终选择使用三个不同的组件。母船由两部分组成：圆锥形的指令舱和圆柱形的服务舱。宇航员在指令舱中度过大部分往返月球的旅程，在月球轨道上进行机动所需的火箭发动机等设备则部署在服务舱内。对几乎所有任务而言，这两部分是统一的，称为指令与服务舱，简称CSM。

第三个组件是登月舱（通常用首字母LM表示）。它是一个单独的飞船，需在真空中飞行，并且迅速演化成一种笨拙的蜘蛛状的形态。显然，功能凌驾于形态之上。

与往常一样，NASA启动了一项合同程序，邀请有兴趣的公司参与制造投标。CSM的合同最终交给了北美航空公司，而LM则由格鲁曼航空公司建造。到1966年，首批"Block 1"CSM已制造完毕，与火箭组装好并送上发射台准备进行试验。但"阿波罗"计划即将遭遇悲剧性挫折。

三种前往月球的途径
这是NASA论证的三种登月的方法，每一种方法都需要重大技术进步。

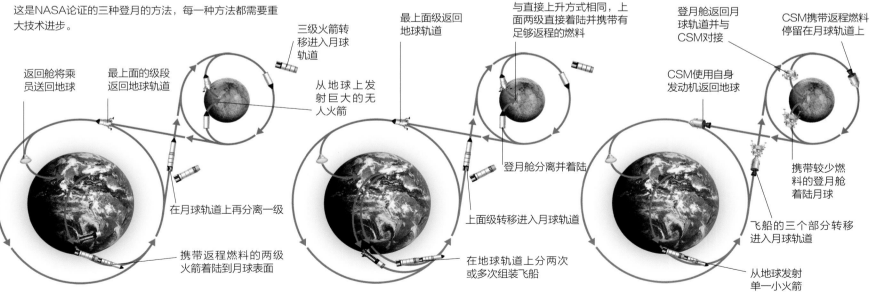

返回舱将乘员送回地球

最上面的级段返回地球轨道

三级火箭转移进入月球轨道

最上面级返回地球轨道

从地球上发射巨大的无人火箭

在月球轨道上再分离一级

携带返程燃料的两级火箭着陆到月球表面

与直接上升方式相同，上面两级直接着陆并携带有足够返程的燃料

登月舱分离并着陆

上面级转移进入月球轨道

在地球轨道上分两次或多次组装飞船

登月舱返回月球轨道并与CSM对接

CSM携带返程燃料停留在月球轨道上

CSM使用自身发动机返回地球

携带较少燃料的登月舱着陆月球

飞船的三个部分转移进入月球轨道

从地球发射单一小火箭

直接上升（DA）
发射超大多级火箭前往月球（上面的两级火箭直接降落在月球表面），并携带足够乘员返回地球的燃料。

地球轨道交会（EOR）
登月飞船与事先发射在轨道上的大型推进舱对接，推进舱有前往月球所需的燃料。飞船携带足够返回的燃料着陆月球。

月球轨道交会（LOR）
三级火箭携带飞船前往月球。抵达月球轨道后，登月舱下降并着陆月球，指令与服务舱（CSM）携带返程燃料停留在月球轨道上。

从"阿波罗"1号到6号

要实现在1969年登月，就需要一个快速开发与验证计划，但是"阿波罗"在诞生之初就几乎因悲剧而天折。

尽管"土星"运载火箭已经研制了一段时间，但要赶在1969年发射月球任务仍是一个巨大的挑战。NASA负责载人航天的副局长乔治·穆勒博士清楚地认识到：逐步进行的火箭测试旧理念使得在一次测试中只能调整一个组件，这将会无限期地拖延任务进度。于是，穆勒选择了一种全面测试的大胆方法，即发射一艘完整的飞船并研究整个系统是如何协同工作的。即使某些特定任务必须要多次发射，这也将大大减少测试过程中所需的发射总次数。在传统体制下，可能需要20次不同的"土星"5号与"阿波罗"组合发射才能实现载人登月。而按照穆勒的建议，可能只需要6次"土星"5号发射。在此之前，由"土星"1号和"土星"1B号将试验飞船发射到地球轨道上进行测试。

"阿波罗"序列中首批具备进入测试条件的是指令与服务舱（CSM）和"土星"1B号运载火箭。组合体的首次载人发射计划定于1967年2月进行。因此，1月27日，格斯·格里森、埃德·怀特和罗杰·查菲进入位于肯尼迪航天中心34号发射台的CSM中

逝去的乘组

1966年10月，被命运诅咒的AS-204（后被称为"阿波罗"1号）任务乘组正在墨西哥湾进行溅落返回程序演练。机动搜救船甲板上从左至右分别是埃德·怀特、格斯·格里森、罗杰·查菲。

首次发射

1961年10月，巨大的S火箭一级在发射台上被竖起，准备实施"阿波罗"计划。这是早期系列火箭测试中的任务之一，被称为SA-1任务。

人物

格斯·格里森

维吉尔·格斯·格里森（1926—1967年），NASA早期最著名最优秀的"水星"七杰之一，生于印第安纳州米切尔地区。在加入美国空军之前，格里森学习工程专业。由于在朝鲜战场上表现出色，他以优秀试飞员身份入选NASA宇航员训练营。后来，"自由钟"7号水星舱的沉没事故始终像一朵乌云笼罩着格里森，甚至有人认为是格里森在惊慌失措中把太空舱炸飞了。尽管有过失误，格里森还是继续担任了"双子座"3号的指令长。后续，NASA也给予了他持续的信任，选择他参与首次"阿波罗"任务。

进行任务演练。1963年11月，在约翰·肯尼迪遇刺后不久，NASA以他名字命名其航天发射场。卡纳维拉尔角也沿用了肯尼迪角的名字直至1973年。

悲剧袭来

测试进行到将近六个小时的时候，一个电火花在太空舱中引发了一场灾难性的火灾。火焰在舱内的纯氧环境中迅速蔓延，很难被打开的舱门注定了乘员们难逃厄运，他们在挣扎逃脱时因吸入过量烟雾而死亡。NASA立即成立了一个审查委员会，对航天器设计的各个方面进行调查，并得出了一些令人发指的结论。虽然"阿波罗"号是由北美航空公司建造的，但其最终设计还是由NASA决定。承包商曾提出的一些改善安全的建议被否决了。审查委员提出了大量的改进建议，包括改用挥发性较小的大气、清除易燃材料以及超过1 400条电缆改进意见。

尽管失去三名宇航员令人震惊，但很少有人谈论放弃"阿波罗"计划。NASA很快就制订了一项恢复计划。格里森、怀特和查菲的AS-204试验任务被追溯命名为"阿波罗"1号，随后将进行一系列无人试验。如果一切顺利，"阿波罗"7号将成为下一次载人发射任务。

无人飞行

NASA任务编号系统的特点意味着下一次正式的"阿波罗"发射是"阿波罗"4号。这是首次对"土星"5号运载火箭进行全面测试。1967年11月，强大的火箭轰鸣声响彻佛罗里达州的天空，这在很大程度上恢复了美国人在火灾后对"阿波罗"

从顶部俯视

从总装厂房的顶部俯视，会看到让人震撼的场景。此时，"土星"5号火箭正准备发射"阿波罗"4号飞船。被装载在运输车上的"土星"5号火箭太高了，由于厂房高度所限，火箭顶端的避雷装置不得不在火箭离开厂房后再进行安装。

计划的信心。这次任务完美无缺，在经过一系列轨道机动后，一个空的CSM舱降落在距预定着陆点仅几公里的地方。1968年1月，"阿波罗"5号任务中，"土星"IB号发射了一个无人登月舱在地球轨道上进行测试。4月，第二次无人"土星"5号发射。尽管有一些故障，但被认为是足够成功的，可以认定火箭有资格进行载人飞行。

胜利瞬间

冯·布劳恩（中间站立者）正在肯尼迪航天发射场观看"阿波罗"4号任务发射。他的左侧是乔治·穆勒，NASA载人航天项目主管。如果说"土星"5号只是冯·布劳恩个人的胜利，那么"阿波罗"计划则有效改造了亨茨维尔团队征服太空的具体蓝图。1970年，冯·布劳恩受邀领导NASA战略规划，但却在1972年离开了NASA转而服务于一家私营企业，直到1977年去世。

技术
航天器组装厂房

建造世界上最大的火箭当然需要一个庞大的厂房。这是世界上最大的建筑物之一。垂直总装厂房（后称航天器总装厂房，简称VBA）于1962年开工。这座大楼还是世界上封闭空间最大的建筑物之一。它有160米高，体积是美国帝国大厦（后在9·11事件中被炸毁——译者注）的四倍。建筑中包含组装设备和吊装"阿波罗"舱段的起重机。"阿波罗"各舱段由各承包商通过驳船或飞机运抵，安放在一个巨大的履带式运输车上部，之后再将火箭送到发射台上。后来，该厂房也用于组装航天飞机。

"阿波罗"1号，悲剧的开始

在AS-204地面试验中，"阿波罗"舱内的灾难性大火夺去了三名优秀宇航员的生命。随后的调查首次将NASA的管理与安全程序问题置于批评的风口浪尖。

被诅咒的乘组
埃德·怀特、格斯·格里森、罗杰·查菲和他们最终丧命其中的飞船的模型合影。

1967年1月27日，首批"阿波罗"乘组，被指定为执行"阿波罗"204轨道测试任务的三名宇航员进入指令与服务舱开展例行测试。如果一切顺利，将在一周后实施"阿波罗"首次载人飞行任务。埃德·怀特、格斯·格里森和罗杰·查菲在"拔掉插头"（即断开外界所有电源）的状态下进行太空模拟飞行测试。这将是一次涵盖飞行任务全程的演练。

身着宇航服的乘组在当地时间下午1点进入指令舱，但是在倒计时演练过程中，由于供氧量和通信设备故障等一系列问题，导致任务不断延迟。到了18点30分时，任务进入倒计时10分钟。然后，在18点31分，舱内传来似乎是罗杰·查菲的尖锐的叫喊声：

"舱里着火了！"

旋即第二声喊叫传来："起大火了，让我们出去！"通过监视器屏幕，人们清晰地看到埃德·怀特挣扎着去开舱门。但是舱门的设计太复杂了，即使在正常情况下，也没有宇航员能在90秒的时间内打开舱门。舱外，地勤人员也奋力去打开舱门，但由于舱体破裂，他们很快被大火击退。等到外部人员想方设法打开舱门时，宇航员们已经牺牲了。

1967年1月27日，在肯尼迪角发生的灾难不仅是美利坚合众国的悲剧，**全世界各国人民和美国民众一样悲痛。**实际上，无论哪个国家派遣的宇航员都代表整个地球，代表**浩瀚宇宙中的全人类。**

——苏联大使馆公告，1967年2月1日

灾难之途
经过在地面对各个系统的数月演练后，"土星"1号火箭被安放在34号发射塔架的平台上。随后，带着整流罩的CSM被吊装到位。发射日期定于1967年2月21日。在1月27日，宇航员进入飞船进行发射前的任务演练。

"如果我们死去，请不要追悼。我们从事的本就是一项高风险的事业，**我们接受这样的高风险。**即使发生灾难，也不允许计划推迟太久，因为太空计划对于国家价值重大。"

——格斯·格里森在火灾发生三周前接受采访时如是说。

内部损坏
舱内使用的高度易燃材料犹如火上浇油，产生的有毒气体最终使宇航员窒息。

火焰陷阱
与早期或晚期的飞船不同，指令与服务舱的双面舱门有一个从内部向内打开的装置，并没有爆炸螺栓用于紧急逃生。在90秒的正常逃生时间之前，舱体本身就像是熊熊大火燃烧的地狱。

关于火灾事故的调查是详尽无遗的，最终归因于NASA对"阿波罗"指令与服务舱的设计规范问题。故障重现机制表明，大火是从格里森座位下的裸露电线产生火花开始的，随后在舱内纯氧氛围中迅速蔓延开来。美国为失去的宇航员而哀痛，CSM停止飞行以开展大规模重新设计。最显著的改进就是：舱内改用混合气体，对几千米长的电线与电缆进行了绝缘改进，并将舱门设计成能够在10秒内打开。

"你知道，即使你有可能会接受在飞行中失去朋友这一现实，**但在地面测试中失去他们真的很让人痛苦。**那是对我们自身的控诉，是因为我们没有将事情做好。"

——阿姆斯特朗，2001年

纪念碑
34号发射塔架现已被遗弃并拆除，剩下的混凝土平台上矗立着这块纪念碑，上面镌刻着三位已牺牲宇航员的名字。

LAUNCH COMPLEX 34
Friday, 27 January 1967
1831 Hours

Dedicated to the living memory of the crew of the Apollo 1:

U.S.A.F. Lt. Colonel Virgil I. Grissom
U.S.A.F. Lt. Colonel Edward H. White, II
U.S.N. Lt. Commander Roger B. Chaffee

They gave their lives in service to their country in the ongoing exploration of humankind's final frontier. Remember them not for how they died but for those ideals for which they lived.

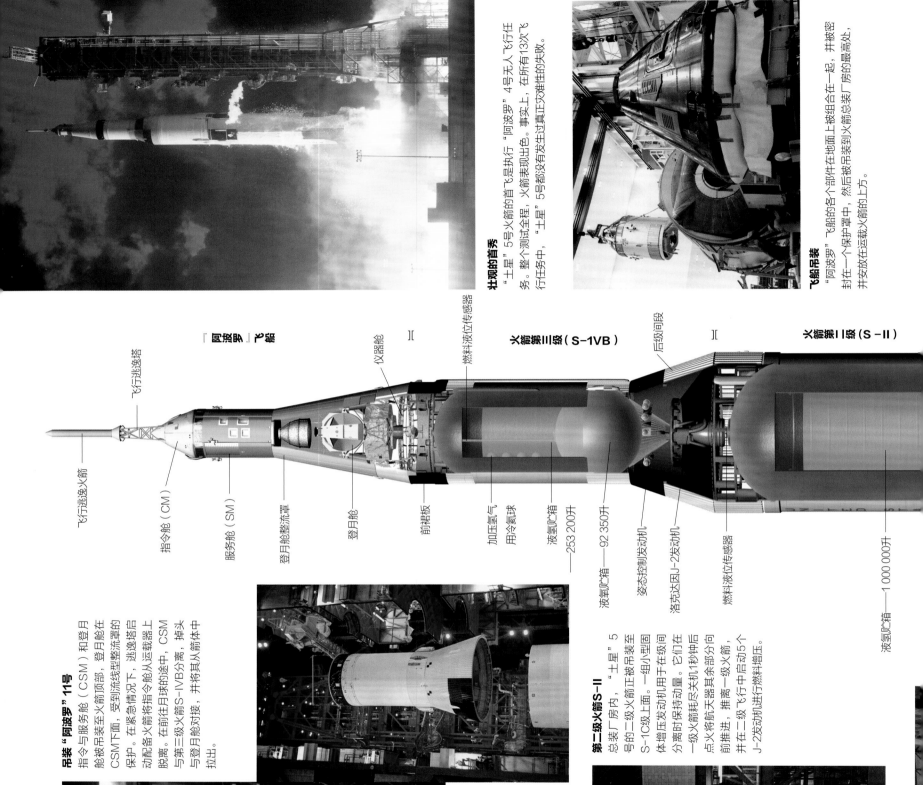

壮观的首秀

"土星"5号火箭的首飞是执行"阿波罗"4号无人飞行任务。整个测试全程，火箭表现出色。事实上，在所有13次飞行任务中，"土星"5号都没有发生过真正灾难性的失败。

飞船吊装

"阿波罗"飞船的各个部件在地面上被组合在一起，并被密封在一个保护罩中，然后被吊装到火箭总装厂房内的最高处，并安放在运载火箭的上方。

"阿波罗"飞船

飞行逃逸塔

飞行逃逸火箭

指令舱（CM）

服务舱（SM）

登月舱整流罩

登月舱

前裙板

加压氢气用冷氦气球

液氧贮箱 —253 200升

燃料液位传感器

仪器舱

后级间段

火箭第三级（S-1VB）

姿态控制发动机

液氧贮箱—92 350升

洛克达因J-2发动机

燃料液位传感器

火箭第二级（S-II）

液氢贮箱—1 000 000升

吊装"阿波罗"11号

指令与服务舱（CSM）和登月舱被吊装至火箭顶部，登月舱在CSM下面，受到流线型整流罩的保护。在紧急情况下，逃逸塔启动配备火箭将指令舱从运载器上脱离。在前往月球的途中，CSM与第三级火箭S-IVB分离，掉头与登月舱对接，并将其从箭体中拉出。

第三级火箭S-IVB

"土星"5号的上面级火箭的功能包括两方面：一是在第二级分离后点火，抵达低地轨道；二是在运行几圈后再次点火，将"阿波罗"号送入月球轨道。

第二级火箭S-II

总装厂房内，"土星"5号的二级火箭正被吊装至S-1C级上面。一组小型固体增压发动机用于在级间分离后发动机启动时保持动量。它们在一级火箭耗尽关机18秒钟后点火将航天器其余部分分向前推进，推离一级火箭，并在二级飞行中启动5个J-2发动机进行燃料增压。

高度	110.6米
最大直径	10.1米
起飞质量	3 038 500千克
无燃料质量	183 395千克
发动机	5台洛克达因F-1发动机
	5+1台洛克达因J-2发动机
起飞推力	3 440 344千牛
制造商	波音、北美航空、道格拉斯

转场中

一级（S-1C）正被运往位于马歇尔航天中心的推进与试验室，在那里发动机实验室将进行模拟飞行中的加压和载荷测试。

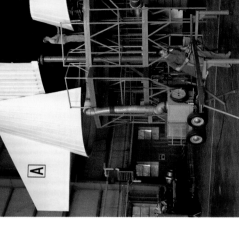

设计模型

亨茨维尔团队的首要任务之一是设计用于测试重量参数、尺寸及动力学性能的工程模型件。这是一级火箭（S-IC）的全尺寸模型。

液氧吸出管线——331 000升

洛克达因J-2发动机

增压整流罩

增压发动机

上部前裙板

液氧贮箱——13 111 100升

火箭第I级（S-1C）

液氧吸出管线

燃料排气孔

RP-1（煤油）贮箱——810 000升

防止发动机逆推上方贮箱的结构

洛克达因F-1发动机，可转动操控一级火箭

组装一级S-1C

如左图所示，第一级火箭正在被吊装至移动平台上。"阿波罗"8号发射任务前，配备5个洛克达因F-1发动机以及一对装有液氧煤油燃料的巨大贮箱。

沃纳的宝贝

冯·布劳恩站在"土星"5后侧的巨大F-1发动机前（实际上是亨茨维尔测试火箭的一枚测试火箭）。登月挑战使他放弃了"土星"1号的串联式发动机架构，转而采用多个大推进火箭支持的多级发动机构型。

"土星"5号火箭

完整的"土星"5号火箭巍然矗立，有30层楼那么高。将其运输至发射台后加注燃料，随后燃料的重量使得火箭缩短了20厘米。

技术

登月火箭

"土星"5号

尽管采用"土星"1号火箭的登月方案或许可行，但NASA最终采用的月球轨道对接任务需要更大、推力更强的火箭。这就是"土星"5号火箭，也是有史以来最大的飞行成功的火箭。它由马歇尔航天中心的亨茨维尔团队策划，基于"土星"1号但并没有复制其技术。最终，15枚这样的巨型火箭被制造出来。

指令舱

服务舱

前部热防护罩

前舱门

主降落伞

仪器面板

仪器区

俯冲反应控制发动机

座椅冲击缓冲装置

宇航员座椅

仰冲反应控制发动机

滚动反应控制发动机

偏航反应控制发动机

反应控制系统回路

推进剂贮箱

发动机喷嘴

氦气罐

燃料单元

压力系统面板

十字形反应控制系统（四发动机族）

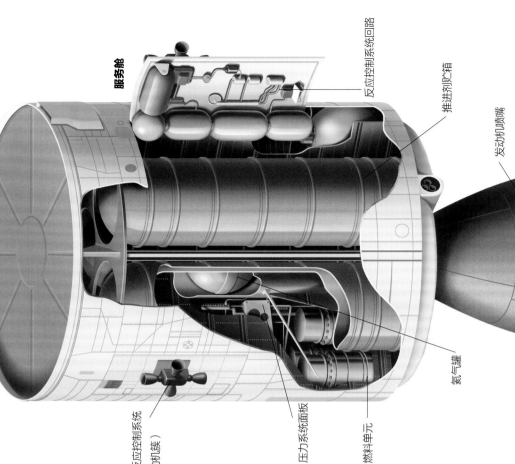

指令舱内部

在发射和着陆期间，三名宇航员并肩躺在座椅上。指令长坐在左边，指令舱驾驶员坐在中间，登月舱飞行员坐在右边。机舱内的区域被出舱口前面的两根垂直柱分隔开，这两根柱子在舱体减潜着时为其提供结构支撑。

控制面板与舷窗

指令舱的控制面板就在宇航员正前方。5个舷窗则在指令舱上半部分空间，成一个弧形空间，其中2个是"交会窗口"，配备了与登月舱对接的机构。

"阿波罗"指令舱

指令舱是飞船的核心，乘员在飞往月球的旅程中大部分时间都要待在这里。当登月舱降落在月球表面时，指令舱依然留在月球轨道上。并且，它是唯一返回地球的飞船组件。

乘员	3人
长度	3.47米
最大直径	3.92米
起飞质量	5 947千克
发动机	12台反应控制系统推进器，MMH（肼）及N₂O₄推进剂
制造商	北美罗克韦尔公司

早期的"阿波罗"飞船模型

1962年，许多航空航天承包商都参与了"阿波罗"飞船的设计竞标。图示的飞船模型由波音公司研制（前面是波音的宇航员）。不过，北美航空（后称北美罗克韦尔公司）最终竞标成功。

"阿波罗"服务舱

服务舱提供生命支持、能源以及其他舱舱在飞行中所需的至关重要的保障，同时也是飞船的主推进发动机和许多控制飞船滚动、俯仰、偏航等姿态的小型发动机部署所在地。

长度	7.56米
最大直径	3.92米
起飞质量	24 582千克
发动机	服务推进系统：UDMH/N₂O₄；4台十字形反应控制系统：MMH/N₂O₄
制造商	北美罗克韦尔公司

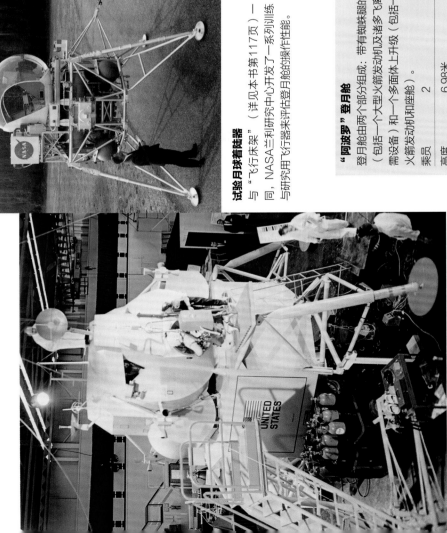

登月舱上升级

- S波段可操控天线
- 对接通道
- VHF天线
- 后设备区
- S波段飞行天线
- 内部测量单元
- 气态氧贮箱
- 准直光学望远镜
- 交会对接雷达天线
- 控制台
- 发动机盖
- 十字形反应控制系统（四发动机簇）
- 上升推进剂贮箱

登月舱下降级

- 氧化剂贮箱
- 下降发动机
- 燃料贮箱
- 模块化设备装配集成区
- "阿波罗"科学仪器箱
- 出舱平台
- 着陆垫
- 月球表面传感器

"阿波罗"登月舱

登月舱由两个部分组成：带有蜘蛛腿的下降级（包括一个大型火箭发动机及诸多飞离月球所需设备）和一个多面体上升级（包括一个小型火箭发动机和座舱）。

乘员	2
高度	6.98米
对角线宽度	9.5米
质量（早期舱）	15 059千克
发动机	下降又上升发动机：N_2O_4/航空肼 50；
	4个十字形RCS：N_2O_4/UDMH
制造商	格鲁曼航空航天公司

试验月球着陆器

与"飞行床架"（详见本书第117页）一同，NASA利用研究中心开发了一系列训练与研制用飞行器来评估登月舱的操作性能。

模拟登月舱

格鲁曼公司获得建造登月舱的合同后，先开发了一个模型TM-1，用来测试宇航员的实际任务——比如如何离开和返回太空舱——以及按人体工学布局内部设备。

"阿波罗"飞船

"阿波罗"飞船有三个独立的组件——指令舱(CM)、服务舱(SM)和登月舱(LM)，不过除了重返大气层的时候，指令与服务舱(CSM)都是连接在一起的。与"双子座"相比，其对系统要复杂得多，首次允许从一个航天器直接进入另一个航天器。

苏联的困境

20世纪60年代，苏联设计师们遭遇了一系列打击。最终，他们在与美国的登月竞赛中败下阵来，战胜美国的梦想也宣告破灭。

即便常年受到否定和隐瞒，在与"阿波罗"登月计划的竞赛中，苏联直到最后一刻都在尽全力追赶。甚至在首位宇航员进入太空之前，苏联研制N-1运载火箭的工作就已经启动，这是继R-7运载火箭之后苏联全力研发的与美国"土星"5号运载火箭相当的火箭。

和"阿波罗"计划的设计师一样，苏联的登月任务设计师也必须从三种备选模式中（见本书第116~117页）做出选择。最初，谢尔盖·科罗廖夫选择了地球轨道交会对接模式。1963年，他提出一种方案，即先发射三次N-1火箭，再单独发射一次"联盟"A运载火箭（Soyuz-A，见右图），以此在地球轨道上建造一艘200吨重的飞船。

但在苏联内部，设计师们也展开了激烈的较量。其中军用火箭设计师弗拉基米尔·切洛梅极为突出。切洛梅想要研发超级推力火箭UR-700，这比他先前的"质子"号运载火箭UR-500（见本书第210页）更为强大。切洛梅认为这一火箭可实现由火箭装载登月器直接飞向绕月轨道并实施软着陆登月的新模式。与此同时，科罗廖夫与瓦连京·格鲁什科在发动机设计和推进燃料选择上出现了分歧，苏联登月计划立即陷入官僚政治的泥沼。科罗廖夫历经两年混乱才让自己的登月计划再次走上正轨，但依据当时的工程现状，他又不得不将计划降级为更加保守的月球轨道交会对接模式——采用N-1火箭发射L-3飞船，L-3飞船是经过"联盟"号运载火箭改造而成，里面设有可容纳一人的LK登月舱。

研发难题

由于设计师与官员争论不休，N-1火箭计划自一开始就进展缓慢。当然，由于研发计划过于庞大，出现这一局面也在所难免——N-1项目规模庞大，OKB-1设计局难以独挑大梁。此外，1966年1月，科罗廖夫在

历史聚焦
首席设计师之死

谢尔盖·科罗廖夫在1966年1月14日与世长辞，死因是结肠手术过程中诱发并发症。科罗廖夫逝世后，苏联当局才向世界公布他的身份。科罗廖夫的离世使得苏联太空计划失去了方向。他超凡脱俗，斗志昂扬，务实求真，即使身伴一众首席设计师，他也是当之无愧的掌舵人。直到20世纪70年代，他作为苏联征服太空的灵魂人物的身份才得以公开。他是苏联的民族英雄——为了纪念他，人们将OKB-1设计局总部所在地，时称加里宁格勒的城市，改名为科罗廖夫。

登月大块头
体型巨大的N-1运载火箭，高105米，直径17米，屹立在拜科努尔发射场上，蓄势待发。

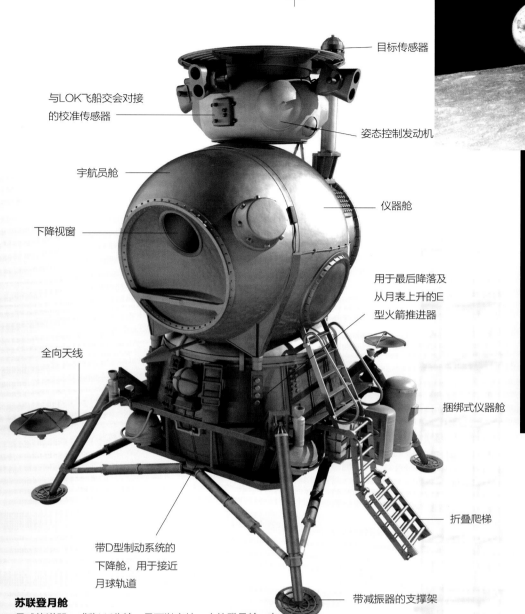

目标传感器

与LOK飞船交会对接
的校准传感器

姿态控制发动机

宇航员舱

仪器舱

下降视窗

用于最后降落及
从月表上升的E
型火箭推进器

全向天线

捆绑式仪器舱

折叠爬梯

带D型制动系统的
下降舱，用于接近
月球轨道

带减振器的支撑架

苏联登月舱

月球轨道器，或称LK分舱，是可以容纳一人的登月舱，在登月途中能与"联盟"号火箭发射的LOK飞船对接。登月舱以卫星的名义在地球轨道上成功进行了三次无人试验。

手术台上突然去世了。尽管苏联还有许多卓越的设计师，但是主心骨的离世使得研发计划一时间方寸尽失。随后，OKB-1设计局内部重新洗牌。当科罗廖夫的副手瓦西里·米申被任命为新一任总设计师时，项目已比原计划推迟了四个月。到此时，苏联已远远落后于美国的"阿波罗"计划。更为雪上加霜的是，1967年2月底，苏联当局要求最迟于1968年年底发射火箭。

一边是不切实际的命令，一边是不容忽视的事实。就在苏联的N-1运载火箭和LK登月舱遇到研发瓶颈时，美国的"土星"5号火箭已在卡纳维拉尔角

一飞冲天，将载人飞船飞入月球轨道。尼古拉·卡马宁对竞争惨败进行了严厉的批评，他指责设计师们的内讧以及错误的设计理念，他认为，设计师不应当把宇航员当成乘客来设计飞船，这样做会导致设计要求全自动，从而过于复杂。

弥天大谎

1968年12月30日，苏联航天领导人一起商讨应对"阿波罗"8号升空以及苏联将面临的失败。姆斯蒂斯拉夫·凯尔迪什提出了一个新颖的解决方案——通过切洛梅的"质子"号火箭发射登月机器人，来收集和带回月球岩石样本，以期能在美国人登月前

抢先一步。同时，官方媒体发声，澄清苏联从来没有载人登月项目。幸运的是，"联盟"号运载火箭的进展顺利。

随后，1969年7月，苏联"月球"15号探测器先于"阿波罗"11号发射升空。此次发射又让苏联颇为难堪——在最后一次下降时，探测器坠入了危海。随后几年，苏联虽然在无人月球探测器上大获成功（见本书第258页），但直到1991年苏联解体后，这些事实才为人所知。

事实上，在"阿波罗"11号登月成功后，苏联的登月计划并未立即偃旗息鼓。专家们搁置了L-3飞船的研发，转而研发规模更大的L-3M飞船，并计划在20世纪70年代中期发射登月，为苏联搭建月球基地做准备。N-1火箭的研发到1974年后开始举步维艰，在四次发射试验都失败后，苏联正式取消了登月工程。

"联盟"号成型

虽然苏联的登月计划在20世纪60年代中期就陷入停滞，但其研制一艘新型精密飞船的步伐并未停歇。"联盟"号飞船设计得非常成功，时至今天，它的改进型仍在服役。

"联盟"号飞船是谢尔盖·科罗廖夫最初策划的地球轨道交会对接探月方案的核心所在。这位总设计师设计了一系列不同角色的飞船，它们可以独立飞行，也可以组合飞行："联盟"A为载人飞船，"联盟"B是配备强劲火箭助推器的无人飞船，"联盟"V为燃料储舱。但当时苏联高层举棋不定，同僚也提出了其他的登月方案。最终，"联盟"B型、V型被否决，只留下"联盟"A型，且被重新定义为一个更小、功能更简单的飞船。它与"阿波罗"的指令舱大小相当，若有机会，还是可以飞往月球的。

1966年，苏联生产线制造的"联盟"号飞船包含三个部分。位于前端的是轨道舱，呈球形，是宇航员的工作和生活起居场所。中间是钟形返回舱，与轨道舱由一道舱门相隔，舱内装有减振座椅，飞船发射和返回地球期间，可容纳三名宇航员乘坐。返回舱的防热层后是圆柱形的服务舱，里面装有发动机和其他飞船系统。服务舱两侧装有太阳能帆板，能够在飞船飞行期间展开为其充电。

出师不利

无人"联盟"号飞船的试飞试验大多是隐蔽的，苏联将其列入广义的卫星计划名单。宇航员负责人尼古拉·卡马宁曾批评研发全自动飞船过于浪费时间，因为一旦有宇航员在飞船上，这一系统就会显得多余。尽管如此，大多数工程师仍认为，在将宇航员的生命托付于飞船之前，进行全面安全检查很有必要。此外，飞船还可兼具更多功能——通过地面控制无人"联盟"飞船，有朝一日将给在轨空间站上的宇航员提供补给（这一想法在"进步"号货运飞船上实现了——见本书第210页）。

弗拉基米尔·科马洛夫是入选首次载人飞行任务——"联盟"1

组装进行时

正在组装中的"联盟"9号飞船，OKB-1设计局的工程师正在对它进行检查。最上面是轨道舱，然后是返回舱，底部是服务舱。

科马洛夫在训练中

曾执行过"上升"1号任务的宇航员弗拉基米尔·科马洛夫正在模拟控制台上工作，为"联盟"1号飞行任务做准备。

号的宇航员。1967年4月23日，"联盟"1号发射，起初一切进展顺利，但不久后开始出现问题。按照原定计划，"联盟"2号将在两天后搭载两名宇航员升空，与"联盟"1号在太空中会合，两名宇航员将通过太空行走进入"联盟"1号并与科马洛夫一同返回地球。但是，由于"联盟"1号的太阳能帆板未能自动展开，造成电力供应不足，无法进行机动飞行。"联盟"2号的发射被取消，地面控制人员专注于让科马洛夫安全降落。"联盟"1号在轨道上难以平稳飞行，前两次尝试再入大气层都失败了。之后，在飞行到第18

人物小传

瓦西里·米申

瓦西里·帕夫洛维奇·米申（1917—2001年）于1945年被派往德国，在那里他第一次见到谢尔盖·科罗廖夫。米申返回苏联后，成为科罗廖夫在OKB-1设计局的副手，助力设计局和苏联在太空竞赛中取得领先地位。科罗廖夫去世后，设计局成员推举他升任首席设计师，米申负责"联盟"号飞船的早期研制和"礼炮"号项目。然而，在N-1登月火箭工程失败后，米申被免职。他的职位由瓦连京·格鲁什科接替。

1955
1956
1957
1958
1959
1960
1961
1962
1963
1964
1965
1966
1967
1968
1969
1970
1971
1972
1973
1974
1975
1976
1977
1978
1979
1980
1981
1982
1983
1984
1985
1986
1987
1988
1989
1990
1991
1992
1993
1994
1995
1996
1997
1998
1999
2000
2001
2002
2003
2004
2005
2006
2007
2008
2009
2010
2011
2012
2013
2014
2015
2016
2017
2018
2019
2020

Zarya的通话

"联盟"9号飞行期间，拜科努尔航天控制中心（通常被称做Zarya，意为"日出"）的地面控制人员及来访的家属利用一个简短的通信窗口和天上的宇航员通话。

吃早餐

安德里亚·尼古拉耶夫在"联盟"9号上吃早餐。当18天后着陆时，飞行经历让他显得很虚弱，不过事后恢复得很好。后来的飞行经验表明，在太空中待更长时间，身体将适应得更好。如果加以适当锻炼，宇航员们就能以更好的状态回到地球。

1965年10月18日
"联盟"号计划重启，旨在研发一艘小型的地球轨道飞船。

1968年4月23日
"联盟"1号在发射后出现问题，发射另一个"联盟"号飞船与之会合的计划被取消。

1968年4月23日
"联盟"1号返回地球时，降落伞无法打开，宇航员弗拉基米尔·科马洛夫牺牲。

1968年10月26日
格奥尔基·别列戈沃伊搭乘"联盟"3号升空，执行与无人飞船"联盟"2号会合的任务。

1969年1月16日
"联盟"4号和"联盟"5号在轨道上交会对接，宇航员通过太空行走进入对方飞船。

1969年10月14日
"联盟"6号、7号和8号在轨道上进行了三艘飞船的首次交会，但"联盟"7号和8号未能对接。

1970年6月1日
"联盟"9号发射升空，乘组人员在轨飞行18天。

圈时，返回舱最终冲进大气层。返程起初一切进展顺利，但后来降落伞无法打开，悲剧还是发生了。返回舱在乌拉尔山的奥尔斯克附近坠毁，科马洛夫当场死亡。

复苏之路

"联盟"号工程被立即叫停，苏联开始进行安全彻查，这对苏联登月计划无异于雪上加霜。直到18个月后，"联盟"号才于1968年10月再次升空。此次发射的是"联盟"2号无人飞船——作为对接目标飞行器。翌日，宇航员格奥尔基·别列戈沃伊乘坐的"联盟"3

号发射。在完成了有限的飞船机动和交会系统测试目标后，别列戈沃伊于升空4日后安全返回地球，此次飞行为"联盟"号计划带来了信心。

次年1月，"联盟"4号和"联盟"5号升空，两艘飞船并驾齐飞，实现了最初的"联盟"1号未完成的目标：两艘飞船在轨道上成功交会对接，宇航员叶夫根尼·赫鲁诺夫和阿列克谢·叶利谢耶夫从"联盟"5号太空行走到"联盟"4号，与弗拉基米尔·沙塔洛夫一同返回地球，宇航员鲍里斯·沃雷诺夫单独乘坐"联盟"5号返回。这次任务也体现了飞船的另一种功能——轨道舱可以与返回舱隔离，并在打开外部舱口进行太空行走之前排出空气形成真空状态——实际上，它变成了一个大型气闸舱。

接下来的"联盟"号任务是更为壮观的三艘飞船成组飞行。1969年10月，三艘"联盟"号飞船集体发射。任务目标是实现"联盟"7号和"联盟"8号飞船对接，同时由"联盟"6号上的宇航员拍摄下这次对接过程。飞船在轨道上交会得很顺利，但电子设备出现故障，阻碍了对接任务的完成。三名宇航员不得不返回地球。1970年6月，"联盟"9号发射升空，搭载的两名宇航员在轨18天，创下了新的太空停留纪录。这是"联盟"号飞船最后一次独立执行任务——后续飞船将与全新的"礼炮"号空间站对接。

太空对接

"联盟"4号的指挥官弗拉基米尔·沙塔洛夫演示1969年1月的"联盟"4号和"联盟"5号飞船在地球轨道上的对接过程。这是两艘载人飞船首次在太空对接。

技术
"联盟"号火箭

"联盟"号飞船比苏联之前的载人飞船要重得多。为了将其送入轨道，科罗廖夫的设计局研发了改进型的R-7运载火箭，这一火箭在20世纪60年代中期发展成熟。与"东方"号火箭一样，"联盟"号火箭有两级，第一级有四个助推器。不同点在于第二级配备了更强大的发动机。尽管火箭已服役很久，但其可靠性很高，时至今日仍在使用。

太空对接

1969年1月，在两艘载人航天器首次交会对接前，"联盟"5号赫然呈现在弗拉基米尔·沙塔洛夫所在的联盟4号飞船的舷窗外。沙塔洛夫在"联盟"5号上迎接来自"联盟"4号的两位宇航员，但他们必须通过太空行走才能从"联盟"4号的轨道舱抵达"联盟"5号的轨道舱内。

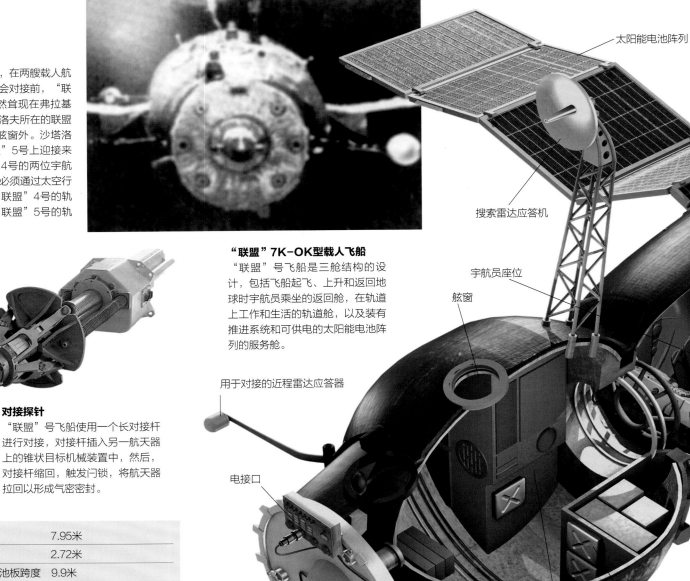

太阳能电池阵列

交会和姿态控制推进器

搜索雷达应答机

宇航员座位

舷窗

用于对接的近程雷达应答器

天线

控制台

折叠工作区域

贮存舱

电接口

轨道舱

对接装置

离子追踪器

"联盟"7K-OK型载人飞船

"联盟"号飞船是三舱结构的设计，包括飞船起飞、上升和返回地球时宇航员乘坐的返回舱，在轨道上工作和生活的轨道舱，以及装有推进系统和可供电的太阳能电池阵列的服务舱。

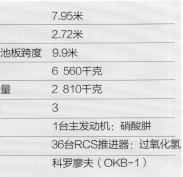

对接探针

"联盟"号飞船使用一个长对接杆进行对接，对接杆插入另一航天器上的锥状目标机械装置中，然后，对接杆缩回，触发闩锁，将航天器拉回以形成气密密封。

长度	7.95米
最大直径	2.72米
太阳能电池板跨度	9.9米
发射质量	6 560千克
无燃料质量	2 810千克
设计人数	3
发动机	1台主发动机：硝酸肼
	36台RCS推进器：过氧化氢
设计者	科罗廖夫（OKB-1）

技术
俄罗斯的多用途飞船

"联盟"号飞船

谢尔盖·科罗廖夫为俄罗斯航天事业留下了不朽的遗产——"联盟"号飞船。"联盟"号飞船于1967年开始服役，在之后的40年一直不断升级，持续运行。7K-OK型是多用途飞行器的第一个版本，不支持宇航员在舱段间活动，而7K-OKS（"联盟"11号）具备了这种能力。但是在三名宇航员丧生后，"联盟"号系列飞船进行了大规模的重新设计，生产了按照两位宇航员规格设计的7K-T飞船，7K-T在整个20世纪70年代都在服役。

飞行控制

"联盟"号是苏联第一艘拥有自推进系统的航天器，它可以变轨并在太空中进行其他机动，交会系统更加复杂，使用无线电信号引导"联盟"号接近对接目标。由"联盟"号飞船衍生的"进步"号货运飞船采用了更先进的Kurs系统，可以使整个交会对接过程全自动完成（参见本书第210页）。

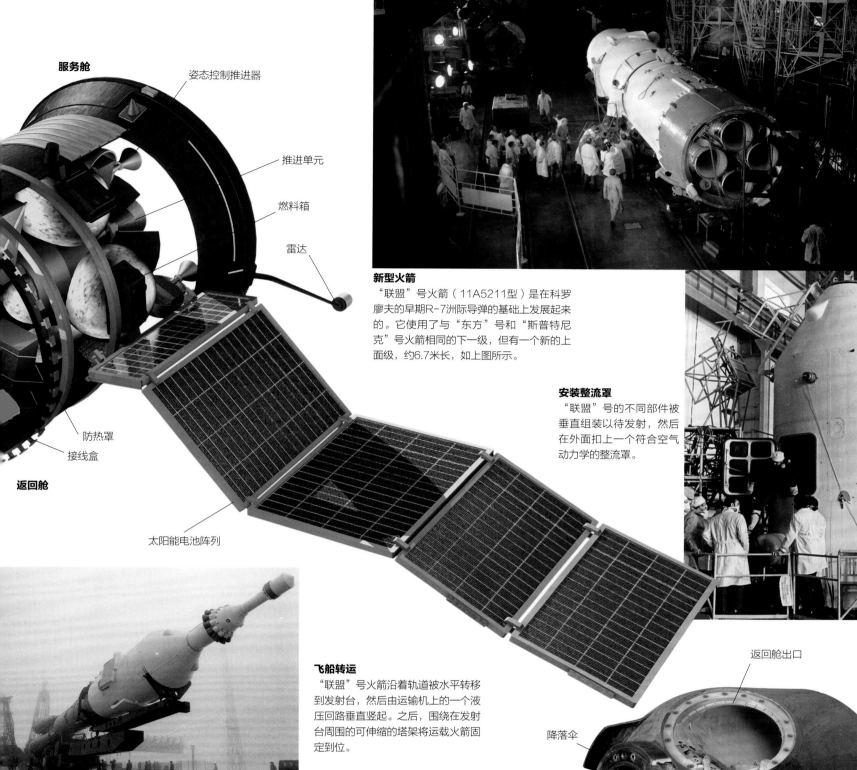

服务舱

姿态控制推进器

推进单元

燃料箱

雷达

返回舱

防热罩

接线盒

太阳能电池阵列

新型火箭
"联盟"号火箭（11A5211型）是在科罗廖夫的早期R-7洲际导弹的基础上发展起来的。它使用了与"东方"号和"斯普特尼克"号火箭相同的下一级，但有一个新的上面级，约6.7米长，如上图所示。

安装整流罩
"联盟"号的不同部件被垂直组装以待发射，然后在外面扣上一个符合空气动力学的整流罩。

飞船转运
"联盟"号火箭沿着轨道被水平转移到发射台，然后由运输机上的一个液压回路垂直竖起。之后，围绕在发射台周围的可伸缩的塔架将运载火箭固定到位。

"联盟"3号的发射
1968年10月，"联盟"号飞船从拜科努尔航天发射场发射升空，这是"联盟"号飞船的第二次载人飞行任务，将尝试进行苏联的首次空间交会对接。

返回舱出口

降落伞

着陆反推火箭

防热层

返回地球
返回舱是唯一返回地球的部分。当它打开降落伞接近地面时，着陆反推火箭在最后一刻点火以确保实现软着陆。

"阿波罗"7号和8号

1968年底,NASA官方为阿波罗计划做好了准备。最初的载人任务是在地球轨道测试"阿波罗"号的指令舱,然后再将其送到去月球的旅程并返回。

在"阿波罗"1号的余波中,沃里·施艾拉、唐·埃斯利和瓦尔特·坎宁安成为执行下一次载人飞行任务的首选乘组。尽管登月舱还没准备好飞行,但是乘组成员已经将登月舱的驾驶员坎宁安包含在内,因此"阿波罗"7号成为美国首次三人太空任务。它的主要目标是在与地球的安全距离内测试指令与服务舱,任务为期11天。这已经超出了一次抵达月球并返回任务的总时间。

太空中的战争

1968年10月11日,"土星"1B运载火箭将"阿波罗"7号送入轨道。这对所有人员,不论是在轨道上的还是指挥中心的人来说都是一项艰巨的任务。尽管航天器自身运行没有任何大问题,但太空生活的限制还是使几位宇航员感觉糟糕。为阿波罗计划正名的压力已经很大了,但是大部分任务还要在电视上直播。瓦尔特在入轨后不久就患上感冒并且传染给了他的伙伴,三个人开始变得不耐烦。他们坚持认为他们应该执行此次飞行的真正任务而不必理会TV摄像机,因此在太空的首次现场直播就被推迟了,直到在后来的任务中才进行。

这只是宇航员和任务指挥中心之间矛盾的冰山一角,施艾拉认为他必须执行的一些测试是愚蠢的,而克里斯·卡夫给他贴上了"妄想狂"的标签。尽管如此,宇航员们完成了主要任务,并按照预定计划返回。后来迪克·斯雷顿称这个事件为"第一场太空战役",并非偶然的是,"阿波罗"7号的三名宇航员再也没有执行过太空任务。

从地球到月球

尽管饱受指责,"阿波罗"7号仍然是一次巨大的成功。根据最初的计划,下一步是在地球轨道上测试登月舱,但是多种原因使得"阿波罗"8号有了一个新的任务目标。一方面,登月舱最早也得到1969

测试,测试
任务中,透过指令与服务舱上的小而实用的舷窗,"阿波罗"7号的宇航员用观测明亮的星星这种古老方式进行导航。

在太空中书写
沃尔特·坎宁安在"阿波罗"7号上做记录。与普遍传说的相反,NASA并没有花费数百万美元购买太空笔,这支笔由一家公司研发并极力推荐给NASA。

对接练习
一旦指令与服务舱脱离了S-IVB的上面级(右图),宇航员们就开始练习对接"阿波罗"LM舱所必需的操作。离中心不远的白色圆盘(左图)就是对接目标标记。

在去月球的路上

相比"水星"计划和"双子座"计划中宇航员基本被限制在座位上的局促条件，"阿波罗"的指令舱相对宽敞很多。瞧，弗兰克·博尔喜欢在失重状态下自由漂浮。

年才能准备好。另外，在首次尝试着陆月球之前，还需要在月球轨道上进行进一步的测试，并且因为问题一直存在，所以可能需要在计划中加入一次重复飞行，也就是说要在一年内完成三次关键任务测试。因此阿波罗计划的最后期限已非常迫近。

再看苏联方面：没有人知道登月计划的竞争到了什么阶段，但是每一方都假设对方的进度比实际情况更提前一步。在"阿波罗"7号发射前几周，苏联的无人探测器5号已经绕月飞行并返回地球。鉴于美国中央情报局（CIA）也曾报道过"联盟"号飞船即将和地球轨道上的一组燃料箱对接，因此，美国推测苏联似乎即将进行包括地球轨道交会对接（EOR）在内的探月任务。

因此，NASA决定在1968年圣诞节之际发射"阿波罗"8号进行绕月飞行。这将击败苏联成为另一个

人物传记

弗兰克·博尔曼

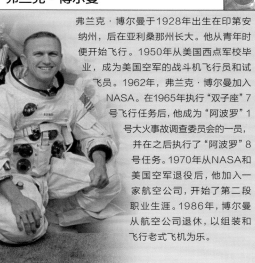

弗兰克·博尔曼于1928年出生在印第安纳州，后在亚利桑那州长大。他从青年时便开始飞行。1950年从美国西点军校毕业，成为美国空军的战斗机飞行员和试飞员。1962年，弗兰克·博尔曼加入NASA。在1965年执行"双子座"7号飞行任务后，他成为"阿波罗"1号大火事故调查委员会的一员，并在之后执行了"阿波罗"8号任务。1970年从NASA和美国空军退役后，他加入一家航空公司，开始了第二段职业生涯。1986年，博尔曼从航空公司退休，以组装和飞行老式飞机为乐。

第一次，并有助于暴露指令舱潜在的问题，这些问题中的任何一个都可能会影响后续LM舱的月球轨道演练任务。12月21日，"阿波罗"8号发射升空，宇航员为弗兰克·博尔曼、吉姆·洛威尔和威廉·安德斯。这是"土星"5号第一次载人发射。对NASA来说，这是一次近乎完美的任务，它对整个世界的影响几乎和几个月后的阿姆斯特朗和奥尔德林在月球上迈出第一步一样伟大。一切进展顺利，在离开地球不到三天后，宇航员们获准继续前行，启动关键发动机将他们送入月球轨道。因点火发生在月球远端，所以无法与地球联系，任务控制中心高度紧张，直到看到飞船脱离无线电静寂，完好无损地出现在预定轨道上。

在那个圣诞节，宇航员们成为第一批在月球上看到地球升起并感受这颗脆弱的蓝色星球在太空中如此孤寂的人。他们传回的图像是标志性的，与之相匹配的是同样激动人心的文字，他们读着圣经《创世纪》的开篇："起初，上帝创造了天地……"——然后，他们祝全世界圣诞快乐。

月球远端

"阿波罗"8号的宇航员（下图）从月球远端发回了当时最详细的图像，上面有壮观的地出景观(上图)和月面上黑暗的奇奥尔科夫斯基陨石坑（左图）。

地球上空的"蜘蛛"

在执行"阿波罗"9号任务的第五天，麦克迪维特和史维考特登上了登月舱，在地球轨道练习分离和飞行操作。大卫·斯科特在指令舱中观看并拍摄了悬在地平线上的登月舱。照片中它的腿处于展开状态，不常见到的月表探针从每个脚垫中伸展出来。

"阿波罗"9号和10号

直到1969年初，"阿波罗"登月舱才终于准备就绪，但在第一次尝试载人登月之前仍需要完成两次关键的合格性验证任务飞行。

停靠在轨道上
大卫·斯科特站在距离地球190千米的"阿波罗"9号指令舱的舱门中间。占据照片前景的是"蜘蛛"登月舱。

载人飞行的历史充满着"如果"。如果NASA坚持原本的名单，那么"阿波罗"9号的乘组人员本应该驾驶"阿波罗"8号在1968年的圣诞节绕月飞行。于是，在已经进行了两年多的"阿波罗"登月舱训练后，詹姆斯·麦克迪维特、大卫·斯科特和拉塞尔·施韦卡特于1969年3月3日与首个完整的"阿波罗"飞船一起发射升空，但却注定不能飞离地球轨道。于是，"阿波罗"8号的高轨道登月舱验证任务被取消，这意味着在首次着陆尝试之前只有一次任务，即在月球轨道上进行演练。这也使得麦克迪维特的候补乘组——尼尔·阿姆斯特朗等人乘坐"阿波罗"11号登上月球成为可能。

橡皮糖和蜘蛛
由于"阿波罗"9号飞船在执行任务的过程中将分离成两部分，NASA允许宇航员为指令舱和登月舱选择各自的呼号。这是自"双子座"3号任务以来NASA首次允许宇航员选择呼号。登月舱被称为"蜘蛛"的原因显而易见，而指令舱则因为抵达肯尼迪航天中心时包裹着蓝色玻璃纸而被取了个昵称叫"橡皮糖"。在为期十天的任务中，"阿波罗"9号的乘组人员对两艘飞船进行了全面测试，练习了对接与分离操作，将登月舱飞行至离指令舱179千米的位置并在轨启动了上升和下降发动机。施韦卡特还实操了第一

次"阿波罗"太空行走，测试了新宇航服的生命保障系统。除了施韦卡特的一连串太空病以外，一切进展顺利。当乘组人员于3月13日返回地球时，月球几乎就在"阿波罗"任务的掌控之内了。

那么远又那么近
5月18日，经验丰富的宇航员托马斯·斯塔福德、约翰·杨和尤金·塞尔南乘坐"阿波罗"10号飞船执行最后的演练任务，"阿波罗"10号发射升空，在卡纳维拉尔角上空轰鸣。飞船飞往月球并进入月球轨道的过程进行顺利，斯塔福德和塞尔南操纵着呼号为"史努比"的登月舱从指令舱脱离，登月舱是以流行的花生漫画中狗的名字命名的，指令舱则以史努比主人的名字查理·布朗命名。

当约翰·杨还在月球上空的轨道上飞行时，他的同事们准确无误地将登月舱驾驶到距离月球表面不到16千米的地方，拍下了一张月表静海的高分辨率照片，此时静海已被选作"阿波罗"11号计划中的登月点。在与月球近距离接触之后，他们与指令舱团聚，丢弃了登月舱，并准备远航回家。在"阿波罗"10号返回地球四天后，甚至苏联宇航员教练尼古拉·卡马宁也私下承认，除非发生灾难，否则美国人将在数周内登上月球。

月球分离
"阿波罗"10号登月舱"史努比"从指令舱分离，塞尔南和斯塔福德开始测试登月舱的独立性能。

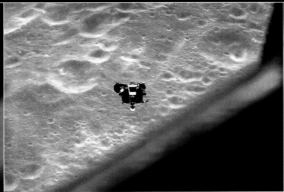

接近月球表面
发动机燃烧27秒后，登月舱进入到一个椭圆形轨道，高度距月球表面15.6～113千米不等。

完成任务
"史努比"探险归来，与"查理·布朗"重聚。尽管登月舱没有着陆，但任务本身已取得圆满成功。

月球之旅

1969年7月中旬，全世界用敬畏的目光注视着"阿波罗"11号飞向月球。现在，太空竞赛的对手已不再是苏联，而是肯尼迪自己设定的最后期限以及NASA自己的好运。

1969年7月16日
"阿波罗"11号从卡纳维拉尔角发射，两个小时之后脱离地球轨道进入月球转移轨道。

1969年7月17日
迈克尔·柯林斯通过观测恒星，将"阿波罗"11号的理论飞行路线与实际飞行进行了比较。三秒钟的中段发动机点火对路线进行了修正。

1969年7月18日
宇航员向地面发送了96分钟的飞船导览视频，并通过电视进行了直播。

1969年7月19日
反推发动机成功点火，将"阿波罗"11号送入月球轨道。

1969年7月20日
登月舱与指令舱分离，进入不断接近月面的螺旋形轨道。仅两个小时后，"鹰"号登月舱在静海基地着陆。

当地时间1969年7月16日9时32分，装有巨大的S-IC一级的"土星"5号火箭伴着轰鸣声在肯尼迪航天中心39号发射阵地A发射台发射。五台F-1发动机逐渐达到最大功率，每秒消耗13 000升的液态氢和液态氧。爆炸螺栓爆炸，将火箭与其支撑结构分离，"土星"5号慢慢地伴随着轰鸣声飞上天空。当火箭飞得更高，迅速加速时，站在附近的高速公路和海滩上的一百万人欢呼雀跃。全世界大约有6亿电视观众和他们一起见证这一时刻。12分钟后，"阿波罗"11号进入了轨道。

当决定"阿波罗"8号绕月飞行时，指令长尼尔·阿姆斯特朗、登月舱驾驶员巴兹·奥尔德林和指令舱驾驶员迈克尔·科林斯就已经进入了首次登月的人员名单。此后，他们经受了职业生涯中最严格的训练以及高强度的媒体关注。在那个决定命运的早晨，在走向发射台的刹那，他们就已经准备好了一切。作为同一乘组的成员，他们个性并不相似——科林斯是最具风度的，奥尔德林或许是最热情的，而阿姆斯特朗则有着顶级试飞员的熠辉光辉。尽管如此，他们都具备完美的专业素质，当训练员向他们抛出无数灾难场景时，他们都能达成一个共识——每个人都能以生命为代价去信任其他人。

人物小传
尼尔·阿姆斯特朗

尼尔·奥尔登·阿姆斯特朗于1930年出生在俄亥俄州。1947年获得海军奖学金，学习航空航天工程，于1949年开始担任美国海军飞行员。训练结束后，他参加了朝鲜战争，然后回来完成他的学业。毕业后，他申请成为NACA和NASA的试飞员。1962年，他申请成为第二批宇航员，是"双子座"5号和11号任务的候补宇航员，"双子座"8号的指令长（见本书第108页）。继作为"阿波罗"9号的候补乘员后，他执行了自己的最后一次太空任务——"阿波罗"11号任务。之后，他参与了"阿波罗"13号任务调查。1971年从NASA退役，从事商业和教育事业。他还曾在1986年"挑战者"号航天飞机事故调查委员会工作（见本书第202~203页）。

创造历史之路

在绕地球飞行1.5圈后，"土星"5号的第三级S-IVB点火将飞船推进了月球转移轨道。当它安全地进入预定轨道后，"哥伦比亚"号指令舱脱离了火箭，在旋转180度之后与着陆时就在它下方的"鹰"号登月舱对接。

"阿波罗"11号在安全脱离火箭后加速飞向月球。这段旅程花了三天多一点的时间，然后关键的反推发动机点火使飞船减速滑进月球轨道，并为登月舱和指令舱的分离做准备。25小时后，"鹰"号登月舱的着陆发动机点火30秒，而后将其送入距月面13千米的范围内。在登月舱里，阿姆斯特朗和奥尔德林并肩站着，并由弹性撑杆保持在原位。他们面朝月面，看着下方的风景疾驰而过，直到休斯敦下达着陆指令。阿姆斯特朗用一个精确制导控制器对着陆发动机进行节流，而奥尔德林则读取登月舱的高度和燃料数据。两名宇航员凝视着窗外，寻找可以着陆的平稳区域。在发现一片尘土飞扬的平地后，阿姆斯特朗让飞船减速，在剩余燃料仅能支撑20秒的时刻，飞船在月球表面着陆。

在轨道上的"鹰"
迈克尔·柯林斯拍摄了这张"阿波罗"11号登月舱的照片，当时它正开始脱离指令舱，沿着长长的螺旋轨道下降到月球。登月舱在指令舱窗外执行了一圈完整的旋转，柯林斯对其进行观测，以检查发射压力可能造成的任何损坏迹象。

创造历史
任务控制中心的工作人员几乎忘了手头的工作，纷纷从办公桌上转过头来观看"阿波罗"11号发回的首次登月照片。

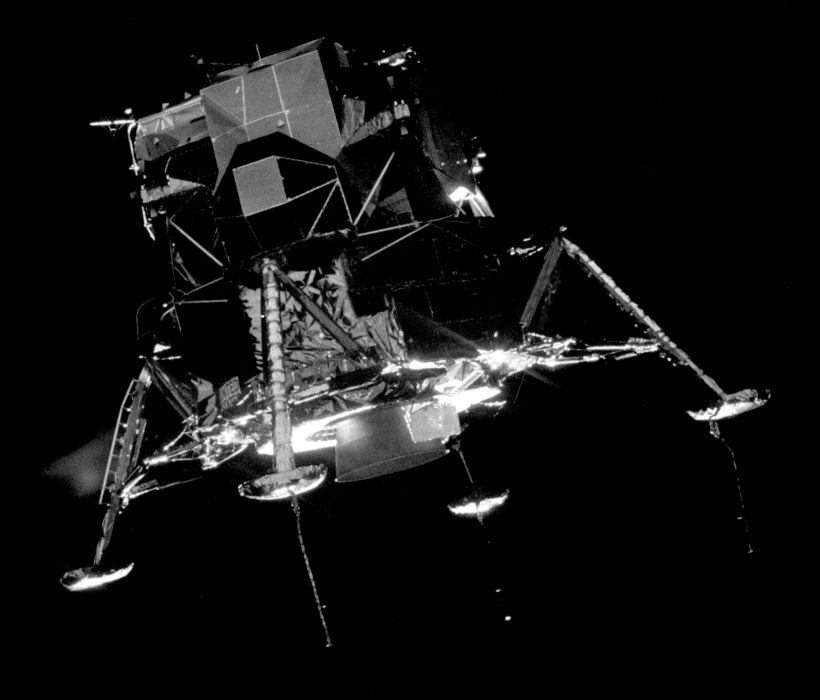

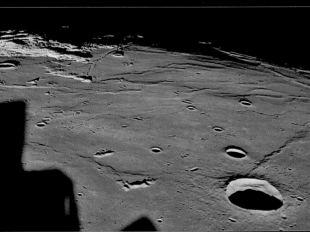

1969年7月20日 17:44

分离不久后，阿姆斯特朗和奥尔德林飞越了他们在静海的目标着陆点2。在这张照片里，着陆点正好位于中央偏右的地方，处于正在退隐的黑夜的边缘。

1969年7月20日 19:08

从椭圆形轨道回望指令舱，登月舱内的宇航员可以看到它正对着明亮的布满撞击坑的丰富海。在轨道的最低点，阿姆斯特朗启动发动机，登月舱开始最后一段下降。

1969年7月20日 20:17

宇航员们很快意识到他们正在向远离目标几千米的地方着陆。由于预定自动方向有大型岩石，阿姆斯特朗采取了手动控制，将登月舱驾驶至一个更平坦的地区着陆。

目标：月球

1969年7月16日上午，"阿波罗"11
号的"土星"5号运载火箭缓缓驶离
它排出的火焰，开启一段长达150万
千米的史诗般的太空航程。

"鹰"号安全着陆

在卡纳维拉尔角震天动地的轰鸣声中，"阿波罗"11号发射升空。三日之后，宇航员们已做好准备，即将首次踏足另一个世界。

"鹰"号在静海（Sea of Tranquillity）着陆之后，船舱里的宇航员们屏息凝神，静静等候，想查明登月舱的重量究竟会对脚下的岩石和尘土带来何种影响。好消息是，登月舱的脚垫只陷入尘土一英寸深。阿姆斯特朗和奥尔德林大大松了一口气，他们停下来吃了一顿饭，之后穿上了太空服。即使月球引力已经很小，太空服和生命背包的重量已经从86千克减轻至14千克，但身着太空服和背包从登月舱出来对宇航员们来说仍然十分不易。阿姆斯特朗首先出舱，他慢慢钻出舱口，爬下舷梯，中途停下来摆好电视摄像机，这一相机会把所拍摄的照片传送给地球上十亿甚至更多在收看的观众。最终，阿姆斯特朗于1969年7月21日2点56分（UTC）踏上月球。

奥尔德林在19分钟后紧接着出舱。接下来的两小时内，两位宇航员采集了岩石样本，并开展科学实验，还测试了引力很小的环境的状况。他们将探月的整个过程都拍摄下来了（这些电视影像可以实时转播回地球，不过它们都是黑白色），并试着描述他们周围的环境，努力弄清自己所处的位置——很确定的是，他们降落的地方距离原计划的着陆点只有几英里。他们所疑惑的一个方面是，自己很难估测距离长短——月球的地平线要比地球上的地平线近很多。并且，月球上没有大气包围，缺乏雾霭笼罩，难以给出测试距离的视觉参照，也无法目测附近山丘的规模。

人物传记

巴兹·奥尔德林

巴兹·奥尔德林，原名小埃德温·尤金·奥尔德林，1930年出生于美国新泽西州，并在此长大。朝鲜战争期间，奥尔德林服役于美国空军。战后，他攻读了太空航空学博士学位，所作博士论文与此相关。由此，在选拔成为美国国家航空航天局第三批宇航员后，一同培训的队友给他起了"交会对接博士"的外号。首次执行任务时，他担任"双子座"9号的替补宇航员。在执行"双子座"12号任务时，他成功地进行了一次太空走。执行完"阿波罗"任务后，他回到美国空军服役，之后陷入个人问题。后来，他又以作家以及载人航天事业倡导者身份进入大众视野。

他们同样在月表安放了一面美国国旗，并留下一块牌匾以及纪念"阿波罗"1号和"联盟"1号上牺牲的宇航员们的奖章。随后，他们与美国总统尼克松进行了短暂的通话。

时间飞逝，是时候该返回登月舱了。两位宇航员首先将从着陆点附近区域采集到的一块重达22千克的珍贵岩石样本运上船舱。返回登月舱后，阿姆斯特朗和奥尔德林脱下太空服，吃了一顿饭，之后准备睡觉。他们在登月舱内部挂起了吊床。他们最先发现不受到月球物质的污染是不可能的——月球表面细腻的

奥尔德林走出登月舱

在"阿波罗"11号舱外活动（EVA）期间，巴兹·奥尔德林在登月舱前拍照留念。他的右边是旗子状的太阳风探测器收集器。

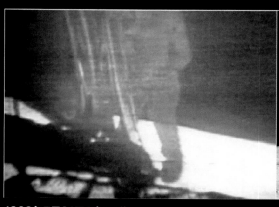

1969年7月21日2点56分

尼尔·阿姆斯特朗爬下登月舱的舷梯，踏上了月球表面。这一历史性时刻仅被安装在登月舱一侧的单色电视摄像机

1969年7月21日3点15分

19分钟后，巴兹·奥尔德林走出登月舱，跟随阿姆斯特朗踏上月球。这一次，阿姆斯特朗手上拿着相机，拍摄了一

1969年7月21日17点54分

登月舱从月球表面升空时，插在着陆点附近的美国国旗因受到登月舱排出气体的影响而左右摇曳

"这是一个人的一小步，却是全人类迈出的一大步。"

——1969年7月21日，尼尔·阿姆斯特朗踏上月球时说。

灰尘粘在一切东西上，这些灰尘不仅尝起来像火药，而且闻起来也有股火药味。12小时后，两位宇航员启动了"鹰"号的上升发动机，与登月舱的下降级分离，随后升入绕月轨道，与柯林斯驾驶的指令与服务舱交会。两艘飞船安全对接后，首要任务是增大指令与服务舱的气压，将登月舱中陈腐污浊、满是灰尘的空气排出。这样一来，在连通两艘飞船的舱门打开时，指令与服务舱里的空气就会袭入"鹰"号登月舱，使得登月舱内的灰尘飞到对面船舱的数量降到最低。之后，阿姆斯特朗和奥尔德林将采集的样本和一些其他设备转交至柯林斯之手，然后迅速换掉衣服，将满是灰尘的工作服装进密封容器内，之后飘到对面的船舱里。

两位宇航员回到"哥伦比亚"号之后，其忠实的老伙计"鹰"号被抛弃，留在了绕月轨道上，最后它撞向月球表面。指令与服务舱返回地表历时两天半，中途进行了一次简短的发动机修正。返回时一切顺利，"阿波罗"11号于7月24日溅落在太平洋上，离美国军舰"黄蜂"号仅24千米远，而总统尼克松已在此等候。至此，此次飞行任务还尚未完结——宇航员们仍需在隔离区待将近三周，第一周他们待在回收船上狭窄的拖车里，之后两周在休斯敦更为舒适的屋子里隔离。1969年8月10日，他们走出隔离区，参加为他们举办的全美大巡游。但这还只是长达45天的名为"一大步"的巡游的开始，在这次大巡游中，宇航员们去了25个国家。

凯旋
1969年8月13日，大批纽约市民迎接"阿波罗"11号的宇航员归来。当天晚些时候，芝加哥和洛杉矶也举行了类似的欢迎庆典。

"阿波罗"热
美国登月成功后，商界借此热度制作了大量关于阿波罗计划的纪念品。

一个人的一小步……

登月舱"鹰"号安全抵达月球。六个半小时之后，在地面数百万观众的注视下，尼尔·阿姆斯特朗在月球表面迈出了举世瞩目的第一步，巴兹·奥尔德林紧随其后，两人在月球表面活动了大约两个半小时。

当两位宇航员艰难地背上沉重的生命保障系统背包，准备进行舱外活动时，他们意识到自己比原计划慢了。在地面训练时，他们制定了严格的任务清单，尽管他们分秒必争地执行这些任务，但也发现实际执行时，有很多之前并未考虑到的因素。最后，在凌晨2点30分，他们打开了登月舱阀门。就在阿姆斯特朗退着挪出登月舱的"门廊"，爬下舷梯之时，他停了一下，打开了登月舱外部的电视摄像机，这样可以拍摄到他迈向新世界的第一步。

"我现在正在舷梯的最后一级，登月舱的脚垫只陷入月球表面一到两英尺……月球的土壤很像粉末。土地的质量非常细密。我将要走下舷梯了……**这是一个人的一小步，却是全人类迈出的一大步**……是的，月表土壤细腻且呈粉末状，我用脚趾就可以将它轻微弹起。"

——1969年7月21日2时56分，
尼尔·阿姆斯特朗踏上月球时说。

在月球上执行任务
在走出登月舱之前，两位宇航员在登月舱里花了些时间研究着陆点附近的环境，另外还确定了实验器材的安置点。奥尔德林将高清相机交给了阿姆斯特朗，阿姆斯特朗将电视摄像机从登月舱上安置到一副三脚架上。这样摄像机就可以详细地拍摄到他们在月面活动的大部分画面了。

在月球上留下的鞋印
两位宇航员考虑到自己的重量在月球上过轻，便在月球表面风化层留下了很深的鞋印。这些鞋印可能会存留数百万年。

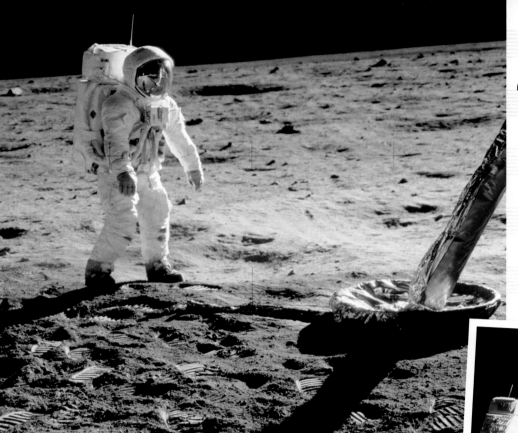

"震撼之景！壮丽的荒凉。"
——1969年7月21日，巴兹·奥尔德林踏上月球时感慨。

试验着陆

因为这是人类第一次执行登月任务，对两位宇航员来说，其月表活动最重要的任务之一就是监测登月舱的状况，并将其汇报给休斯敦航天中心。值得庆幸的是，登月舱在着陆时完好无损。

15分钟之后，奥尔德林到达了登月舱的门廊，准备跟上阿姆斯特朗，后者手上拿着一部高清哈苏相机。当奥尔德林踏上月球之后，在只有地球六分之一引力的月球上，他花了十几分钟测试了几种行走方式，最后发现跨步跑是月面活动中最方便的方式。在阿姆斯特朗将摄像机重新安装在一个三脚架上之后，两位宇航员一起安放了美国国旗。之后，他们接到了来自休斯敦的特殊通话：

在月球上执行任务

就在月表活动接近尾声时，阿姆斯特朗和奥尔德林部署了"早期阿波罗科学实验包"。实验包里有一台地震仪、一台测量月球尘土聚积情况的仪器以及一台可将实验结果传回地球的太阳能发射机。

尼克松总统：你们好，尼尔和巴兹。**我坐在白宫**椭圆形办公室给你们打电话……对每一个美国人来说，这都是我们一生中最值得骄傲的一天……当**你们在静海**与我们通话时，我们备受鼓舞，我们定将加倍努力，为地球带来和平与安宁。这是整个人类历史上的**一个无价的时刻**，地球上所有的人都凝聚为一体；我们凝聚为一体，对你们所做的感到骄傲，为你们安全返回地球而祈祷。

阿姆斯特朗：谢谢你，总统先生。在这里不仅代表美国，而且代表所有国家的和平人士，我们感到非常荣幸。

宇航员们重新开始工作，两人在月球表面部署了许多实验器材。奥尔德林之后从月球土壤中收集了一些重要的样本，另一边阿姆斯特朗跨步跑至附近的一个火山口边缘，并拍摄他们周边的环境。在之后的计划时间内，他们收集月球岩石样本，并将其编号。最后，奥尔德林首先爬进登月舱，随后，阿姆斯特朗跟着进入。

留给未来的信息

登月舱下降级将永远留在月球，宇航员在其舷梯旁边安放了一块牌匾，上面写着："公元1969年7月，来自地球的人类第一次登上月球，我们为全人类的和平而来。"

"我穿着的蓝色靴子一下子**消失在**了这……**灰可可色的土壤里。**"
——1969年7月21日，巴兹·奥尔德林在月球上执行任务时说。

"阿波罗"12号

第二次载人登月改进了首次登月的不足之处，宇航员们进行了两次历时更久的月面活动，严谨认真地实施了科研计划。

雷电袭击

点火升空后，"土星"5号火箭两度遭受雷电袭击，飞船的数据传输受到干扰。所幸的是，飞船内的宇航员反应迅速，马上想出了一个办法，重启了系统，并恢复了数据的传输。

指令舱内

康拉德和比恩踏月期间，理查德·戈登惬意地享受"扬基快艇"号相对宽敞的空间。戈登能在绕月轨道上看到"无畏"号和"勘测者"3号，证实康拉德精准地降落在月球表面上了。

只有在"阿波罗"11号成功登月以后，NASA才能为后来的载人登月任务拟定着陆地点和行程。这些着陆点均选在可以收集岩石样本，以及可以采集大批不同月球地形数据的区域。"阿波罗"12号预计在当年晚些时候发射，其降落地点为风暴洋区域。

选择降落在风暴洋还有另一原因——此地是30个月前抵达的"勘测者"3号探测器的着陆点。人类已经对这里研究了一段时间，探访此地能够提供更多信息以了解近期月面状况。该探测器也可作为精准降落的目标点——"阿波罗"12号降落在距其计划目标点6.5千米的位置。未来，任务操作需要更加精准地降落。

风雨登月路

1969年11月14日，在滚滚雷声中，"阿波罗"12号在卡纳维拉尔角点火升空。飞船内坐着皮特·康拉德、理查德·戈登和艾伦·比恩。发射后，飞船遭遇了惊险的闪电袭击，但之后的登月之旅顺畅无阻。11月19日，康拉德和比恩进入"无畏"号登月舱，戈登留在绕月轨道上驾驶"扬基快艇"号指令与服务舱。登月舱选定的降落点绰号为"皮特的港湾"。起初，在此处降落被设定为全程自动操作，但当两位宇航员观察到这片区域崎岖不平，与预期相去甚远时，康拉德手动操作着陆，降落在了附近的安全区域。

五个小时后，康拉德踏上了月球表面。他首先要做的是采集并存储一份应急土壤样本，以防紧急情况发生时，登月舱必须迅速撤离。比恩跟随康拉德踏上月球后，两位宇航员均发现自己身上沾有大量粉状岩尘。康拉德和比恩进行了两次月面活动，第一次是在登月舱周围安装科研设备——"阿波罗"12号以及之后的登月任务均携带了月面实验装置，这一装置比阿姆斯特朗和奥尔德林所部署的更为完备。

第二天早晨，两位宇航员再次出舱活动，这次他们在月表总计行走了超过1千米。他们所走的路线是由

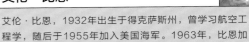
人物小传
艾伦·比恩

艾伦·比恩，1932年出生于得克萨斯州，曾学习航空工程学，随后于1955年加入美国海军。1963年，比恩加入NASA宇航员队伍，成为"双子座"10号任务的候补宇航员。由于同组宇航员克里夫顿·威廉姆斯在训练期间葬身于飞机事故，比恩只能加入阿波罗计划团队。在接受"阿波罗"应用计划的培训之后，比恩担任"天空实验室"3号的指令长。比恩之后加入NASA管理层，直到1981年退休后成为一名全职航天艺术家。

任务指挥中心的地质学家提前规划好的。行走途中，他们一边采集样本，一边回答地面提出的问题。尽管两位宇航员接受过月球地理培训，但他们承认还是很难搞清楚周围月表的历史。两个小时以后，他们到达"勘测者"3号所在地，在对探测器进行拍照后，他们卸载了上面的一些零部件，用于之后的研究分析。后来的研究证实，"勘测者"3号上的电视摄影机含有细菌，这些细菌进入了摄影机内部并被带回地球，不过摄影机在月球期间完好无损。

"无畏"号和"扬基快艇"号在分开37个小时之后再次对接。理查德·戈登查看了两位宇航员的状态，并告知他们身上满是灰尘，不可以进入指令与服务舱。因此，康拉德和比恩将样本转移到船舱上后，不得不脱掉宇航服，只留下头盔，然后飘进舱门。随后，"无畏"号被分离并垂直坠落回月球。一个多小时后，月面实验装置里的地震检波器收集到登月舱产生的月震影响。"扬基快艇"号在环月飞行11圈后点燃发动机，开启了漫长的返回地面之旅，回程顺利无阻。

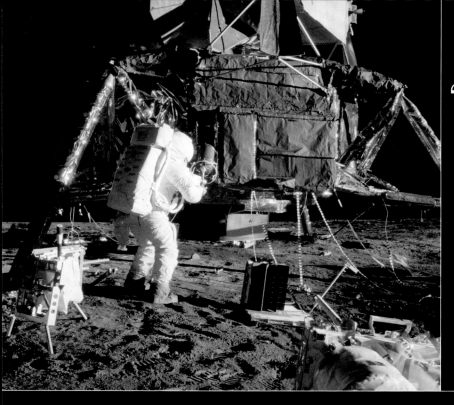

"天啊！老兄，或许这对尼尔来说是一小步，对我可是一大步呢！"

——比尼尔·阿姆斯特朗矮11厘米的皮特·康拉德，

在踏上月球第一步后说道。

核能供电
艾伦·比恩小心翼翼地从登月舱存储区取出一部放射性同位素热电机。这是人类首次在月球上使用放射性同位素热电机，它是一部通过放射性衰变产生能量的简易发电机。

在风暴洋内
在"阿波罗"12号舱外活动期间，艾伦·比恩站在机架旁做手势拍照。可以清楚地看到皮特·康拉德反射在比恩的头盔部位（比恩自己的相机被放置在他的胸部控制背包里了）。

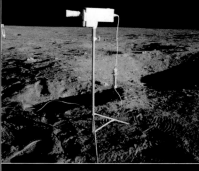

小失误
因意外暴露在太阳下，相机被烧坏了，无法正常工作，原定传送彩色电视影像的计划不得不取消。

日食出现
返回地面途中，宇航员拍摄到地球正好遮挡住太阳的壮观景象。

外头盔

加压头盔

通信帽

头戴部分

"阿波罗"号所用的头盔分为三部分：装有防晒护目面板的外头盔，保护宇航员的加压头盔，以及装有通信设备的紧身头盖帽。

金色的镀金头盔视窗可减少阳光与月球表面的眩光

生保及水制造接口

笔形电筒口袋

袖带清单

这张清单是"阿波罗"16号的宇航员约翰·杨在登月时佩戴的。该页面描述了如何收集岩石样本。

氧净化系统——仅适用于紧急情况下

无线电及其他通信设备

主供养子系统

液体输送回路（给宇航员降温）

泵

远程控制单元

通信连接器

氧净化子系统接口

生保及水标准氧气供应接口

月表舱外活动手套

背包

"阿波罗"号宇航员携带的这种笨重背包被称为便携式生命支持系统（PLSS）。内有至关重要的设备，其中包括用于液体冷却系统的泵、通信设备以及水和氧气供给设备。

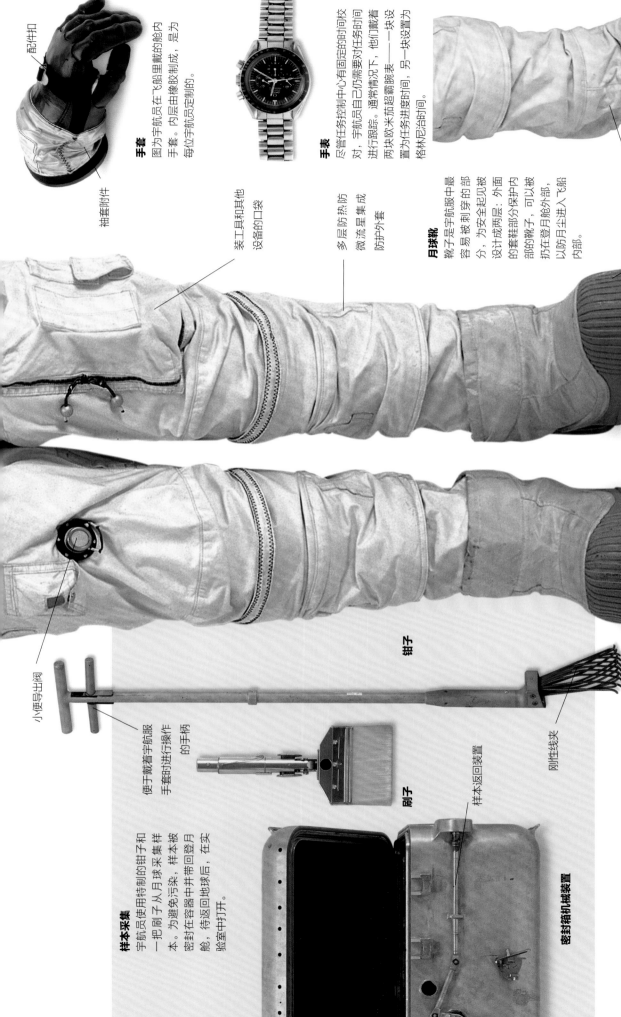

手套

图为宇航员在飞船里佩戴的舱内手套。内层由橡胶制成，是为每位宇航员定制的。

配件扣

袖套附件

手表

尽管任务控制中心有着固定的时间校对，宇航员自己仍需要对任务时间进行跟踪。通常情况下，他们佩戴两块欧米茄超霸腕表——一块设置为任务进度时间，另一块设置力格林尼治的时间。

装工具和其他设备的口袋

多层防热防微流星集成防护外套

月球靴

靴子是宇航服中最容易被刺穿的部分，为安全起见被设计成两层：外面的套鞋部分保护内部的靴子，可以被扔在登月舱外部，以防月尘进入飞船内部。

内靴

外靴

靴带

折叠式连腿套长靴

舱外机动单元

阿波罗宇航服或称EMU有很多层。紧贴着皮肤的是一层液体冷却内衣，然后是尼龙材质的外套——它将宇航员与外太空的真空环境隔离开来。最后是几层起热防护作用的镀铝层。

日期	1967年
产地	美国
在地重量	86千克
在月重量	14千克

小便导出阀

样本采集

宇航员使用特制的钳子和一把刷子从月球采集样本。为避免污染，样本被密封在容器中并带回登月舱，待返回地球后，在实验室中打开。

便于戴着宇航服手套时进行操作的手柄

钳子

刷子

样本返回装置

刚性线夹

密封箱机械装置

月球生保服

阿波罗宇航服与以往的设计有很多不同。由于长期在月球表面工作，额外风险增加，宇航服必须更加坚固。但由于宇航员可能要执行的任务种类繁多，而且需要在有重力的情况下工作，因此宇航员需要更灵活轻便的宇航服。解决方案是一套标配的宇航服，再加上在月球活动期间可选择穿着的额外配件。

"阿波罗" 13号

两次成功载人登月后，美国民众开始觉得登月轻而易举。但就在1970年4月，"阿波罗"13号发生爆炸，全世界因这场灾难而哗然。

"阿波罗"13号升空后不久，宇航员开启了一段长时间的地月转移轨道飞行。执行此次飞行任务的是经验丰富的宇航员吉姆·洛威尔，以及首次飞行的弗莱德·海斯和杰克·斯威格特。由于原定宇航员肯·马丁利接触了风疹，杰克·斯威格特接替他执行任务。开始，一切运行正常，直到第56小时当飞船逐渐远离地球并向月球靠近时，宇航员对指令与服务舱内的液氧罐进行例行搅拌操作。突然，太空中发出"砰"的爆炸声，宇航员们马上警觉了起来，他们发现一个主液氧罐的气压正急剧下降，指令与服务舱内的电力迅速减少（见上图）。斯威格特沉稳自如，向指挥中心报告，说出了那句非常著名的话："噢，休斯敦，我们这儿有麻烦了！"

事实上，宇航员们和地面控制人员很清楚地意识到这个"麻烦"是威胁生命安全的。显然，服务舱

初始难题
飞船发射后，POGO振动（见本书第119页）导致二级火箭的一个发动机停止运行，其他几个发动机不得不延长燃烧时间。

已经瘫痪，无法为指令舱提供氧气和电力。一切登月计划已成泡影，而宇航员们也无法轻易调转飞船——即便仍可以启动发动机，指令与服务舱也没有足够多的燃料来完成这一操作。要返回地面最安全的做法是继续向前飞行，环绕月球后返回（见本书第149页）。

对宇航员来说，当务之急是如何存活那么久。指令舱的电力已然不足，氧气也所剩无几，只能在几个小时内支持其单独返回地球及再入——显然，这些能源必须保存下来。所幸，NASA想出了一个权宜之计——在这一紧急情况下，将安装在指令与服务舱前面的暂未使用的"水瓶座"登月舱作为救生船。宇航员们争分夺秒地启动了登月舱，将给养搬运进去，随后钻进登月舱。他们关闭了"奥德赛"号指令与服务舱中几乎所有的系统，将里面所剩无几的能源保存下来。

回到地球

登月舱原本设计仅可供两名宇航员使用两天，因此对三位宇航员来说极为狭窄。由吉恩·克兰兹（见本书第98页）带领的休斯敦地面控制人员不分昼夜地为他们规划安全返回的路线。"水瓶座"很快变得

危机谈话
宇航员们进入登月舱前不久，"阿波罗"13号进行了最后一次电视直播，登月舱驾驶员弗莱德·海斯正与休斯敦任务控制室对话。吉恩·克兰兹身穿独特的白色马甲，背对摄像机，坐在最显眼的位置。

挥手告别
吉姆·洛威尔带着杰克·斯威格特和弗莱德·海斯乘车前往"阿波罗"13号的发射台，对太空中等待他们的危险一无所知。

"**飞行控制中心永远不会把任何一位美国人丢在太空中。**请你们相信……宇航员们正在回家。"

——吉恩·克兰兹对休斯敦的任务控制人员如是说

救生船"水瓶座"

"阿波罗"13号上的宇航员们进入了指令舱，在马上就要回到地球之前，他们为忠实的"伙伴"——登月舱抓拍了一张照片。现在，登月舱被分离出来，逐渐飘远。

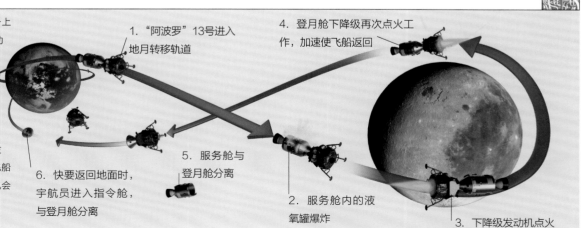

爆炸造成的破坏

将服务舱分离之后，宇航员们得以看到爆炸对服务舱一侧的毁坏程度。通过最终检查得知，该事故起因于电线绝缘损坏。

又湿又冷，更为严峻的是，用于排出舱内有毒二氧化碳的化学过滤器也将失效。马丁利（因生病未能执行此次任务）和其他几位工作人员在休斯敦控制中心使用模拟器找到了解决方案——宇航员们使用船舱内能够得到的物资，将并不兼容的指令与服务舱内的过滤器取下来，拼装到登月舱内。由于无法启动指令与服务舱的发动机，宇航员们不得不通过观测星辰的位置来推算其准确的位置和运行轨道，以此进行临时中途修正。他们使用登月舱的下降级发动机来驱动整个飞船。在环绕飞行到月球背面之后，飞船便踏上了回程之旅。4月17日，快到地球时，宇航员得以重返指令舱。

幸运的是，指令舱分离顺利。在全球数百万电视观众的屏息注视下，三位宇航员安全溅落在太平洋上。

技术

环月飞行，安全返回

在休斯敦的任务控制人员很快发现，让"阿波罗"13号上的宇航员返回地面的唯一方案是大胆地手动启动一次发动机。这样可以让飞船进入自由返回轨道——这一轨道将月球引力用作弹弓，月球引力有效拉住飞船，将其从月球背面远端甩出，甩回地球而无需长时间启动发动机。无论如何，当"阿波罗"13号快到达月球时，必须有一股推力来调整其运行轨道。由于无法了解指令与服务舱发动机的受损程度，轨道修正通过登月舱的下降级发动机得以完成。在接近地球时，与以往不同，服务舱与飞船分离，而指令舱仍然和登月舱相连。这使得宇航员们有机会拍摄到服务舱的受损程度。

1. "阿波罗"13号进入地月转移轨道

4. 登月舱下降级再次点火工作，加速使飞船返回

5. 服务舱与登月舱分离

6. 快要返回地面时，宇航员进入指令舱，与登月舱分离

2. 服务舱内的液氧罐爆炸

3. 下降级发动机点火

"休斯敦，我们有麻烦了……"

"阿波罗"13号在飞行两天零八个小时后，已飞离地面超过32万千米。但就在此时，船舱发生爆炸，致使服务舱瘫痪，舱内氧气和电力急剧减少，宇航员们陷入危机之中。他们的第一反应对其能否生还至关重要。

1970年4月13日晚，"阿波罗"13号上的宇航员进行电视直播，向地面观众展示他们的船舱。直播结束五分钟后，他们仍分布在飞船的不同位置。指令舱驾驶员杰克·斯威格特留在指令舱，登月舱驾驶员弗莱德·海斯位于登月舱（登月舱特地为这次直播开放），吉姆·洛威尔在连接两舱的过道里，正帮助海斯关闭登月舱。在休斯敦，当班的宇航通信员杰克·洛斯马（Jack Lousma）传达了一些例行要求——NASA想要宇航员们拍摄班尼特彗星的照片；工程师们想要高增益天线上的数据。斯威格特一口气汇报完了面前仪表板上的数据。接下来的要求是搅动低温液氧罐——这是防止液氧中的杂质沉降到罐体底部的常规操作。但就在斯威格特按下搅动按钮之后，飞船内传来一声巨大的爆炸声。洛威尔带着责备看向海斯，因为刚才电视直播时，海斯曾因为启动复压阀门而发出了类似的声音，吓坏了另外两人。但现在海斯神情凝重。通话记录本记录了这个时刻：

指令舱宇航通信员：13号，我们还需要你们做一件事，当你们有空时，我们想要你们搅动飞船的液氧罐。除此之外，我们还有一项不情之请……若你们有需要，请观测一下班尼特彗星。

杰克·斯威格特：好的，待命。

杰克·斯威格特：哦，休斯敦，我们这里有麻烦了！

指令舱宇航通信员：这里是休斯敦，请再说一遍。

吉姆·洛威尔：休斯敦，我们有麻烦了，B主线路电压不足。

指令舱宇航通信员：收到。B主线路电压不足。

指令舱宇航通信员：好的，待命，13号。我们正在研究它。

弗莱德·海斯：好的。休斯敦，现在电压看起来正常，我们听到了"砰"的一声巨响，伴有预警和警示系统的响动。我想起来了，B主线路电压曾有一次尖峰。

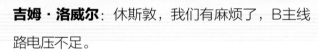

"从舱门口往外看，我看到，正在**排放什么东西**。我们在**向太空排放什么东西**。"

——吉姆·洛威尔在事故之后回忆道

侥幸逃生

本该成为"阿波罗"13号任务指令长的艾伦·谢泼德，因耳朵受伤没有执行此次任务。图为他正在任务控制中心关注这场危机的进展。

指令舱出现"主线路电压不足"意味着服务舱里的电能在急速耗尽。宇航员们挣扎着将飞船内仪表的数据和地面接收到的遥感数据进行比对，意识到两个氧气罐中的一个彻底空了。三个燃料电池中的两个也几近枯竭。休斯敦的控制人员正紧张忙乱地推算飞船上发生了什么。与此同时，洛威尔正集中精力平稳摇来晃去的飞船。透过指令舱狭小的舷窗，洛威尔意识到，意外事故已经将他的登月梦想打碎了——他看到一股气体正从服务舱往外泄漏。

"好的，'水瓶座'……我们**正在重新编排**，试着调整你们的控制模式……查看可供你们执行飞行任务的消耗燃料等。只要我们得到了这些数据，就会传给你们。14位候补宇航员正在模拟器内查看对接系统的启动事宜，他们正试着通过**观测舷窗外的星星**来提出校准飞船的方式。因此，如果你们能够透过舷窗看到任何星星，抑或能想出任何的校准办法……也请让我们知道。"

——杰克·洛斯马，"阿波罗"13号指令舱的宇航通信员

临时制作的"救星"

登月舱内的二氧化碳含量不断上升，任务控制中心指导宇航员制作了一个"邮箱"式的装置，这一装置可以将与登月舱并不兼容的指令舱化学洗涤器安置在登月舱系统内使用。

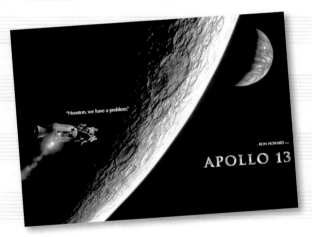

永留银幕

朗·霍华德于1995年拍摄的《"阿波罗"13号》堪称经典佳作，该片高度还原了此次任务的真实情景，重燃大众对"阿波罗"登月任务的兴趣。

共克时艰

任务控制中心的四组轮班员工正通力合作将宇航员送回地球。因电力原因，飞船上的图片传输被切断了，小组成员不得不依靠声音通信来工作。地面向宇航员传输指令，然而指导他们制造"邮箱"式过滤器变得更为困难——这一过滤器是为了让宇航员呼吸顺畅。

更为严峻的事情也在悄然发生——宇航员们注意到另一个氧气罐的气压正在慢慢降低。危机现在清晰地呈现在眼前——爆炸已经使得燃料电池系统内部发生严重破坏，珍贵的氧气随之在急剧减少。休斯敦的控制人员不想做任何可能恶化服务舱内情况的冒险行为，因而让洛威尔和海斯回到登月舱，试着从那里提取能源。但是，随着登月舱成为救生船，这一计划也取消了。宇航员们将消耗品转移到"水瓶座"登月舱，随后进入其中，并完全关闭指令与服务舱内的所有电力，以保证飞船能够环绕月球，然后返回地球。就这样，在爆炸发生后不到三个小时，"阿波罗"13号的宇航员进入了"水瓶座"，准备开启环绕月球并安全返回的漫长旅途。

返回地球

（左图）休斯敦时间4月17日中午12点7分，"奥德赛"号在太平洋溅落。在由NASA人员组成的任务控制中心，人们欢呼雀跃地见证它的返回。其中包括"阿波罗"13号的飞行主管杰拉尔德·格里芬、吉恩·克兰兹和格伦·伦尼（前排从左到右）。

平安无恙

海军潜水员首先到达现场，帮助船员登上救生筏（上图）。而在任务控制中心，吉恩·克兰兹当之无愧地允许自己抽一支雪茄（中图）。在一个小时内，三名宇航员海斯、斯威格特和洛威尔（从左到右）被迎上伊沃吉马号甲板（下图）。

"阿波罗"14号

历经"阿波罗"13号的劫难后，下一次任务对NASA重拾信心及维护美国航天项目的威望至关重要。幸运的是，"阿波罗14号"成就斐然。

开球

在第二次月面活动时，谢泼德拿出了自己悄悄带上飞船的几个高尔夫球，并拿出一把用不同的月球工具制作的高尔夫球杆，这让众人大吃一惊。起先他在月球上只发出了一个侧旋球，但第二个球则飞出了好几百米——虽然谢泼德是单手发球，但是月球引力很小，使得球飞出很远。

紧张时刻

休斯敦任务运行控制中心的屏幕上显示着"小鹰"号在地球轨道上多次尝试与"心宿二"对接的画面。可以看到，登月舱的顶部仍然在"土星"5号第三级火箭（S-IVB）的上面。

1971年1月31日，在距离NASA上一个登月任务过去一年多以后，"阿波罗"14号发射升空。在这一空窗期里，由于预算缩减，原定发射的"阿波罗"15号和"阿波罗"19号不得不取消。不过，由于"阿波罗"13号原定降落的月球风暴洋边缘的弗拉莫罗高地是科学研究的重中之重，因此，"阿波罗"14号的目标着陆点仍在此地。领导这批宇航员的是名副其实的航天老兵艾伦·谢泼德。他刚做完痛苦的耳部矫正手术，曾执行过极具历史影响力的"自由"7号的飞行任务。德科·斯莱顿曾与其一起执行过"水星"7号任务，他坚信自己的老搭档一定能登上月球。谢泼德的同伴——斯图亚特·鲁萨和艾德加·米切尔则都是第一次参与任务的新手。

"阿波罗"14号成功发射，并顺利从地球轨道分离。虽然前期顺利，但其在登月途中还是遇到了巨大挑战。谢泼德试图将"小鹰"号指令与服务舱与"心宿二"登月舱对接，但对接机构一直无法啮合。所幸，在第六次尝试时，对接最终成功。登月舱在最后降落时，仍遇到诸多困难。谢泼德在踏上月表时说的第一句话有些一语双关："……路途十分遥远，但我们还是到了。"

谢泼德和米切尔在月面活动了33个小时，期间进行了两次长时间的月面行走。他们先采集好应急的岩石样本，然后部署了"阿波罗"月面实验装置（ALSEP）以及其他实验器材，这些装置将会长期安置在月球表面。宇航员们也使用一种能够发出重击声以冲进地层的装置来勘察月球风化层。这种由ALSEP地震检波器完成的检测可以反映出这一区域的土壤特性。

月面探险

第二次月面行走有点像"阿波罗"12号所执行的"地理横穿"任务。两位宇航员需要勘察附近一座300米高的锥状环形山的边缘。他们发现，即使处在引力只有地球引力六分之一的环境下，爬上环形山的一侧也相当吃力，特别是当他们还拖着一辆名为"移动设备运输车"的月球车时。当他们快到边缘时，地形开始变得越来越陡峭。更为令人沮丧的是，他们并没有找到锥形山的边缘，在进行了数次争论后，他们调头返回了。直到后来，他们才意识到自己当时距离目标只有不到30米。

在返回地面的途中，同前几次任务的宇航员一样，他们必须先进行为期两周的隔离。由于宇航员们同样未表现出任何意外疾病或症状，后续任务就取消了这一隔离措施。

"阿波罗"月面实验装置
两位宇航员按照袖口清单上的地图部署了"阿波罗"月面实验装置里不同的器材。图中央的盒子是一个探测太空中带电粒子的探测器，而红旗标示出的地震检波器则用来探测重击声实验中的声波情况。

停靠中的"心宿二"

艾德加·米切尔将登月舱命名为"心宿二"，因为飞船在从绕月轨道下降时，可以清楚地看到这颗明亮的恒星。登月舱降落在一块凹陷地边缘，以8°的倾斜角度停靠下来。

1971年7月26日
"阿波罗"15号作为首个J级别任务从卡纳维拉尔角发射升空。

1971年7月29日
飞船进入绕月轨道。

1971年7月30日
登月舱"猎鹰"号降落在靠近哈德利溪和月球亚平宁山脉的目的地。

1971年7月31日
大卫·斯科特和詹姆斯·艾尔文开始月面行走,这是其三次月面探险的首次。此次任务中,他们首次在月球上驾驶月球漫游车。

1971年8月2日
执行完第三次月面活动之后,斯科特和艾尔文升空返回绕月轨道,同指令与服务舱会合。

1971年8月4日
"阿波罗"15号离开绕月轨道,返回地球。

1971年8月5日
即将到达地球轨道时,阿尔弗莱德·沃尔登进行了首次太空行走,他从指令与服务舱的仪器间取回了胶片和实验数据。

钻探月球岩石
大卫·斯科特手持一把无线钻孔机,开始漫长的岩石钻探工作。他需要将岩石钻孔,来探测"阿波罗"15号的热流实验。钻机在设计上有一个缺陷,使得钻探工作进展缓慢,不过这一缺陷在后来的任务中得以改善。此次任务之所以进展缓慢,除工具原因外,还因为登月舱降落区域的土壤异常坚硬。

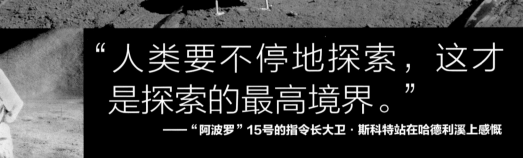

"人类要不停地探索,这才是探索的最高境界。"
—— "阿波罗"15号的指令长大卫·斯科特站在哈德利溪上感慨

挖一条沟渠
詹姆斯·艾尔文要做的是在表层土上挖一条沟渠,这项工作比给岩石钻孔简单许多。但是在挖到30厘米深时,他还是被迫停了下来。

70毫米焦距哈苏相机
专门改良的哈苏电动相机安装在阿波罗计划每位宇航员的胸前背包里。熟悉的"+"标志使得距离测量得以通过拍照完成。

"阿波罗"15号

在"阿波罗"14号大获成功的坚实基础上，"阿波罗"的下一登月任务取得了更多重大突破。指令与服务舱有所升级，宇航员在月球停留的时间也更久，月球车的加入也产生了更多成果。

"阿波罗"15号是首个执行J级别任务的飞船，J级别任务是阿波罗计划制订之初确立的最终发展目标。执行此类任务的飞船，其指令与服务舱（此次任务中名为"奋进"号）有所改进，飞船朝向月球的一面增加了仪器面板。这些改动将绕月舱变成了一颗强大的科学卫星，可让指令与服务舱驾驶员在任务中发挥更大的作用。与此同时，登月舱现在携带了月球漫游车（LRV），它是由波音公司研发的月球车，在登月舱降落时，它被折叠存放在船舱一侧。月球车的投入使用有效扩大了宇航员的活动范围，改良版个人生命支持系统也在其中发挥了一定作用，使得宇航员可以在月面停留更久。

领导"阿波罗"15号的宇航员是此前同尼尔·阿姆斯特朗一起执行"双子座"8号任务的大卫·斯科特。此外，詹姆斯·艾尔文担任登月舱驾驶员，阿尔弗雷德·沃伦担任指令与服务舱驾驶员。"阿波罗"15号于1971年7月26日发射升空，一路顺利抵达绕月轨道。

攀登月球上的山脉

7月30日，"猎鹰"号登月舱降落在著名的哈德利溪附近，哈德利溪是一条蜿蜒狭长的山谷。斯科特和艾尔文在月球上停留了将近三天，在此期间，他们进行了3次月表活动。第一次是测试月球漫游车，他们驾驶月球车抵达了哈德利·德尔塔山山底，这座山距离月球上的亚平宁山脉约4千米。虽然斯科特对月球车的后轮转向操作不娴熟，但是漫游车整体性能良好。他们以平均10千米/小时的速度驱车行驶，有时会意外发现正身处陨石坑边缘，这就很考验月球车的刹车性能了。

此次月球探险中，他们分别在埃博尔陨石坑和德尔塔山山底停留了较长时间，并探测了这两处的地理环境。在前期为此次任务做训练准备时，他们比执行前几次任务的宇航员接受了更多的地理知识的培训，甚至还在新墨西哥州沙漠上进行了模拟探索试验。这一额外工作在后续的阿波罗任务中获得了丰厚的收益。后续任务生成了大量数据，利用这些数据，地质学家最终拼合出月球的历史。

第二天，两位宇航员还是来到之前的山脉附近。但这一次，他们爬上了山，采集了一些样本，样本中有一块他们带回地球后来被戏称为"创世岩"的岩石样本。经研究发现，这块岩石已有40多亿年的历史——

几乎与月球一样古老。回到登月舱后，宇航员们还部署了阿波罗月面实验装置，并开展其他的科学实验。钻取月球岩石来收集样本比想象中要困难得多。因此，最后一次驾驶月球车进行探险的时间不得不缩短，不过宇航员们还是行驶到了哈德利溪的边缘。

8月2日，两位宇航员返回了指令与服务舱，一行人在绕月轨道又飞行了两天。在此期间他们继续进行科研活动，并在绕月轨道上部署了一个小型卫星。

月球上的首辆有人车

下图中是部署在月球的月球漫步车。它的轮胎实际上是由编织的铁丝网制成的，上面铆接V形的胎面，可以有效增强减振效果。

导航子系统

姿态指示器

太阳阴影
装置辅助
导航

电力与温度监视器

手控器

反向抑制开关

警报指示器

速度指示器

控制面板

月球漫游车由一个简单的手控器驱动——向前
推提高速度；旋转驱动车轮转向；按下控制器
垂直部分上的反向抑制开关，则启动倒挡。

机动性测试件

在亨茨维尔的马歇尔航天飞行中心领导了月球
车的研发，他们建造了各种"测试件"来实现
最终产品。为每个轮子设计独立驱动和转向装
置是月球漫游车最终设计的关键要素。

高增益天线

天线指向柄

彩色摄像机

月球通信中继单元

防尘盖

驱动轴

电池

脚踏板

舷边扶手

座椅下储箱

低增益天线

16毫米定焦相机

仪器面板

手控制器

丝网轮

月球漫游车

月球漫游车的底盘由铝管制成，车
轮采用减震铝丝网，坚固、轻便，
可在粗糙的月面稳定行驶。"阿波
罗"17号宇航员尤金·塞尔南称它
为"我有幸驾驶过的运行得最好的
一个小型机器"。

技术
月球漫游车

月球漫游车

为NASA阿波罗计划后期的J级任务而开发的月球漫游车（LRV）由波音公司
研制。设计规范严格规定车辆的重量为208千克，但同时要求它能够承受两名宇
航员和他们的设备以及岩石样本等沉重载荷，并应能以合理的高速度行驶若干小
时。尽管要求很高，但波音公司还是在17个月内交付了第一辆月球漫游车。

乘员	2人
长度	3.1米
轴距	2.3米
月表载荷	490千克
推进	4个电池电源
	电推进发动机
最大速度	18.6千米/小时
制造商	波音公司

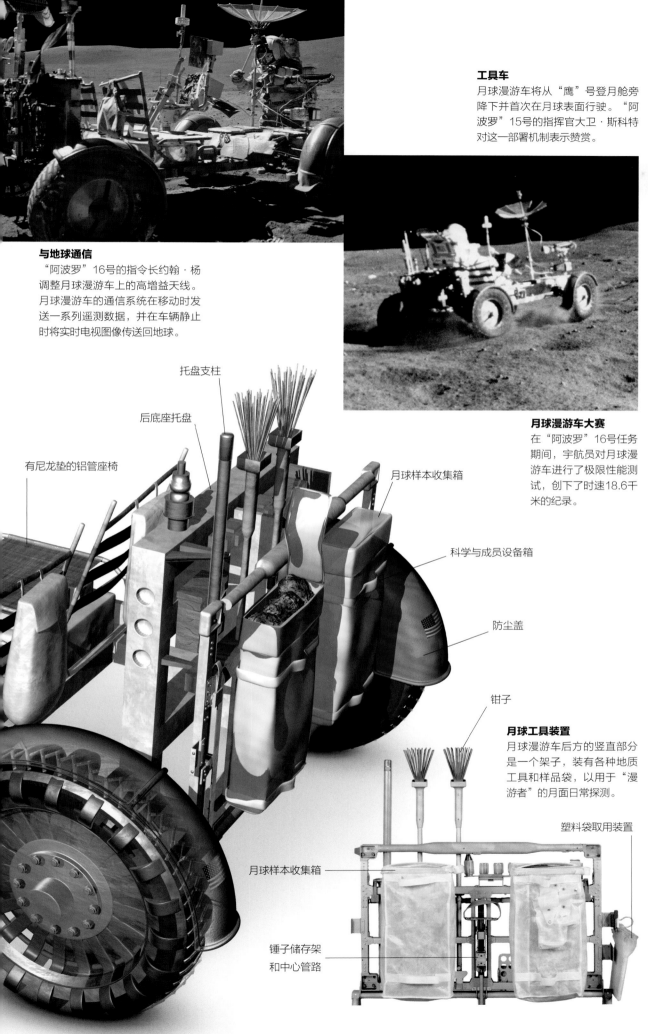

工具车

月球漫游车将从"鹰"号登月舱旁降下并首次在月球表面行驶。"阿波罗"15号的指挥官大卫·斯科特对这一部署机制表示赞赏。

与地球通信

"阿波罗"16号的指令长约翰·杨调整月球漫游车上的高增益天线。月球漫游车的通信系统在移动时发送一系列遥测数据，并在车辆静止时将实时电视图像传送回地球。

托盘支柱

后底座托盘

有尼龙垫的铝管座椅

月球样本收集箱

科学与成员设备箱

防尘盖

钳子

月球漫游车大赛

在"阿波罗"16号任务期间，宇航员对月球漫游车进行了极限性能测试，创下了时速18.6千米的纪录。

月球工具装置

月球漫游车后方的竖直部分是一个架子，装有各种地质工具和样品袋，以用于"漫游者"的月面日常探测。

塑料袋取用装置

月球样本收集箱

锤子储存架和中心管路

部署漫游车

飞行中，月球漫游车被装载在登月舱的1区一侧。它被设计成向内折叠储存，着陆时只让底盘底部暴露在外，然后使用滑轮系统降到月球表面。

翻开

由一名宇航员从存放的位置上释放月球漫游车。然后他的同事通过滑轮使月球漫游车降落。

放倒

随着月球漫游车展开，其后轮自动转动并锁定到位。

滚下

随着后轮下降，前轮随之展开，月球漫游车的前端也降落到地面。

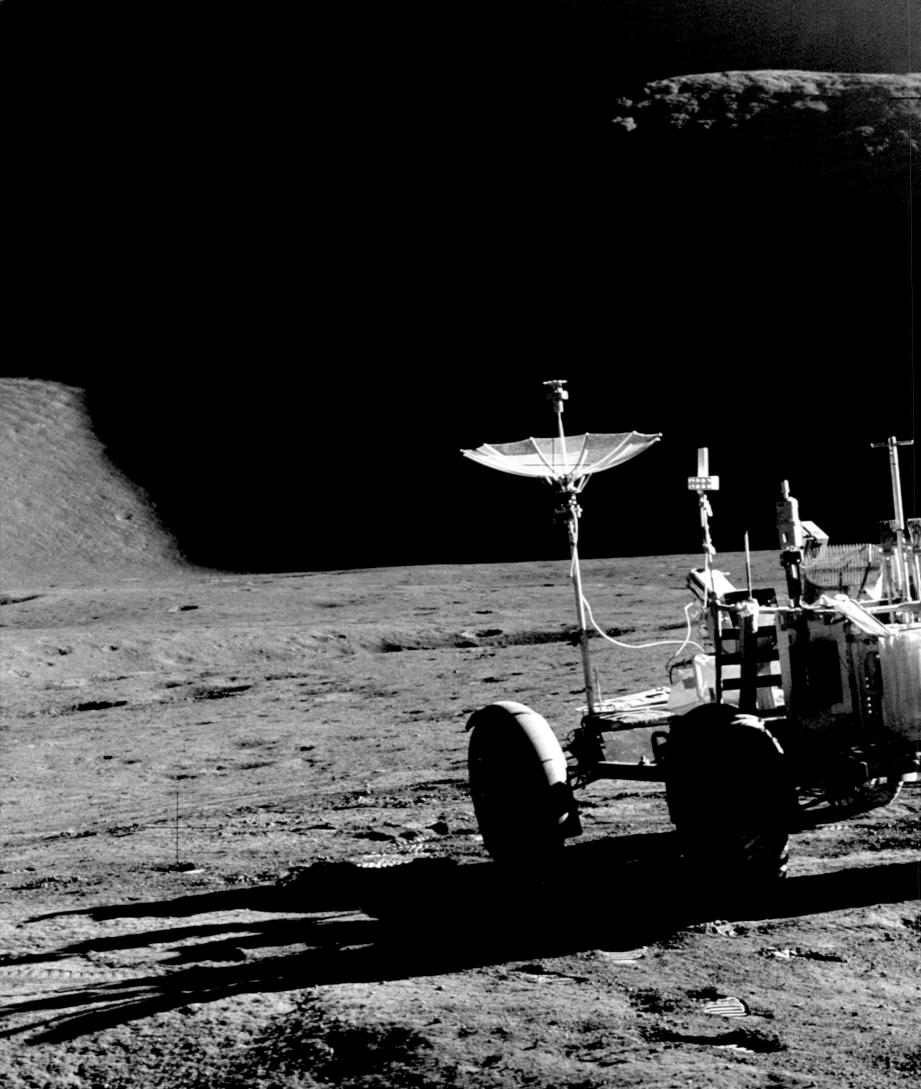

在哈德利的阴影下
在"阿波罗"15号的首次月球行走时，登月舱飞行员詹姆斯·艾尔文正在收集样本。在他的后方，哈德利·德尔塔山耸立着，看上去是那么近。

1972年4月16日
"阿波罗"16号从肯尼迪航天中心发射升空。

1972年4月19日
飞船到达绕月轨道。

1972年4月20日
登月舱最后降落在月球之时，指令与服务舱出现故障，差一点迫使任务中止。不过，指令舱"卡斯帕"最终继续运行，登月舱在月球高地首次着陆。

1972年4月21日
约翰·杨和查尔斯·杜克进行了其三次月表任务中的首次活动。他们取回了著名的巨大岩石"大穆利"。

1972年4月24日
第三次月面活动结束后，宇航员们返回"猎户座"登月舱。由于指令与服务舱的发动机出现故障，出于安全考虑，几个小时后，飞船启动发动机，提前一天返回地面。

1972年4月27日
"阿波罗"16号溅落在太平洋圣诞岛附近。

"阿波罗"16号

"阿波罗"16号是第二次阿波罗J级别任务，此次任务降落在月球上的笛卡尔高地，并取得了丰硕的科研成果。

第五批登月宇航员由经验丰富的约翰·杨领导，他曾执行过"阿波罗"任务和"双子座"任务。与他同行的是两位未曾飞行过的宇航员——托马斯·肯·马丁利和查尔斯·杜克，分别担任指令舱驾驶员和登月舱驾驶员。杨、杜克和杰克·斯威格特起初是"阿波罗"13号的候补宇航员，而马丁利原定为"阿波罗"13号的指令舱驾驶员。在马丁利患了风疹之后，斯威格特取代他成为"阿波罗"13号乘组的新成员。

"阿波罗"16号的奔月之旅平静而顺利，但就在4月20日，指令舱最终下降时，任务险些被取消。指令舱"卡斯帕"的一个推进器出现故障，阻碍了指令舱在绕月轨道上的操作。最后，休斯敦指挥中心下令继续执行降落任务，不过在月表任务执行完成后，他们缩短了飞船在轨道上的停留时间，"阿波罗"16号提前一天返回地球。

飞向高地

月球表面有两种特征鲜明的地形：一种是地势低洼、晦暗不明、起伏平缓的海洋或月海；另一种是光线充足、备受撞击的高地。"阿波罗"计划前期的任务中均降落在月海内部或其周围，证实了这些月海是大片充斥着凝固火山熔岩的古老撞击盆地。"阿波罗"15号勘察的诸如月球亚平宁山一类的山脉，似乎是在最大的撞击盆地边缘隆起的。这一成因是否也可以解释高地的形成呢？"阿波罗"16号的登月舱"猎户座"降落在笛卡尔高地的中心区域，距离

在月岩旁
第三次舱外活动时，查尔斯·杜克根据一块样本所采集的地点推测出自己所处的位置。笛卡尔高地上发现的所有岩石都是由陨石撞击形成的角砾岩，这证实月球高地的地形大多是由陨石撞击而非火山活动所形成。

登月舱上面级
在将它的"蜘蛛腿"脱落在月球之后，"阿波罗"16号"猎户座"登月舱接近指令与服务舱并随后与之在月球轨道对接。

最后的停留
第三次月面活动中，约翰·杨站在月球漫游车前作最后的停留。上图中最前方的三脚物体是日暑的一部分，这一装置用来记录岩石样本的大小和颜色。

所有月海都非常遥远。这一片高原里，高山连绵不绝，此前，许多地质学家猜测这是由火山活动而非撞击形成的。

舱外活动

两位宇航员连续三天进行了月球舱外活动。他们在登月舱外活动超过20小时，驾驶月球漫游车行驶

了26.7千米，时速最高达18千米/小时。这里到处是陨石坑，巨石遍布。宇航员们在此处采集的月球岩石样本中，有一块前所未有的巨大岩石，重达11.7千克。由于此次任务的首席地质学家叫比尔·穆尔伯格，因此这块岩石有个了绰号"大穆利"。

杨和杜克也遇到了一些不寻常的麻烦。首次舱外活动时，他们径直开往远离太阳的地方。由于没有阴影，他们在炫目的反射光下很难辨认道路障碍物。为防止宇航员缺水，每位宇航员头盔内都放置了橙汁袋，但是它们却成为让宇航员恼怒的又一源头，因为这些袋子要么漏水要么阻塞。

"卡斯帕"和"猎户座"在4月24日凌晨汇合。宇航员和岩石样本转移到指令与服务舱后，"猎户座"被遗弃在轨道上。虽然登月舱的离轨点火系统出现了问题，但最终在大约一年后，它还是坠毁于月球。指令与服务舱返回地面之前，宇航员们还部署了一颗小型卫星，用来研究绕月轨道上的各种粒子及月球微弱的磁场。在返回途中，马丁利冒险进行了一次太空行走，他走到指令与服务舱外取回了胶卷简和实验设备。

有阴影的岩石
在第三次月面活动中，杨和杜克发现了这一块醒目的倾斜状岩石。在这块岩石底部采集到的土壤样本或许已有10亿年未见到阳光了。

人物小传
查尔斯·杜克

查尔斯·M·杜克1935年出生于北卡罗来纳州，先后在美国海军学院和麻省理工学院学习，随后加入美国空军，曾赴德国服役，之后返回美国接受空军试飞员培训。1965年，杜克从航空航天研究飞行员学校毕业后，留校担任教员。1966年，杜克加入NASA，成为第五批预备宇航员。"阿波罗"11号任务期间，他担任指令舱宇航通信员，即任务指挥。"阿波罗"13号任务以及"阿波罗"17号任务执行期间，他是登月舱的候补驾驶员。1975年杜克从NASA退休，后转战商界。

"阿波罗"17号

最后一次"阿波罗"任务标志着人类向月球的暂别。虽然是阿波罗计划的最后一次任务，但"阿波罗"17号还是实现了又一个"首次"——首次将一位合格的地质学家送上月球。

约翰·肯尼迪的宏伟登月计划的目的是在登月竞赛中打败苏联，其意义非同凡响。但在1963年11月他本人不幸被刺杀后，这一计划被其继任者悬置。阿波罗计划关乎国家威望，美国公众不会允许任何政客忽视其重要性。

但就在登月竞赛胜出之后，问题随之而来：下一步要做什么呢？当时，美国深陷争议纷纷、开销巨大的越南战争泥潭，处于阿波罗时代的NASA在很长一段时间内很难得到长足稳定的财政支持。实际上，登月计划在"鹰"号登月后的几个月内就变得压力重重，即使"阿波罗"任务中的大多数硬件都已准备齐全，但是原定的飞行任务还是被削减了一次，后来又取消了两次任务。

阿波罗登月计划进展迅速，已远远超出冯·布劳恩在20世纪50年代提出的安全穿越太阳系的计划。若是资金充足、政府有登月意愿，这些技术还可服务于美国永久性月球前哨建设。不过更务实的美国政府认为，美国太空探索的未来应更集中在地球上。在可预见的未来，"阿波罗"17号将为美国月球探索落下帷幕。

山谷里的科学家们

阿波罗J级别任务很少受政治约束，也无须为未来的殖民铺路，完全由科研目的所引导。因此，地质学家哈里森·"杰克"·施密特得以成为"阿波罗"17号的登月舱驾驶员。与他同行的是任务指令长尤金·塞尔南和指令舱驾驶员罗纳德·伊万斯。

"阿波罗"17号于1972年12月7日夜间发射，声势浩大。12月11日，登月舱"挑战者"和指令与服务舱"美国号"在轨道上分离。不久之后，塞尔南和施密特踏上月球。此次任务的着陆点是陶拉斯-利特罗谷，这是一个被群山环绕的平底山谷，位于静海的边缘。这片区域早期是一道山谷，后来熔岩从月海渗出，将此处部分淹没。

和前几次任务的安排一样，"阿波罗"17号也会进行三次主要的月面活动。月面活动的重心还是驾驶月球漫游车采集岩石样本。此外，在部署"阿波罗"月面实验装置（ALSEP）时，两位宇航员还会部署更多数量的复杂实验装置。和"阿波罗"15号任务一样，他们部署了包括钻探岩石在内的实验装置，也采集了核心的岩石样本。不过，钻探任务如期进行，没有任何推迟。与此同时，在在轨飞行的指令与服务舱内，伊万斯自己也在做着极具价值的实验，并进行科学观察。

山谷里遍布巨石，这些巨石似乎是从周围的山上滚下来的，它们是研究尚未受到陨石撞击的原始月表基岩的绝佳对象。塞尔南和施密特在取样过程中偶然发现了一块明显呈橙色的奇特土壤，这种土壤引发了关于其起源的激烈讨论。它被证实是一片天然形成的玻璃，由火山活动产生，是在附近的肖特撞击坑被发现的。两位宇航员还对该区域的引力场进行了大量研究，前期的探测器和载人登月任务已经发现了引力明显更强的区域，称为质量密集区，显然其对应着月球地壳密度较高的区域。

最后一位登月的宇航员

宇航员们在月球表面的最后时刻还举行了一场小型典礼。他们将放置在登月舱着陆支架上的牌匾揭牌，以纪念他们对月球的访问。随后，他们将采集的样本装上登月舱，准备返回地球。塞尔南是最后登上登月舱的宇航员，他向美国星条旗敬礼，然后宣告："……我们即将离开月球的陶拉斯-利特罗山谷。我们来过这里，但我们现在即将离开；若能如愿，我们还会带着全人类的和平与希望，再次回来。"

人物小传

哈里森·施密特

哈里森·哈甘·"杰克"·施密特于1935年出生于美国新墨西哥州，曾在哈佛大学获得地质学博士学位，随后在亚利桑那州弗拉格斯塔夫的美国地质勘察局工作。1965年，施密特被选拔成为NASA第一批科学家宇航员，密切参与"阿波罗"项目宇航员野外地质勘探工作的培训。施密特同理查德·戈登和文斯·布兰德一同成为"阿波罗"15号任务的候补宇航员，按照原计划，他将担任"阿波罗"18号的登月舱驾驶员，但由于"阿波罗"18号任务取消，他接替约瑟夫·恩格执行了"阿波罗"17号任务。1975年，施密特从NASA退休，转战政界，后又从商。2005—2008年，他担任NASA顾问委员会主席，为NASA管理层出谋划策。

"……美国今日所接受的挑战将铸造人类明天的命运。"

——尤金·塞尔南，最后一位登上月球的"阿波罗"宇航员

告别月球

为期两周的登月任务接近尾声，罗纳德·伊万斯（上图）、尤金·塞尔南（中图左）和杰克·施密特（中图右）在返回地球途中进行休整，三人虽筋疲力尽，但神采奕奕。这是最后一次极具历史意义的"阿波罗"登月任务。

"阿波罗"15号
1971年7月30日，哈德利溪/亚平宁山脉

"阿波罗"17号
1972年12月11日，陶拉斯-利特罗山谷

"阿波罗"12号
1969年11月19日，风暴洋

"阿波罗"11号
1969年7月20日，静海

"阿波罗"14号
1971年2月5日，弗拉·莫托高地

"阿波罗"16号
1972年4月21日，笛卡尔高地

"阿波罗"任务落月点

执行阿波罗计划的宇航员学习过月球正面众多主要的地形种类，包括月海、山脉、月球高地以及撞击坑周边的"喷射覆盖物"。

"阿波罗"乘组1967-1972

美国登月计划期间，在"阿波罗"1号悲剧发生后，"土星"火箭先后11次将人类送入太空。这里展示的这些宣传照按照时间顺序记录了那个将宇航员形象强化为英雄的年代。

"阿波罗"1号
指令长（左）维吉尔·格斯·格里森（1926－1967年）
指令舱驾驶员（中）埃德·怀特（1930－1967年）
登月舱驾驶员（右）罗杰·查菲（1935－1967年）
发射台大火导致飞行任务没有执行。

"阿波罗"7号
登月舱驾驶员 瓦尔特·坎宁安 (1932－2023年)
指令长 沃里·施艾拉
指令舱驾驶员 唐·埃斯利(1930－1987年)
任务时间：1968年10月11－22日

"阿波罗"8号
指令舱驾驶员 吉姆·洛威尔
登月舱驾驶员 威廉·安德斯(1933－2024年)
指令长 弗兰克·博尔曼(1928－2023年)
任务时间：1968年12月21－27日

"阿波罗"12号
指令长 查尔斯·皮特·康拉德（1930－1999年）
指令舱驾驶员 理查德·戈登
登月舱驾驶员 艾尔·比恩(1932－2018年)
任务时间：1969年11月14－24日

"阿波罗"13号
指令舱驾驶员 约翰·杰克·斯威格特(1931－1982年)
指令长 吉姆·洛威尔
登月舱驾驶员 弗莱德·海斯
任务时间：1970年4月11－17日

"阿波罗"14号
指令舱驾驶员 斯图亚特·鲁萨(1933－1994年)
指令长 艾伦·谢泼德(1923－1998年)
登月舱驾驶员 艾德加·米切尔
任务时间：1971年1月31－2月9日

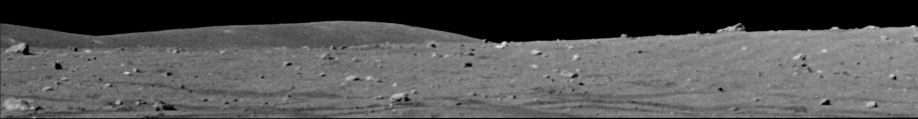

"阿波罗"9号
指令长 詹姆斯·麦克迪维特(1929—2022年)
指令舱驾驶员 大卫·斯科特
登月舱驾驶员 拉塞尔·施韦卡特
任务时间 1969年3月3—13日

"阿波罗"10号
登月舱驾驶员 尤金·塞尔南
指令舱驾驶员 约翰·杨(1930—2024年)
指令长 托马斯·斯塔福德
任务时间 1969年5月18—26日

"阿波罗"11号
指令长 尼尔·阿姆斯特朗
指令舱驾驶员 迈克尔·柯林斯(1930—2021年)
登月舱驾驶员 巴兹·奥尔德林
任务时间 1969年7月16—24日

"阿波罗"15号
指令长 大卫·斯科特
指令舱驾驶员 阿尔弗雷德·沃伦(1932—2020年)
登月舱驾驶员 詹姆斯·艾尔文(1930—1991年)
任务时间 1971年7月26日—8月7日

"阿波罗"16号
指令舱驾驶员 托马斯·肯·马丁利(1936—2023年)
指令长 约翰·杨
登月舱驾驶员 查尔斯·杜克
任务时间：1972年4月16—27日

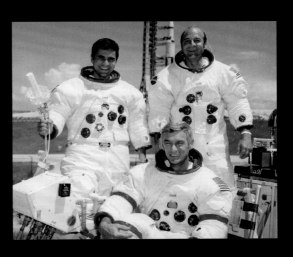

"阿波罗"17号
登月舱驾驶员 哈里森·"杰克"·施密特
指令长 尤金·塞尔南
指令舱驾驶员 罗纳德·伊万斯
任务时间：1972年12月7—19日

1973年6月：在地球上方的"天空实验室"
这张图展示了空间站上的发射创伤和仓促修复后的伤痕——一个不平衡的太阳能电池帆板和一个临时的铝箔遮阳篷，在"天空实验室2号"任务中完成。

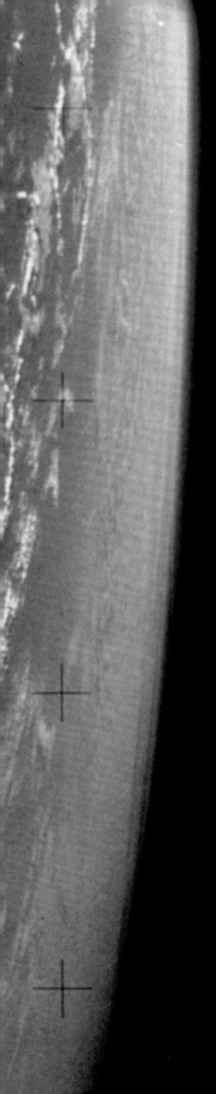

后阿波罗时代

　　登月竞赛有输有赢，接下来怎么办呢？出于军民两方面的考虑，苏联决定优先实施开发近地轨道空间。如果在早期退出登月竞赛时允许他们告诉全世界他们从未对先到达月球感兴趣的话，那就好办多了。此后，那将是一个属于苏联宇航员的勇敢新时代——空间站时代。

　　NASA则面临着不同的挑战。阿波罗计划的本质意味着它是短暂的，而研发下一代航天器，即被大肆炒作却反复推迟的航天飞机的工作才刚刚开始。然而，从三次被取消的阿波罗任务中仍然剩余一些备件，这足够NASA自己开发一个空间站并最终与苏联在太空对接。这一具有历史意义的姿态标志着太空竞赛的结束。

太空中的实验室

美国的第一个空间站"天空实验室",于1973年5月发射升空,这是"土星"5号运载火箭完成的最后一个发射壮举。之后一年,空间站接收了三组宇航员,三组宇航员的任务执行时长逐次增加。

无人空间站"天空实验室1号"的发射几乎以一场灾难收尾。空间站发射后,用于防止流星体撞击外壁并降低太阳直射热量的防护罩打开过早,被超高速气流损毁。两扇主要的太阳能电池帆板,一个被完全扯掉,另一个被一条松垮的金属带缠住,无法伸展。"天空实验室"到达轨道时受损十分严重——空间站供电系统出现了严重问题,轨道工作间的内部温度急剧上升。只有"阿波罗"望远镜底座的小型太阳能帆板正常展开。

"天空实验室"在轨运行

"天空实验室2号"原计划于翌日发射,载着宇航员皮特·康拉德、乔·克文和保罗·维茨升空。事故发生后,由于工程师们要确定"天空实验室1号"的抢修方案,该计划不得已延期。最终,10天之后,"土星"IB号把载有三位宇航员的"天空实验室2号"送上了太空。在"阿波罗"指令与服务舱内,宇航员们着手解决剩下的那个太阳能电池帆板,但失败了。之后,他们与"天空实验室1号"成功对接,进入温度过高的舱内,将一把匆忙赶制的反光阳伞伸出舱门并打开以遮挡直射的太阳光。之后他们通过太空行走进行维修,解开被缠住的帆板,空间站得到了亟需的电源输送。"天空实验室1号"终于正常运行了。

空间站修缮好后,一切正常运行。三位宇航员在

空间站的建立使得飞行任务周期从几天增加到数周。任务规划者不得不重新斟酌为宇航员提供的食物。虽然"天空实验室"上供应的大部分仍是冻干食品,但已经取代了早期太空任务中供应的糊状或块状食物,宇航员可以在空间站厨房区对其进行烹饪。

饭菜放置在金属托盘上,托盘表面有磁性,可以吸住金属碗和金属餐具,还可以加热食物。

空间站一共停留了28天,创下了在轨时长新纪录。飞行期间,他们一边修理飞船,一边开展多项科学实验。包括对地球和太阳进行观测并拍照记录,把自己当做小白鼠进行医学实验,还做了由地球上的高中生们提出的五项实验。

轨道上的科学

1973年7月下旬,艾尔·比恩、杰克·洛斯马和欧文·加里欧特乘坐"天空实验室3号"进入空置一个多月的空间站。除了安装一个改进的遮阳板以及解决航天器机动发动机的问题之外,宇航员们潜心开展科学研究。他们不仅研究自己在59天失重状态下的身体状况,还记录了各种体型的"小家伙们"的状况——包括老鼠、果蝇和蜘蛛。另外,他们还做了学生提出的一系列实验。

天空实验室最后一次也是历时最长的一次飞行任务由杰拉德·卡尔、比尔·波格和爱德华·吉布森完成,三位宇航员在空间站度过了84天。"天空实验室4号"完成了大量的实验,进行了许多观测,其中包括使用空间站的太阳望远镜观测科胡特克彗星。但是,乘组人员大部分时间都在与地面控制中心起冲突——他们抱怨工作太辛苦,而个别任务指挥官却觉得他们做得还不够。尽管三位宇航员出色地完成了任务,但随后再无一人被选中执行飞行任务。

喷气背包测试
"天空实验室"内部空间巨大,宇航员可以在舱内检测一种名为自稳机动装置(ASMUnit)的火箭背包。这一背包是后来航天飞机载人机动装置(MMU)的原型(见本书第194页)。

皮特·康拉德

查尔斯·皮特·康拉德(1930-1999年)是"阿波罗"12号任务的指令长。执行此次任务使他成为第三个踏上月球的人。康拉德出生于宾夕法尼亚州,曾在普林斯顿大学学习航空学,随后加入美国海军并成为试飞员。1962年,他被选为宇航员并进行训练。1965年,他首次驾驶"双子座"5号飞船。一年后,他担任"双子座"11号的指令长。康拉德的首次阿波罗任务是"阿波罗"9号替补指令长。如果"阿波罗"8号和"阿波罗"9号任务没有调整,康拉德可能就是首次登月任务中的一员。在执行完"天空实验室2号"任务后,康拉德从NASA和美国海军退役,投身全新的商业生涯。69岁生日刚过完一个月,康拉德在一次摩托车事故中去世。

"天空实验室"里的工作和休闲

左图："天空实验室4号"上的杰拉德·卡尔用一根手指举起同事比尔·波格，笑着展示着自己力大无穷。

右侧上：在长期任务中，个人卫生显得格外重要——"天空实验室3号"上的杰克·洛斯马正在失重状态下洗澡。

右侧中：艾尔·比恩在操作"天空实验室3号"上的紫外线天文摄像机。

右侧下：通常，宇航员自己就是用于实验的"小白鼠"——"天空实验室2号"上，皮特·康拉德完成了在轨道上的第一次牙齿检查，由同事乔·克文操刀。

"阿波罗"望远镜的支架

"阿波罗"望远镜支架（ATM）是一个大型天文台，最初计划独立发射，后与"天空实验室"合并。这是在马歇尔航天中心的测试现场。

太阳光传感器

遮阳罩

太阳能电池阵列

孔门

"阿波罗"望远镜的太阳能电池阵列

"阿波罗"望远镜的支架

太阳能电池阵列支架

"阿波罗"望远镜的支撑杆

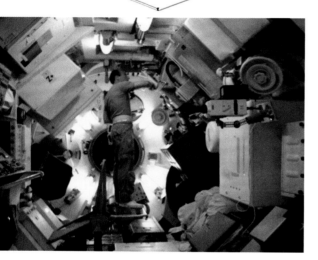

"阿波罗"的指令与服务舱

对接端口

反向控制助推器组

多向对接适配器

位于"天空实验室"的一端，它为"阿波罗"指令与服务舱提供了两个对接口：一个位于空间站的主轴上，用于正常对接；另一个位于一侧，供紧急时使用。图中皮特·康拉德正在位于休斯敦飞行模拟与训练厂房中的"天空实验室"模拟器中进行程序演练。

推进发动机喷嘴

L-波段天线

多光谱扫描仪

多向对接适配器

氧气罐

气闸舱

氮气罐

天空实验室

"天空实验室"最初是20世纪60年代末阿波罗应用计划的一部分。作为NASA预算削减后仅存的幸运儿，首个空间站将作为在轨工作室开启新征程。"土星"IB号火箭将一个特制的S-IVB上面级发射入轨，然后阿波罗乘员与它对接，排空其中剩余的燃料并将其作为实验室。最终运行的"天空实验室"是由"土星"5号发射的，支持更强大的设计，所有部件在发射前都已在地面组装完毕。

乘员	3人
长度（含CSM）	36.1米
最大直径	6.6米
总质量	34 473千克
可居住容积	283立方米
对接端口	2个
发射日期	1973年5月14日
再入日期	1979年7月11日
主承包商	麦克唐纳-道格拉斯公司

完整的"天空实验室"

如果一切顺利,"天空实验室"就应该像这幅图展示的样子。但实际上,发射故障让它损失了一个微流星防护罩以及一扇大型太阳能电池帆板。

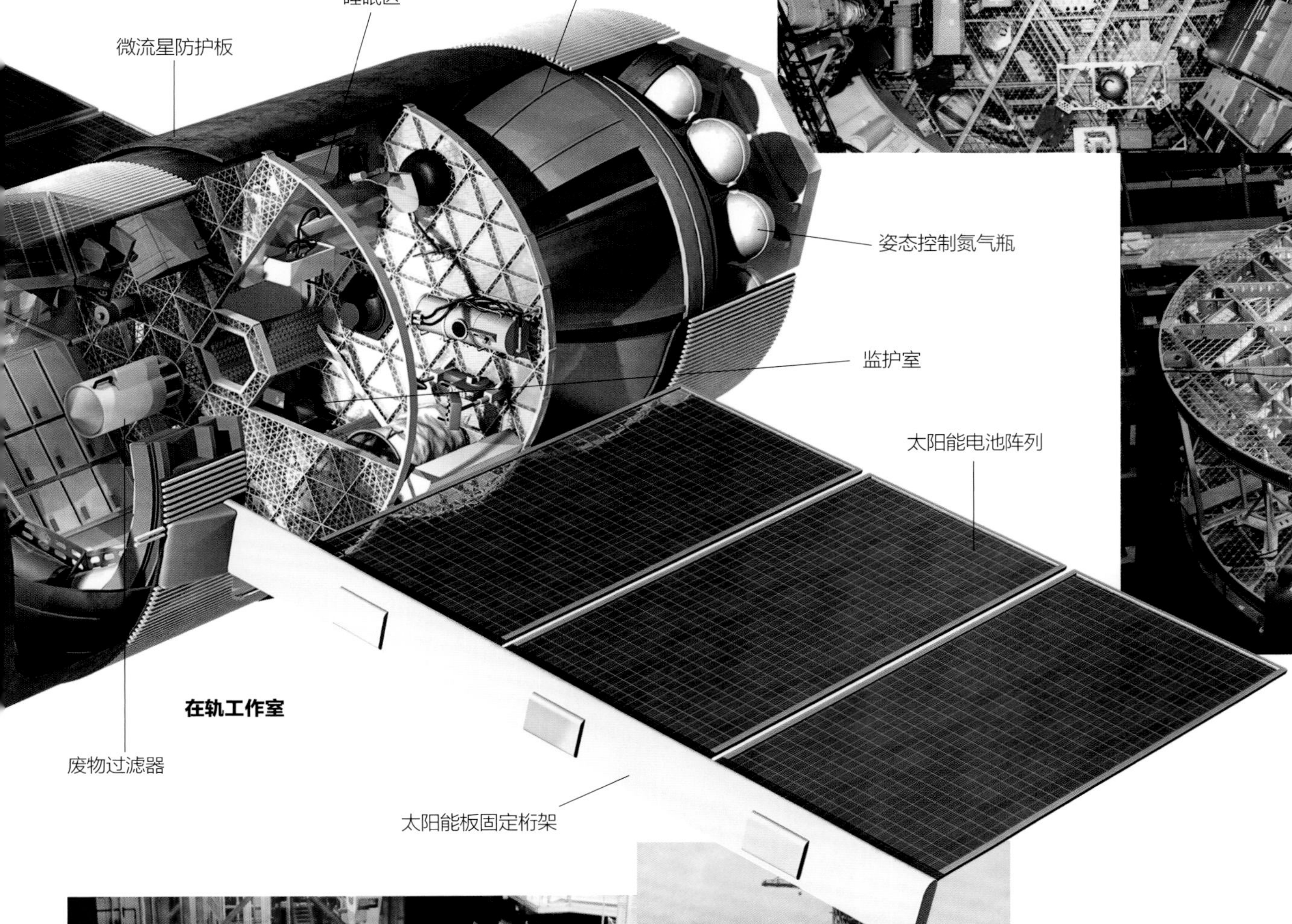

微流星防护板

睡眠区

水箱

姿态控制氮气瓶

监护室

太阳能电池阵列

在轨工作室

废物过滤器

太阳能板固定桁架

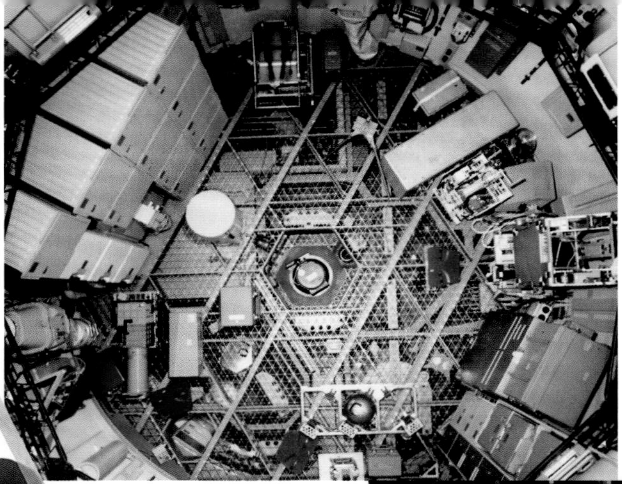

轨道工作室

从气闸舱看向"天空实验室"的尾部,其主体部分显得十分宽敞。上层除了实验设备外,还设有食品冷冻箱和水箱。在远处,对面墙的中央可以看到废弃的气闸口。

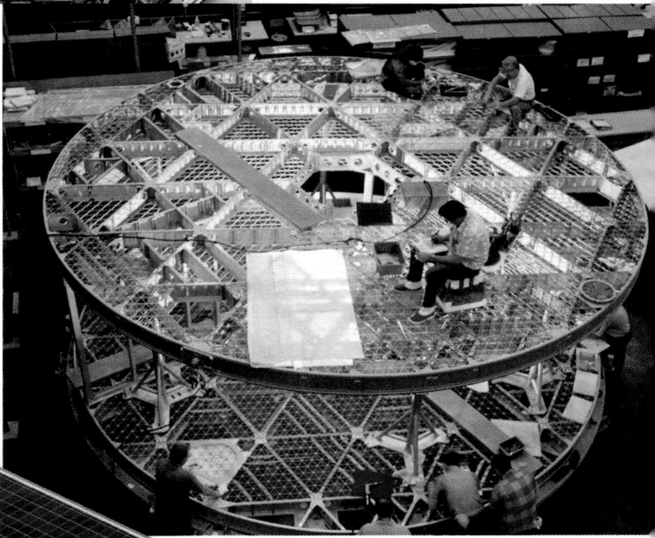

放入地板格中

要将一个空的S-IVB外壳转换成轨道工作室,一项重要的早期工作就是增加一个双层轻型地板格。完成后将把空间站分成上层实验室区和下层生活区,在它们之间有一个六角形的出入孔。

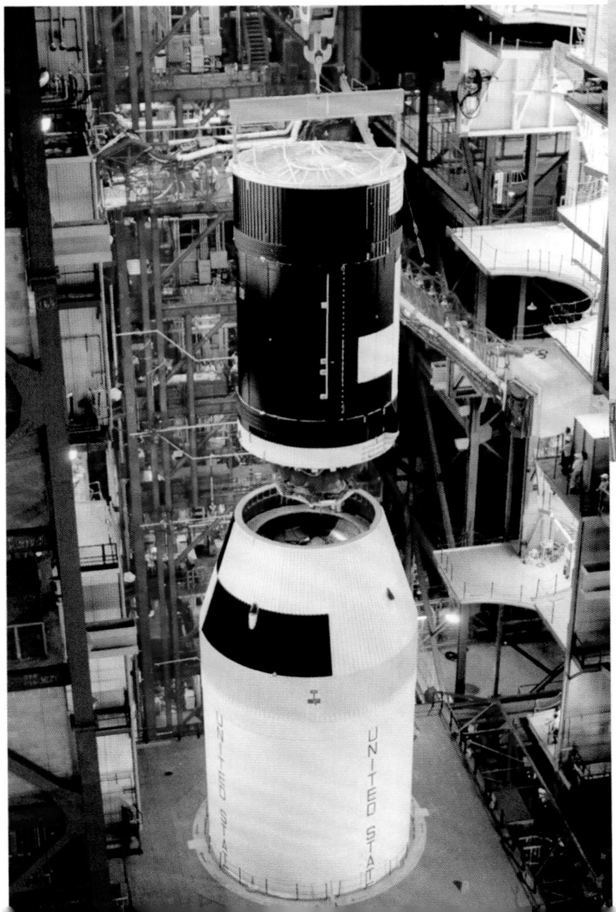

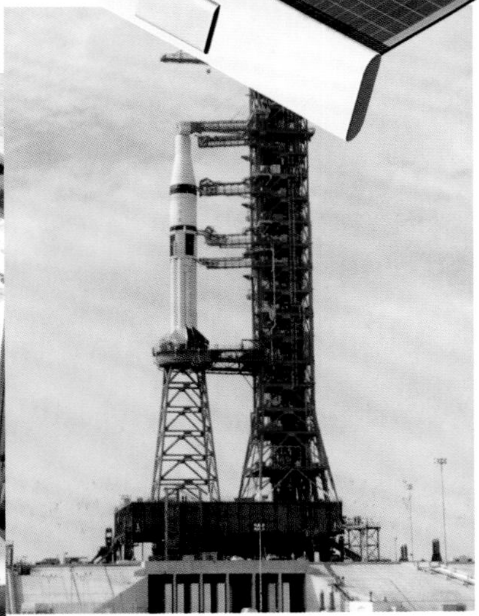

历史瞬间
"天空实验室"的命运

1974年,当"天空实验室"被遗弃时,NASA相信该空间站将一直运行到20世纪80年代。他们计划在早期的航天飞机任务上对天空实验室增加一次机动助推,要么减速使其缓慢下降,要么把它推到大气层中以受控方式再入。但是大气阻力决定了天空实验室的命运,它于1979年7月坠向地球。空间站主体部分降落在印度洋,但几个大的碎片(如图)坠落在澳大利亚西部了。

发射奇观

"天空实验室"由一枚特殊的两级"土星"5号火箭发射。左图中,轨道工作室正在被吊装到S-II二级上面。同时,"阿波罗"飞船是用一枚小得多的火箭"土星"1B发射的。为了从巨大的"土星"5号发射塔架上起飞,火箭被放置在一个名为"牛奶凳"的基座上(见上图)。

"阿波罗—联盟"试验飞行计划

虽然"苏联—美国"飞船联合飞行更多是出于政治因素，但将其变成现实却需要双方工程师和宇航员的共同努力，以克服众多技术和交流难题。

1970年前后，冷战两极苏美两国的关系趋向缓和（人们称这一插曲为"放松"），两个超级大国的竞争步伐变得缓慢。1972年5月的一次峰会上，美国总统理查德·尼克松和苏联领导人阿列克谢·柯西金签署合作协议，宣布"阿波罗"和"联盟"号将在1975年在太空进行交会对接。这正式宣告了两国太空竞赛的终结。

这一宣告得益于两国历经数月在方方面面的外交磨合。1968年10月，托马斯·潘恩刚刚接任退休的詹姆斯·韦伯成为NASA的局长，潘恩并没有强调太空竞赛，而是筹划未来与苏联的合作。他开始试探苏联同行，寻找太空飞行合作的可能性。他的这一想法最先收到了苏联科学院主席姆斯季斯拉夫·克尔德什的回应。商讨在"阿波罗"登月任务以及"联盟"号首次发射任务期间一直在持续进行。潘恩和他的接班人詹姆斯·C·弗莱彻最终讨论出一项计划——搭载两位宇航员的"联盟"19号飞船将和"阿波罗"指令与服务舱在近地轨道上会合。该任务被称为"阿波罗—联盟"试验飞行计划（ASTP）。

尽管这一计划主要出于政治利益考量，但也有许多现实意义：将来飞船在地球轨道上出现故障时，为对接苏美飞船设计的对接舱，或许能为救援提供新

技术

"阿波罗—联盟"试验飞行计划对接舱

"阿波罗"和"联盟"号的对接是一项重大挑战——两个航天器的对接装置互不兼容，内部气压亦不相同。为了解决这些问题，工程师们设计了一个适配器，在两边装配合适的对接端，中间为一个气闸系统。这样宇航员就能从一种空气环境逐渐过渡到另一种环境。在发射过程中，连接器模块长3.15米，直径1.40米，像登月舱一样被放置在"阿波罗"指令与服务舱下方。到达轨道后，指令与服务舱调头与对接舱相连，并将其拉出。

任务徽标
"阿波罗—联盟"试验飞行计划的徽标，由苏联设计，徽标再现了飞船对接的画面。

选择。在载人航天竞赛中，"阿波罗—联盟"试验飞行计划也为NASA在漫长的航天飞机的研发阶段保持了载人航天竞争力（见下一章）。从长远来看，该计划对于技术提升、节省成本的潜在意义也是非同凡响的。

为研发两个完全不兼容的航天器的对接系统，工程师们殚精竭虑（见上方的说明框）。与此同时，宇航员们也需要克服重重困难。NASA派出的三位宇航员托马斯·斯塔福德、文斯·布兰德和迪克·斯雷顿都是顶尖干将。驾驶"联盟"19号飞船的宇航员是阿列克谢·列昂诺夫（见下一页的"人物小传"）和瓦列里·库巴索夫。五位宇航员以及所有的

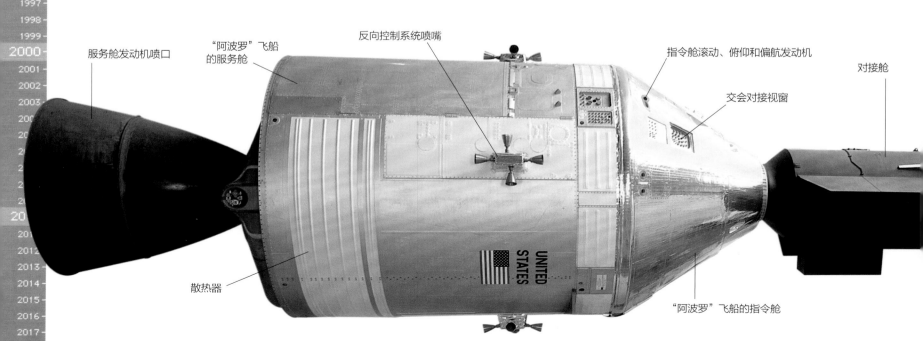

服务舱发动机喷口 — "阿波罗"飞船的服务舱 — 反向控制系统喷嘴 — 指令舱滚动、俯仰和偏航发动机 — 对接舱 — 交会对接视窗 — UNITED STATES — 散热器 — "阿波罗"飞船的指令舱

太空上的会面

（左图）从"阿波罗"飞船上拍到的"联盟"19号。此时，"联盟"19号正接近"阿波罗"进行对接。

（上图）苏联电视节目的画面：阿列克谢·列昂诺夫和托马斯·斯塔福德手中拿着各自国家的国旗。

候补成员，除了学习其他的技能外，还需进行语言强化。宇航员们以及其他的技术人员也参观了双方的训练设施，对彼此的飞船系统进行了深入了解。

在地球上做规划

NASA在休斯敦仿制了一艘"联盟"号飞船，用于宇航员训练。此处，苏联宇航员列昂诺夫和美国宇航员斯塔福德正在商讨轨道对接的步骤。

"阿波罗-联盟"号

"阿波罗"和"联盟"号飞船对接。在这场太空竞赛中，他们向竞争对手展示彼此。最中间的组件是对接舱，是它让两个互不兼容的飞船得以连接。

轨道上的联合

"联盟"19号于1975年7月15日从拜科努尔航天发射场点火发射，大约7小时后，"阿波罗"（它没有具体编号，只称作"阿波罗"）从卡纳维拉尔角升空。经过一天的轨道飞行，两艘飞船到达交会点，并于格林尼治时间7月17日16时10分对接（见本书第176~177页）。双方宇航员多次在两个航天器上相互走动，他们所执行的任务主要为一些仪式和公共交流。尽管如此，他们也做了一些关于对接舱的试验。他们将飞船短暂地脱离对接，然后再次联合，最后再次分开。

在两艘飞船成功返回地球后，宇航员们举行了例行的新闻发布会、拍照和典礼仪式。但是政治风云变幻莫测，两个超级大国再次疏远，飞船对接任务没有重演。下一次在轨道上的握手已经是二十年后的事情了。

人物小传
阿列克谢·列昂诺夫

阿列克谢·阿尔希波维奇·列昂诺夫1934年出生于苏联西伯利亚。早年他对艺术和航空抱有浓厚兴趣，但最后选择加入了苏联空军。1960年，他被选入首批宇航员训练队伍。1965年，他完成了首次飞行任务——"上升"2号的飞行，成为首位太空漫步者（见本书第102页）。虽然列昂诺夫再次飞行是执行"联盟"19号飞行任务，但在此之前，他还被安排了一些其他飞行任务，例如原计划的绕月飞行任务，以及后来被取消的"联盟"1号飞行任务。在执行"联盟"19号任务之后，列昂诺夫成为了星城宇航员中心的负责人。1991年，他以将军之衔退役，之后再次投身绘画事业。

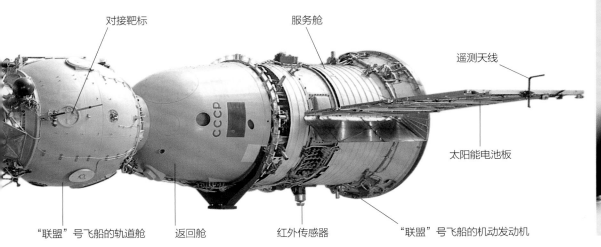

对接靶标　　　　　服务舱

遥测天线

太阳能电池板

"联盟"号飞船的轨道舱　　返回舱　　红外传感器　　"联盟"号飞船的机动发动机

轨道上的握手

任务纪念牌
每位宇航员各携带两份这样的铭牌的一半。他们在太空中交换铭牌之后，每个人都会将一个完整的铭牌带回地球。

"阿波罗-联盟"试验飞行计划是苏美航天计划中早期合作的一大成果。两国工程师通力协作，历经数年将两艘独立的飞船对接在一起。1975年6月，这一计划最终由太空中的五位宇航员操作实现。

1975年7月15日下午，没有编号的"阿波罗"飞船在"土星"IB运载火箭的推动下在佛罗里达发射升空，追随当日早些时候发射的苏联"联盟"19号飞船。到达太空后，控制舱驾驶员文斯·布兰德用俄语大声呼喊："我们在轨道上了！"不到一个小时后，"阿波罗"指令与服务舱从S-IVB上面级分离，并调头将对接舱从平时只存放登月舱的地方拉出。

7月16日，"联盟"号的多个发动机点火以矫正其在轨道上的位置。同时，"阿波罗"飞船在出色完成对接和分离步骤后，也点燃发动机去靠近"联盟"号。在"联盟"号飞船绕地球飞行36圈后，两艘飞船合为一体。

7月17日，"阿波罗"飞船上的宇航员在清晨早早醒来。于休斯敦时间下午1点看到"联盟"号飞船，随后与其进行无线电连线。苏联宇航员和他们的美国同行热切地打招呼：

一起在太空中
"联盟"19号飞船比"阿波罗"提前七个半小时升空。在两天的飞行之后，两边的宇航员调整睡眠，以对对方保持同步。两艘飞船对接了不到两天时间。在此期间，美国宇航员来到"联盟"号飞船，享用苏式太空美食。

迪克·斯雷顿："联盟"号，这里是"阿波罗"号，能听清我说话吗？
瓦列里·库巴索夫：非常清楚。大家好！
迪克·斯雷顿：瓦列里，你好！你好吗？日安，瓦列里。
瓦列里·库巴索夫：你好吗？日安！
迪克·斯雷顿：非常好……我现在很高兴。早上好！
阿列克谢·列昂诺夫："阿波罗"号，这里是"联盟"号。能听清我说话吗？
迪克·斯雷顿：听得非常清楚！阿列克谢，你能听到我说话吗？
阿列克谢·列昂诺夫：你的声音清楚又洪亮。
迪克·斯雷顿：太好了。

两艘飞船的首次分离测试显示，二者相距222千米。接下来的三个小时里，"阿波罗"飞船进行了一系列的机动以缩短二者的距离。在获准对接后，列昂诺夫将"联盟"19号向正在靠近的"阿波罗"飞船倾斜。与此同时，对面的美国飞船指令长托马斯·斯塔福德导引"阿波罗"飞行。16时10分，两艘飞船完美对接。

训练期间
在数月的训练准备中，"阿波罗"飞船和"联盟"19号飞船的宇航员紧紧相依（从左至右分别为：布兰德、列昂诺夫、斯塔福德、库巴索夫和斯雷顿）。

"老兄，我跟你说，这件事儿值得16年的等待！"

——1975年7月15日，迪克·斯雷顿第一次从太空看到地球时说。

"阿波罗"上的宇航员关闭了返回舱的舱门，以防止飞船在最后对接时出现差池。而此时，苏联宇航员们回到了返回舱。当迪克·斯雷顿再次打开返回舱舱门的时候，舱内传来一股黏合剂烧焦的味道，这引起了小小的骚乱和延迟，宇航员们等待舱内空气达到清洁标准。之后，斯雷顿和斯塔福德进入了返回舱并密闭舱体，空气开始逐渐调整以匹配"联盟"号的舱内状态。就在此时，广播里传来苏联领导人列昂尼德·勃列日涅夫的发言：

"宇航员阿列克谢·列昂诺夫、瓦列里·库巴索夫、托马斯·斯塔福德、文斯·布兰德和迪克·斯雷顿，你们好！我谨代表**苏联人民**以及我个人向你们献上诚挚的问候，祝贺你们！全世界正在热切注视着你们的伟大举动，对你们共同完成这一复杂的科学实验而感到钦佩。在两国**合作友谊**的推动与实施下，这次对接充分展现了我们的技术决策的正确性！"

列昂诺夫和库巴索夫从他们那边打开了舱门，然后，斯塔福德打开了最后一道舱门并看向苏联"联盟"号飞船。列昂诺夫正等待着与他们相互问候，最后，两艘飞船的指令长在法国城市梅茨上空握手。

历史性的握手

参观了"联盟"号飞船满是电线缠绕的轨道舱后，斯塔福德冒出的第一句话是："舱内看起来像是爬满了蛇。"然后他说："阿列克谢，我国的观众在这里，请过来吧！"

会见福特总统

美国总统对"阿波罗–联盟"号对接兴致高昂，在一次无线电连线中，他很仔细地向两边的宇航员提问。随后，他邀请美国和苏联宇航员到白宫做客。

太空轨道上的前哨

当意识到自身在登月争夺赛中失去优势后，苏联当局立即另辟蹊径，将目光锁定在地球轨道的开发上。

虽然OKB-1设计局的工程师们在20世纪60年代末花了大量时间开展苏联登月计划，但在60年代结束时，他们几乎无功而返，仅存硕果只有"联盟"号飞船。同时，其竞争对手，弗拉基米尔·切洛梅领导的设计局取得了政府支持，研制一系列军用载人空间站"钻石"号。"钻石"号空间站将由切洛梅研发的推力极强的"质子"号运载火箭发射升空（见本书210页），同等体型的运输补给飞船（TSK）将往返空间站输送宇航员以及物资供给。

苏联放弃了载人登月计划，假装从未与"阿波罗"计划竞争。于是，发射一座空间站顿时成为当务之急。当然，宇航员能否在失重环境下长时间完成任务也是问题。当时，没有宇航员进行过五天以上的飞行任务。"联盟"9号彻底攻克了这一难题——安德里安·尼古拉耶夫和维塔利谢瓦斯·季亚诺夫在轨飞行了18天。

一空间站是"钻石"号组件和OKB-1设计局内部雄心壮志的结合体。由R-7衍生火箭发射的"联盟"号飞船将为其服务。

DOS空间站计划加速了任务进展。1971年4月，第一艘混合型空间站——已准备就绪，蓄势待发。被命名为"礼炮"1号的空间站由"质子号"运载火箭发射升空。如同它的名字一样，"礼炮"初鸣，向尤里·加加林十年前历史性的首次太空飞行"致敬"（Salyut，音同salute，"赞扬、致敬"之意）。"礼炮"1号顺利进入距地球约264千米的轨道。第一批宇航员随后乘坐"联盟"10号飞船升空，并计划于4月24日与之会合。"联盟"10号设法与"礼炮"1号对接，但

发射台上的"联盟"号飞船
装载着"联盟"9号飞船、整流罩和逃逸塔的"联盟"号运载火箭正在转向竖立姿势以待发射。

在工厂里面
工程师们正在将与"联盟"号匹配的对接端安装到从"钻石"号改装而成的"礼炮"1号上。舱门直径为2米，安装在飞船主体较窄的一端正合适。

计划转变

虽然计划取得了成功，但在某些方面进展并不乐观。空间站和TKS飞船的研发耗费了大量时间，人们对使用新火箭也心存较大疑虑，不相信"质子"号可以承担发射载人飞船的重任。虽然切洛梅和瓦西里·米申二者间气氛紧张，但两个设计局的工程师们却共同想出了新的解决方案——研发一个长久轨道站。这

牺牲的宇航员
"联盟"11号的宇航员在训练中合影，从左至右分别是指令长格奥尔基·多勃罗沃利斯基、测试工程师维克多·帕查耶夫和飞行工程师弗拉基斯拉夫·沃尔科夫。

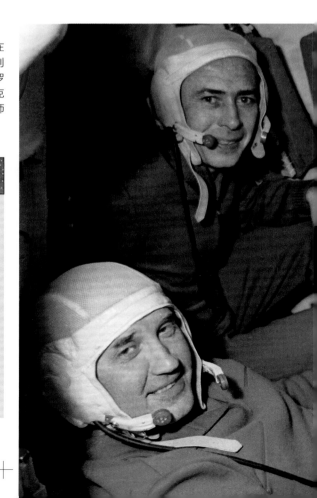

历史聚焦
星城

自1960年以来，苏联宇航员一直生活和工作在莫斯科附近特别建造的兹维奥兹德尼·戈罗多克镇。这个名字在俄语中的意思是"星星小镇"，西方人常称其为星城。该小镇是加加林宇航员培训中心所在地，这里的设施包括苏联和俄罗斯时代的所有主要航天器（包括"礼炮"空间站）的全尺寸模型及模拟器、用于超重耐力训练的离心机以及用于模拟失重操作的大型水槽。小镇附近有一个机场，拥有通过抛物线飞行来模拟失重状态的飞机。兹维奥兹德尼·戈罗多克在苏联时代曾是禁区，但如今，包括受训宇航员、太空爱好者和游客在内的外国游客都可以到此参观。苏联许多宇航员和他们的家人至今仍住在这个镇上。

技术
设计"礼炮"号

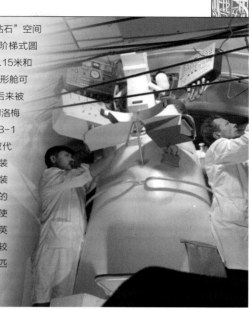

弗拉基米尔·切洛梅最初设计的"钻石"空间站（即"礼炮"号的基础）是一个阶梯式圆柱体，由两部分组成，直径分别为4.15米和3米，总长度11.6米。飞船前端的锥形舱可搭载一名宇航员升空，但这一想法后来被否决了。飞船后方的对接舱门可与切洛梅设计的TKS载人运输飞船对接。OKB-1设计局研制的"礼炮"号DOS型取代了飞船尾部对接舱门上的环形对接装置，替换成可以对接"联盟"号的装置。最终，飞船前端增加了一个新的对接系统（带有气闸的传送舱），使空间站的总长度达到14.6米（48英尺）。已经升空的"钻石"号改动较少——后端对接端口稍作改动，用来匹配"联盟"号飞船。

由于电力故障，宇航员无法在两个航天器间建立通道，未能进入空间站。几次尝试未果，他们与空间站分离，返回地面。苏联官方媒体对此声称，这次飞行仅仅只是一次对接试验。六周后，"联盟"11号再次尝试对接，这一次一切顺利。对接成功后，宇航员进入空间站。三位宇航员制定了一张全天候时间表：一人睡眠，另一人休息、放松、吃饭并使用各种运动装置锻炼以减轻失重的影响；第三个人则进行空间站上的一系列科学实验，其中包括使用遥感仪器观测地球、使用望远镜和其他探测器进行天文观测，还有就是经常把自己当做小白鼠进行各种生物医学实验。

悲剧袭来

任务进展十分顺利，每天都有电视画面发回地面。但是6月16日，空间站某处突然冒起火苗。尽管很快被熄灭，不会造成严重威胁，但宇航员们受到了惊吓，任务不得不中途停止。宇航员们将"礼炮"1号调整至自动运行模式，随后返回地球。但就在此时悲剧发生了。就在返回舱与飞船其他部分分离时，返回舱的压力阀门被爆炸螺栓震开了，空气从舱内逸出，宇航员们在进入大气层前就窒息而亡。三位宇航员的殒命震惊了苏联社会，苏联民众此前已通过电视报道对他们非常熟悉。"联盟"号飞船也被迫停飞，"礼炮"1号空间站没有了其他服务渠道，地面控制人员不情愿地看到"礼炮"1号不断降轨，最终于1971年10月再入大气层解体。

在"礼炮"1号上
宇航员在空间站上待了三个多星期，对太空生活适应良好。沃尔科夫和多勃罗沃利斯基决定留胡子，而帕查耶夫定期刮胡子。

重启"礼炮"号

"联盟"11号的悲剧造成的任务间断为弗拉基米尔·切洛梅研发军用"钻石"
空间站计划带来了一线机遇——他能以"礼炮"号的名义
建造合成的空间站。

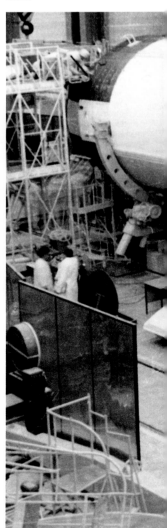

苏联空间站的下一计划是发射另一艘与"礼炮"1号类似的合成空间站。1972年7月空间站发射升空后,"质子"号运载火箭第二级出现故障,空间站随即失去信号。如果空间站能进入轨道飞行,它将成为"礼炮"2号——但由于其发射失败,苏联当局便忽略了它。

由于人们质疑"质子"号火箭的可靠性,切洛梅不得不对最初的"钻石"空间站进行调整,使其能与"联盟"号火箭对接。不过到了1973年初,第一艘"钻石"空间站以及一艘新升级的合成空间站都准备就绪。"钻石"空间站首先发射,于4月3日进入轨道,苏联官方随即正式宣布其为"礼炮"2号。"礼炮"2号看似一切进展顺利,就在第一批宇航员正为点火升空做准备时,空间站突然无声无息地坠落,在太空灾难性解体。

虽然苏联方面迅速调查到这一问题的根源是空间站推进装置起火,但这不至于导致推迟发射已在地面准备就绪的合成型空间站。一个月之后,又一个空

间站于5月11日升空。然而,"小妖怪们"又出来捣乱了,推进系统出现了故障,空间站进而失控,毫无挽回的余地。这一次,苏联当局试图把这一空间站伪装成一颗发射失败的卫星,将其命名为"宇宙"557号。

最终取得的胜利

经历了前面的尴尬之后,研制两种类型的空间站的计划中断了将近一年(在此期间,仅有"联盟"号升空执行了两次短期任务,维持着苏联在太空的存在感)。下一个"钻石"空间站最终在1974年6月点火发射,在仔细检查并确认无误后,苏联当局正式将其命名为"礼炮"3号。7月初,帕维尔·波波维奇和尤里·阿尔久辛乘坐"联盟"14号与之对接。16天的飞行中,除了操作侦察相机外,宇航员还进行了一些遥感实验(见本书第244页)。他们进行过严格锻炼,返

改进版合成空间站
"礼炮"4号采用了三个大型太阳能电池板,可以旋转朝向太阳。它还装有一个新的自动对接系统和改进的水回收系统。

在建的"钻石"空间站
在莫斯科附近的赫鲁尼切夫工厂内,一个"钻石"空间站即将完工。图为有效载荷护罩在发射前夕即将安装到位。

"礼炮"3号内外部
(左图)升空前几天,宇航员帕维尔·波波维奇和尤里·阿尔久辛在"钻石"空间站前合影。他们头顶是对接阀门,旁边是机动发动机。
(上图)一张珍贵的电视画面图片,记录了"礼炮"号上,波波维奇和阿尔久辛在休息时间放松。虽然处在失重状态,但"礼炮"3号内部的地板和天花板泾渭分明,使宇航员能很好地适应环境。

回地面时的状态要比之前长期执行任务的宇航员好得多。8月下旬，"联盟"15号升空，搭载了第二批前往"礼炮"3号的宇航员。但厄运又一次降临了——飞船无法成功对接。之后，9月份，空间站释放了一段装有相机胶卷的太空舱，之后便听天由命。1975年初，"礼炮"3号空间站解体。

这时，一个新的合成空间站（类似于"宇宙"557号）已进入轨道。"礼炮"4号是"礼炮"系列载人空间站的重大突破。它具有众多全新功能，更加安全可靠，宇航员乘坐在上面也更舒服。空间站的运行轨道更高，运行也更加稳定。第一批宇航员于1975年1月11日乘坐"联盟"17号升空，并创下了在太空中飞行30天的新纪录。30天内，他们很好地适应了空间站的环境，并进行了各种各样的实验。

4月5日，第二批宇航员升空，不过这次他们以仓皇逃脱收尾。火箭一级过早关机，"联盟"号不得不从180千米的高空紧急重返地面。5月24日，新替换的一批宇航员乘坐"联盟"18号升空。彼得·克里穆克和维塔利·塞瓦斯季亚诺夫在轨道上飞行了63天。就在他们原计划的飞行任务结束时，空间站环境却正在恶化，窗户起雾，舱壁上长霉。

"礼炮"5号是最后一艘"钻石"空间站，与"礼

技术
索科尔太空服

虽然在"东方"号时代，宇航员出于安全原因还穿着压力服，但到了"联盟"号时代，宇航员在太空飞船中已可以身穿衬衫了。然而，"联盟11号"上的宇航员的丧命改变了这一切。一款新的太空服——索科尔太空服于1973年推出。索科尔太空服并非用于太空行走，而只在发生事故和返回地面等危险时期使用。这是一套双层太空服，外层是帆布，内层是一层橡胶合成材料。靴子和带铰链的头盔与太空服成为一个整体，不过手套可以拆卸，能锁在铝环上。早期的索科尔太空服包括两个部分，通过腰部拉链连接在一起。但后来的（今天仍使用的）太空服将二者合为一体：宇航员通过V形开口钻进太空服，重叠部分封住内层，拉链封住帆布层。通风系统将舱内空气吸入防护服，若是舱内气压下降，则会切换成氧气瓶供应氧气。这套衣服重10千克（22磅），可以使穿戴者在真空环境下活两个小时，也可以使其在紧急溅落时漂浮在水面。

压力调节器
可拆卸手套
带有塑胶面罩的密封头盔
空气和冷却剂
线路控制器
压力传感器
收纳袋
褶皱膝盖
与太空服相连的靴子

炮"3号基本相同。这次在空间站里携带了科学实验材料以及侦测设备。"礼炮"5号发射两周之后，第一批宇航员鲍里斯·沃利诺夫和维塔利·日洛波夫于1976年7月进入空间站，并在太空中停留了49天。由于日洛波夫患上了心理疾病，他们早于原定计划离开了空间站。宇航员还怀疑舱内存在有毒气体。后来"联盟"24号上的宇航员再次进入空间站（之前的"联盟"23号未能成功对接），并在上面多待了16天。

最后的"礼炮"号

"礼炮"6号和"礼炮"7号结合了早期军用"钻石"空间站和民用DOS空间站的优势，还在此基础上进行了创新，运行更高效、飞行更长久。

1977年9月，当"礼炮"6号进入地球轨道时，标志着苏联太空计划的一个巨大飞跃。其最显著的变化是发动机采用离轴设计，并能允许空间站的任意端安装对接端口。这是一项巨大进步：无人补给飞船能够自如对接，而另一边搭载宇航员升空的载人飞船不会受其影响，可继续处于安全对接状态。空间站可以接待到访的宇航员，宇航员也可以一批批轮换，不会有过长的无人状态。若是来访的宇航员将其搭乘的新飞船留在了空间站，乘坐先前的飞船返回地面，"礼炮号"的运行也不会因"联盟"飞船的寿命问题受到限制。

"礼炮"6号的服役生涯

相比前辈，"礼炮"6号的确需要更多的运气。事情的开始并不顺利。首个乘组搭乘"联盟"25号升空，但因空间站与航天器的对接机构未能锁定，沮丧返回。"联盟"26号的情况好一些，格奥尔基·格雷奇科和尤里·罗曼恩科成为首个成功入驻的乘组。在空间站投入使用，并开始天文学和地球科学项目后，他们迎来了"联盟"27号的访客，随后从"进步"号货船卸下了第一批货物（见本书第210页）。在第96个飞行日，第二个乘组来访，其中包括捷克宇航员弗拉基米尔·雷梅克（见本书第240页）。

格雷奇科和罗曼恩科最终返回地

"礼炮"7号上的生活
（上图）"联盟"T-12号上的宇航员：弗拉基米尔·贾尼别科夫、斯维特兰娜·萨维茨卡娅和伊戈尔·沃尔克在空间站里休息。
（下图）1985年，弗拉基米尔·贾尼别科夫与维克多·萨维内赫在执行抢修空间站的任务。

球时，乘坐的是"联盟"27号飞船，他们的"联盟"26号载着上一批乘客提前返回了。这种马拉松式的飞行成为后来苏联空间站运行的模式——唯一没有进行的是宇航员交接。同时，他们在返回时将"礼炮"6号调整为自动模式。直到1978年6月，空间站迎来了"联盟"29号乘组。此次的宇航员是弗拉基米尔·科瓦尔约诺克和亚历山大·伊万琴科夫。在为期140天的飞行马拉松中，他们与波兰以及东德的客座宇航员一起，迎接了三艘"进步"号运输飞船和两批到访宇航员，并将空间站的科研项目扩充到材料科学领域。随后在1979年和1980年，宇航员进行了两次为期六个月的旅行。1981年5月，最后一项75天的飞行任务结束时，宇航员搭乘"联盟"T-4号返回地球。此时筹建新空间站的工作已经全面展开。"礼炮"6号于1982年7月退役之前，迎来最后一位客人——无人驾驶飞船"宇宙"1267号，即切洛梅设计的TKS太空拖船的飞行测试。

最后一艘"礼炮"号

"礼炮"7号于1982年4月发射升空，较之前

"礼炮"6号
后期的"礼炮"号空间站融合了"钻石"飞船的最佳设计，如环境系统和陀螺仪（无需耗费推进剂即可在轨道上为空间站确定方向的电力稳定器），以及"礼炮"4号的最佳元件，其中最突出的是改进型动力装置和导航系统。

轨道上的"礼炮"7号

"礼炮"7号采用了三个大型太阳能电池板，可以旋转朝向太阳。它还装有一个新的自动对接系统和改进的水回收系统。

"联盟"T系列飞船

"礼炮"6号服役期间，新一代"联盟"号发射升空。"联盟"T系列飞船基本承袭之前飞船的设计，但许多元件有所改进。新安置的"伊格拉"交会对接系统能从空间站接收数据，可以让对接更加安全可靠。推进装置与主发动机使用同一种燃料，并恢复了因"联盟"11号事故而取消的太阳能电池板。最为突出的是，"联盟"T系列能容纳三名身穿全套太空服的宇航员。新一代飞船的首次载人飞行是在1980年6月对"礼炮"6号进行短暂访问时，之后，"联盟"T系列继续飞行，直到1987年被新升级的"联盟"TM系列取代。

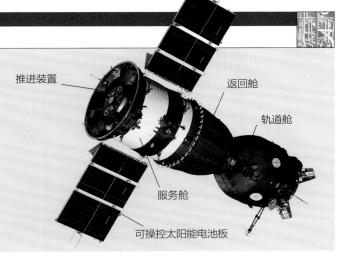

推进装置

返回舱

轨道舱

服务舱

可操控太阳能电池板

但在1984年，列奥尼德·基齐姆、弗拉基米尔·索洛维约夫和奥列格·阿特科夫三人执行任务时，将在轨飞行纪录延长到了236天，任务期间，印度宇航员拉凯什·夏尔马曾到访空间站。

　　1985年初，空间站处于自动模式，一处电路故障使得电池电量耗尽，似乎不得不放弃"礼炮"7号了。但是"联盟"T-13号的宇航员将空间站抢救回来了，空间站继续执行了两次长期任务。这次，宇航员的确进行了太空交接班，这一模式将成为下一个空间站，也是最后的苏联空间站的主要运行模式。

的"礼炮"6号有所升级。"联盟"T系列飞船（见上方的说明框）在轨寿命延长，降低了定期到访的宇航员更换飞船的频率。但随着任务时间的延长，每次到访的宇航员还是需要更换飞船。

　　"礼炮"7号升空时，内部几乎空空如也。宇航员阿纳托利·别列佐沃伊和瓦伦丁·列别杰夫进入空间站后，"进步"号（后来的TKS）运输飞船很快送来了科研设备和日用品。不久后，两位宇航员迎来了"联盟"T-6号的到访者，其中有法国宇航员让·卢普·克

雷蒂安。8月，"联盟"T-7号到访，上面乘坐着世界第二位女宇航员斯维特兰娜·萨维茨卡娅。别列佐沃伊和列别杰夫在轨飞行了211天，打破了之前的纪录。次年4月抵达的第二批长驻宇航员只停留了5个月。

首位女性太空行走者

1984年7月，宇航员斯维特兰娜·萨维茨卡娅第二次造访"礼炮"7号并进行了长达3小时35分钟的太空舱外活动，成为第一位在太空行走的女性宇航员。

美国——NASA的成就

美国——"阿波罗-联盟"号

美国——载人航天十周年

美国——"双子座"4号

美国——"先锋"号

美国——"回声"1号

美国——"阿波罗"8号

苏联——"东方"1号

苏联——"火星"1号

苏联——"联盟"4号与"联盟"5号对接

苏联——"东方"6号

苏联——加加林，1964

苏联——"上升"2号

苏联——"东方"5号

苏联——"礼炮"6号

卢旺达

朝鲜

蒙古

蒙古

尼加拉瓜

罗马尼亚

保加利亚

捷克斯洛伐克

越南

柬埔寨

太空时代的邮票

几乎在太空竞赛开始的同时，相关宣传就出现在各种类型的收藏品中。本页的邮票画廊显示了太空成就被如何用于塑造国家形象。

尽管失败了，但苏联无疑是一位宣传大师——在"斯普特尼克"1号卫星发射后的几天里，国家的胜利就体现在了邮票上。这种邮票不仅在苏联国内，而且在罗马尼亚和捷克斯洛伐克等东欧国家发行。苏联的计划经济体制很快催生了各种形式的太空主题收藏品。邮票别开生面地催生了现代主义者的梦境——从自我觉醒的格调及英雄主义，延伸出未来主义十足的画风；航天飞行的诞生，与宇航员及航天器的具象相伴相随。

其他华约国家很快就有了本国值得纪念的太空成就——苏联的航天计划将来自越南、蒙古、古巴等不同国家的宇航员先后送入轨道。

NASA在美国邮政服务部门找到了热心支持者，发行了很多纪念美国载人和无人航天成就的邮票。许多其他国家也把太空竞赛作为合适的邮票主题，而采用美国还是苏联太空任务主题也反映出本国政府的倾向。

罗马尼亚

匈牙利

1992年5月：太空建造
宇航员凯瑟琳·桑顿（前）和托马斯·埃克斯在"奋进"号航天飞机的开放货舱中为处于规划中但根本没有完成的"自由"号空间站演练组装程序，远处的背景处是浅蓝色的地球。

在太空工作

紧随阿波罗计划而来的是不断缩减的预算，NASA把注意力转向低成本方式探索太空。带翼航天器的优势很久以前就已得到公认，但为了支持太空竞赛时确立的弹道方法，带翼运载器方案被搁置一旁。如今，在NASA的"一体化太空运输系统"中，这种思路再次出现。该系统是一架从轨道例行往返的航天飞机和一个将由新的航天器提供保养维修的大型空间站。但预算不足以为两个项目都提供支持，所以NASA很快就放弃了空间站，而把资金集中在航天飞机上。从那时起，航天飞机被赋予轨道实验室兼运载火箭的角色。

与此同时，苏联空间站规模越来越大，仍由可靠的"联盟"系列飞船提供支持。新的苏联空间站"和平"号采用综合性、模块化设计，取得了长足进步。这个空间站是美苏两个国家最终会在太空领域走向合作的地方。

1959年6月8日
美国国家航空咨询委员会（NACA，NASA的前身——译者注）的X-15型高超声速研究用飞机进行首航。

1963年12月10日
美国空军取消了X-20型"戴纳-索尔"计划。

1966年7月12日
对NASA的M2-F2升力体原型机进行的首次测试取得成功。

1968年10月24日
X-15执行其第199次也是最后一次飞行任务。

1969年4月17日
美国空军规划的X-24A型升力体原型机进行首次试飞。X-24A原计划可能搭乘"大力神"号火箭发射。

1972年1月5日
尼克松总统宣布，NASA的下一个重大太空项目将是开发带翼、可重复利用的运载火箭——航天飞机。不久后，美国空军签约成为"航天飞机"计划的合伙人，并最终放弃了自己的用火箭发射升力体的研究。

早期的航天飞机

在NASA最终决定开发可重复利用的"航天飞机"系统之前，带翼太空运载器的思路曾被当作弹道太空舱模式的替代选择被多次纳入考虑范围。

20世纪30年代，德国VfR火箭协会的会员尤金·桑格首次提出了一种带翼、由火箭提供动力的运载器的基本思路。这种运载器可以至少在进入太空的一部分航程中利用气动升力航行。在他的构想中，需要一架以超声速发射的飞行器，搭载在一个由火箭提供动力的滑翔机上（见本书第298页）。其他思路通常利用的是弹道发射和飞机式降落的某种结合，例如英国的"多部件太空运输及回收装置"设想（见下方的说明框）。

不过，航天飞机的真正原型机是高超声速的X系列飞机。和贝尔公司的X-1型飞机（见本书第34页）关系密切，X系列飞机可以以五倍声速以上的速度飞行，而且在整个20世纪50年代和20世纪60年代经受了美国国家航空咨询委员会及NASA的测试。后期的几种设计采用了又短又粗的机翼，而且依赖于机身本身的外形来产生主要的气动升力——这些设计通常被称为"升力体"。它们一般依附在更大的飞行器上被带到高空，释放时，将其火箭发动机点火，使其快速加速并循着地球上空高达28千米的轨道做环绕运动，然后在一段无动力超声速的滑翔过程后垂直降落。虽然当时NASA并没有深究升力体这一设想，但它对下一代航天飞机（见本书第298页）计划的高度影响已经得到证明。

X系列飞机的另一类典型代表是X-15型飞机。它是一款由火箭提供动力的研究用飞机，由尼尔·阿姆斯特朗和斯科特·克罗斯菲尔德驾驶。这种又细又长的飞机仍旧要依靠托升才能到高空，但它有更大的机翼，当它返回地球时，可以产生更多升力。或许所有飞机中与航天飞机最接近、最类似的，就是X-20型"戴纳-索尔"计划。这是一项被废弃的美国空军计划，是一种可以被安装在火箭顶部发射入轨的带翼飞行器。

航天飞机的诞生

在进行太空探索的最初几十年里，一直未曾出现可重复利用的运载火箭，所以每次的发射成本都极其高昂。NASA的"航天飞机"计划是在20世纪70年代早期，在时任局长詹姆斯·C·弗莱彻的领导下制订的，并于1972年1月5日由尼克松总统公布。预计该计划会大幅削减抵达轨道的成本，并实现常规航天飞行。

在预算和政府支持得到保障的情况下，NASA向承包商们征集构思，然后不计其数、各种各样的构思纷至沓来。最受欢迎的早期计划设想了一个两级飞行器，在前往轨道的大部分航程中，由一架大型火箭驱动的、有人驾驶的运载飞机运载，相当于一个更大的X-15型系统。当这一构想因为成本太高而被放弃时，NASA不情愿地承认，这一系统（正式名称为"太空运输系统"，STS），并不是全部都能完全得到重复利用。

"螺旋"号
苏联"螺旋"号是一个从一架高超声速飞机上发射的轨道器，1971年被废弃。

多部件太空运输及回收装置（MUSTARD）

在太空时代，有很多良机被错失了，其中"多部件太空运输及回收装置（MUSTARD）"是最奇特有趣的机遇之一。MUSTARD是由英国飞机公司在1965年首次提出的，但几年后就被废弃了。它原计划利用三个完全一样的"堆叠起来的"升力体，像传统式火箭那样被发射出去。在把下面级剩余的燃料用泵打入轨道器级之后，下面级会分离，并在45～60千米的高度时通过滑翔落回地球。这样会在理论上使轨道器在到达太空时燃料箱是满的，有可能使轨道器能够继续飞往月球。

M2-F2
该升力体在1966年从一架B-52型轰炸机底部被投放首飞。它对高速滑翔技术进行了测试，这些技术最终被用到航天飞机上。

飞行员阿姆斯特朗
在一次成功试飞之后，尼尔·阿姆斯特朗摆好姿势和X-15飞机合影。这架高超声速飞机在1959年至1968年间飞行了199次。

X系列飞机

X-15飞机长15米，翼展仅为6.7米。靠着尾部的火箭发动机，它曾到达108千米的高度，飞行马赫数高达6.7。

人物小传

斯科特·克罗斯菲尔德

艾伯特·斯科特·克罗斯菲尔德（1921—2006年）是公认的美国顶级试飞员。他经常把诸如X-15型飞机这样的试验机首次驶入天空。第二次世界大战期间，他担任飞行员兼飞行教官。随后，1950年他加入了美国国家航空咨询委员会，但在1955年离职，转而为北美航空公司工作。20世纪50年代后期，他和他的几位同事曾被短暂地当做载人航天飞行的飞行员加以考核。

航天飞机系统

太空运输系统（STS）的最终版本是需求折中的产物。美国军方需要一个相当大的轨道器来发射最多的有效载荷，在这种需求下不可能设计出一种可以完全重复利用的系统，但航天飞机至少大部分可以重复利用。除了轨道器本身以外（见本书第196~197页），还有其他三个部件——一个大型的外部燃料箱（ET）和两个安装在两侧的固体火箭助推器（SRB）。在把航天飞机轨道器送入太空的过程中，每个部件都发挥着重要作用。

高度（直到外部燃料箱顶部）	56.14米
发射时的质量	2 029 203千克
发射推进器	2个固体火箭助推器、3个航天飞机主发动机
发射时的总推力	355万千克力
送入近地轨道的有效载荷	24 400千克
主承包商	固体火箭助推器：锡奥科尔公司
	外部燃料箱：洛克希德·马丁公司
	航天飞机主发动机：洛克达因公司

航天飞机发射系统
发射期间，航天飞机主发动机（SSME）从外部燃料箱汲取推进剂，然后由两个固体火箭助推器推动航天飞机前进。两个助推器首先抛离，然后当航天飞机接近轨道时，外部燃料箱也被丢弃。

吊装航天飞机
航天飞机系统是在肯尼迪航天中心的运载器总装厂房完成组装的。助推器和外部燃料箱被安装在移动发射平台的顶部（见对页）。轨道器从单独的制造工厂运来，它先被吊高到空中，然后再降到合适的位置。

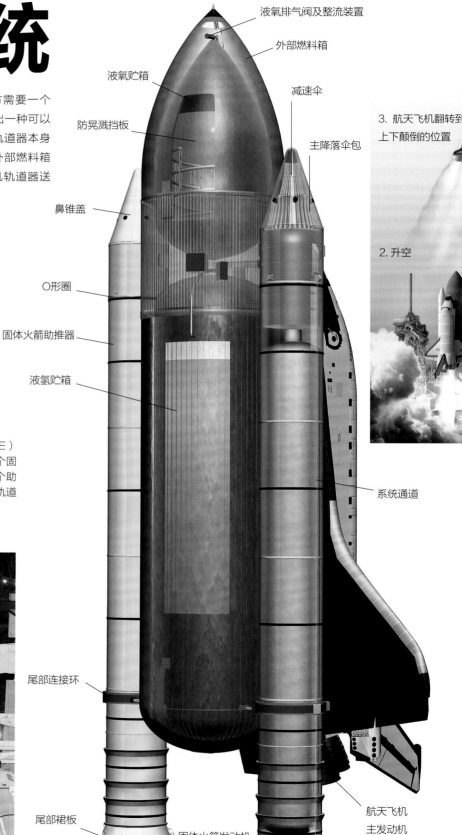

液氧排气阀及整流装置

外部燃料箱

液氧贮箱

减速伞

防晃溅挡板

主降落伞包

鼻锥盖

O形圈

固体火箭助推器

液氢贮箱

系统通道

尾部连接环

尾部裙板

固体火箭发动机

航天飞机主发动机

固体火箭发动机喷嘴延伸段

3. 航天飞机翻转到上下颠倒的位置

2. 升空

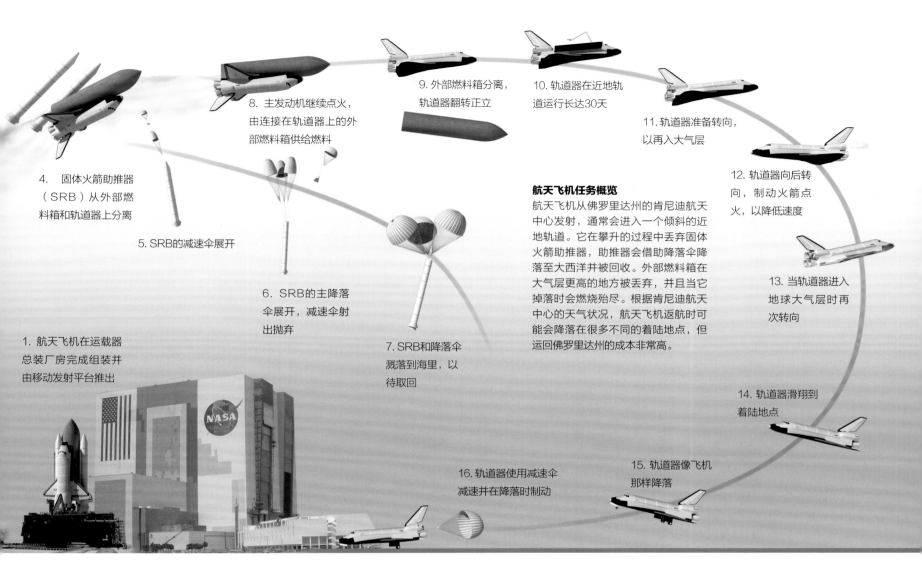

8. 主发动机继续点火，由连接在轨道器上的外部燃料箱供给燃料

9. 外部燃料箱分离，轨道器翻转正立

10. 轨道器在近地轨道运行长达30天

11. 轨道器准备转向，以再入大气层

4. 固体火箭助推器（SRB）从外部燃料箱和轨道器上分离

5. SRB的减速伞展开

12. 轨道器向后转向，制动火箭点火，以降低速度

6. SRB的主降落伞展开，减速伞射出抛弃

13. 当轨道器进入地球大气层时再次转向

1. 航天飞机在运载器总装厂房完成组装并由移动发射平台推出

7. SRB和降落伞溅落到海里，以待取回

航天飞机任务概览

航天飞机从佛罗里达州的肯尼迪航天中心发射，通常会进入一个倾斜的近地轨道。它在攀升的过程中丢弃固体火箭助推器，助推器会借助降落伞降落至大西洋并被回收。外部燃料箱在大气层更高的地方被丢弃，并且当它掉落时会燃烧殆尽。根据肯尼迪航天中心的天气状况，航天飞机返航时可能会降落在很多不同的着陆地点，但运回佛罗里达州的成本非常高。

14. 轨道器滑翔到着陆地点

16. 轨道器使用减速伞减速并在降落时制动

15. 轨道器像飞机那样降落

"亚特兰蒂斯"号组合体亮相
从运载器总装厂房楼顶向下看，组装完毕的"亚特兰蒂斯"号航天飞机正在移动发射平台上，准备向发射台移动，景象壮观。

履带式运输机
航天飞机被安装在移动发射平台（MLP）上，然后由一台强大的移动牵引装置把移动发射平台运送到发射台。整个组合体重达8 170吨，最快移动速度是1.6千米/小时。

喷火发射
整个航天飞机组合体腾空而起时，下方的火焰柱主要来自两个固体火箭助推器。航天飞机主发动机排放的气体温度要高得多，呈蓝色且几乎是透明的。

带翼飞行器进入轨道

开发一个像航天飞机这样复杂的航天器所耗费的时间必然会超出预期。不过，经过各种测试后，航天飞机最终在1981年做好了首次发射准备。

虽然NASA在20世纪70年代早期就获准建造航天飞机，但在建设工作能真正开展之前，有一大堆问题需要解决，而且在1977年执行首航这种乐观的期望很快就被调整了。

造成计划推迟的一个重要原因就是军事用途问题。为了使发射成本达到预计的低金额，航天飞机将不得不定期起飞，也许每两周就要执行一次任务。如果美国完全放弃不载人的发射，包括为军用有效载荷而进行的发射，如此频繁的飞行就难以成行。出于这个原因，空军同意为开发出资——但它也谋取到了巨大的回报价值。整个航天器将不得不更庞大，以运载军用有效载荷。它将必须具备从美国空军在范登堡空军基地的发射场起飞的能力，并且要确保美国空军每年能得到很多发射档期。

需求将这些全部考虑在内，起初被称为"宪法（Constitution）"号的航天飞机轨道器原型机，于1974年6月开始建造。

做好发射准备

因为航天飞机很复杂，所以难以分别测试它的各个要件。马歇尔航天中心制作了一个叫做"路径发现者"的模型，用来测试一些支持系统，艾姆斯研究中心对风洞的一些比例模型进行了分析。原型机（后来更名为"企业"号）从一架波音747飞机上发射，进行试验。但轨道器的性质意味着没办法向太空发射一个样板模型。与之类似，虽然对这些发动机进行了很多次

人物小传
约翰·杨

加利福尼亚人约翰·W·杨（1930—2018年）是职业生涯最变化多端的宇航员之一。1962年加入NASA之后，他驾驶过"双子座"3号和"双子座"10号以及"阿波罗"10号和"阿波罗"16号。1974年，他从德科·斯莱顿手里接管宇航员办公室，负责NASA的宇航员选拔，直到1987年。他还指挥了STS-1和STS-9，也就是第一次"太空实验室"任务。2004年，他从NASA退休。

试点火，但它们不能单独进行飞行。所以航天飞机的第一次发射变成了最终的"集成"测试——历经九年研发并投入好几十亿美元之后，这个功能完备的轨道器"哥伦比亚"号的首飞（STS-1）于1981年4月12日进行，这种首飞集成测试的特点是，即使其他一切运转正常，但只要有一处缺陷，就可能造成严重事故。

这个至关重要的任务将由经验丰富的宇航员约翰·杨掌舵（见上方说明框），他身边是新人鲍勃·克里平。为了把面临的安全风险降到最低，他们穿着由试飞员增压服专门改良设计而成的宇航服。

事实证明，任务完全按照计划进行，宇航员进行了两天的轨道试航之后返回地球，降落在加利福尼亚州爱德华兹空军基地。

升空！

在首次任务中，"哥伦比亚"号的三个航天飞机主发动机和两个固体火箭助推器同时点火，"哥伦比亚"号从39号发射综合场的A发射台发射升空。这一天，1981年4月12日，是尤里·加加林进行首次载人航天飞行的20周年纪念日。

滑行测试

1977年底"企业"号航天飞机原型机的一次试飞。当时"企业"号航天飞机从747飞机后部发射，配备了记录其亚声速飞行特性的仪器。除非真正飞行，否则无法测试航天飞机的超声速性能。

初次飞行

"哥伦比亚"号抵达卡纳维拉尔角的肯尼迪航天中心待命，它由一架经过改装的747型运载机背负而来。航天飞机主发动机上方的气动尾椎体减少了湍流。

第一印象

约翰·杨（前景人物）和鲍勃·克里平在STS-1任务期间监视"哥伦比亚"号上的控制装置。在他们返回地球的过程中，热情洋溢的克里平把航天飞机称为"一台绝妙的飞行器"。

虽然总体上获得成功，但首飞仍遇到了一些问题。最重要的问题是航天飞机的隔热瓦问题（见下方说明框），第二次试飞的日期也部分因此问题被推迟到1981年11月12日。虽然STS-2的发射进展顺利，并且乔·恩格尔和迪克·特鲁利得以首次测试远程机械臂系统（RMS），但是由于"哥伦比亚"号用于发电的燃料电池出现问题，预计为期五天的任务被缩减到三天即返回。

STS-3按计划于1982年3月发射。它的目标之一就是研究航天飞机在太空飞行的周边环境。为此，远程机械臂系统会把一个仪表平台吊装到货舱外。这次飞行预计持续七天，但糟糕的天气迫使NASA更改了着陆地点，航天飞机最后回来时晚了一天，降落到新墨西哥州的白沙靶场。

最后一次试飞的时间是1982年6月，这次任务运载了机密的军用载荷。虽然由于有效载荷发生的一个故障导致出现了一些问题，但航天飞机自身又一次表现良好。在它7月4日降落在爱德华兹后，里根总统宣布，航天飞机可以投入使用了。

技术

瓦片损毁

在最早的几次飞行中，航天飞机易碎的瓷瓦片发生损毁是一个反复出现的问题。由于瓦片自身的脆弱性以及把它们固定在外壳上的黏合剂的问题，"哥伦比亚"号的初次发射推迟了。航天飞机屡次遭受瓦片遗失或损毁。对宇航员而言，幸运的是，运气与他们同在——受损区域不是在再入大气层时承受热量冲击的区域。

早期的航天飞机任务

在"哥伦比亚"号第四次轨道试飞之后,里根总统在1982年7月4日公开声明航天飞机可以投入使用。航天飞机正式开始服役,开始承担各类与卫星相关的任务。

1982年11月,"哥伦比亚"号第五次飞行,STS-5首次搭载了一颗商用卫星。这次任务被看做是把航天飞机作为商用运载器的关键。此外,STS-5成为首次除飞行人员外还搭载着任务专家的航天任务。这些专家训练有素,非飞行员出身。有效载荷,也就是两颗通信卫星的部署很完美,但这次任务中唯一的瑕疵是宇航服存在一处缺陷,阻碍了航天飞机计划的第一次太空行走。

约五个月后,"挑战者"号开启它的首飞,即STS-6。这次任务中,斯多里·马斯格雷夫和唐纳德·彼得森测试了NASA的新型宇航服,实现了系留太空行走。但这次任务的主要目标是发射TDRS-A,即航天飞机的首颗跟踪与数据中继卫星(TDRS, Tracking and Data Relay Satellites,见本书第201页)。

卫星部署过程非常完美,但它的惯性上面级(Inertial Upper Stage,强大的火箭,旨在把卫星推送到它的最终轨道)出现的一个问题使它搁浅了。地面控制人员最终找到了方法使它逐步地向预定轨道移动,但这样做所耗费的时间较长,再加上解决惯性上面级问题造成的推进延迟,使得跟踪与数据中继卫星计划进度落后。

改变优先级

由于TDRS出现的问题,任务清单被进行了仓促调整。4月份,在"挑战者"号执行STS-7任务时部署了一对通信卫星,还释放了德国制造的"航天飞机平台应用卫星"(SPAS)。SPAS是一颗临时卫星,设计宗旨是脱离航天飞机在外部飘浮。任务结束时,将SPAS重新收回。这积累了航天飞机需要从轨道回收更大的卫星的经验(见本书第201页)。下一次任务,即STS-8任务中,也处理了同样的问题。其间,"挑战者"号在搭载印度卫星Insat-1B的同时,还载有一枚重型卫星模型,用于测试受力状态下的机械臂操作。

大多数任务中,轨道器的中隔舱携带的都是小规模的实验设备,而首个大型科研任务是"太空实验1号"(Spacelab 1)。1983年11月,Spacelab 1随着"哥伦比亚"号进行STS-9任务(见本书第198页)。此后,编号系统进行变更,第十次航天飞机任务变更为"挑战者"号STS-41B任务。任务中,成功部署了两颗卫星,但它们的有效载荷辅助模块(Payload Assist Modules,是惯性上面级的替代物,更小、功率更低)发生了故障。不过,载人机动装置(MMU)测试成功,首次无系留太空行走得以进行。

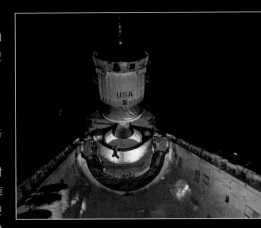

释放卫星
TDRS-A被安放在"挑战者"号航天飞机货舱里的旋转盘上,随STS-6任务进入太空并被释放,有问题的惯性上面级火箭裹着金箔,位于卫星的下方。

自由飞翔
在一次载人机动装置的测试中,布鲁斯·麦克坎德雷斯在"挑战者"号货舱上方翻筋斗。他手中握着耳轴附着装置(TPAD),当TPAD附着在一颗卫星上时,这个设备使卫星能够被航天飞机的机械臂抓取。

载人机动装置骨架安装在宇航员的便携式生命支持系统(PLSS)生命支持背包周围

可以转动的手动控制器使宇航员在太空中能确定自己的方位

载人机动装置臂的角度和长度调整到与操作员相称

飞行支持站把载人机动装置固定在"航天飞机"货舱的合适位置

支持站上的脚部束缚装置有助于宇航员穿戴上载人机动装置

可平移的手动控制器推动宇航员穿越太空

载人机动装置
载人机动装置采用可控释的液态氮推进剂(GN^2),使宇航员能够在太空自由飞行。这个包裹式装置包含两套独立的推进系统,每套系统都有自己的液态氮推进剂箱和一组四个的三位一体推进器,每个推进器有三个配套喷嘴,使喷出的气体可以从三个轴向推动宇航员移动。

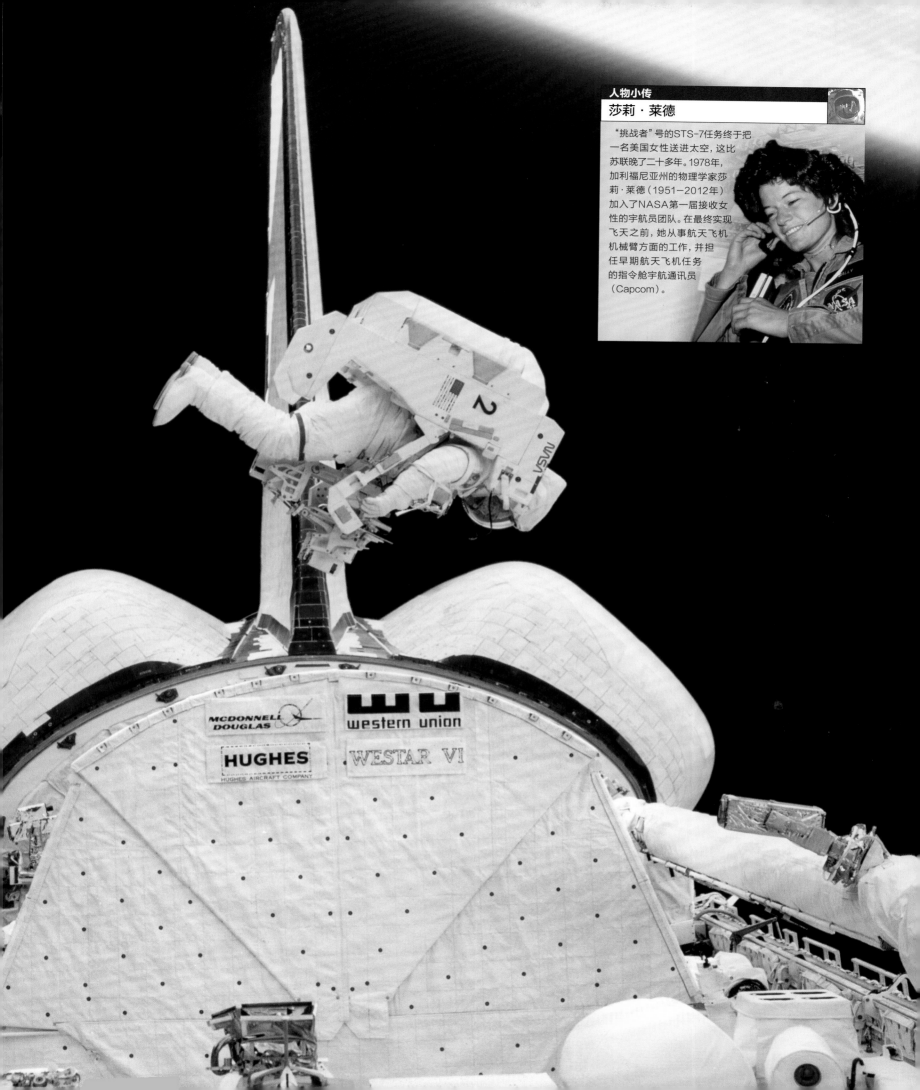

航天飞机轨道器

航天飞机轨道器的大小相当于一架短途喷气式客机，它是目前最大的进入太空的航天器。虽然发射期间只用到了它的主发动机，但复杂的二级推进器和机动发动机系统使轨道器在轨道上具备机动性和多功能性。有效载荷舱可以最多把两颗卫星或一个"太空实验室"带入轨道，其远程机械臂系统可用于卫星部署或回收，还可用于在轨建设任务。

乘员	限乘7人
长度	37.24米
高度	17.27米
翼展	23.79米
发射质量	99 318千克
发动机（在轨）	2个轨道机动系统主发动机（肼类/N_2O_4）44个反应控制系统推进器（肼类/N_2O_4）
运行高度	300~620千米
主承包商	北美罗克韦尔公司

垂直稳定板

方向舵/减速板

轨道机动系统发动机

后部反应控制系统

主发动机

主发动机燃料供给系统

肼类和四氧化二氮箱

轨道机动系统外壳

后机身段

后舱隔板

用于在大气层中进行俯仰控制的机身副翼

用于在大气层中机动的升降副翼

主起落架

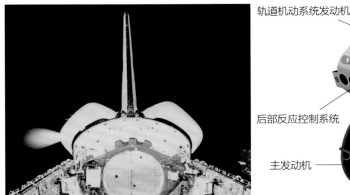

轨道推进器
航天飞机背部的这两个吊舱装载着轨道机动系统（OMS）发动机——这对发动机源自"阿波罗"服务舱的发动机，使航天飞机可以进行轨道校正，并在再入大气层时反向制动点火。舱内还有反应控制系统（RCS）的推进器，用于在太空中控制航天飞机的方向。

航天飞机发动机测试
航天飞机主发动机极其复杂，由高速旋涡泵为其提供燃料，旋涡泵会从外部燃料箱中汲取推进剂。燃烧室的温度可以达到3 300℃。

着陆程序
航天飞机通过在轨道上向后转向并启动轨道机动系统发动机作为反推火箭来实施降落。然后它再次转向，调整自己的角度，再入大气层。这样，下部耐热的陶瓷瓦片就会受到摩擦力的冲击。一旦减速到超声速，它实际上就成为了世界上最重的滑翔机，而且只有一次着陆机会。由于着陆速度很快，它需要一条很长的跑道，以便完成由降落伞辅助的制动过程。

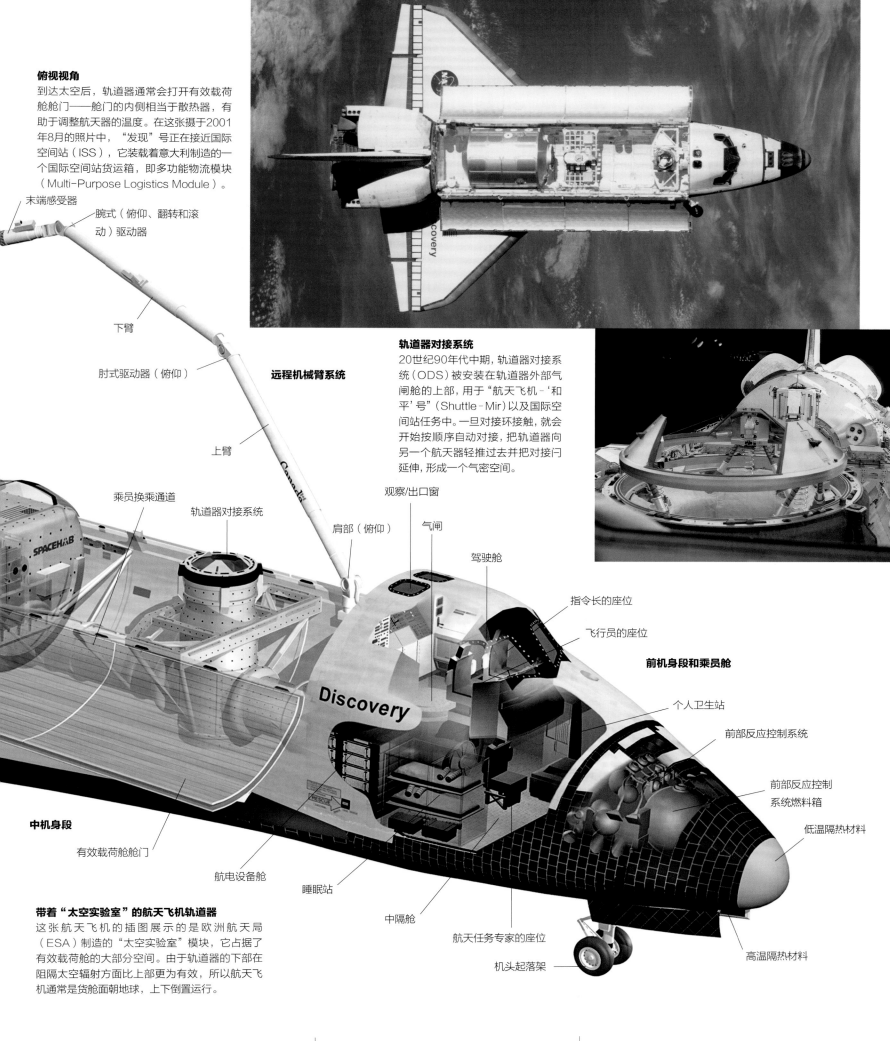

俯视视角
到达太空后，轨道器通常会打开有效载荷舱舱门——舱门的内侧相当于散热器，有助于调整航天器的温度。在这张摄于2001年8月的照片中，"发现"号正在接近国际空间站（ISS），它装载着意大利制造的一个国际空间站货运箱，即多功能物流模块（Multi-Purpose Logistics Module）。

末端感受器

腕式（俯仰、翻转和滚动）驱动器

下臂

肘式驱动器（俯仰）

远程机械臂系统

上臂

轨道器对接系统
20世纪90年代中期，轨道器对接系统（ODS）被安装在轨道器外部气闸舱的上部，用于"航天飞机 - '和平'号"（Shuttle - Mir）以及国际空间站任务中。一旦对接环接触，就会开始按顺序自动对接，把轨道器向另一个航天器轻推过去并把对接闩延伸，形成一个气密空间。

乘员换乘通道

轨道器对接系统

肩部（俯仰）

观察/出口窗

气闸

驾驶舱

指令长的座位

飞行员的座位

前机身段和乘员舱

个人卫生站

前部反应控制系统

前部反应控制系统燃料箱

低温隔热材料

中机身段

有效载荷舱舱门

航电设备舱

睡眠站

带着"太空实验室"的航天飞机轨道器
这张航天飞机的插图展示的是欧洲航天局（ESA）制造的"太空实验室"模块，它占据了有效载荷舱的大部分空间。由于轨道器的下部在阻隔太空辐射方面比上部更为有效，所以航天飞机通常是货舱面朝地球，上下倒置运行。

中隔舱

航天任务专家的座位

机头起落架

高温隔热材料

"太空实验室"

由欧洲航天局（ESA）建造的首个"太空实验室"（Spacelab）舱段于1983年进入太空，"太空实验室"能装进航天飞机的货舱里，解决了NASA缺少长期性空间站的问题。

1973年NASA与ESRO（欧洲航天研究组织，ESA的前身，见本书第228页）达成一致意见，为航天飞机的货舱研发一个实验室舱段。欧洲将免费提供舱段，作为交换，他们的宇航员要作为载荷专家搭乘航天飞机飞行。STS-9被预定为该国际任务中的首次任务，但"太空实验室"需要大量使用跟踪与数据中继卫星系统（TDRS）才能将实验数据传送回地球。因此TDRS最初出现的问题使该预定计划面临风险（见本书第201页）。但是，在TDRS-A缓缓移动到合适的轨道，并在1983年秋季被激活后，该任务立刻得到许可。航天飞机运载一名国际乘员所带来的政治利益远超出由于依赖于唯一一颗卫星而可能造成的数据损失。

双赢

最后，"太空实验室1号"在政治和科研方面都取得了巨大成功。实验室开展了范围极广的实验，涵盖物理学、材料科学、太空生物学以及天文学，其总体目标是展示在轨道开展此类研究的可行性。包括西德的乌尔夫·默博尔德（见下方说明框）在内的6名乘员，工作时以3人为一组，每12小时轮一次班，把稳定的数据流发送回地球。为期10天的任务结束时，返回地球的科学数据比整个"天空实验室"（Skylab）计划期间返回的数据还要多。"太空实验室"的建造配置很多样化，除了加压实验室，还配备了外部平台系统，用来运载需要暴露在真空中的望远镜和实验设备。到1998年，"太空实验室"舱搭载航天飞机进行了15次飞行任务（NASA对最初欧洲版本的"太空实验室"印象十分深刻，所以它向ESA付费制造了第二个）。平台又执行了9次飞行，直到2000年"奋进"（Endeavou）号STS-99任务。这次任务中携带了一个雷达，它绘制出了地球表面80%区域的高程图。

临时卫星

作为"太空实验室"系统的一部分，长期暴露装置（LDEF）于1984年被释放到轨道上，并于1990年被取回。

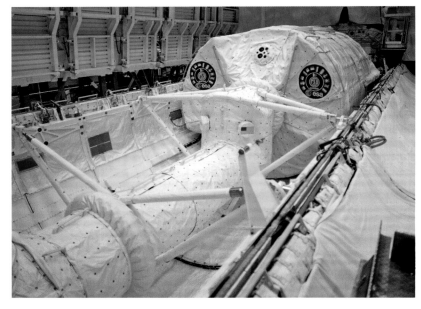

此后的大多数"太空实验室"任务都把重点放在了特定的几个科学领域上，比如天文学、生命科学、医学、地球物理学和材料科学。然而，航天飞机上的科学研究并不仅限于"太空实验室"任务——大多数航行中都在轨道器的中隔舱携带着更小型的实验设备，而且在航天飞机上的"太空实验室"外部还运载着其他科学仪器。

安装好的"太空实验室"
在为STS-9号任务做准备期间，"太空实验室"及其入口通道被安装在"哥伦比亚"号的货舱里。

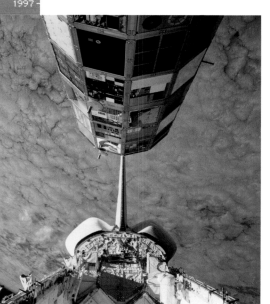

人物小传
乌尔夫·默博尔德

德国的乌尔夫·默博尔德（生于1941年）是首位搭乘航天飞机飞行的非美籍人士。1983年，他参与了首次"太空实验室"任务。他是一名经过培训的物理学家，1977年被ESA选为载荷专家候选人。1992年，他还在STS-42国际微重力实验室（International Microgravity Laboratory）任务中随机飞行过，并在1994年为期32天的"欧洲和平"号任务期间，成为首个在"和平"号（Mir）空间站工作的ESA宇航员。

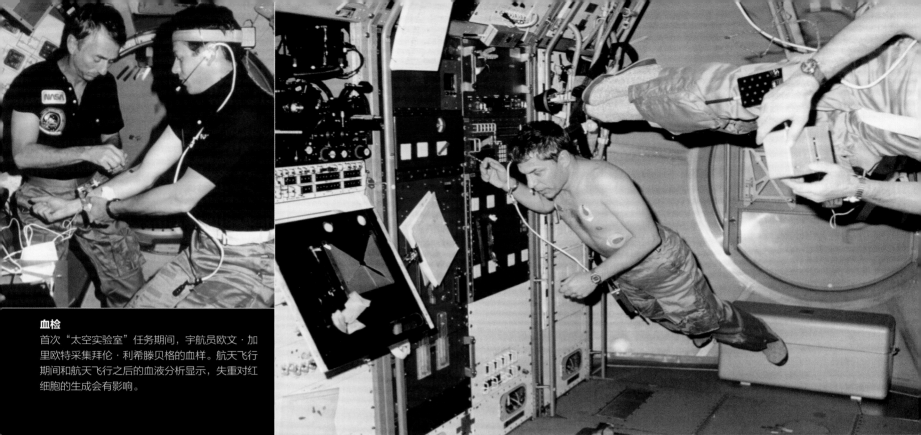

血检

首次"太空实验室"任务期间，宇航员欧文·加里欧特采集拜伦·利希滕贝格的血样。航天飞行期间和航天飞行之后的血液分析显示，失重对红细胞的生成会有影响。

多项任务处理

（上图）在"太空实验室1号"上，罗伯特·帕克（左侧）和乌尔夫·默博尔德在连接生物计量传感器的同时做实验。从左侧可以看到一个ESA的流体物理学模块实验设备。

现场直播

（左图）使用TDRS卫星网络，大量实验数据可以从航天飞机上被送回，还可进行近乎连续播放的电视直播。图为1997年执行"MSL-1R太空实验室"任务期间的格雷戈里·林特里斯（前景人物）和唐纳德·托马斯。

微重力科学

（上图）王赣骏在"太空实验室"上展示一个"液滴动力学"实验设备的一部分。航天飞机的失重环境使物理学家们可以观察到物质在消除引力的影响后的行为方式。

捕获"国际通信卫星六号"（In-telsat VI）

STS-49任务期间，为取回一个巨大的通信卫星，需要进行有史以来首次三人同时舱外活动。图中从左到右依次为宇航员理查德·赫布、汤姆·埃克斯和皮埃尔·索特。对着埃克斯的远端是新型发动机，它将最终把卫星推到正确的轨道上。

维修卫星

航天飞机的到来使得挽救贵重的卫星首次成为可能：或在轨道上进行维修，或者把它们放在货舱里送回地球进行更复杂的维修。

1984年4月，"挑战者"号航天飞机执行STS-41C号任务，成为早期几次飞行中最引人注目的一次。任务一开始，"挑战者"号就被发射到了一个异常高的轨道上，部署好LDEF卫星（见本书第198页）后，它的主要任务就是与地球上方556千米处的一颗损坏严重的卫星对接，并把它修复到正常运转状态。

待修复的这颗目标卫星叫"太阳峰年任务"（简称SolarMax）卫星。它于1980年被发射，目的是研究太阳的活动。但是由于它的控制系统出现了故障，无法实现观测目标。宇航员乔治·D·纳尔逊驾载人机动装置首次尝试抓取卫星却以失败告终，第二次使用航天飞机的操作机械臂尝试抓取，却使卫星陷入了混乱无序的旋转状态。第二天，情况有所好转，卫星被安全带进货舱，固定在舱内一个特殊的修理平台上。修理过程十分漫长但很成功，升级了卫星的科学有效载荷并更换了它的姿态控制系统。两次出舱活动后，SolarMax卫星被释放回轨道继续运行，直到1989年再入地球大气层焚毁。

追踪卫星

下一个维修任务是完成一件之前未圆满完成的事项——救援在1984年2月的STS-41B号任务期间释放的一对出现部署失误的卫星（见本书第194页）。在有效载荷辅助模块（PAM）失灵后，这两颗卫星都远低于其预定轨道。在解决这个问题期间，暂停了商业发射。之后，"发现"号航天飞机在8月份首飞，完美地部署了另一对通信卫星。有效载荷辅助模块的问题似乎已经得到解决。1984年11月，"发现"号的第二次任务，即STS-51A号任务期间，要回收被滞留的卫星并带到地面进行维修。追踪并捕获两颗单独的卫星是一项艰巨的任务，雪上加霜的是卫星上没有可抓处——和SolarMax卫星不同，建造这两颗卫星时没有考虑到要在飞行过程中进行维修。

STS-51D号任务很好地展示了航天飞机的灵活性。1985年4月，"发现"号从货舱释放了一颗美国海军的Leasat通信卫星，由于一个用来触发其内置加速发动机的开关未能激活，因此只能看着它在没有动力的情况下旋转而去。任务被延期，但这颗卫星没有被放弃。追踪到这颗卫星后，宇航员进行了一次临时出舱活动，尝试手动触发开关。最后，开关并没有把

技术

追踪与数据中继卫星（TDRS）系统

NASA的追踪与数据中继卫星位于地球赤道上方35 786千米（22 240英里）处，每天绕地球轨道运行一圈，充当着数据中继站，这些数据源自绕轨行速度更快的卫星和离地球更近的航天器。从地球上看，每颗TDRS在天空中都是保持静止的——它是一个固定的平台，通过这个平台，数据可以被所处高度更低的卫星发送和接收。当它疾速越过天空时，通过移动像航天飞机这样的运载器上的一根小型天线来追踪每颗TDRS，比从地面追踪航天飞机要容易得多。

卫星唤醒，但是宇航员们的评估为几个月后"发现"号维修该卫星铺平了道路。

继1986年1月"挑战者"号灾难（见本书第202页）导致暂时停滞之后，NASA经过一段时间才尝试进行更深入的卫星维修工作（见本书第207页）。然而，当维修工作开始时，非常令人惊叹。"奋进"号追上并取回了庞大的通信卫星Intelsat VI。在太空处理这个庞然大物的经验为维修"哈勃"太空望远镜，甚至更艰巨的维修任务奠定了基础（见本书第252～253页）。

舱外移动装置

航天飞机时代的舱外移动装置（EMU）宇航服和"阿波罗"宇航员使用的宇航服很不一样。这些宇航服是为在失重环境下工作而设计的，它们有一个上躯硬壳装置和一个一体化的便携式生命支持系统背包。

放下遮阳板的头盔

头盔照明灯

便携式生命支持系统

袖口清单

上躯硬壳（HUT）

两节手套组合

下躯套装（LTA），含裤腿

系带连接装置

连体靴

致命的升空

39-B发射台上的相机拍摄下了正在陷入灾难的"挑战者"号。在破损的O形圈上方，固体火箭助推器的残余燃料形成了临时的密封区域，延缓了灾难的发生。

> "实情一定要凌驾于公关之上，因为公理是不可被愚弄的。"
>
> ——理查德·费曼编写的罗杰斯委员会报告附件，1987年

人物小传

克里斯塔·麦考利芙

1984年，NASA设立了"太空教师"项目，试图重新激起公众对太空的兴趣。克里斯塔·麦考利芙（1948－1986年）是新罕布什尔州康科德高中的一名社会科学教师，其因充满感召力的教学风格从11 500名申请者中脱颖而出。1985年秋季，她开始接受培训，并受到了STS-51L号任务团队的欢迎，但却在1986年1月28日与6名同组乘员一同罹难。2004年，NASA启动了一个新的"教育者宇航员"计划。2007年8月，麦考利芙的原候补宇航员芭芭拉·摩根搭乘STS-118号实现了飞天。

"挑战者"号灾难事故

直到1985年年末，航天飞机计划似乎终于在不断进入状态，飞行间隔期更短了，而且单个航天器的周转速度更快了——但随后灾难降临。

喷灯效应

起飞58秒后，地面上的相机拍摄到，一股过热的火焰从"挑战者"号的右侧固体火箭助推器接合部位喷射出来，烧穿了一个脆弱的支撑柱。

1986年1月28日，"挑战者"号STS-51L号任务的发射成为万众瞩目的焦点。这是"挑战者"号的第25次飞行，对于其自身而言是一个小里程碑，它还搭载着一位值得关注的乘客——克里斯塔·麦考利芙。麦考利芙来自新罕布什尔州，经过选拔成为了首位去太空的教师，而且她将在航天飞机上向美国各地的学校通过直播进行授课。

但是发射后仅73秒，NASA和公众都被惊得打了个趔趄。"挑战者"号在飞行中途爆炸，机上七名宇航员瞬间被炸飞，残骸飘洒在大西洋各处。这一灾难致命地打击了美国载人航天飞行常态化的梦想。

事故调查

将要进行的航天飞机任务立刻被叫停，并随即展开调查。很快，电视画面暴露出事故的直接原因——一股灼热的火焰从一个固体火箭助推器的一侧喷射

罪魁祸首

搜索队回收了40片"挑战者"号固体火箭助推器的碎片，包括右手侧的一个接合部位，它保留了O形圈密封轨的痕迹。

掩埋

进行调查后，回收回来的"挑战者"号的残骸被埋在卡纳维拉尔角空军基地闲置的导弹发射井里。

人物小传
理查德·费曼

物理学家理查德·P·费曼（1918－1988年）最为人所知的是其在基础原子力方面的工作，他是调查"挑战者"号灾难的罗杰斯委员会的一员。他做了著名的演示实验，揭露出固体火箭助推器O形圈的脆弱性，他把一块样品材料浸入一罐冰水，然后用手把它折断了。针对航天飞机的安全性，费曼所做的总结甚至比官方报告里的总结更为确凿，它们作为附件被加进了报告中——很不幸，他做出的大约每50次任务就会失败一次的估计经证明是准确的。

出来，烧穿了发射组合体的一个支柱。由于支柱受损，该侧的固体火箭助推器突然转向，猛撞外部燃料箱，并在随即发生的大爆炸中爆裂，彻底摧毁了航天器，瞬间炸死了乘组人员。

然而，追踪这起事故的起源耗费了更长时间。里根总统任命了一个调查委员会，成员包括尼尔·阿姆斯特朗和理查德·费曼（见上方的说明框）。他们从火焰喷射回溯到右侧固体火箭助推器部件之间的一处接合部位破裂。发射前夜，航天飞机上已经结霜，一个O形橡胶圈密封件已经变得脆弱，无法在强大的发射压力下很好地密封连接部位。

不过，调查并未止步于此——报告彻底撕裂了NASA的组织架构，抨击了一种自满的文化理念。在这种文化理念下，几名工程师对发射表示出的担忧已经被淹没在官僚体制内，而完全没有被重要的安全管理人员接收到。

虽然在这一连串具体事件中，可能没有一件能挽救"挑战者"号的乘员，但委员会还是建议对航天飞机的硬件设备进行大规模改动，这些改动将使得航天飞机任务搁浅32个月。"挑战者"号会被更换——NASA有足够的"备用件"用来装配一架新的航天飞机，即"奋进"号。但更加保守的发射政策会致使任务准备周期变长，这无疑终结了对发射频率的乐观估计，而整个航天飞机的设计都是建立在高频发射这一预期基础上的。

1986年1月22日
STS-51L号预计在下午发射，但被推迟了。

1986年1月24日
由于位于塞内加尔共和国的紧急着陆地点的天气状况不良，导致了更多延迟。中止飞行的地点转移到了卡萨布兰卡市，但这里的跑道不能处理夜间着陆，所以发射时间改到了当地时间的早上。之后，卡纳维拉尔角的天气预报并不理想，因此发射时间又推迟了。

1986年1月27日
在强风的迫使下，发射又推迟了一次。预报第二天清晨天气寒冷，这促使固体火箭助推器制造商莫顿-齐奥科尔公司的工程师们和NASA的管理人员就O形圈可能产生的问题召开了一次电话会议。最后，齐奥科尔公司内部的管理层否决了工程师们的异议，并建议应继续进行发射。

1986年1月28日
"挑战者"号于美国东部标准时间11:38发射。

"加大推力前进"

对于那些在地面上观看的人或那些正在观看此次发射电视报道的观众来说，爆炸毫无预警地发生了，把"挑战者"号摧毁。但发射决策几乎直到最后一刻都悬而未决。

乘员

这张照片拍摄于1月8日的一次发射演练后。"挑战者"号乘员（从左到右：麦考利芙、贾维斯、雷斯尼克、斯科比、麦克奈尔、史密斯和鬼冢）在航天飞机舱口旁的无尘室合影。

1986年1月28日清晨，"挑战者"号的乘员在为从卡纳维拉尔角进行的发射做准备。在第39B号发射台外部，除冰小组已经彻夜工作，处理支撑着"挑战者"号的固定服务结构件上凝结的冰霜。发射延迟一周后，虽然航天飞机的主承包商罗克韦尔公司（Rockwell）在当时表达出对发射安全性的担忧，但一种急迫感开始蔓延。由于一处硬件故障，延迟了两个小时，在此期间，项目经理阿诺德·奥尔德里奇同意在10:30进行一次深入的结冰情况检测，但工程师们对O形圈的担忧并没有被传达到他那里。当冰似乎正在融化时，他对发射予以了批准。航天飞机于东部标准时间11:38发射，一分钟后，灾难骤降。

震惊的人群

起初，从第39号发射综合设施观察塔架观看的观众们还不确定这次爆炸意味着什么——那些此前从未见过航天飞机发射的人们被告知固体火箭助推器分离的场景会十分壮观。过了一阵子，人们才意识到更为严重的事故发生了。

迪克·斯科比：指向九。
迈克尔·史密斯：马赫数为一。
迪克·斯科比：正在到达一万九千（英尺）。好了，我们正在减小推力。正在加大推力。
迈克尔·史密斯：加大推力。
迪克·斯科比：收到。
迈克尔·史密斯：好像老妈启动了。
迪克·斯科比：哇哦。
迈克尔·史密斯：三万五千（英尺），（马赫数）正在达到一点五。
迪克·斯科比：我这边的读数是四百八十六。
迈克尔·史密斯：对，我的也是。
迪克·斯科比：收到，加大推力前进。
迈克尔·史密斯：啊【然后连线断了】。

灾难倒计时

"挑战者"号乘员为了STS-51L任务已经花了4个月的时间进行训练，但是在1月28日清晨，航天飞机的服务结构件上凝结了长长的冰柱。甚至当乘员走向航天飞机时，有关这些冰块会造成何种影响的争论还在持续，而继续发射的最终决定是在距离发射仅剩20分钟时做出的。

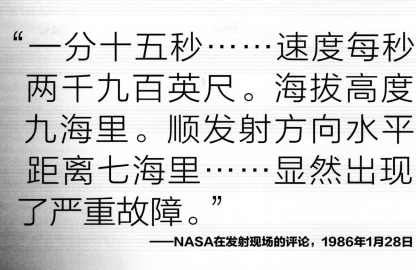

"一分十五秒……速度每秒两千九百英尺。海拔高度九海里。顺发射方向水平距离七海里……显然出现了严重故障。"

——NASA在发射现场的评论，1986年1月28日

地面上没人看到从右侧固体火箭助推器的O形圈密封件处冒出的一股烟雾。不过，点火后2.5秒内，它们就消失了，因为固体火箭助推器的保护罩正在膨胀，暂时封闭了O形圈破裂所形成的裂缝。直到飞行59秒时，火焰才突然从接合部位蹿出来，快速形成一个炽热的喷灯，被逆向吹到中部的燃料箱和固体火箭助推器自身的支柱处。72秒时，支柱被烧塌了，而一秒钟后，外部燃料箱破裂，泄漏出来的推进剂轰然爆炸，将"挑战者"号轨道器炸成碎片，机上的全部乘员罹难。

举国哀悼
1月28日晚间，罗纳德·里根总统本应向全国发表他的国情咨文演讲，最终却只能向震惊而悲伤的全国人民做了一次动情的演讲。

任务控制中心
当通信和遥测信号消失时，位于休斯敦市的约翰逊航天中心的员工错愕而难以置信地看到了这一幕，而电视监控器曝光了可怕的事故原因（主图）。

"我们向以下七位英雄致以沉痛的哀悼：迈克尔·史密斯、迪克·斯科比、朱迪斯·雷斯尼克、罗纳德·麦克奈尔、鬼冢承次、格雷戈里·贾维斯和克里斯塔·麦考利芙……'挑战者'号航天飞机乘员的生命历程给我们带来了荣耀，我们永远不会忘记他们，也不会忘记今天早上最后一次见到他们的情景，那时他们正准备上路，挥手告别，'挣脱大地粗暴的束缚'，去'触摸上帝的脸'。"

——罗纳德·里根总统，1986年1月28日

"挑战者"号事件后

航天飞机恢复飞行的计划启动时逡巡不前，但两三年内，航天飞机及其乘员仍在完成一些最艰巨的任务。

当1988年9月下旬"发现"号重返太空时，全世界的眼睛都在关注着这个从其他方面而言相对平凡的任务。除了测试经过改良后的硬件，NASA利用这次飞行终于可以继续部署TDRS数据卫星网络。T-DRS-C号卫星替代了早先发射的已开始失灵的TDRS-A号卫星。在接下来的两年时间里，航天飞机将发射另外三颗卫星，改善并加强轨道通信。

这一时期的其他航天飞机任务中，很多都是发射机密的、与国防相关的卫星。航天飞机长时间停飞，美国军方又没有载重量大的运载火箭［美国空军的"大力神"4号（Titan IV）火箭还未做好准备］，因此，他们立刻为这些卫星安排了发射档期。除了两三次商用卫星发射以外，当时其他重要的发射任务还包括几经拖延的太空探测器——"伽利略"号、"麦哲伦"号和"尤利西斯"号探测器，以及从1986年就开始拖延最终于1990年4月发射的"哈勃"太空望远镜（HST）。"太空实验室"任务连同"天文"1号天文学任务于1990年重新开始。1991年全年，任务频次再次逐步增加，并在货舱进行了有限的出舱活动。

取回"长期暴露装置"

1990年1月的STS-32号任务期间，"哥伦比亚"号取回了一件名为"长期暴露装置"的实验设备，这件设备是早在1984年由"挑战者"号释放的。

部署"伽利略"号
"挑战者"号事件后的停飞期导致当这枚木星探测器终于部署好时，它已经错过了最佳发射窗口期，所以不得不采用迂回路线抵达那颗巨行星。

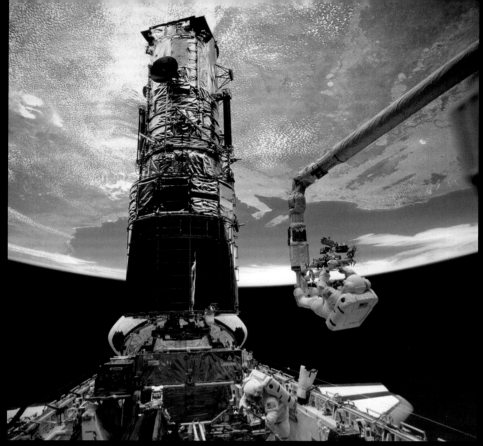

"奋进"号首飞

"挑战者"号的继任者"奋进"号终于在1992年5月冲上云霄，执行STS-49任务。任务目标是尝试有史以来最艰巨的卫星修复任务——维修一颗庞大的Intelsat通信卫星。1990年，当发射这颗卫星的"大力神"火箭上面级发生故障时，它就被搁浅在太空了。这次任务的成功为规划实施1993年维修"哈勃"太空望远镜这一更为艰巨的任务积累了宝贵的经验（见右侧说明框）。

整个20世纪90年代早期，NASA的四架航天飞机执行了一系列形形色色的任务并取得了成功。卫星和太空探测器的部署在继续进行，同步进行的还有对短期自主飞行卫星以及由欧洲及日本航天局一同研发的自由飞行器的释放和回收。还有更多的"太空实验室"任务——在航天器内部中隔舱储物间携带的实验设备基础上，增加了出于商业用途而建造的"太空居住舱"（Spacehab），这个舱段安装在主舱后边，能空出大部分货舱空间，并且该舱段中包含为付费客户预留的额外的实验设备空间。

除了与俄罗斯"和平"号空间站（见本书第217页）的联合任务计划，20世纪90年代早期和中期的很多任务也推动了建造国际空间站（ISS）技术的发展。进行出舱活动的宇航员演练了可能会用于空间站的结构件部署，包括长长的桁架和构件（见本书第186页），甚至有机会测试更冒险的想法——1991年4月，"亚特兰蒂斯"号携带了一辆实验手推车，用于在开放的货舱运送宇航员，另外两项任务是解开一颗系绳卫星，当其长达1千米的系绳切割地球的磁场时，卫星就会发电。

搭乘机械臂
宇航员斯多里·马斯格雷夫由"奋进"号机械臂运到"哈勃"太空望远镜顶端，他在进行STS-61号任务的五次出舱活动中的最后一次，给几个仪器安上了盖子。杰弗利·霍夫曼在他下方的有效载荷舱内工作。

更换"哈勃"太空望远镜的太阳能电池板
STS-61号任务期间，航天任务专家凯瑟琳·桑顿（Kathryn Thornton）把太阳能电池阵列更换到"哈勃"太空望远镜上。出舱活动事项都列在她右手袖口上的任务清单中。

1988年9月29日
"发现"号发射，执行1986年以来的第一次航天飞机任务。鉴于简化任务代码的决定，"发现"号的飞行被设定为STS-26。然而，进度推迟将频繁导致后续任务发射的无序。

1989年5月4日
"亚特兰蒂斯"号部署受金星束缚的"麦哲伦"号太空探测器。

1989年10月18日
"亚特兰蒂斯"号向木星发射"伽利略"号探测器。

1990年4月25日
"发现"号部署"哈勃"太空望远镜。

1990年10月6日
"尤利西斯"号太阳探测器从"发现"号发射。

1993年6月21日
"奋进"号的STS-57号任务是首次携带"太空居住舱"实验模块的任务。

1993年12月2日
"奋进"号发射执行具有历史意义的STS-61号任务，目的是修复"哈勃"太空望远镜。

1995年2月3日
"发现"号STS-63号任务的发射标志着"航天飞机-'和平'号"计划的开始。

1988

技术
"哈勃"太空望远镜修复任务

在部署完延迟了很久的"哈勃"太空望远镜后不久，NASA十分尴尬地发现，这个大型轨道天文台正在传送着失焦的图像（见本书第252页）——发射前没有发现镜面设计存在一个重大缺陷，因而望远镜近乎半残。幸运的是，设计"哈勃"太空望远镜时考虑到了轨道维修，所以它的每个重要部件都能相对容易地进行拆卸和更换。地面工程师们很快设计出一个光学矫正系统，把这个系统安装进其中一个仪器舱里即可调节"哈勃"太空望远镜的焦距并使其为其余仪器所共用。1993年，"奋进"号通过五次出舱活动捕获并修复了"哈勃"太空望远镜，使它得以恢复使用。1997年、1999年、2002年以及2009年进行了多次维修。

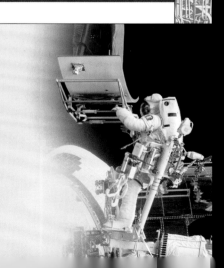

飞行舱上

航天飞机上层舱体里是一堆错综复杂的仪表仪器，表明它起源于20世纪70年代。指令长和飞行员可以在自己的座位上从各方面控制航天飞机的飞行。

"和平"号空间站

美国太空计划遭遇"挑战者"号灾难不到一个月，苏联就发射了"和平"号空间站，它成为苏联最后一个伟大的航天项目。

20世纪70年代中期，苏联启动了更复杂的舱段式空间站开发工作。这种空间站会有两个以上的对接点，允许额外的单独组件组合到基础核心舱段上。空间站的设计和建设由瓦伦汀·格鲁什科领导的"能源"科研生产综合体（前身是OKB-1设计局）负责。起初只打算使用源自"联盟"号的"礼炮"号系列空间站的较轻部件，"礼炮"号系列空间站属于设计局自己所有。但弗拉基米尔·切洛梅领导设计的军用"钻石"计划（见本书第179页）被取消，苏联官方决议认为空间站也应该容纳更重的、由切洛梅的TKS太空船改装成的舱段。整个开发进程贯穿20世纪80年代早期，但受到"进步"号货运飞船及"暴风雪"号航天飞机（见本书第214页）等航天器计划进展的牵制。当设计局被通知最晚的发射限期为1986年春天后，"和平"号才享有研发优先级。这一时间点是为了和苏联第27届共产党代表大会同步。

在轨建设

最初，大量有关"和平"号（名称含义为"和平"以及"世界"）的信息都是公开的。部分原因是新上任的苏联领导人米哈伊尔·戈尔巴乔夫推行的公开政策。在"和平"号发射几周内，其基本情况就被公布。科学设备会逐件地被放入附加舱段中，以保持空间站的核心舱内相对宽敞。幸好如此，因为"和平"号将是首个空间站舱段，或多或少会持续被占用。3月13日，

"进步"号货运飞船

为了让乘员长期驻留太空，需要一种可以几乎全自动入轨并与空间站交会对接然后自动补给的新型航天器。这就是"进步"号飞船的使命。最初的"进步"号是由用于"礼炮"6号（Salyut 6）任务的"联盟"7K-T演变而来，1978年8月首次亮相。"进步"号M型（Progress M）飞船是升级版，它融合了"联盟"T系列（Soyuz T）的研发技术，并于1989年8月首次投入使用。该升级版货运飞船可以运送一个能够把"和平"号上的样本带回地球的太空舱。

首批乘员登上"和平"号并启动运行，然后他们前往被废弃的"礼炮"7号空间站，把它从深眠状态唤醒并最终把大量实验材料转移到新的空间站内。

仅一年后，"和平"号的第二个重要部件——"量子"1号天体物理舱与空间站进行了对接。"量子"1号起初是为"礼炮"7号空间站设计的，还加装了"和平"号空间站的第一组由旋翼物业公司生产的电子控制的稳定飞轮，能在轨道上改变空间站的姿态而无须浪费宝贵的燃料。

1989年后期，"量子"2号带去一套改进的生命支持系统。同时，不同的乘员来来去去——1988年12月，弗拉基米尔·蒂托夫和穆萨·马纳罗夫已经成为第一批在太空度过一年的宇航员，并且身体恢复良好。"和平"号有多个对接口，能同时对接两个航天器，当所有新的乘员到来时，原来的乘员不必离开。由于"联盟"号可以运送三人，而"和平"号的额定乘员是两人，所以在成员轮值的时候，"客座宇航员"也可以前来参观。

"晶体"号是一个材料科学与地球物理学实验舱。1990年6月，它加入空间站。不过，待"和平"号得到进一步扩展时，苏联却已成为历史。

轨道上的高峰期
到1990年后期时，"和平"号是一个倒T形结构。"量子"1号被安装在核心舱的上方，在"和平"号长轴的端点。而"量子"2号和"晶体"号则构成了字母"T"的那一横。

"质子"号运载火箭

"和平"号所有重要的舱段都是用苏联最可靠的重型运载火箭"质子"号发射的。"质子"号的正式名称为UR-500，名字源自它服役生涯早期发射的一系列重型卫星，从1965年开始使用至今。这枚火箭是为发射"钻石"号空间站和各种探月任务而设计的，且为科罗廖夫设计的宏大的N1火箭的劲敌。虽然外观分离，但基座周围的助推器实际上被整合成一级火箭，里面装着火箭发动机和燃料偏二甲肼（UDMH，见本书第45页），而芯级则携带着氧化剂四氧化二氮。

首批乘员
列奥尼德·奇兹米（左侧）和弗拉基米尔·索洛维约夫被选去执行"和平-礼炮"号任务，因为他们已经在"礼炮"7号上工作过很长一段时间了。

技术
舱段式苏联空间站

技术:"和平"号空间站

世界上首个舱段式空间站使用的是最早的民用(DOS系列)"礼炮"号系列空间站的部件,再加上附加的从弗拉基米尔·切洛梅的军用TKS太空船改进而来的实验室和舱段。核心舱采用"礼炮"6号和"礼炮"7号的DOS设计,带有一个对接舱段,一端提供五个附着点,另一端是单个的对接点。空间站断断续续地发展壮大,而最后一批舱段,"光谱"号和"自然"号,是在20世纪90年代早期随着NASA注入资金之后才得以完成并对接到空间站上的。

乘员	3人
长度	32.9米
最大直径	4.35米
总质量	117 205千克
宜居容积(核心)	90立方米
对接口数量	2个
发射日期	1986年2月19日
再入日期	2001年3月23日
主承包商	"能源"设计局/切洛梅

最后一个苏联空间站
形态完整的"和平"号包含六个主要舱段,加上一个航天飞机访问时使用的对接舱。一两个俄罗斯航天器也经常对接到空间站上。

在克鲁尼契夫制造的"晶体"号
虽然"和平"号是由"能源"设计局(前身是OKB-1设计局)设计的,但是它的一些舱段,比如"晶体"号,是在莫斯科的克鲁尼契夫工厂制造的。

建造史		
模块	**对接日期**	**用途**
核心舱		中央控制与起居舱
"量子"1号	1987年4月	天文学
"量子"2号	1989年12月	新型生命支持系统
"晶体"号	1990年6月	材料科学、地球物理学与天体物理学
"光谱"号	1995年6月	"航天飞机-'和平'"号计划的实验设备
对接舱	1995年11月	航天飞机的对接口
"自然"号	1996年4月	遥感舱

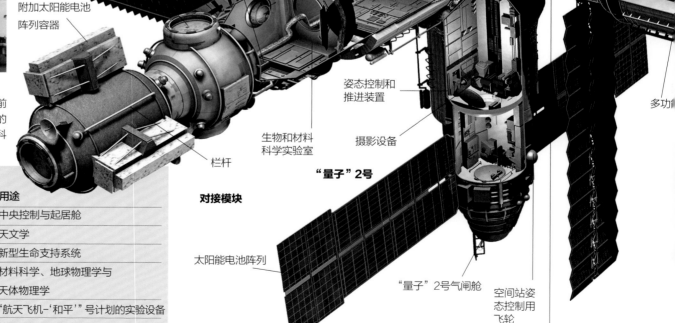

"光谱"号

大气研究仪

合成孔径雷达

设备舱

"自然"号

主动对接装置

核心舱对接口

太阳能电池阵列

"联盟"TM型乘员返回运载器

用于"暴风雪"号航天飞机的自配对式对接适配器

乘员锻炼用跑步机

气闸

"晶体"号

附加太阳能电池阵列容器

多功能

姿态控制和推进装置

生物和材料科学实验室

摄影设备

栏杆

"量子"2号

对接模块

太阳能电池阵列

"量子"2号气闸舱

空间站姿态控制用飞轮

空间站主控制台

"和平"号核心舱

核心舱包含起居室和空间站的主控制台。沿着舱壁隔板的高处向舱口延伸的把手，是为了让宇航员在失重条件下使用而设计的。在图中未显示的天花板上安装着健身器材。宇航员们可以通过把脚向后叠放在座位下方的方式把自己固定到椅子上。

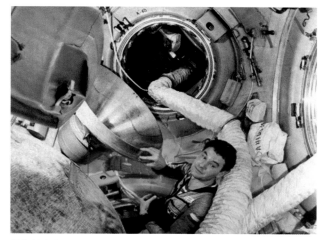

节点舱内部

瓦莱里·科尔尊顺利越过空调系统的软管，它们弯弯曲曲地穿过主连接节点舱，通过这个节点舱，核心舱将空间站的五个其他区域连接起来。

"和平"号的使用

使用十年后，空间站的内部充斥着一堆杂乱的电缆、实验设备和日常生活用品。然而，宇航员们仍旧仔细地确保飘浮物被固定到表面上。

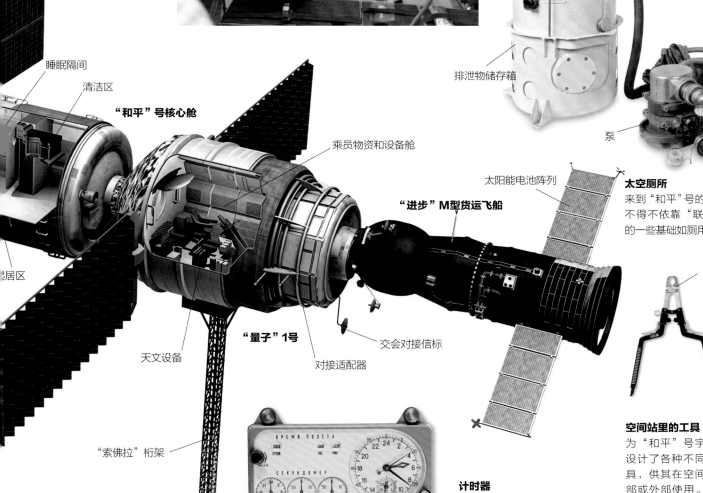

睡眠隔间

清洁区

"和平"号核心舱

乘员物资和设备舱

太阳能电池阵列

"进步"M型货运飞船

太空厕所

来到"和平"号的宇航员们不得不依靠"联盟"号上的一些基础如厕用具。

排泄物储存箱

泵

小便斗

固体废弃物容器

居区

天文设备

"量子"1号

交会对接信标

对接适配器

"索佛拉"桁架

用于姿态控制的VDU推进装置

计时器

空间站的轨道周期大约为90分钟，因此每天能看到16次日出。宇航员要借助空间站上的钟表的帮助，才能维持正常的日常生活节律。

卷压钳

用于舱外活动（EVA）的锤子

站上的锤子

空间站里的工具

为"和平"号宇航员设计了各种不同的工具，供其在空间站内部或外部使用。为了露天维修空间站或安装科学实验设备，要频繁进行舱外活动。

"暴风雪"号——苏联的航天飞机

苏联试图与NASA在可部分重复使用的航天飞机系统方面展开较量，这种做法将整个国家的太空计划推到了极限，并最终在技术难题和停滞不前的经济压力下宣告失败。

苏联在1974年宣布航天飞机计划的时候，似乎相当符合逻辑——由美国空军提供部分资助的NASA的航天飞机预计会在太空军事探索领域发挥关键的战略性作用，因而苏联人自然会觉得他们必须拥有一个类似的系统来与美国分庭抗礼——即使这个系统有何确切应用还不确定。

相似与独有的设计

这个重大的新项目被称为"可重复使用的航天系统"（其俄语缩略词为MKS），被委托给"能源"科研生产综合体进行开发。虽然这个航天器本身完工后看起来和它的美国竞争对手尤为相似，但它的工作原理和发射硬件设备却与之截然不同。设计团队没有建造大型固体火箭助推器的经验，他们很快就确定了一个替代方案，即采用一个新型完全使用液体燃料的火箭系统，这个系统最后被称为"能源"号（见下页的说明框）。

在发射台上

"暴风雪"号在哈萨克斯坦的荒漠里等着进行它的首航。轨道器明显和美国的航天飞机相像，但总成的其余部分——"能源"号火箭和它的四个助推器——是独创的。

正在建设中

MKS轨道器主要在位于加里宁格勒的"能源"科研生产综合体工厂中建造（如左图所示）。随后这些轨道器由一架经过改装的安东诺夫安–225型飞机驮着空运到拜科努尔航天中心。

1974年8月1日

瓦伦汀·格鲁什科，刚合并成立的"能源"科研生产综合体的主管，下令开始研制新型重型运载火箭和可重复使用的轨道器。

1976年2月12日

MKS系统的相关工作正式获得苏联政府的批准。

1986年1月1日

进度不断推迟，导致该设计局的项目管理层发生大规模改组。

1987年5月15日

"能源"号火箭首次发射，将一颗"极地"号军用卫星送入太空，不过由于制导系统故障，"极地"号未能抵达预定轨道，发射失败。

1988年10月29日

"暴风雪"号的首次发射在发射前51秒时由于一个软件故障而被中止。

1988年11月15日

"暴风雪"号自动飞行取得成功。

1993年6月30日

俄罗斯总统叶利钦取消MKS项目。

最终建造了三架MKS轨道器，首架被称为"暴风雪"号。它在外形上和航天飞机几乎是完全一样的。虽然苏联的设计师们尝试提出了一个不同的外观设计，但很快，风洞测试表明，NASA所做的工作无可挑剔，航天飞机已经是针对这项任务的最佳形态。这两个运载器之间的主要不同之处在于："暴风雪"号轨道器的机身没有携带主发动机，而是依靠"能源"号运载火箭自带的强大的发动机。这使这个系统比NASA的系统更浪费资源，但它使"暴风雪"号能够比航天飞机额外多携带五吨有效载荷，还意味着"能源"号能充当独立的运载火箭，除轨道器之外还可发射其他有效载荷。

短暂的服役生涯

和航天飞机一样，在MKS研发期间，建造了各种复杂的轨道器模型，其中的一些被用于滑翔测试。然而，真正的"暴风雪"号轨道器只在1988年11月15日飞过一次。和其他苏联航天器一样，整个系统被设计成既可自动飞行，也可人工驾驶飞行。而"暴风雪"号的首次，也是唯一一次任务自始至终都是由地面控制的。这次飞行持续了206分钟，其间航天器绕地球轨道转了两圈，而且执行了一次完美的着陆。这个系统证明了自己的成功，但是已经太迟了。彼时，苏联体制处于垂死挣扎的状态，这一计划也被暂停，以此作为一种削减成本的措施。两个轨道器半成品前途未卜，而"暴风雪"号沦为用于飞行特技巡回表演，来展示苏联技术的精巧。等到1993年，这个计划被正式取消时，孕育了这个计划的国家和体制本身也成为了往事。

不幸的结局

项目取消后，"暴风雪"号轨道器被滞留在哈萨克斯坦，在位于丘拉塔姆的一个破败的飞机库里栖身。2002年5月，飞机库的屋顶坍塌，毁掉了"暴风雪"号和它的"能源"号运载火箭，并导致八人丧命。

进场与着陆

"暴风雪"号在围绕地球进行的首次飞行结束后，以自动控制方式向简易着陆场滑翔。在20世纪90年代中期进行载人飞行之前，它本应在接下来的几年间继续进行几次持续时间更长的自动飞行。

技术

"能源"号运载火箭

"能源"号的芯级周围是一圈捆绑式助推器，这枚火箭和苏联之前的很多火箭类似，但它还是一个模块化系统——助推器以及上面级配置都可变更，使它成为通用型重型运载火箭。即使没有"暴风雪"号，"能源"号也可以发挥运载火箭的作用，但它最终随着MKS项目被取消了，只留下"质子"号成为俄罗斯重型运载火箭的最佳选择。

1955
1956
1957
1958
1959
1960
1961
1962
1963
1964
1965
1966
1967
1968
1969
1970
1971
1972
1973
1974
1975
1976
1977
1978
1979
1980
1981
1982
1983
1984
1985
1986
1987
1988
1989
1990
1991
1992
1993
1994
1995
1996
1997
1998
1999
2000
2001
2002
2003
2004
2005
2006
2007
2008
2009
2010
2011
2012
2013
2014
2015
2016
2017
2018
2019
2020

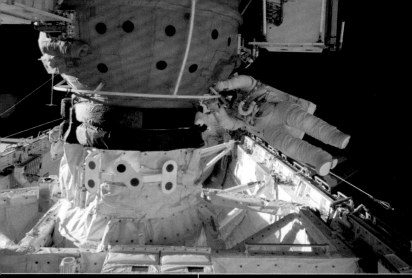

"和平"号附近

1995年2月，"发现"号宇航员拍摄到宇航员瓦莱里·波利亚科夫正在看着他们靠近。波利亚科夫是太空医学领域的专家，他在"和平"号上持续执行了14个月的任务，打破了之前的历史纪录。

在轨升级

1996年3月，宇航员里奇·克利福德执行STS-76号任务期间，在"和平"号对接模块工作。虽然克利福德被拴在航天飞机上，但他还是测试了一种被称为SAFER的新型应急机动装置。

靠近"和平"号

1996年3月，"亚特兰蒂斯"号在第三次对接之前不久，拍摄到了高悬在地球上方的"和平"号。

STS-86首次亮相

从1995年到1997年，"亚特兰蒂斯"号向"和平"号飞行了七次。1997年末进行整修，最后两次飞行由"奋进"号和"发现"号执行。

携手合作

苏联解体以及随之而来的继任政府的混乱状态，最终使俄罗斯和美国的太空计划汇合到一起，促成了一系列大胆的"航天飞机-'和平'号"任务。

联合任务

STS-71号任务徽章反映了"亚特兰蒂斯"号与"和平"号具有历史意义的对接。这项任务有助于研制当时最大的太空人造设施，而且它还是美国第100次载人航天飞行任务。

已对接的"亚特兰蒂斯"号

1995年7月4日，在STS-71号任务期间，宇航员索洛维约夫和布达林拍摄了结合在一起的航天飞机和空间站。在"亚特兰蒂斯"号离开之前，宇航员们已经搭乘"联盟"号飞船执行了一次"绕飞"式检查。空间站和航天飞机一起，构成了截至当时人类送入太空的最庞大的组合体。

1991年末，苏联的戏剧性解体使它的太空计划陷入混乱状态。虽然很多基础设施在俄罗斯境内，但一些重要资产却越出俄罗斯边境，处于突然独立的国家境内。比如，哈萨克斯坦很快就要求付费使用位于丘拉塔姆的发射设施。

与此同时，"和平"号还停留在轨道上，宇航员亚历山大·沃尔科夫和谢尔盖·克里卡列夫陷入政治困境，被称为"最后的苏联公民"。资金短缺意味着空间站仍旧是个半成品，两个巨大的模块舱仍旧在地面上等着。美国的政客希望由他们曾经的对手分裂而成的国家保持稳定，他们看到了把太空探索再次转向政治目的的可能性。

1992年6月，美国总统乔治·布什和俄罗斯的新任总统鲍里斯·叶利钦宣布他们打算在太空领域展开合作。NASA的局长丹·戈尔丁和刚刚成立的俄罗斯联邦航天局（RSA）局长尤里·科普捷夫很快就一项宇航员互换计划达成协议。在NASA注入大量资金后，"和平"号重启正常服务。而在1994年2月，谢尔盖·克里卡列夫成为了首名搭乘航天飞机飞行的俄罗斯宇航员。此时此刻，新组建的克林顿政府已经扩大了与俄罗斯的合作范围，俄罗斯将成为美国在国际空间站（ISS，见本书第288页）方面的主要合作伙伴。一系列联合执行的"航天飞机-'和平'号"任务有助于保持俄罗斯的空间站运转，并使NASA的宇航员们在20世纪90年代末开始进行国际空间站的建设工作之前，获得长时间持续

人物小传

海伦·沙曼

1991年5月，海伦·沙曼（1963年生）成为英国首位前往"和平"号的宇航员，她在站上度过了八天时间。1989年，食品科学家沙曼从几千名"朱诺项目（Project Juno）"任务的申请人中脱颖而出，这个任务计划由英国商业提供赞助。她在星城（StarCity）培训了18个月，而当支持她飞行的资金募集不足时，苏联同意让她进入太空，不过，作为交换，她要为苏联的实验提供帮助。

航天飞行的经验。

航天飞机——"和平"号

为了与"和平"号对接，航天飞机上将不得不安装上一个特制的对接装置。"亚特兰蒂斯"号被选定进行改造。继"发现"号在1995年早期进行了一次近距离轨道交会之后，"亚特兰蒂斯"号于6月29日与"和平"号在太空对接。同时，"和平"号的剩余组件之一——"光谱"号地球科学舱也终于发射升空。它还额外配备了NASA自己的实验计划所需的设备。

美国宇航员诺曼·萨加德也已经在"和平"号上度过了三个多月的时间。"亚特兰蒂斯"号此番首次访问带来了一个"太空实验室"，其装备的设备可以用来评估空间站上即将离开的乘员的健康状况。即将到来的乘员还包括两名俄罗斯宇航员阿纳托利·索洛维约夫和尼古莱·布达林，他们将接管"和平"号。

随后的几次访问为"和平"号带来了新设备和补给，还为空间站运送了乘员。一种新型对接机构的安装使航天飞机能够以一种更为便捷的方式对接。1996年4月，"自然"号舱终于加入"和平"号。这是"和平"号的最后一个组件，配置了遥感和材料科学设备。

技术

在太空锻炼

长期停留在"和平"号上意味着美国宇航员们不得不习惯苏联/俄罗斯宇航员们已经采用了几年的锻炼方式。虽然乘航天飞机在失重状态下度过几天时间后恢复起来相对容易，但在轨道上度过几个月会造成更大的生理影响。而美国宇航员们，例如珊农·露茜德在太空使用的是俄罗斯的健身设备。由于无需对抗重力，大部分锻炼器材会迫使使用者对抗张力和惯性。这些器材包括一台自行车式健身机和一台跑步机，配有弹性连接附件以绑住使用者。

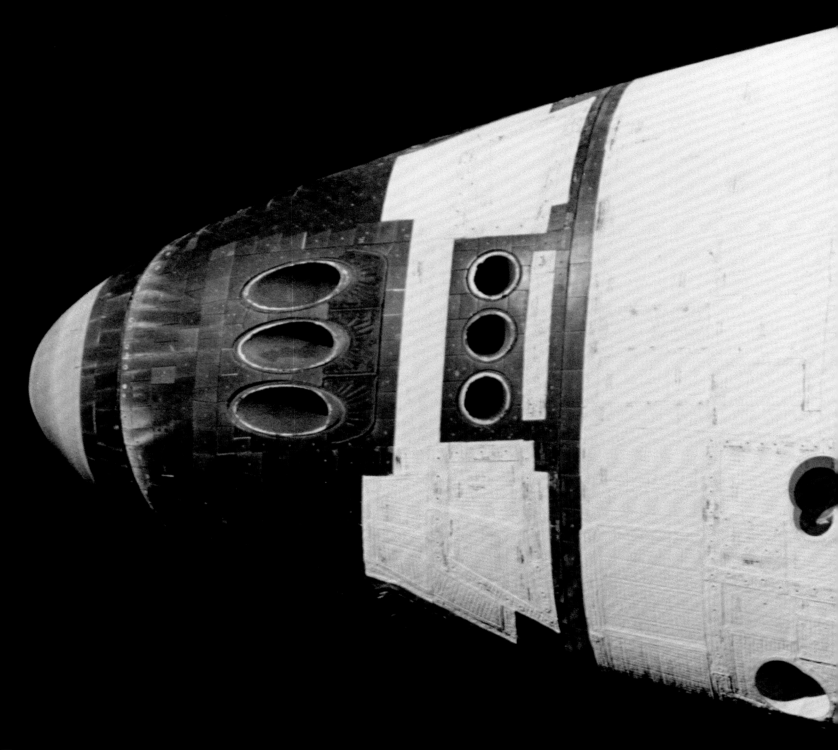

会面
执行"亚特兰蒂斯"号STS-74号任务的
五名宇航员从航天飞机后段驾驶舱顶部的
窗口向外看，并和在"和平"号上的同事
打招呼。之前这两个航天器刚完成第二次
对接。

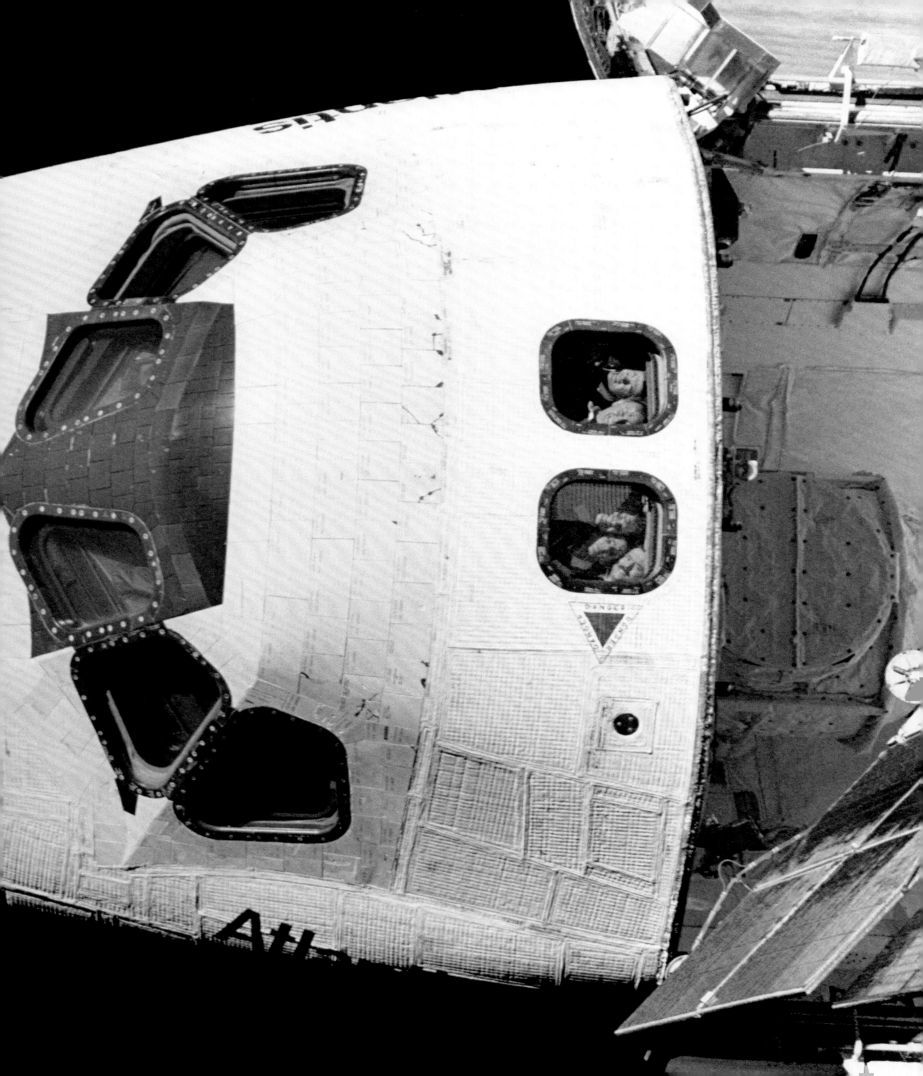

"和平"号的结局

整个"航天飞机-'和平'号"任务后期，俄罗斯空间站一直暴露出老化的问题。当把"和平"号当作私营业务让它继续运转的宏伟计划终未实现时，空间站注定难逃被烧毁的结局。

最后一次任务
2000年4月，宇航员谢尔盖·扎利奥汀（中间）和亚历山大·卡莱利动身执行访问"和平"号的任务，这将是最后一次任务。

1998年1月24日
"奋进"号STS-89抵达"和平"号，将前往"和平"号的最后一位美国驻留者安迪·托马斯送到太空并接回大卫·A·沃尔夫。

1998年6月4日
"发现"号在执行STS-91号任务期间与"和平"号对接。

1998年6月8日
"发现"号脱离"和平"号，标志着"航天飞机-'和平'号"计划的结束。

1999年2月22日
法国宇航员让·皮埃尔·艾涅尔搭乘"联盟"TM飞船抵达"和平"号，和最后一批俄罗斯乘员一起工作。

1999年8月28日
在近十年的连续使用期结束时，"和平"号的最后一批长期驻站乘员将空间站封闭后返回地球。

2000年4月6日
宇航员亚历山大·卡莱利和谢尔盖·扎利奥汀返回"和平"号对其进行修复，因为它可能被当作一项商业风险项目而重获新生。

2001年3月23日
"和平"号再入地球大气层，在太平洋上空焚毁。

访问"和平"号的美国宇航员们发现，这里的运营管理方式非常陌生。NASA的主管们会微观管理每位航天飞机宇航员在舱段活动花费的时间，而"和平"号的宇航员们却可以自主安排大部分时间。虽然某种程度上这是由"和平"号与地面的联系有限造成的必然结果（俄罗斯没有和NASA的TDRS卫星系统相当的系统，无法持续保持联系），但美国人很快发现在执行长期任务期间，他们愿意拥有个人的独立性。这一经验将用于管理国际空间站。

合二为一的太空计划也突显了两者之间的其他差异。最显著的是，和频繁维修、不断翻新的航天飞机比，"和平"号正在快速老化。似乎每个月都会产生新的小故障，从泄漏到断电，甚至会受到接近空间站的"联盟"号和"进步"号的撞击。不过，最严重的几次危机无疑要数1997年2月的那场火灾（见本书第222页），以及四个月后"进步"M34货运飞船与"光谱"号之间的碰撞（见对页）。

最后阶段

1998年6月，"发现"号的离开标志着美俄结束了太空合作的这一篇章。国际空间站的首批舱段很快就会在轨运行，而且NASA很想让俄罗斯航天局把它有限的资源用在新项目上，而不是苦苦支撑摇摇欲坠的"和平"号。俄罗斯航天局正式宣布，将在接下来的一年慎重地让空间站脱离轨道。

尽管如此，航天飞机最后几次的访问目睹了"和平"号临时恢复日常运转的情形。塔尔格特·慕斯百耶夫和尼古莱·布达林重新开始工作。在接下来的几个月内，乘员继续轮换，并且"和平"号还迎接了各种各样的访客，包括杰出的太空物理学家兼叶利钦总统的前任顾问尤里·巴图林，他认为应当向"和平"号注资，让它再运行两年。国际空间站的推迟使延长"和平"号使用寿命的呼声愈发高涨。但由于缺乏资金，俄罗斯航天局也是巧妇难为无米之炊。

同时，科罗廖夫能源火箭航天集团（当时这家公司实际拥有"和平"号）也在寻求私人资金以延续运转。这个办法的一个重点就是正在进行中的宇航员访客计划，该计划以法国人让·皮埃尔·艾涅尔进行的一次为期六个月的旅行（从1999年2月起）而告终。1月，尤里·塞梅诺夫（见上方说明框）声称有一位有意向投资的人士，但等到2月底，希望化为乌有。1999年

人物小传
尤里·塞梅诺夫

尤里·帕夫洛维奇·塞梅诺夫（1935年生）在完成工程学学业并在另一家导弹设计局工作后，于1964年被调到科罗廖夫主管的OKB-1设计局。他很快就成为了"联盟"号项目的副总设计师，随后成为后来被废弃的"L1型探月飞船"的总设计师。整个20世纪70年代和80年代，他担任着"联盟"号、"礼炮"号、"和平"号和"暴风雪"号项目的首席设计师（受总设计师瓦伦汀·格鲁什科的领导）。1989年，他接任"能源"科研生产综合体的主管，带领它度过后来的各种风雨，直到2005年退休。

8月28日，在和艾涅尔一同离开之前，维克多·阿法纳萨耶夫和谢尔盖·阿文德耶夫将大部分空间站关闭。这时，俄罗斯航天局计划于2000年早期将"和平"号带回。同时他们还可以引导它降落到一个安全的坠毁地。但又有一次转机即将出现。

2000年1月，能源公司声称"和平"号集团收到了投资，将运营空间站用于研究和旅游业。令NASA气恼的是，俄罗斯航天局对这个风险项目表示支持，并于2月份发射了一艘货运飞船来提升"和平"号的轨道，4月份早期还执行了一次为期十周的"联盟"号任务来进行修复和维修工作。

2000年全年，"和平"号集团宣布了各种计划——把一名演员送入太空，争夺乘"和平"号飞行资格的游戏有奖竞赛节目，甚至有了第一名太空游客——丹尼斯·蒂托（见本书第308页），但是发射日期一直发生变动。而能源公司最终接受现实，于12月份终止了协议。2001年3月，"和平"号令人钦佩的服役生涯终于结束了，并在太平洋上空轰轰烈烈地消亡了。

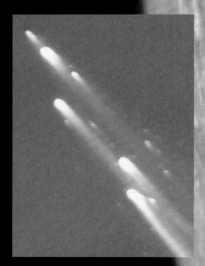

在斐济上空的最后时刻
2001年3月23日，依附在"和平"号上的"进步"M1号货运飞船点火，将空间站的轨道降低，并使空间站坠入大气层。

"和平"号显露出老化问题

由于一系列事故，加上在太空12年造成的一般性磨损，"和平"号看起来有点破旧。1998年6月，"发现"号在执行最后一次"航天飞机-'和平'号"任务期间拍摄下了"和平"号的这张照片。

聚焦历史

太空碰撞

1997年6月25日，一艘被用来进行远程初步试验的"进步"M号货运飞船与"和平"号"光谱"舱的一块太阳能帆板发生碰撞，造成严重漏电。为了挽救空间站，"和平"号的宇航员们不得不把"光谱"号封闭，切断了传输"光谱"太阳能帆板电力的内部电线。这导致空间站电力短缺，甚至有时不得不利用对接在空间站上的"联盟"号飞船上的发动机。定位太阳能帆板电机附近的泄漏部位耗费了一些时间，而为了让"和平"号再次全面运转，不仅耗费了几个月的时间，还进行了若干次太空行走。

"和平"号失火

杰瑞·利宁格
NASA的宇航员利宁格是第四位搭乘"和平"号的美国人，作为空间站的医师，他肩负着特殊的责任。在火灾这种紧急情况下，他仔细观察每个人是否有不适，并特别关注参与救火的科尔尊。

到20世纪90年代中期，"和平"号已持续运行近十年时间，老化问题开始暴露。另外，一系列事故和灾难使其前途未卜。其中，最危险的事故要数1997年2月的那次火灾。

那场大火是在"和平"号任务密集期的一次任务交接期间爆发的。当时，"联盟"TM25飞船已经提前12天抵达，带来了瓦西里·希布里夫、阿列克森德尔·拉佐特金和德国访客莱因霍尔·埃瓦尔德。美国人杰瑞·利宁格已经驻站好几周了，而瓦莱里·科尔尊和亚历山大·卡莱利的任务即将结束。六人正在用固体燃料氧气发生器（SFOG）补充空间站的气源。这种发生器通过缓慢的化学反应生成氧气。2月24日晚饭后，拉佐特金去激活"量子"号模块中的另一个固体燃料氧气发生器气缸，结果火星四射——拉佐特金后来把它形容为一座"小型火山"。埃瓦尔德发现起火了，并向其他乘员发出警报，科尔尊爬着穿过舱口，把拉佐特金从火焰中拖出来。一块湿毛巾几乎起不了什么作用，随后科尔尊喊着要灭火器，但他使用的第一个灭火器却坏了。随着烟雾越来越浓，乘员们戴上了氧气罩，火警警报惊醒了已躺到床上就寝的利宁格：

"瞬间烟雾弥漫。烟雾很浓密……我能看到自己的五个手指，我能看到我面前那个朦胧的人影，我努力留意着他，确保他状态还好……在他站着的地方，他看不清他面前自己的双手。在远处的模块舱……烟雾仍然很浓密，所以烟雾扩散到整个综合设施的速度快得令人惊讶……我没有吸入任何东西，而且我认为其他人也没有，因为烟雾的浓度会让你知道，你根本不能呼吸。所以，每个人都立刻去拿氧气罩了。它们发挥的作用很（大），保护我们免于受到吸入性损伤。"

火灾过后
杰瑞·利宁格（居中者）和希布里夫（左）及拉佐特金（右）一起继续执行自己的任务，直到5月份"亚特兰蒂斯"号抵达将他接回，并送来迈克尔·福阿莱。

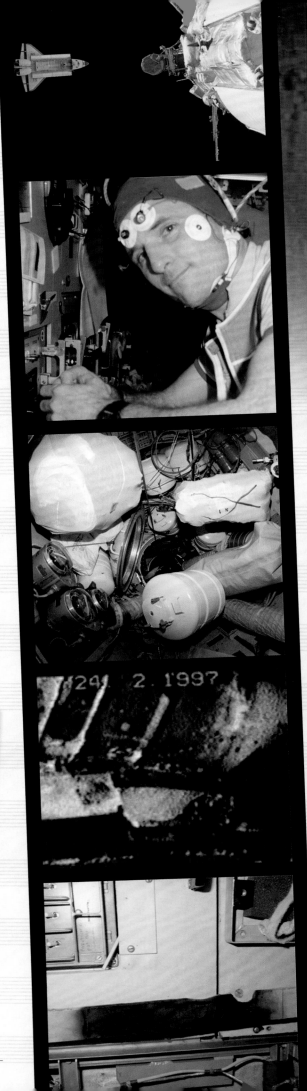

坐等结束

伴随大火熄灭，乘员们不得不戴着氧气面罩度过了几个小时。同时，"和平"号的空气过滤器启动，逐渐将烟雾清除。由于使用的氧气面罩太多，如果六人都留在空间站上，那么他们必须保存好剩余的那些氧气面罩。

科尔尊告诉拉佐特金去准备好两架"联盟"号飞船中的一架用于撤离。问题是，另一架"联盟"号位于大火的另一边。当利宁格赶到时，俄罗斯的指令长命令乘员们两人一组开展工作，以防有人被烟熏倒。在回到基础舱之前，埃瓦尔德取来了更多的氧气面罩（有的似乎不起作用），而希布里夫和利宁格从空间站各处搜集来灭火器。最终，大火被扑灭了，但烟雾在空间站滞留了一段时间。氧气面罩也渐渐不够了，几个小时后撤离的风险才会消失。

太空中的火灾

1月中旬，利宁格已经到了"亚特兰蒂斯"号航天飞机上，并开始执行一个生物医药科学领域的计划。火灾是在拥挤的"量子"1号舱里爆发的，虽然短暂，但给整个空间站都覆盖上了一层厚厚的灰。幸亏除了固体燃料氧气发生器罐被毁坏以外，没有造成别的严重损坏。

> "当我看到飞船里充斥着浓烟的时候，我在地球上的自然反应就是想去开窗。然后，我第一次感觉到真的很害怕。"
>
> ——阿列克森德尔·拉佐特金在接受诺瓦电视台（Nova TV）的采访时说，1998年

> "我一把将舱壁上的面罩抓下来，启动并吸了一口气，结果我没有吸到任何氧气。烟雾很大，我摘下面罩。当时，我的呼吸变得非常短促，在地球上时的本能再次促使我向低处看，试图找到一块能看清的地方，能让我快速地呼吸一下，但烟雾在太空不会像在地面那样向上漂浮，而是无处不在。我奔向其他舱壁上的其他面罩，把它打开。当时瓦西里在那儿。他看到我遇到麻烦了。他帮我把那个东西取出来。我再次把它启动并戴上它，吸了一口气，幸运的是，我吸到氧气了。"
>
> ——杰瑞·利宁格在接受诺瓦电视台的采访时说，1998年

实验项目

利宁格在"和平"号上停留的132天期间，利用自己的学科背景，把精力集中在生命科学和生物技术实验方面。此图中他正身处于"和平"号空间站的"自然"号模块中。

223

"哥伦比亚"号及其余波

2003年，第二架航天飞机的悲剧性损失导致发射计划又一次间断，建设国际空间站的工作被推迟，并最终促使航天飞机退役。

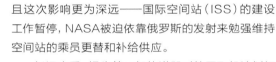

"挑战者"号航天飞机是在起飞之初就发生了事故，而2003年2月1日，当"哥伦比亚"号发生事故时，它只差几分钟就能返回地球家园了。事情出现严重差错的首个迹象就是：有一个明显故障指示，显示航天飞机左翼的一个轮胎已经漏气。然而，几秒钟之内，左翼上及内部温度传感器的读数都开始上升。与航天飞机的最后一次通信中，没有任何迹象表明乘员已发现他们遇到了重大故障，但东部时间早上8点59分时，遥测数据突然中断。接着，开始收到报告称在得克萨斯州上空看到火球以及有冒着烟的碎片落到地面上。很快，真相大白："哥伦比亚"号在再入大气层期间发生了解体。

致命的撞击

让人扼腕叹息的是，引发这次灾难的源头此前曾被注意到过，但一系列失误使管理人员和工程师们低估了它的危险性。原来，"哥伦比亚"号在前16天的飞行中，由于压力和振动，一大块轻质隔热海绵从支撑外部燃料箱锥体的双脚支柱上脱落了。当时，地面监控设施拍摄到脱落的海绵块撞到了"哥伦比亚"号的机翼。NASA立刻开始评估风险，但管理人员认为，与过去类似的撞击情况所进行的比较表明，对此不必担心。但之前的撞击情况通常只有当轨道器伤痕累累地返回地球时才会观察到。而在该事件中，有几个关键因素被忽视了——这次掉落的海绵块比以前任何一次任务中掉落的海绵块都要大得多，而且它从不同的角度、以快得多的速度击中了航天飞机。此外，虽然可能没人知道，但碎片已经击中了一个很容易受损的地方——机翼的前缘，再入大气层期间，这里接收到的热量最多。当"哥伦比亚"号以24倍声速进入上层大气层时，通常会在它周围形成热气环绕层，而这些高热气体会通过机翼上的洞进入航天飞机内部。在70千米（44英里）高度时，轨道器的机翼断裂了，"哥伦比亚"号的剩余部分随之解体。

余波

按照"挑战者"号灾难后制定的指导方针，随即组建"哥伦比亚"号事故调查专业委员会并着手分析故障原因。一段时间后，委员会得出的结论是：确实是一块轻质海绵导致航天器被毁掉。沿着再入路径收集起来的残骸很快揭示出"哥伦比亚"号解体事件的细节。当航天飞机的"黑匣子"被找到时，确认了故障的起源是左翼。

航天飞机再次被停飞整改，NASA也再次遭到评审团的谴责，并且这次影响更为深远——国际空间站（ISS）的建设工作暂停，NASA被迫依靠俄罗斯的发射来勉强维持空间站的乘员更替和补给供应。

长远来看，损失第二架轨道器对航天飞机计划打击很大，以至于难以承受。不过，现在弄清楚了一件事——一架和燃料箱以及助推器捆绑在一起的大型

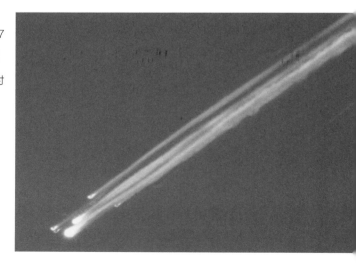

全部罹难
（左图）启程执行STS-107号任务前不久的乘员合影。不幸的是，当"哥伦比亚"号在得克萨斯州上空解体时（右图），他们全部罹难。

> "他们几乎执行完了任务，而我们在距离家乡这么近的地方失去了他们。"

——乔治·W·布什总统，2003年2月4日

事故之后

"哥伦比亚"号解体使碎片散布到美国南部的一大片狭长地带上。事故调查员尽量收集了许多碎片，并运用和其他空难事故调查一样的技巧，把碎片摆放到位于肯尼迪航天中心一个机库里的轨道器轮廓标示线内。

航天器在遇到事故时很容易受损，而其他运载器则不会受到此类事故的影响。在经济方面，问题甚至更为明显——竞争火箭的开发与发射市场的商业化，再加上航天飞机相对较低的发射频率，这一切都十分清楚地表明，航天飞机将再也不会以低价赢得竞争。"挑战者"号事故发生后，大多数常规卫星发射，甚至NASA的卫星发射，都已经回归到使用不载人的火箭，而把航天飞机留给更艰巨的任务。"哥伦比亚"号事件终结了这个问题。2004年1月，布什总统宣布，航天飞机将在完成国际空间站的建设工作后即刻退役。

最后的任务

直到严格的安全预防新措施落实到位后，才下达了剩余的航天飞机可以恢复飞行的通行令。在尽量少的几次任务内完成国际空间站的建设得到了绝对优先权。2006年3月，一个调整后的任务计划最终获得通过。

当航天飞机在2005年7月再次回归太空时，NASA秉持着极其谨慎的态度：在太空对重要部位的隔热瓦进行检查，或是在出舱活动期间检查，或使用安装在机械臂上的新相机进行检查。虽然对安全性进行了诸多改善，但是，在"发现"号自恢复飞行以来执行的第一次任务期间进行的检查显示，隔热瓦仍旧存在一些小问题，这也给了机上的宇航员们一次机会，使得他们能够检验在开展在轨检修时使用的新技术。

"发现"号执行了恢复飞行以来的首次任务，在2005年7月末与国际空间站对接，交付补给并轮换乘员。这次任务包括从太空对轨道器壳体进行一次全面的检查，还进行了一些小检修。更成问题的是，一大块隔热海绵已经从外部燃料箱上剥离。虽然它没有击中轨道器，但这导致航天飞机又被停飞了11个月，以进一步落实安全措施。最后，在2006年7月恢复飞行以来的第二次任务之后，其余的发射任务才获得批准。

然而，更多转折即将来临。特别是有一条安全法令规定，发射期间如果轨道器严重受损，后续任务应有权选择"弃船"并前往国际空间站。起初，这迫使最后一次对"哈勃"太空望远镜（它所处的轨道无法实现法令规定的选择权）进行维修的任务被取消，但来自公众和科学界的压力最终使该任务重新获得授权，并在2009年5月得以执行。

最后一次航天飞机任务，STS-135号，于2011年7月21日随着"亚特兰蒂斯"号的着陆而结束。这是载人航天一个时代的终结。

最后一夜

2010年2月8日，"奋进"号从LC-39A发射台发射升空，这是航天飞机计划的最后一次夜间发射。为期13天的STS-130号任务将"宁静"号模块和"穹顶"号（见第295页）观测舱部署到国际空间站上。

1955
1956
1957
1958
1959
1960
1961
1962
1963
1964
1965
1966
1967
1968
1969
1970
1971
1972
1973
1974
1975
1976
1977
1978
1979
1980
1981
1982
1983
1984
1985
1986
1987
1988
1989
1990
1991
1992
1993
1994
1995
1996
1997
1998
1999
2000
2001
2002
2003
2004
2005
2006
2007
2008
2009
2010
2011
2012
2013
2014
2015
2016
2017
2018
2019
2020

地球上空的发动机
这张壮观的"发现"号航天飞机尾段的特写是从国际空间站上拍摄的。航天飞机的后部布满了火箭喷管，包括主发动机、在轨道上使用的轨道机动发动机以及反应控制系统姿态调整推进器。

1964年3月20日
欧洲航天研究组织和欧洲运载火箭研究组织成立。

1964年6月4日
"欧罗巴"项目首次试验发射，在伍默拉将一枚"蓝光"号导弹点火，试验取得了成功。

1966年11月14日
经过改进的"欧罗巴"号第一级带着上面级模型首次试验发射成功。

1967年8月4日
"欧罗巴"号带着有效的第二级进行首次测试，上面级点火失败。

1968年10月3日
首颗欧洲卫星"欧洲航天研究组织1A号"搭乘一枚NASA的"侦察兵B"火箭抵达轨道。

1970年6月12日
发生一系列事故后，"欧罗巴"号从伍默拉进行的最后一次发射因有效载荷整流罩被卡而未能完成卫星部署。

1971年11月5日
"欧罗巴"号从库鲁进行的最后一次发射因第三级发生制导故障而失败。该项目被暂停以待审查，随后被取消。

欧洲的航天活动

欧洲的国家比较小，如果各自与超级大国的大规模航天活动去竞争是毫无胜算的，但通过联合起来，他们最终成为了一支重要的航天力量。

在"斯普特尼克"1号发射之前，英国和法国就已启动自己的弹道导弹研发计划并进展得很顺利，两国的科学家和工程师都看到了将这种武器转化为卫星发射运载器的潜力（见本书第56页）。但是，很显然，这两个国家谁都没有资源能够独立实施一项重大航天计划。不过，西欧推动了更紧密的政治合作，这意味着航天活动也将自然而然地扩展到整个欧洲。

新政策的首个标志就是欧洲航天研究组织（ESRO）于1964年成立。法国、英国和德国是主要成员，也是为该组织的预算出资最多的国家，还有其他七名创始成员国——意大利、比利时、荷兰、瑞典、丹麦、西班牙和瑞士。

ESRO的主要目的是协调欧洲航天政策，开展以和平利用太空为目标的直接研究活动。接下来的十年，该组织研制了七颗科学卫星——其中四颗用于研究地球的高层大气和极光（北极光和南极光），两颗用于研究地球的磁场和太阳风，还有一颗是在轨紫外线天文台。

欧洲的运载火箭

ESRO的每颗卫星最后都不得不依靠美国的火箭把它送入太空。显然，欧洲应该拥有自己的运载火箭。英国与英联邦的合作伙伴们尝试开发三级运载火箭"黑王子"号，结果一无所获。之后，这个项目就由欧洲的伙伴们接管了。一个新的机构——欧洲运载火箭研发组织（ELDO）成立以协调其研发。这个组织

模型发射
1966年在伍默拉进行的这次欧洲运载火箭试发射中，只有下面级（从"蓝光"号火箭改装而来）是有效的，火箭的剩余部分和搭载的一颗卫星都是模型。

欧洲联盟
十个ESRO成员国的代表们签署成立了新的欧洲航天局（ESA）。1975年5月31日，ESA正式接管ESRO和ELDO。

包括ESRO的六个成员国，再加上澳大利亚。后来被称为"欧罗巴"号的那枚新运载火箭正是以英国的"蓝光"导弹为基础的，上面级由法国和德国提供。意大利负责有效载荷整流罩，荷兰负责遥测系统，而比利时负责地面跟踪，发射场地在澳大利亚的伍默拉。

由于项目的大部分贡献来自不同国家的独立团队，且没有坚定的全面领导，"欧罗巴"项目证明，由委员会进行运载火箭设计是不可行的。以"蓝光"号为基础的火箭一级从1966年起在一系列发射中一直表现得很可靠，但每次要么是法国的"科拉莉"二级出故障，要么是德国的"阿斯特利斯"上面级出现故障。1968年，英国决定停止有关"蓝光"号的一切工作，该项目的命运也就此注定。

新的开端

对"欧罗巴"号失败的原因展开的调查将大部分责任归咎于ESRO自身。很明显，欧洲将不会完全退出航天领域。即使是在"欧罗巴"项目最黑暗的日子里，法国也在用自己的"钻石"号运载火箭从阿尔及利亚和在法属圭亚那地区的库鲁（Kourou）新设的发射场进行了几次成功的发射。但英国对太空探索的未来迅速失去了

信心，并且继1971年取消"黑箭"项目后，英国极力限制自己对各种卫星的科学贡献。ESRO已经由于"欧罗巴"号的失败被严重削弱，而同时，法国急于开发一个新的泛欧运载火箭作为"钻石"号的换代火箭，法国想负责这项工作的绝大部分，还想拥有这个新计划里很多要素的最终决定权。其他国家只会为法国将担此重任而高兴，因此，1975年5月，欧洲的几个大国将它们共同进行的所有航天工作合并成立了一个新的组织——欧洲航天局（ESA）。

新的航天局将继承ESRO的所有项目，并使用法国航天局（CNES）的很多设施，包括位于库鲁的发射中心。在新ESA的管理下发射的首批卫星中，就有伽马射线天文台Cos-B。尽管这次任务和以往的欧洲卫星一样，是由美国"德尔塔"火箭送入轨道的，但这样的状况不会持续很久。微电子学的发展已经为20世纪70年代末商业卫星的繁荣铺平了道路，而且ESA想要在这块无疑将变得利润丰厚的市场上占据一席之地。

火箭总装
ESA的运载火箭系统都是在位于库鲁的运载火箭集成大楼里测试的，楼高58米（190英尺）。火箭就是从这里沿着一条轨道被转移到最终总装大楼，再被转移到发射台上的。

ESA的首颗卫星
伽马射线天文台Cos-B主要是在ESRO的领导下研发的，1975年8月9日由一枚美国火箭为ESA发射。和他们的很多卫星一样，这颗卫星取得了极大的成功。

欧洲航天局

自1975年成立以来，ESA已经成为商业发射行业内的一个重要选手。它还开发出了很多具有突破性的卫星和探测器，并与其他航天大国合作，将宇航员送入太空。

"阿丽亚娜"运载火箭是ESA取得成功的重要支柱，主要由法国航天局开发。"欧罗巴"项目出现问题后，法国承担60%的开发成本换取对该项目的控制权。德国又投入了20%，其他ESA成员国凑足剩余的款项。"阿丽亚娜"1号的第一级和第二级由法国"维京"发动机提供动力，这枚火箭虽然技术含量不高，但很可靠。1979年首飞取得成功，为后来的11次发射铺平了道路，只在项目早期有两次失败。

于20世纪80年代中期开始服役的"阿丽亚娜"2号和"阿丽亚娜"3号实质上是类似的火箭，不过"阿丽亚娜"3号有捆绑式助推器。它们及其后继型号"阿丽亚娜"4号，成功率极高，使阿丽亚娜这家经营商业航天发射的航天公司，能够在卫星发射市场上占据极大的份额。如今，ESA还有一枚由意大利航天局制造的小型固体运载火箭"织女星"号，用于发射较小规模的有效载荷。"阿丽亚娜"5号已于2023年7月6日最后一次发射后退役，"阿丽亚娜"6号已进行首飞，而ESA已经从最初的10个成员国发展壮大到22个。

探测器和卫星

ESA从ESRO那里继承了很多卫星项目，而且从那以后扩张到几乎所有主要的卫星应用领域。天文台已经有Cos-B、依巴谷卫星（或称高精度视差聚合卫星，一个测量了50万颗星体的性质的测绘望远镜）和红外线太空天文台（ISO）。ESA已经研制了极为成功的遥感卫星系列，它的地球资源卫星ERS-1号属于首批带有合成孔径雷达的卫星，且由ERS-2号卫星和"环境卫星"接续，它们携带着一批仪器用来监测气候变化。

在更远的太空，ESA的"乔托"号探测器在1986年飞过哈雷彗星的彗核（见本书第272页），欧洲在太空探索方面的这次首秀引人注目。从那以后，ESA为卡西尼-土星任务贡献了"惠更斯"号着陆器，发射了自己的行星轨道器"火星快车"和"金星快车"，并研制发射了许多更小的探测器，包括获得巨大成功的SMART-1（先进技术研究小型任务1号），这是一个由离子推进器提供动力的试验型航天器（见本书第285页）。迄今为止，ESA在探索领域取得的最大成就莫过于"罗塞塔"号彗星轨道器，2014—2016年，当67P号彗星/丘留莫夫-格拉西缅科彗星经过接近太阳的位置时，这个轨道器伴随这颗彗星飞行了两年时间。不过，"贝皮·科伦坡"水星任务、"火星地外生物学"着陆器和"果汁"（木星冰卫星探测器）木星环绕器任务更显欧洲雄心。

人物小传
让·卢普·克雷蒂安

欧洲的首位宇航员是法国空军的飞行员让·卢普·克雷蒂安（1938年生）。当苏联向法国提供其"国际宇航员"计划（见本书第240页）中的一个位置时，他被选为参加宇航员训练的候选人。1982年6月，他搭乘"联盟"T-6号飞船飞向"礼炮"7号，后被任命为法国国家航天局的宇航员办公室负责人。1985年，他成为参加航天飞机任务的首位欧洲宇航员的候选人，并在1988年执行了另一项苏联的飞行任务，这次是飞往"和平"号空间站。1997年，他搬到美国，接受了NASA的再训练，并搭乘"亚特兰蒂斯"号再次抵达"和平"号。2001年退役。

宇航员训练
ESA的宇航员佩德罗·杜克（西班牙籍，左侧座位上）和保罗·内斯波利（意大利籍，右侧座位上）为登上国际空间站接受飞行训练。他们在位于科隆的欧洲宇航员中心进行训练，辅以在休斯敦和加加林宇航员训练中心进行训练。

"阿丽亚娜"1号运载火箭
1979年12月，"阿丽亚娜"1号的成功发射为欧洲在太空领域的未来指明了道路。初期虽然还面临一些困难，但ESA的火箭在可靠性方面已经创下几乎无敌的纪录。

"阿丽亚娜"5号ECA型

2002年12月，在一次发射（后来失败）前夕，"阿丽亚娜"5号的升级版在位于库鲁的发射台上静候。这个ECA型（进化低温技术A型）火箭能够把重达10 500千克（23 100磅）的有效载荷送入地球同步转移轨道。

欧洲宇航员

　　ESA以德国科隆的欧洲宇航员中心为总部，培养自己的宇航员团队。20世纪90年代初期，暂停了一个名为"赫尔墨斯"号小型载人航天器的开发尝试，但ESA的宇航员们已经在"联盟"号发射中作为客座宇航员经历过飞行了（见左页的说明框及本书第240页），还作为载荷专家参与过很多航天飞机任务。ESA为国际空间站供应了几个舱段（见第288页），其中包括2008年发射的"哥伦布"实验室舱。欧洲的宇航员加入空间站驻站乘组中并发挥了重要作用。ESA还开发了自动运载飞船（ATV）为国际空间站提供补给。其中有五个由"阿丽亚娜"5号在2008年至2014年间发射，每个ATV都在国际空间站上停留数月，之后脱离空间站并离轨。

　　自2011年起，ESA与俄罗斯联邦航天局合作，从库鲁航天基地发射"联盟"号火箭。库鲁的位置在赤道附近，使俄罗斯的发射具有更好的有效载荷运载能力，而ESA则获得了另一枚可靠的运载火箭。2012年，ESA加入了NASA的"猎户座"计划，同意在ATV的基础上开发一个服务舱作为新航天器的重要部件。

技术

"阿丽亚娜"6号

欧洲下一代运载火箭"阿丽亚娜"6号目前正在研发中。就其设计展开了大量讨论之后，得到批准的最终版本有两个型号，被称为"阿丽亚娜"62型和"阿丽亚娜"64型。两个型号都包括一个由可靠的"火神"2号发动机提供动力的核心级和一个由新型"芬奇"发动机提供动力的上面级。"芬奇"发动机可以多次点火以便进行精密的有效载荷部署。根据货物载重不同，核心级可搭配两个或四个使用固体燃料的助推器。另外，旨在降低成本和提高可靠性的创新技术包括3D打印组件和一个激光点火系统。"阿丽亚娜"6号已于2024年7月10日首飞，但发生故障，不过载荷入轨了。

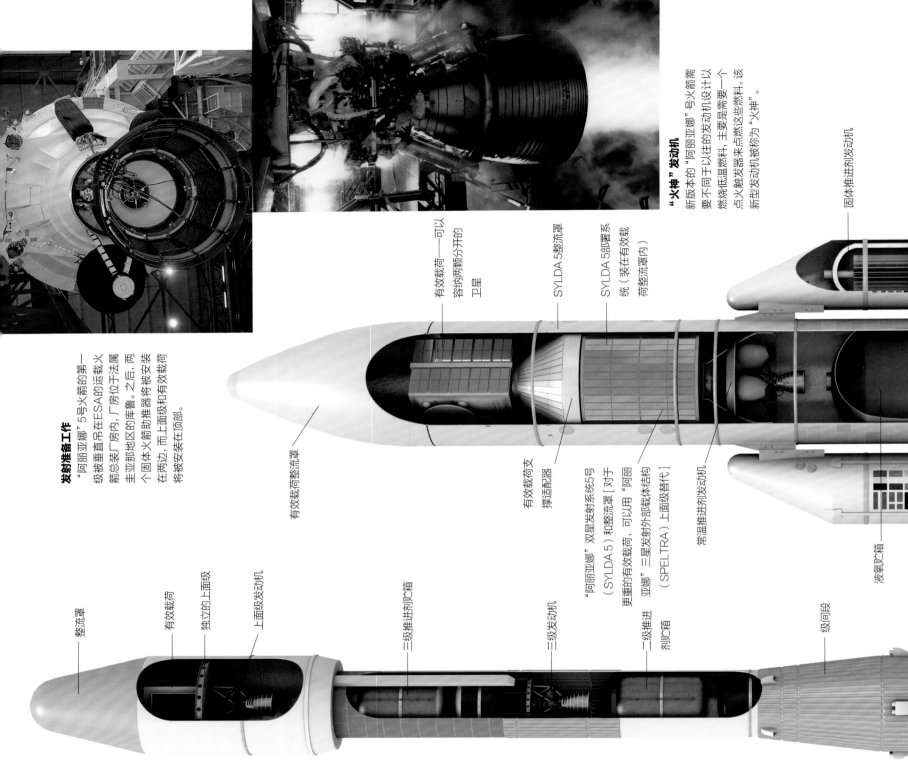

"火神"发动机

新版本的"阿丽亚娜"号火箭需要不同于以往的发动机设计以燃烧低温燃料,主要是需要一个点火触发器来点燃这些燃料。该新型发动机被称为"火神"。

有效载荷——可以容纳两颗分开的卫星

SYLDA 5整流罩

SYLDA 5部署系统(装在有效载荷整流罩内)

有效载荷支撑适配器

"阿丽亚娜"双星发射系统5号(SYLDA 5)和整流罩[对于更重的有效载荷,可以用"阿丽亚娜"三星发射外部载体结构(SPELTRA)上面级替代]

三级发动机

三级推进剂贮箱

二级推进剂贮箱

常温推进剂发动机

级间段

液氧贮箱

固体推进剂发动机

有效载荷整流罩

发射准备工作

"阿丽亚娜"5号火箭的第一级被垂直吊装在ESA的运载火箭总装厂房内,厂房位于法属圭亚那地区的库鲁。之后,两个固体火箭助推器将被安装在两边,而上面级和有效载荷将被安装在顶部。

整流罩

有效载荷

独立的上面级

上面级发动机

不断演进的运载火箭

"阿丽亚娜"4号(右图)是原"阿丽亚娜"号运载火箭研发过程中的最终版本。以法国的欧洲推进公司生产的"维京"号发动机为基础,"阿丽亚娜"号在整个20世纪80年代都在进行升级,它增加了更长的火箭级,配置使用液体和固体燃料的助推器以及更强大的火箭发动机。

高度	58.4米
核心级直径	3.8米
总质量	240 000千克
发动机	4+1个"阿丽亚娜"2B(四氧化二氮/偏二甲肼) 1个"维京"4B 1个"维京"2B(上面级)
推进时的推力	276 586千克力
制造商	法国宇航公司

"阿丽亚娜"4号的第二级

从"阿丽亚娜"1号到"阿丽亚娜"4号,11.5米长的第二级在外形上都是一样的。不过,单个火箭发动机被升级为"维京"4BZ。

"阿丽亚娜"运载火箭

ESA的"阿丽亚娜"运载火箭系列展示了两种不同的运载火箭设计方式。"阿丽亚娜"4号是原"阿丽亚娜"号火箭演进过程中的最终版本，它那细长的设计与20世纪60年代法国的"钻石"号类似。"维京"火箭发动机也是从为"钻石"号提供动力的"维克森"号发展而来，且使用传统的常温推进剂。相比而言，"阿丽亚娜"5号是由欧洲航空防务与航天公司（EADS）建造的一款新型设计的火箭，是首枚使用低温推进剂的欧洲火箭。

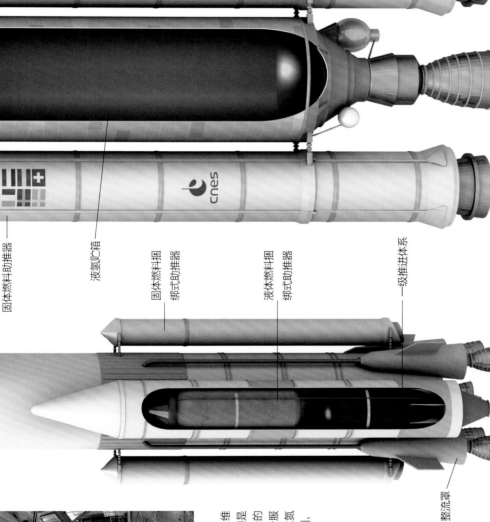

"阿丽亚娜"系列

ESA的早期火箭，从"阿丽亚娜"1号（1979年首次发射）直到"阿丽亚娜"4号，都是从"阿丽亚娜"1号的基本设计不断演变发展而来。"阿丽亚娜"5号却与此相反，它采用一种全新的设计，但直到1996年首次发射，1998年第三次飞行时才完全获得成功。新型"阿丽亚娜"6号在升级"阿丽亚娜"5号芯级的基础上，还增加了一个由可重启的发动机（被称为"芬奇"）提供动力的上面级。

"阿丽亚娜"1号　"阿丽亚娜"2号　"阿丽亚娜"3号　"阿丽亚娜"4号　"阿丽亚娜"5号　"阿丽亚娜"6号

"阿丽亚娜"4号的第一级

"阿丽亚娜"4号的下面级使用了四个"维京"2B发动机。这些级为可靠的发动机的起初是应用在"火神"阿丽亚娜"2号和"阿丽亚娜"3号的变型火箭上的，它们使这枚运载火箭在整个服役生涯中成功地发射了113次。采用四氧化二氮（N_2O_4）和偏二甲肼（UDMH）常温推进剂，为接触触燃烧式，无须低温储存。

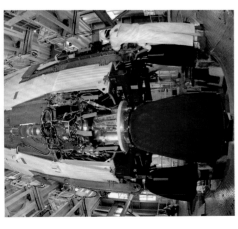

低温运载火箭

"阿丽亚娜"5号（左图）是一个全新的运载器，研发于20世纪90年代。与以往火箭不同，这枚火箭使用液氧和液氢作为芯一级的燃料。这些更为强大的推进剂需要在很低的温度下保存，故被称为"低温推进剂"。

高度	54.05米
核心级直径	5.4米
总质量	746 000千克
发动机	1个"火神"（液氧/液氢）
	2个P230固体火箭助推器
起飞推力	1 162 531千牛力
制造商	欧洲航空防务与航天公司

喷嘴转向系统

固体火箭助推器发动机喷口

"火神"（Vulcain）发动机

固体燃料助推器

液氢贮箱

固体燃料捆绑式助推器

液体燃料捆绑式助推器

一级推进体系

整流罩

"维京"2B-级发动机

日本的航天业

对于日本这样一个直到20世纪50年代中期还没有发射过一枚试验火箭的国家来说，其迅速发展起来的航天力量不容忽视。从1970年起，日本发射了一大批卫星和太空探测器。

日本太空计划的开端可谓是源自一个人的热忱。此人是航空工程师兼东京大学教授，名叫糸川英夫，绰号"火箭博士"。20世纪50年代，在成功发射了很多小型火箭之后，糸川说服日本政府为他的太空与航天科学研究所（ISAS）提供资助。

1969年成立第二个组织——日本国家航天开发局（NASDA），它由政府负责，职责是把日本变成一个重要的航天大国。虽然双方存在竞争关系致使偶尔发生冲突且分散专家力量，但每个团队都有自己的专长领域：ISAS致力于太空研究项目，如天文卫星和行星探测器；而NASDA则着重于开发商业运载火箭、其他卫星应用以及载人航天。

两个机构在20世纪七八十年代都获得了很大成功，但在20世纪90年代出现了代价高昂的失败，这迫使日本政府最终在2003年将这些机构（还有日本的国家航空航天实验室，NAL）合并为一个新的组织机构——日本宇宙航空研究开发机构，即JAXA。

运载火箭和卫星

从20世纪60年代起，ISAS在糸川的指导下开发了一系列使用固体燃料的小型运载火箭，被称为"兰布达"（L）和"缪"（M）系列。1970年2月，正是一枚L-4S型火箭将日本的首颗卫星"大隅"号送入太空。ISAS的卫星和该机构的主要研究领域一致，重点研究地球周边的环境以及轨道天文学，成功发射过"阳光"号太阳天文台（一个与美国和英国联合研究的项目）和HALCA（通信和天文学高新实验室）射电天文学任务。

与之相反，NASDA的运载火箭更大，且使用的是液体燃料。其首个N系列火箭实际是美国"德尔塔"系列火箭（见本书第245页）授权许可日本建造的。然而，从持续的改进中可以看到，日本的火箭在沿着自己的路线演进，直到JAXA目前的H-IIA型火箭，它完全是由日本设计的（见下一页的说明框）。

1975年，NASDA的首颗卫星"菊花"号由一枚N-1型火箭发射。虽然这只是一次工程测试，但它为不同系列的应用铺平了道路，包括通信卫星网络、电视直播卫星系统、气象卫星和地球及海洋观测卫星。日本已经紧随中国，开发可回收的卫星系统了，即无人航天试验回收系统（USERS）。

正如欧洲首次超越地球轨道之外的冒险行动是发射了"乔托"号探测器一样，1986年，飞往哈雷彗星的日本"先驱者"号和"彗星"号任务为后来飞往其他天体的任务铺平了道路，不过这些任务成败参半。

"大隅"号
24千克重的"大隅"号只是一颗试验卫星，能发送表明其位置的信号及其搭载的简单仪器的读数。

N-1型火箭发射
20世纪70年代中期，一枚N-1型火箭飞向种子岛的上空。它与美国"德尔塔"火箭的相似度显而易见。

航天基地全景
JAXA的主发射场在种子岛，它可能是世界上最风景如画的航天基地。但是必须要安排好发射时间以配合当地的渔业。

人物小传
秋山丰宽

秋山丰宽（Toyohiro Akiyama，生于1942年）是首位进入太空的日本人。他也可以作为首位太空记者而在历史上占有一席之地。1990年，他搭乘"联盟"号TM-11飞船前往"和平"号空间站，这次旅行由东京广播公司支付费用，他在太空期间还做了几次电视直播。"挑战者"号事故后，由日本赞助的Spacelab-J航天飞机任务被延迟发射。因此，秋山先于NASDA的宇航员毛利卫（执行Spacelab-J任务）进入太空。

"天女"号是一个技术测试探测器，其设计目的是从一个小型月球轨道器那里中继信号，这个探测器运转良好。但当它的任务伙伴"羽衣"号失败时，它就变得毫无用武之地了。"希望"号是一个以研究火星大气层为目标的轨道器，但因燃料不足错过了进入火星轨道的机会。与之相对，2003年11月，"隼鸟"号在近地小行星25143号即丝川小行星上着陆。虽然未能部署着陆器，但它成功地从行星地表收集到了岩石样本，并于2010年通过一个返回舱把它们送回了地球。"月亮女神"号（全称为月球学与工程学探测器）月球轨道器于2007年发射，执行为期两年的任务（见本书第259页），取得了极大成功。但2010年，"晓"号探测器未能进入金星周围的预定轨道。幸运的是，五年后它终于进入另一条轨道，成为日本首个进入另一个行星轨道的航天器。JAXA也是ESA在"贝皮·科伦坡"水星任务中的合作伙伴（见本书第306页），已经制定了关于火星的卫星火卫一的样本返回任务计划。

日本的宇航员

日本的很多宇航员已经前往太空。NASDA与NASA之间就宇航员作为载荷专家搭乘航天飞机飞行的事项达成了多项协议，但"挑战者"号事故使得任务延迟，这意味着秋山丰宽记者领先NASDA的任务专家，成为首个进入太空的日本人。NASDA的首位宇航员毛利卫于1992年执行了由日本赞助的"太

"火箭博士"
糸川英夫是一名音乐家、芭蕾舞者以及日本航天计划的先驱。图为20世纪50年代末，他站在自己的试验型系列火箭之一"婴儿"号旁。

技术
H-II型运载火箭

日本宇宙航空研究开发机构当前使用的重负荷运载火箭是H-IIA型，它是一枚两级的基本型火箭，以液氢和液氧为燃料，根据有效载荷的大小及其目的地，如有必要，可以在这枚火箭上附加各种助推器模块。H-IIA型火箭是从日本国家航天开发局的早期H-II型火箭发展而来，H-II型火箭使用的燃料与之类似，灵活性也类似，但在可靠性方面问题严重，这使日本国家航天开发局陷入危机。自从H-IIA型火箭在2001年8月首次飞行以来，它只经历了一次失败，而日本宇宙航空研究开发机构已经接着开发了一个更为强大的版本，H-IIB型火箭（右图）——主要用于向国际空间站发射HTV运载飞船。

空实验室J"航天飞机飞行任务。随着航天飞机计划的结束，日本载人航天飞行的未来取决于NASDA（现为JAXA）在国际空间站中发挥的作用，特别是在复杂的日本实验舱（JEM，也被称为Kibo，意为"希望"）上发挥的作用。

"希望"号实验舱作为国际空间站上最大的舱体，包含几个组件，这些组件是在2008年、2009年通过几次航天飞机任务发射的。日本也已经开发出了一个不载人的货运飞船，H-II型运载飞船（简称为HTV），用于为国际空间站提供补给。JAXA的远期计划还包括开发一个用火箭发射的小型航天飞机，以及单级入轨（SSTO）式运载火箭。

太空长征

中国是火箭的起源地，它现在已经拥有了自主航天发射能力，而且运营着商业运载火箭和卫星。

促进中国制订国家航天计划的催化剂源自20世纪50年代中期。当时刚刚成立的人民政府欢迎钱学森从美国返回祖国（见右侧说明框）。那时，中华人民共和国和苏联之间的关系正处于最热烈的时期，双方于1956年签订的一份协议为中国提供了使用苏联技术和专家的权利，由此启动了中国的导弹计划。

中国在1970年成功发射了自己的第一颗卫星"东方红"1号。它在绕地球轨道运行的同时，播放着爱国歌曲《东方红》。运载火箭是由钱学森设计的"长征"号（英文名为"Long March"，简写为CZ或LM）。虽然形式不同，但该系列火箭至今仍在使用（见下方说明框）。"长征"系列火箭取得的成功使中国能够在1985年进入商业发射市场。早期的客户包括一些通信卫星公司，有中国香港的亚洲卫星公司、澳大利亚的奥都斯公司以及一些瑞典和巴基斯坦的组织。铱星通信公司的很多电话网络卫星也是从中国发射的。

西昌控制中心
穿制服的军官们从西昌卫星发射中心的控制中心监督模拟发射，该中心位于距离发射台约6千米（4英里）的地方。

系列卫星

自首次发射以来，中国已经将50余颗"东方红"人造卫星送入轨道。不过，与苏联的通信卫星系列不同，"东方红"的命名被用作很多卫星系列的统称，包括遥感任务、大气层研究以及一个被称为"中星"的区域性通信卫星系统。

还有一个单独的"返回式"卫星（FSW）系列（FSW是返回式卫星的拼音首字母）。这些卫星携带着一个可以被用来把卫星实验结果返回地球的舱，这使中国具备只有美国和俄罗斯才能与之匹敌的能力。再入技术作为中国秘密军事卫星计划的一部分而得到开发，但它也被用来返回遥感数据，以及从轨道上返回各种实验器具。

与其太空计划的宗旨相一致，这项技术很快就用于商业用途了。在1987年，法国马特拉公司成为首位使用这项服务的客户。

人物小传
钱学森

钱学森（1911－2009年）是公认的中国太空计划的奠基人，他在美国早期的航天活动中也发挥了关键性的作用。他在中国出生并接受教育，于1935年获得了赴美留学的奖学金。在1936年搬到加州理工学院之后，钱学森开始从事实验性火箭的研究。第二次世界大战期间，他协助建立了喷气推进实验室（JPL），但在1950年，他在美国反共产主义风潮最盛行之时遭到逮捕。钱学森1955年回到中国，后来加入了中国共产党，领导中国弹道导弹和运载火箭的研发。

技术
"长征"系列火箭

中国的运载火箭起初以"东风"弹道导弹为基础，但很快就沿着自己的道路发展。"长征"2号是一个运载火箭系列，围绕着一个通用芯级建造而成，芯级上可以附加各种类型的助推器和其他的上面级。虽然"长征"3号上面级使用更为强大的液氢和液氧作为推进剂，但之前的火箭也仍在使用。"长征"3号的改进型研发曾在1996年导致了一场灾难，当时火箭发射后在空中失控，坠地爆炸。经过彻底检修后，"长征"3号完美运行。两个新的运载器，"长征"5号和"长征"6号也于近年亮相。

1970年4月24日
中国发射了自己的第一颗卫星，"东方红一号"（DFH-1，有时也被称为China-1），搭载它的是一枚"长征一号"（CZ-1）火箭。

1975年11月26日
"长征二号丙"（CZ-2C）火箭首飞，将一颗返回式侦察卫星送入轨道，这颗卫星带有一个可回收底片的舱。

1984年4月8日
"东方红"2号由一枚"长征"3号火箭发射，它成为中国第一颗地球静止轨道通信卫星。

1985年10月25日
中国宣布自己的运载火箭和设施可用于商业用途。

1988年9月7日
中国发射了自己的第一颗气象卫星"风云"1号。

1990年4月7日
中国履行自己的第一份商业合同，发射"亚星"1号通信卫星。

1999年10月14日
中国与巴西的联合项目"资源"1号遥感卫星发射。

1999年11月20日
中国发射新"神舟"计划中的第一艘飞船。

1962年9月29日
第一颗超级大国以外的国家的卫星，加拿大的"云雀"1号，由一枚美国火箭发射。

1975年4月19日
印度的第一颗卫星，"阿耶波多"号，由苏联发射。

1980年7月18日
印度使用自己的SLV3发射"罗希尼"1B号试验卫星。

1988年9月19日
以色列发射自己的第一颗卫星，它是"地平线"系列侦察卫星的原型卫星。

2001年4月18日
印度的GSLV的首次飞行发射了"地球同步卫星"1号试验卫星。

2004年10月23日
巴西成功发射一枚携带着一颗亚轨道试验卫星的VSV-30型火箭。

2009年2月2日
伊朗成功将自己的"希望"号电信卫星送入轨道，使用的是"使者"号运载火箭。

2018年1月21日
美国/新西兰火箭实验室公司在其研制的"电子"号火箭的第二次飞行中成功地部署了卫星。

航天飞行的扩张

20世纪60年代以来：适逢商业企业促进进入太空，除了主要的航天大国以外，少数几个国家也已经开发出了自己的运载火箭和卫星计划。

有几个国家已经开发出了国家卫星项目，这些卫星项目借助更老牌的航天国家提供的运载火箭进入轨道。加拿大是除超级大国以外第一个把自己的卫星送入轨道的国家：1962年9月，"云雀"1号由一枚美国"雷神－阿金纳B型"火箭发射，此后引来了一整个系列的类似卫星，以及后来的国家项目，比如"阿尼克"号通信卫星。

其他国家很快紧随其后。NASA在1964年发射了意大利的"圣马可"1号大气层探测器；在1967年发射了英国的"爱丽儿"3号卫星和澳大利亚的"武器研究机构卫星"；在1969年发射了德国的"阿祖尔"1号卫星，它研究的是范·艾伦带。随后，在1974年有一个目标更宏大的德国任务——第一个"太阳神"号探测器，其设计意图是近距离绕太阳轨道运动。20世纪70年代，以建造卫星网络为目的的卫星应用的增长以及专业组织和公司的建立使发射市场扩张到各国政府以外的领域。到20世纪80年代，NASA已经要为这些有渴求的客户展开竞争了——起初是与ESA竞争，但后来是与中国甚至苏联/俄罗斯竞争。

虽然大多数国家看起来似乎满足于付费发射或是与主要的航天大国开展合作，但少数几个国家已经在努力开发，使自己具备发射能力了。

"云雀"1号
第一颗加拿大卫星，设计目的是研究地球高层大气的电离层，它使NASA和加拿大之间建立了紧密的关系。

印度的航天事业

印度的航天计划始于20世纪60年代中期，以印度太空研究组织（ISRO）为基石。ISRO研制出了该国的第一批卫星，包括1975年由一枚苏联火箭发射的"阿耶波多"号卫星。印度倾向于把自己的卫星事业集中于涉及国家利益的领域，通过制造遥感卫星和通信卫星来促进国家的发展。第一颗通信卫星"印度国家卫星系统"1A号于1982年搭载一枚NASA的"德尔塔"火箭发射升空。印度还通过1976年的"卫星教学电视实验"项目参与开发了直播卫星电视，它可以通过一颗NASA的卫星将教育节目传送到偏远的乡村。ISRO对2004年9月发射的"教育卫星"任务的理念进行重新评估。同时，印度的遥感卫星已经聚焦于水文学和矿物学，以寻找重要的水沉积物和具有潜在价值的矿物资源。

自20世纪70年代以来，ISRO还致力于开发一系列"卫星运载火箭"（SLV）。使用固体燃料的四级火箭SLV-3于1980年发射了首个有效载荷——一颗名为"罗希尼"1B号的试验卫星。针对更重的有效载荷，则有改进型的"进阶版卫星运载火箭"（ASLV），在发射时增加了一对助推器，以增强推力。

更为强大的"极地卫星运载火箭"（PSLV）是一枚四级火箭，使用固体燃料的火箭级和使用液体燃料的火箭级交替排列。PSLV在1994年首飞，已经成为印度使用范围最广的运载火箭。2001年，"地球同步卫星运载火箭"（GSLV）首飞，它能把更重的载荷送入更高的轨道。

ISRO的所有运载器都是从萨迪什·达万航天中心发射的。该航天中心位于印度东南沿海的斯里赫里戈达岛上，纬度约为北纬14°。火箭从这里发射到孟加拉湾上空。

地球同步卫星运载火箭

印度最新的运载火箭，"地球同步卫星运载火箭"，于2004年9月20日携带着"教育卫星"发射升空。"地球同步卫星运载火箭"是一枚三级火箭，第一级使用固体燃料，第二级以传统的液体燃料为基础，而新的第三级以液氢和液氧为燃料。

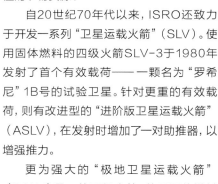

吊装"教育卫星"
"教育卫星"被吊装到"地球同步卫星运载火箭"的顶部位置。这颗卫星为印度边远地区提供以卫星电视为基础的互动式教育。

人物小传
维克拉姆·萨拉巴伊

印度物理学家维克拉姆·萨拉巴伊（1919－1971年）是印度提前进入航天时代的主要推动者。萨拉巴伊出生于英国殖民统治下的一个富裕的支持自由运动的印度人家。第二次世界大战前和战后，他在剑桥大学学习，于1947年在印度获得独立后返回印度。他在印度的艾哈迈达巴德建立了物理研究实验室，并在印度科学界崭露头角。随着"斯普特尼克"1号的发射，他说服印度政府建立印度太空研究组织，然后监督建造了印度的第一批发射设施和火箭，于1963年投入使用。随后，他推动实施了"阿耶波多"号卫星和"卫星教学电视实验"项目。

以色列进入太空

以色列的航天事业由以色列航天局（ISA）管理，在1983年步入正轨。以色列航天局的运载火箭——"彗星"号以"杰里科"号弹道导弹为基础，使用固体燃料，只能发射小型有效载荷。不过，它于1988年发射了第一颗以色列卫星"地平线"1号，此后又发射了几颗该系列的侦察卫星。以色列航天局的其他卫星由欧洲、俄罗斯和印度的火箭发射。"彗星"号载荷受限的部分原因是地缘政治——为了避免在毗邻的阿拉伯国家上空飞过，这枚火箭被向西发射，飞过地中海上空，因此其发射速度实际非但没被提高，反而被地球自转运动拉低了。

巴西及其他国家

对巴西而言，事实证明它的太空之路非常不易。它的"卫星运载火箭"1号的两个原型火箭在测试期间都失败了，而第三个原型火箭又在2003年8月爆炸了，原因是使用固体燃料的发动机中有一个过早点火。这次爆炸导致21人罹难，还把发射设施夷为平地。虽然巴西重新振作，在一年以后进行了一次亚轨道太空发射，但从那以后，其发展进程屡屡受挫，而巴西通过与其他航天大国合作来实现复兴的诸多尝试也只是产生了零星的几次进展和偶尔的几次反转。根据最新的"南十字座"计划，巴西希望在俄罗斯联邦航天局的帮助下使其"卫星运载火箭"的衍生火箭在2020年早期最终抵达轨道。

在巴西公开为进入太空而努力的同时，它却已经被两个行动更加隐秘的国家超越了。2009年，伊朗使用两级运载火箭"使者"号将自己的第一颗卫星——名为"希望"号的电信试验台发射入轨。此后，它又发射了其他的卫星，并发射了很多动物类有效载荷，包括使用"探索者"号探空火箭将猴子送入亚轨道。2012年12月，朝鲜发射了自己的第一

第一枚"卫星运载火箭1号"发射
巴西"卫星运载火箭（Veiculo Lancador de Satelites）"的第一个原型火箭从靠近赤道的阿尔坎塔拉发射中心发射升空。由于一个助推器失灵，这枚火箭在偏离轨道后飞行到65秒时被烧毁。

颗卫星——"光明星"3号地球天文台。

2017年，新西兰加入航天俱乐部。当时，商业制造商火箭实验室公司在北岛远端的玛西亚半岛上建立了一个私人出资的航天基地。2018年1月，从这里发射的一枚"电子"号火箭进入太空并部署了三颗小型立方体卫星。

新西兰的"第一次"
火箭实验室公司的第一枚"电子"号运载火箭，被定性为"一次测试"，图为2017年5月在发射前的运送途中。这枚创新型火箭使用的是电动燃料泵和3D打印的发动机零件。

国际宇航员

绝大多数宇航员都是苏联/俄罗斯或美国公民，但政治和商业因素推动许多国家把自己的宇航员送入太空。

伊兰·拉蒙

2003年"哥伦比亚"号航天飞机灾难事故发生时，作为以色列首位宇航员，在返回地球时罹难。

苏丹·阿绍德王子

1985年，沙特王子苏丹·阿绍德在发射"阿拉伯1B"通信卫星期间搭乘"发现"号飞行。

土井隆雄

1997年，宇航员土井隆雄乘航天飞机"哥伦比亚"号执行STS-87号飞行任务，成为首位进行出舱活动的日本人。

苏联是第一个认识到将乘客带到太空会产生政治资本的国家。"联盟"号飞船用于空间站维护，由于它的任务期限比一般性空间站的任务期限短，所以来访问的宇航员通常会为空间站带来新的飞船——他们搭乘新的"联盟"号而来，然后乘坐旧的"联盟"号返回。这种短期访问为携带其他国家的宇航员提供了机会，这就是苏联人称之为"国际宇航员"的计划。

起初，这类邀请受到冷战的政治影响，客座宇航员们多来自华沙条约组织的成员国，或者来自苏维埃社会主义共和国联盟想要与之保持良好关系的国家。受益国包括捷克斯洛伐克（弗拉基米尔·雷梅克，1978年）、波兰（米罗斯拉夫·赫尔马舍夫斯基，1978年）、越南（范遵，1980年）和印度（拉凯什·沙玛，1984年）。虽然"联盟"T和"联盟"TM这两个型号的飞船使用期限延长了，但是长期驻留期也变长了，所以仍旧需要新的飞船的到来。重新使用"联盟"T执行运载三人的飞行任务也就意味着飞船上几乎总是有一个空余位置。

自20世纪80年代中期以来，随着西方阵营与苏联阵营之间关系的最终解冻，客座宇航员的范围也随之扩大，迎来了更多乘客，比如来自英国的海伦·沙曼（见本书第217页）。1991年，苏联最终解体，一个新的资本主义国家俄罗斯成立。制度变革及资金短缺导致这个计划进一步扩大。"和平"号开始"开张营业"，外国访客们挤上了空间站与美国宇航员比肩而立。这些访客们的费用是由本国政府或航天局甚至私有企业支付的。"和平"号的使用期限临近结束时，法国为本国的宇航员让·皮埃尔·艾涅尔付费，让他留在空间站进行了为期六个月的研究访问。

航天飞机访客

NASA并没有出于如此明显的政治目的而使用航天飞机，但航天飞机乘员的类型表明：外国宇航员也很快就有机会了。虽然NASA自己的飞行宇航员和任务专家（有专业背景的宇航员）是美国公民或是加入美国国籍的国民，但航天飞机的载荷专家是与任务赞助人一同选定的，因而来自各个合作伙伴机构的国际宇航员经常加入航天飞机乘组。建造"太空实验室"

弗拉基米尔·雷梅克

弗拉基米尔·雷梅克（左侧）是捷克斯洛伐克的首位宇航员，也是第一位来自超级大国以外国家的宇航员，他于1978年3月2—10日乘"联盟"28号执行飞行任务。

的协议确保了ESA为自己的宇航员赢得了多次的飞行机会，而日本和德国在20世纪80年代和90年代早期都赞助了另外的"太空实验室"任务。参与国际空间站项目更使得欧洲宇航员在后航天飞机时代仍然能够持续飞行。

NASA还与加拿大航天局建立了特殊的关系。加拿大航天局为航天飞机和国际空间站都提供了机械臂系统。因此，加拿大受邀选定几人乘航天飞机飞行，这也促使其启动了本国的宇航员计划。

两个"首位"

2015年前往国际空间站的"联盟"TMA18M携带了哈萨克斯坦和丹麦的首位宇航员，分别是艾登·艾姆别托夫（右侧）和安德烈亚斯·莫根森（左侧），二人受俄罗斯指令长谢尔盖·沃尔科夫（中间）指挥。目前，已经有来自40余个不同国家的公民飞抵太空了。

加拿大臂
加拿大航天局与NASA之间的关系特殊,这使几名加拿大人获准乘航天飞机飞行。此图中宇航员克里斯·哈德菲尔德于"奋进"号STS-100号任务期间在航天飞机的货舱里工作。加拿大建造的机械臂(或称"远程操作系统")在照片前景的突出位置。

1955
1956
1957
1958
1959
1960
1961
1962
1963
1964
1965
1966
1967
1968
1969
1970
1971
1972
1973
1974
1975
1976
1977
1978
1979
1980
1981
1982
1983
1984
1985
1986
1987
1988
1989
1990
1991
1992
1993
1994
1995
1996
1997
1998
1999
2000
2001
2002
2003
2004
2005
2006
2007
2008
2009
2010
2011
2012
2013
2014
2015
2016
2017
2018
2019
2020

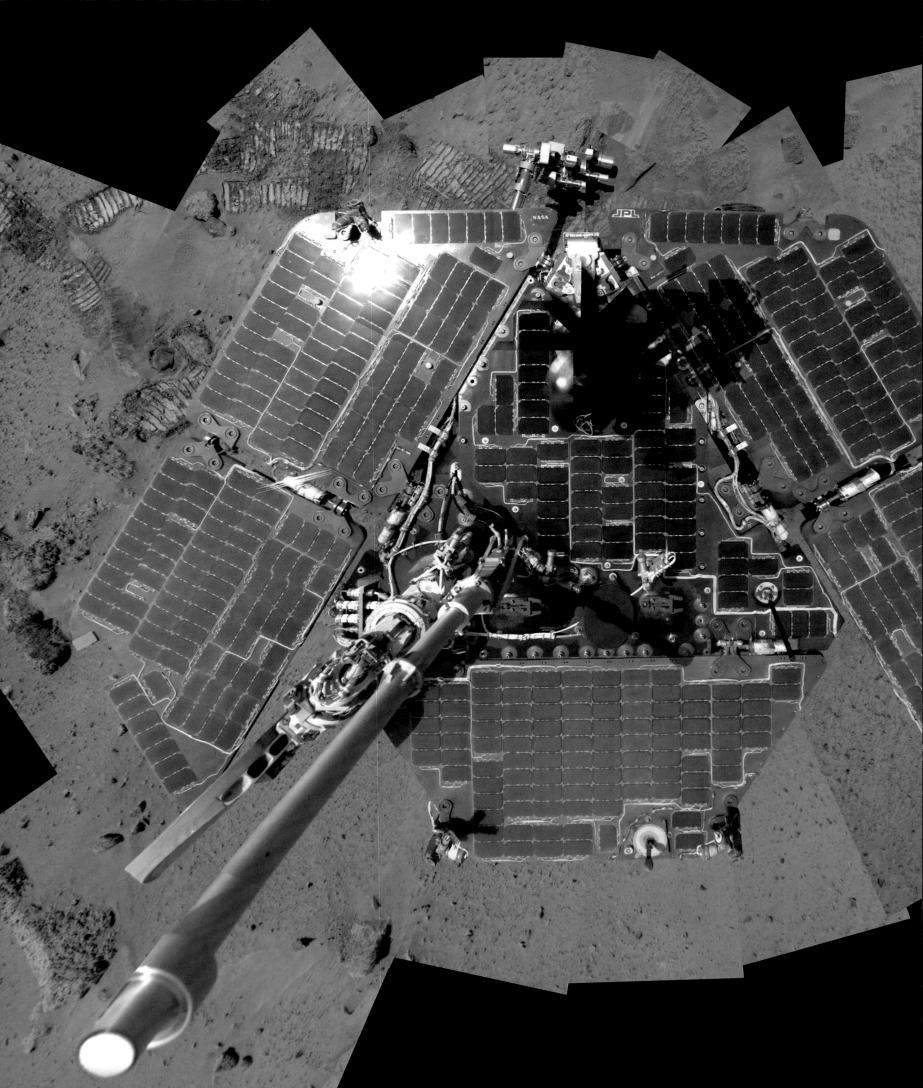

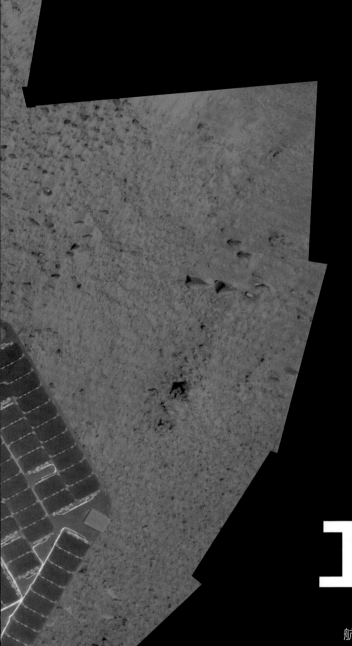

卫星与探测器

航天时代的到来加深了我们对于自己所在的星球和其他星球的了解。50年中，人造卫星已经从宣传工具变成了人类对地球进行观测的重要工具。从隐藏的矿床到长期的气候变化，卫星收集了方方面面的信息，提供了一个从大气层外看宇宙的全新视角，还触发了通信领域的全球性革命，使得世界成为一个更小的地方。

当载人探索最远抵达地球自己的卫星时，机器人助手已经到达更深远的地方。航天探测器已经探测了围绕太阳轨道运行的所有其他主要星球，还探测了很多太阳系中的更小的天体。它们冒险进入了很多会使宇航员迅速死亡的环境，去了很多载人任务需要几十年才能抵达的遥远地方。它们发送回来的图像和数据不仅展现了前所未见的星球景象，还帮助我们更了解自己的星球了。

2005年8月：火星上的漫游者
火星探索漫游车"勇气"号的全景相机的镜头向下转动，拍摄到了自己身处于一片火星沙漠中的景象。在火星地表停留了差不多20个月后，透过只有薄薄一层的灰尘，漫游车的太阳能电池阵列——为它供应能源和生命的部件——仍旧熠熠生辉。

绕地球轨道运行

自从"斯普特尼克"1号第一次将一个简单的无线电信号发回地球以来，数十年间，人造卫星不仅改变了我们对地球以及更广阔的宇宙的认识，还改变了日常生活的诸多方面。

与很多革命性的技术相似，要经过一段时间后，人们才能认识到人造卫星的全部潜能。有关"斯普特尼克"1号的新闻在西方世界掀起了一阵恐慌的浪潮，人们担心卫星可能会被用作武器平台来向毫无防御能力的敌国如大雨倾盆般地发射导弹。军方也都意识到，卫星处于地基武器的射程范围外，可以充当空中间谍。确实，美国很多早期的试验卫星，如"发现者"号和"日冕"号等（见本书第249页），以及苏联的"宇宙"号系列卫星实际上就是在轨运行的间谍相机。另一早期应用是从太空监测大规模的天气模式，如NASA在1960年4月发射的首颗天气卫星TIROS（电视红外观测卫星）。

过了更长时间，科学家们才意识到卫星的潜能——它携带的相机可以用来对地球进行综合研究。1963年戈登·库珀报告称，他从自己的"水星"太空舱"信仰"7号上看到了道路和建筑物。之后，NASA才开始热切地探究其可能的应用领域。如今，遥感卫星被用来研究地球的地质学、海洋学、气候及生态学等诸多方面。天文学家也在利用卫星——对于任何一台需要清晰的视角来观测外太空的仪器来说，地球大气层上方的位置都具备明显优势。另外一个重要应用领域是通信。作为一个轨道平台，它可以反射地球上相距很远的地方之间的信号，克服了地基无线电信号的限制（见本书第246页）。然而，在当时，甚至连卫星迷们都没有预见到通信卫星将引发的革命。

轨道力学

卫星的轨道形状取决于它的功能。距离地球越远，卫星完成绕轨一周需要的时间就越长——不仅因为它需要运行的距离更长，还因为它在太空中沿轨道移动时会变慢，这要归功于地球引力变得更弱。一个尤为实用的轨道是地球静止轨道，由亚瑟·克拉克（见本书第246页）首先发现，用于需要停留在地球表面某一点上方的通信卫星和其他飞行器。在这一轨道上，卫星精确位于赤道上方35 786千米处，绕地球轨道运行一周需要23小时56分钟——与这颗行星自转一周需要的时间相同。因此，这颗卫星会停留在赤道上某一点的上空，固定在地球的天空中的某一位置。

然而，多数卫星的轨道距离地球要近得多，它们在位于地球上方几百千米处的近地轨道（LEO）上，

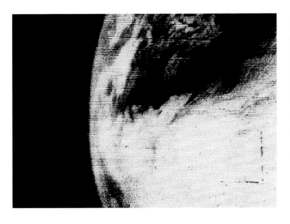

轨道下传
经过早期的类似传真扫描照相胶片的实验（见本书第53页），工程师们很快意识到，从太空中发回中等分辨率图像的最有效方法是使用电视摄像电子管将图像直接转换成电信号。这一方法已在TIROS 1等早期气象卫星上试行。

每天可以环绕地球好几圈。对于对地观测卫星来说，这种高度足够近，可以发现微小的细节，但又足够远，可以避免高层大气造成的拖曳。对于天文学卫星来说，这种高度也足够防止大气吸收掉各种类型的射线（见本书第252~257页）。只有空间站和大型航天器通常在比这个轨道更低的轨道上运行，掠过高层大气，因此除非多次推进，否则它们的轨道很不稳定。

极少数轨道是圆形的——大部分是椭圆形，一边向下倾斜，更靠近地球，而另一边则向上翘得更高些。通常情况下，这种差别比较细微，因而不会对运行造成影响，但有一些项目（例如苏联的"闪电"号系列卫星）

轨道的种类

图中所示的是一些最常用的卫星轨道类型（不过未按比例显示）。其他更特殊的轨道从技术层面来讲也是地球的轨道——太空探测器或天文台需要到达距离地球极远的地方，它们会用到这些轨道。

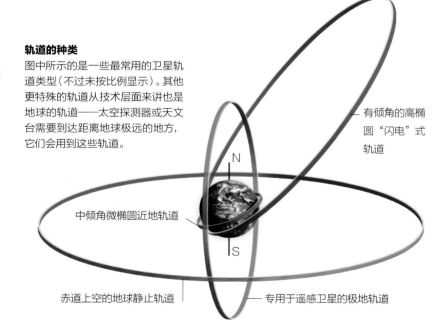

有倾角的高椭圆"闪电"式轨道

中倾角微椭圆近地轨道

N

S

赤道上空的地球静止轨道

专用于遥感卫星的极地轨道

使用的是高椭圆轨道，并有意利用卫星距离地球更远时速度会更慢这一点。在"闪电"号的案例中，卫星轨道的形状可以确保卫星以极慢的速度越过俄罗斯上空，在北部处于赤道通信卫星盲区的地区充当易追踪的通信平台。

极地航天器发射场
位于阿尔汉格尔斯克附近的普列谢茨克的俄罗斯北方航天器发射场，是将卫星发射到极轨道和俄罗斯通信卫星需要的高度倾斜的"闪电"式轨道的理想场所。

轨道之间

很多卫星有自己的火箭级部件，名为姿轨控发动机（kick motors），用来把它们推到既定轨道。1990年，"国际通信卫星603号"由一枚"大力神"号火箭发射到近地轨道，在其姿轨控发动机发生故障后，它陷入了搁浅状态。航天飞机执行了一次救援任务（见本书第207页），才使它最终进入地球静止轨道。

不同的倾角

卫星轨道的另一个重要因素就是它的倾角，或者说相对于赤道的倾斜度。虽然在赤道上将卫星发射入轨会带来燃料方面的优势（见本书第250页），但这类轨道对于像遥感这样的应用而言却是毫无用处的，因为航天器将会反复经过同样一片狭长的陆地和海洋的上空。很多种卫星使用带有倾角的轨道，这类轨道能把它们带到高纬度地区。虽然每次飞经期间卫星只能覆盖到一片狭长的土地，但在多次绕轨以及地球每天转动所产生的综合影响下，能够逐步组合出大部分地球地表。最极限的倾角，也就是极轨道，使卫星能够研究整个地球。但是，正如有些发射地点可以降低抵达赤道轨道和地球静止轨道的难度那样，也只有个别地点适合进行极轨道发射。

技术
"德尔塔"系列运载火箭

"德尔塔"火箭源于道格拉斯飞行器公司（现在是波音公司的一部分）为NASA建造的一个三级运载器，使用了"雷神"号导弹和"先锋"号火箭的组件。"德尔塔"系列迅速成为美国卫星发射计划的一大支柱。但经过50年的不断改良后，现在的火箭与原始型号已并无相似之处。功勋累累的"德尔塔"II号是一枚三级火箭，其底座周围有九个使用固体燃料的助推器，在执行了一百多次发射任务后于2018年退役。而"德尔塔"IV号是一个模块化系统，可以配备一个更强大的芯级及两个助推器，甚至可以使用多个芯级来发射更重的载荷，如下图所示。

1962年7月10日
世界上第一颗功能完备的通信卫星"Telstar"发射。

1963年2月14日
Syncom 1 是发射地球静止轨道通信卫星的首次尝试。

1964年8月19日
Syncom 3 成为世界上第一颗真正意义上的地球静止轨道通信卫星。

1964年8月20日
国际通信卫星组织成立，旨在构建一个全球通信卫星网络。

1965年4月23日
苏联发射第一颗"闪电"系列通信卫星。

1974年5月30日
NASA发射首颗应用技术卫星ATS 6号。作为第一颗为小型接收器提供直播的卫星，它为卫星电视铺平了道路。

1997年5月5日
铱星通信网的首批5枚卫星由"德尔塔"II号火箭发射。

2016年8月16日
中国发射了"墨子"号卫星，作为空间尺度量子实验（QUESS）计划的一部分，测试量子密码技术。

通信卫星

轨道通信中继已经把我们的星球变成了一个"地球村"，即使世界上的偏远地区之间也能够近乎即时地联系。

几乎在太空时代拉开帷幕之前，卫星就显而易见地被认为有可能掀起通信领域的革命。军方是第一批看到其优势的人。电话线路能力有限，而且容易受到物理性损坏。无线电信号速度快，但只能直线传播，而地球是有弧度的，因此传播范围有限（有时可以从高层大气中的反射电离层上反射信号，但结果可能无法预测）。与此相比，一颗高悬在空中的卫星可被用作反射器，从这颗行星的一个地方发送出的信号能被这颗卫星覆盖范围内地平线上的任何其他地方接收到。NASA的"回声"项目（见本书第51页）用一个简单的在轨反射器对这个想法进行了试验，而Telstar（见右侧的说明框）是第一颗具备对信号进行接收、放大和转发能力的卫星。

历史聚焦

Telstar

在进行了各种在轨反射以及录音传送等相关实验后，1962年7月10日，"德尔塔"火箭将世界上第一颗真正意义上的通信卫星——Telstar送入太空。这颗卫星是在美国的贝尔电话实验室建造的，是由英国、法国和美国联合开发的一个项目的一部分。Telstar能够从地面接收信号、放大信号（使用其球面上的太阳能电池提供的电力）并通过其"赤道"周围的喇叭天线转发信号。它一入轨就被投入使用，并跨越大西洋成功传送了电视信号、通话信号甚至传真。

地球静止轨道卫星

通信卫星的理想轨道是地球静止轨道，这是由亚瑟·克拉克于1945年指出的（见下方的说明框，以及本书第244页）。在这一轨道上，卫星在空中的位置保持稳定，以之为目标的接收器或发射机无需调整。NASA通过发射Syncom系列实验卫星，成为使用这条轨道的先驱。1964年8月，第一颗真正意义上的地球静止轨道通信卫星Syncom 3 发射成功，并立刻引发较大影响，因为这颗卫星被用来向美国的电视台播送1964年在日本举办的东京奥林匹克运动会的直播画面。

通信卫星的优点如此明显，以至于当这项技术甚至还在验证阶段时，肯尼迪总统就号召成立一个国际组织来建立起全球通信网络。1964年8月，在肯尼迪去世九个月后，11个成员国成立了国际通信卫星组织，该组织在1965年4月发射了自己的第一颗卫星——"晨鸟"号。在2001年被私有化之前，它的成员国发展到了100多个。国际通信卫星组织的成功为商业公司开辟了

人物小传

亚瑟·克拉克

亚瑟·克拉克（1917－2008年）于第二次世界大战期间在英国空军服役，后成为英国行星学会的活跃会员。从20世纪40年代起，他以科幻小说作家和敏锐的未来科技预言家的身份著称。他最著名的作品大概就是《2001：太空漫游》了。克拉克在1945年为《无线世界》杂志撰写的一篇文章中建议使用地球静止轨道卫星作为信号中继设备，虽然他不是第一个指出地球静止轨道实用性的人，但他的（独立）提议首先引发了广泛关注。不过，克拉克确实没能预见到微电子学的崛起，当时他认为这种中继设备必须是手动操作的。

地面站
尽管建立与低地球轨道（LEO）卫星的双向链路能够使用较小的天线，但向地球静止轨道上的通信卫星发送信号需要专门的设备。卫星地面站通常使用可移动抛物线天线，可在聚焦光束中产生并发送高频无线电信号。20世纪60年代以来，大多数应用所需的天线尺寸已经大大缩小。图为当时在英国的贡希利地面站建设的"大锅"天线。

道路，并且为类似区域通信卫星网络及其他卫星应用创建了一种通用模式。

低轨道通信

虽然地球静止轨道卫星非常适合用于向地面固定天线传输广播电视与无线电信号等，但功率要求和发射成本是重大障碍。其他卫星通信技术依靠部署在低轨道或中轨道上的卫星，因为单星覆盖区域（在给定时间内可以从地面上看到的区域）较小，所以传输方式与地球静止轨道卫星不同。中地球轨道卫星通常使用移动天线进行跟踪，而低地球轨道卫星则依赖"星座"原则，即需要确保轨道上有一群卫星在通信的区域定期通过。以著名的铱星网络为例，66颗组网卫星

铱星耀闪
借助天线的方向性，第一代铱星在轨道上捕获阳光时，能够在夜空中产生明亮可见的耀闪。

可以为任何拥有合适电话的人提供直接的卫星通信。虽然今天各大陆之间的固定电话和移动电话主要依靠海底光纤电缆，但铱星系统和类似系统为偏远地区和遭受自然灾害后通信基础设施被破坏的地区，提供了重要的联系途径。相对便宜的小型卫星群提供的其他创新通信服务的使用不断增长，如卫星互联网接入以及集装箱等资产的自动跟踪等业务。

混合信号

所有通信卫星都面临的一个关键挑战是要一次性发送并接收多个信号并保持数据的安全性和完整性。如今，大多数信号本质上是数字的，采用复杂的"复用"过程编码成不同的数据流，然后可以被预期的接收者解码。所有现代通信系统都使用微波发送和接收信号（短波长的无线电波），但"波段"精确度取决于它们的轨道、可用功率和数据需求。一般来说，低频信号携带的数据较少，

但需要的功率也较小。

2016年，中国率先测试了一种有望在未来为敏感通信提供新安全性的技术。其"墨子"卫星使用了"量子密码学"的原理——一种对亚原子粒子特异行为的应用，它允许信息在流中的两个位置之间发送，而流中的信息只能由预定的接收者读取，任何试图拦截信号的行为都不可避免地会被破坏掉。

地球静止卫星
随着太阳能电池效率的提高，现代通信卫星能够广播越来越强的信号，从而使地面接收器更容易接收。

1959年9月17日
试验导航卫星"子午仪"1A号发射升空，但未进入指定轨道。

1960年4月13日
"子午仪"1B号搭乘"雷神"运载火箭成功发射升空。

1962年12月18日
第一颗"子午仪"导航系统卫星搭乘"侦察兵"运载火箭进入轨道。

1978年2月22日
"导航星"1号卫星发射升空，标志着美国开始部署全球定位系统。

1982年10月12日
苏联发射第一颗"格洛纳斯"导航系统卫星。

2000年10月30日
中国发射"北斗"号1A卫星，开始其首个卫星导航网络的部署。

2001年5月1日
美国取消了GPS"选择可用性"政策，民用领域得以首次使用高精度定位数据。

2011年10月21日
经过十年部署，欧洲"伽利略"定位系统首发第一颗工作卫星，该系统计划部署30颗有效卫星。

卫星导航系统

随着陆基无线电导航技术应用到在轨卫星上，定位精度与难度随之发生革命性变化，人们能够精确且轻而易举地计算并跟踪自己在地球上的位置。

1957年"斯普特尼克"1号卫星发射后不久，利用在轨卫星作为导航信标的原理应运而生。美国约翰·霍普金斯大学的两位物理学家威廉·盖伊尔和乔治·维芬巴赫探究到了这一神秘新天体的更多信息。他们发现，通过研究卫星信号的多普勒频移曲线，可以分析卫星的运行轨道——"斯普特尼克"朝向和远离地球接收机移动时，其信号频率或音高会发生轻微变化。第二年春天，两位物理学家与同事弗兰克·麦克卢尔一同发现这一原理可以反过来——如果已知几颗卫星的精确轨道，那么通过计算它们所发出信号的多普勒频移，可以计算出地球接收站的精确位置。1958年底，美国海军高级研究计划局（ARPA，其在国防方面发挥的作用同NASA旗鼓相当）委托约翰·霍普金斯大学研发"子午仪"项目——用一系列卫星来检验这一原理的有效性，并将其投入实际应用。1959-1988年，美国发射了几十颗"子午仪"卫星，应用多普勒原理的方法也暴露出了几个缺点。最显著的是，其测量精确度最高只能到200米左右。因此，整个20世纪60年代，美国国防部启动加快这一系统的研究工作，测试了卫星在轨道上发射高精度时间信号的能力。20世纪70年代末，美国开始部署"导航星"全球定位系统，这是首个使用现代GPS原理的定位网络。

历史聚焦
"子午仪"系列卫星

"子午仪"系列卫星起初是为了向美国海军核潜艇提供精确的卫星定位而研发的。但不久后，其在军事和民用领域彰显出了更多其他用途。这些卫星在近极地轨道保持相对较低的高度飞行，运行周期大约106分钟。为了提供基本的卫星覆盖（即每隔几个小时，可将位置精确在几百米以内），需要5颗卫星，但实际上，为防止一些卫星出现故障，轨道上通常需要有10颗卫星运转。早期的"子午仪"卫星如"子午仪"2B号（下图两颗卫星中位置偏下的那一颗，上面为印有GRAB1标志的情报卫星）重达136千克，但后来的卫星质量大大减小，以便于使用造价更低廉的"侦察兵"火箭将其送入太空。

GPS是如何工作的

"导航星"（现在称为全球定位系统）基于无线电导航原理工作，这一原理早在太空时代之前就已经提出。大约有32颗卫星沿着中间轨道运行，每天环绕地球运转两圈。由于这些卫星分布在不同的轨道平面上，因此，在特定时刻，从地平线的任何位置都可以观察到

卫星A　　　卫星B　　　卫星C

每颗卫星的距离由接收机进行计算

接收机的位置

一箭四星发射
2016年11月，ESA的一枚"阿丽亚娜"5号火箭从法属圭亚那发射升空，使用新型有效载荷系统一次性将4颗"伽利略"卫星送入轨道，这是"伽利略"卫星导航系统首次同时发射四颗卫星。

GPS导航
一台GPS接收机通过多个信号来计算其到已知位置卫星的距离

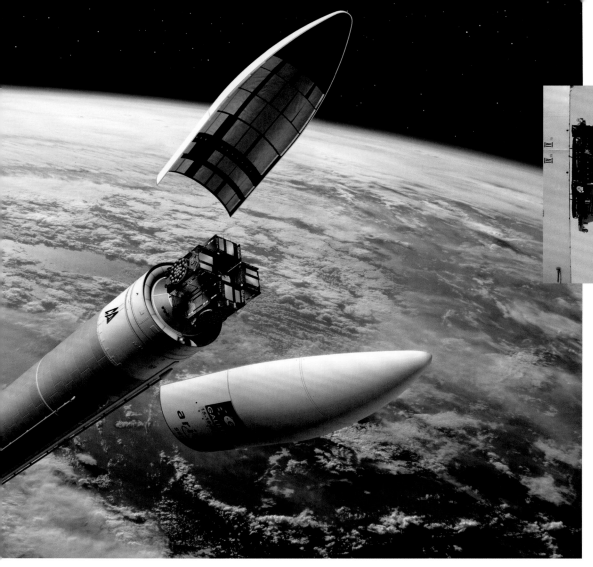

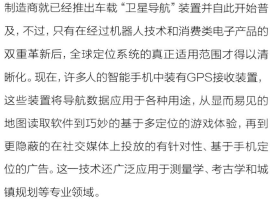

卫星发射准备工作

在发射之前，"伽利略"全球导航卫星装在"联盟"号火箭保护罩内，火箭装有Fregat上面级。卫星的轨道机动发动机被金箔包裹着。

制造商就已经推出车载"卫星导航"装置并自此开始普及，不过，只有在经过机器人技术和消费类电子产品的双重革新后，全球定位系统的真正适用范围才得以清晰化。现在，许多人的智能手机中装有GPS接收装置，这些装置将导航数据应用于各种用途，从显而易见的地图读取软件到巧妙的基于多定位的游戏体验，再到更隐蔽的在社交媒体上投放的有针对性、基于手机定位的广告。这一技术还广泛应用于测量学、考古学和城镇规划等专业领域。

不过，让GPS技术真正大放异彩的，是其在自动化领域的应用。卫星导航技术成为农业设备、无人驾驶飞机和智能汽车等自动化设备的核心，造价并不高昂的卫星终端可以实现精确跟踪集装箱货物，甚至监督"准时"交付单个部件的工作。与此同时，"大数据"应用程序可以从用户手机中获取看上去无关紧要的信息，将之与位置信息相匹配，提供更多的创新点。

来自不同方向的几颗卫星。这一"空间段"的每颗卫星都会发出一个数字信号，发送间隔精确到30秒。接收机（"用户段"）扫描来自不同卫星的信号，并比较它们的时间拍，以计算出每个信号传播了多长时间，从而确定自己与每颗卫星的距离。接收机通过精确的星历（轨道模型）来计算卫星的位置，并因此得出自己所在的位置——三颗卫星可以得出接收机的三维坐标，但若想得出高度数据并纠正接收机的钟差，仍需要第四颗卫星参与。

每颗卫星信号不仅包含时间信息，还包含最新的星历（接收机会定期下载星历以确保精确度）和含有卫星网络更多信息的历书。最后一个要素是卫星地面站网络，称为控制段，它用来监测卫星的轨道及其时钟的精度，每两小时会向每颗卫星上传一份新的星历，每天更新一次历书。

相匹敌的定位系统

1983年，里根总统开放了"导航星"的民用（不过故意调低了某些精确度），这使得美国导航系统成

为GPS系统的代名词，任何人都可以确定自己在地球上的位置，精度可达到几米之内。不过，考虑到定位系统的军事用途，苏联选择开发自己的定位系统也就不足为奇了。苏联早期的定位系统包括军用的"山雀"和民用的"蝉"系统，工作原理与美国"子午仪"系列卫星相同。但从20世纪80年代开始，苏联开始部署与GPS类似的全球定位网络，名为"格洛纳斯"。与此同时，中国从2000年左右开始在亚洲地区有限度地覆盖"北斗"卫星系列，到目前为止，中国已经建成覆盖全球的"北斗"3号卫星导航系统了。此外，出于对过度依赖美国军事系统的担忧，以及着眼于潜在的商业利益，欧盟也因此设计了自己的民用定位网络，名为"伽利略"。

GPS带来的技术革新

尽管早在1990年日本

空中勘测员

装置GPS的无人机可以通过编程飞越特定区域并进行勘测，同时收集有用信息。此图中，一架无人机正掠过法国的田野，评估农作物的健康状况。农民可以用这些数据来对特定地区对症下药，以提高农田的产出能力。

上空的守望者

早期的卫星俯瞰地球是为了监测天气或搜集军事情报,但20世纪70年代以来开发的遥感卫星已经改变了我们认识地球的方式。

早期的卫星技术应用主要集中于从太空观察地球,且最初想法主要集中于获取军事情报优势。特别是,美国认识到高空飞机在没有被拦截风险的情况下收集情报的潜力,于是秘密资助了U-2侦察机,该侦察机能在苏联领土上空21千米高度飞行。1960年5月,一架U-2在苏联领土上被意外击落,飞行员被捕。对美国来说,卫星监视更成为了军事应用的延伸。

竞争方案

早在1956年,美国空军就开始使用"锁眼"(KH)卫星胶片回收技术实施其"科罗娜"(又被称为"日冕")计划。1959年1月,它成为美国空军/中情局的"黑计划",且第一颗被命名为"发现者"1号的"科罗娜"卫星已经准备好飞行。然而,对仍然不可靠的美国空军"雷神-阿金纳"火箭发射的依赖使美国付出了沉重的代价——"发现者"1号在发射台爆炸中被摧毁,

随后出现了许多其他问题。直到1960年8月,"发现者"13号才成功从轨道上返回了一个胶片舱。

正当"科罗娜"成为越来越可靠的情报工具时,它逐渐消失在美国侦察局的秘密面纱之后。20世纪60年代中期,GAMBIT系列研制成功,搭载了更大、更高分辨率的望远镜。从1972年起,"科罗娜"被更大、更雄心勃勃的KH-9六角计划所取代。1976年,引入了与胶片分辨率相当的数字成像卫星。这些卫星最初被称为KH-11 Kennen(KH-11迦南),后来被称为Crystal,它们使用大型望远镜观察地球,被认为借鉴了"哈勃"太空望远镜的设计。

对苏联间谍卫星的了解更少。1961年开始使用"天顶"系列时,它参照了"东方"号的设计,利用一个可重复使用的相机单元取代了返回舱中的宇航员(见本书第58页)。该系列卫星(主要由苏联"宇宙"系列火箭发射)在后来的33年中得到了令人震惊的发展。后来的"琥珀"系列卫星的公开信息很少,首颗于1974年发射,采用"联盟"系列火箭进行发射。

地球遥感

当然,从太空观察地球还有另一个广阔的领域——为科学目的研究地理和环境。气象学是卫星早期的另一种容易预见的用途。NASA于1960年发射了其第一颗实验气象卫星TIROS 1(见本书第244页)。早期,气象卫星在靠近地球的近极地轨道上,一次只能拍摄地球上的一条区域。第一颗地球静止气象卫星直到

巨大的图片
遥感的潜能在这张巨大的图片上得以初步体现。它是在1972年由美国农业部用595张卫星图拼出来的。"地球资源技术卫星"1号所在的轨道使它可以在同样的照明条件下,在912千米(560英里)这一恒定的海拔高度上拍摄照片。

"大鸟"的视野
这张由1979年从美国国家侦察局KH-9六角卫星(绰号"大鸟")上解密的照片显示了莫斯科附近的一个机场的地面上苏联飞机的停靠情况。

商业遥感卫星

如今，遥感卫星的使用已不再局限于政府——它也可供付费用户使用。GeoEye的Ikonos-2是世界上首颗商业遥感卫星，提供高分辨率、多光谱和真彩色图像，图为旧金山影像。

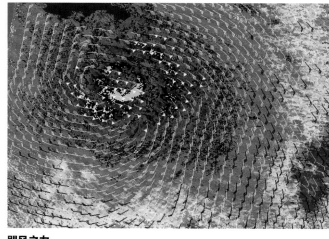

飓风之力

散射测量仪使NASA的QuikSCAT等卫星能够测量海洋表面的风速，使得天气预报系统的提前告警能力日益强大，如对2005年毁灭性的"卡特里娜"飓风进行预报。

业化的任务相继启动。

监视地球

如今，卫星监测着地球的方方面面，从气温到洋流，从波高到风速。光谱仪能够分析由下方的地表发出或反射的辐射，揭示从地表温度和作物使用到埋藏的水和矿物的一切。合成孔径雷达（SAR）可以提供关于景观形状和组成（见本书第267页）的详细信息，而微波雷达甚至可以穿透表土层，揭示地下特征。另一种称为散射测量的雷达技术可以测量接近海面的风速，微波探测装置则可以扫描大气带，从而建立从地球表面到上层平流层的温度分布模型。虽然所有这些不同物质之间的相互关系是复杂的，但遥感卫星为科学家提供了迄今为止最详细的地球视图，丰富了我们对地球复杂气候的精确运行方式的理解。

1974年才发射，它能够将地球一半表面保持在恒定的视野内。

当早期宇航员报告从轨道上看到令人惊讶的细节时，卫星对地球观测的真正潜能才变得清晰起来。随后，"阿波罗"9号进行了从太空研究地球的实验，包括首次使用多光谱成像（见右侧说明框）。苏联宇航员在"礼炮"号空间站上进行了类似的实验，美国的"天空实验室"的乘组也进行了类似的实验（见本书第170~173页）。

NASA于1972年发射了首颗致力于新遥感技术的卫星。在1975年"陆地卫星"2号发射后，其ERTS（地球资源技术卫星）系列卫星被更名为Landsat（陆地卫星）并延续至今。Landsat系列卫星是最成功的遥感卫星。此外，还有其他系列的卫星被发射。欧洲航天局和苏联发射了各自的类似卫星，随着科学家们发现探测地球性质的新方式，更多更为专

技术
多光谱成像

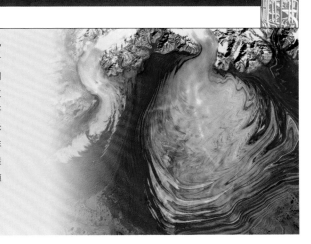

多光谱成像技术简单但强大。装有一系列滤光片的照相机以可见光的特定波长（颜色）拍摄同一区域的图像，有时以红外或紫外线拍摄。当比较或组合图像时，就可以看到和分析通常看不到的特征和属性。就像这幅阿拉斯加马拉斯皮纳纳冰川图一样，在可见光下，它在雪景中消失了。研究人员通常希望每隔一段时间重新访问同一区域，以揭示景观的变化。在这种情况下，从同一角度拍摄所有图像非常重要。因此，遥感卫星经常占据太阳同步轨道，即卫星轨道平面相对太阳的角度始终不变（换句话说，它的轨道平面每天略有变化，每年绕地球自转轴旋转一圈）。

1966年4月8日
NASA发射OAO-1号卫星，但在轨发生故障。

1968年7月4日
NASA发射RAE-1卫星（"无线电天文探险者"1号），它在轨道上部署了一个十字形、长达450米的天线。

1968年12月7日
OAO-2发射，并开始观测紫外线。

1969年7月
美国"船帆座"号卫星首次观测到伽马射线暴。

1970年12月12日
首颗太空X射线探测器——SAS-1（即"小型天文卫星"1号，也称"自由"号）发射。

1972年11月15日
NASA发射SAS-2，它是第一个专用的伽马射线天文台。

1978年11月12日
"爱因斯坦"号卫星（"高能天文学天文台"2号，即HEAO-2）成为首个在轨道上为X射线成像的望远镜。

1983年1月25日
首个红外线太空望远镜IRAS（"红外线天文卫星"）发射并运行了十个月。

轨道上的天文学

太空时代的到来为天文学家们提供了巨大的新机遇——他们终于能将仪器送到地球的大气层上方，来获得观察宇宙的清晰视角了。

天文学家们一直受到地球大气层的阻挠——甚至在晴朗的夜晚，湍急的气流也会使望远镜的图像失真和模糊。进入19世纪和20世纪，他们面临的挫折更多了，因为他们得知，电磁波包括从很长的无线电波到超短、高能量的伽马射线，而可见光只是电磁波光谱的一小部分；并且，大气层几乎把所有电磁波彻底阻挡在了外边。因此，当第二次世界大战结束，缴获的V-2型火箭可以投入使用时，天文学家们热切希望利用它们来从大气层外看一看宇宙。很快，由火箭发射的探测器的探测结果表明，太空中充斥着奇特的辐射。太阳放射出的紫外线辐射在1946年被发现，X射线在1949年被发现。来自银河（银河系平面）的无线电波早在1932年就被美国工程师卡尔·詹斯基从地面发现过。

　　早期的卫星丰富了这些发现，有时令人意外。长波长的无线电波（被认为源于由低温尘埃和气体构成的云团）是在20世纪60年代早期由为研究地球电离层而研制的卫星探测发现的。1962年，太阳系以外的第一个X射线源（现在怀疑它是一个黑洞）被发现。很快，专用的天文台随之而来，不过最早的天文台，如"轨道太阳天文台"（OSO）系列，原本并非以更遥远的天体为目标，

历史聚焦
月球上的天文台

在20世纪70年代这个微电子学兴盛的时代之前，似乎很多卫星仪器，包括那些用于天文学的仪器，并不会实现自动操作。因此，天文台看起来正在成为未来月球基地的主要功能之一。月球上的望远镜在很长的昼夜循环和稀薄的大气层环境下运行，它可以清晰地探查外太空——由于有防表面眩光的保护机制，当太阳升到地平线以上时，这个望远镜甚至也可以运行。月球天文台还将使建造更大的望远镜具备可能性，这些望远镜比任何能被送入轨道的望远镜都更大。如今，在电子学领域取得的进步和精巧的设计，已经克服了很多在轨望远镜的限制因素，但无线电天文学家们仍旧梦想着在月球远地侧建造一个望远镜。

而是为了发现太阳的更多秘密。第一批旨在探测更远处且获得成功的卫星是NASA从1968年起陆续发射的RAE（"无线电天文探险者"）系列。RAE系列卫星捕获并记录了从太阳、木星和银河系中各种其他源头放射出的无线电波。

　　第一颗X射线天文卫星是NASA的SAS-1（"小型天文卫星"1号，也称"自由"号），发射于1970年。它揭示出X射线源散布于整个宇宙，并牵引了后续各种任务。当美国"船帆座"号间谍卫星探测

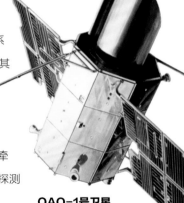

OAO-1号卫星
OAO即"轨道天文学天文台"，是自1966年起发射的一系列紫外线望远镜。

太阳能电池阵列

望远镜周围的隔热材料

镀金的遮阳板

"红外线天文卫星"
"红外线天文卫星"（上图）发射于1983年，它是第一个用远红外线（右图）绘制天空图景的太空望远镜。为了捕获来自天空的微弱的热辐射，这颗卫星被严密隔热，并用液氦冷却。

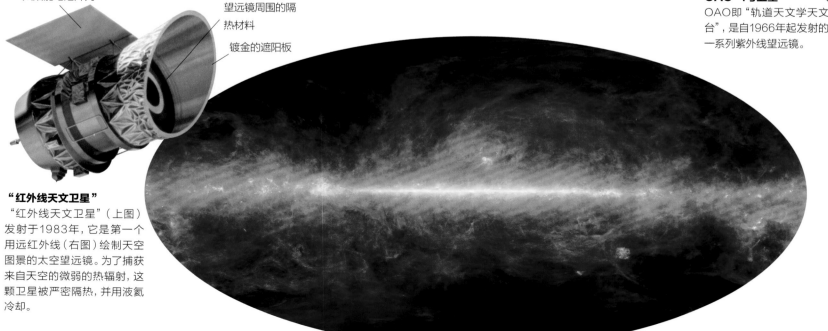

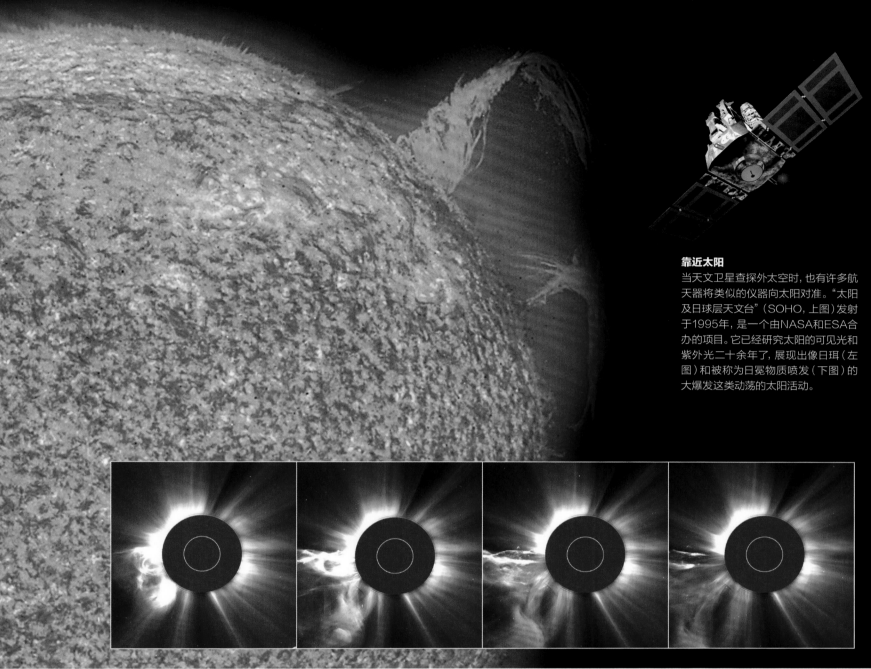

靠近太阳

当天文卫星查探外太空时，也有许多航天器将类似的仪器向太阳对准。"太阳及日球层天文台"（SOHO，上图）发射于1995年，是一个由NASA和ESA合办的项目。它已经研究太阳的可见光和紫外光二十余年了，展现出像日珥（左图）和被称为日冕物质喷发（下图）的大爆发这类动荡的太阳活动。

到源自外太空的伽马射线大爆发时，另一个新的天文学领域被开启了。这颗间谍卫星最初的设计目的是搜寻在地球上进行核试验的证据。1972年，SAS-2证实了伽马射线暴的存在，并在恒星爆炸后的残迹中找到了伽马射线源。继欧洲航天局在1975年发射Cos-B伽马射线卫星之后，法国在苏联的航天器和空间站上也开展了几项相关实验。

地球以外，太阳系以内

第一颗取得成功的紫外线卫星是OAO-2。它于1968年发射，目的是研究成千上万颗恒星，以及像彗星和星系这类天体的紫外线特性。很快，其他的紫外线

口径45厘米的反射式望远镜

太阳能电池阵列

仪表护套

太阳能电池阵列

天文台也随之而来。

太空探测的最后一个电磁谱的主要区域就是红外线。它热辐射的本质造成了独特的挑战——由于望远镜本身是一个红外线源，因此必须把它冷却到极低的温度，以避免其将来自恒星和其他天体的微弱的红外光淹没。1983年发射的"红外线天文卫星"首先克服了这些挑战，它是一项英国、美国和荷兰的联合任务。

紫外线天文台

高产的"国际紫外线探险者"号是NASA、欧洲航天局和英国三方合作开展的项目，运行了18年，并且是首颗可以由天文学家从地面实时操控的卫星。

"哈勃"太空望远镜

作为首个研究宇宙可见光的大型在轨望远镜，"哈勃"太空望远镜（HST）已经彻底改变了我们对宇宙的认知，解答了现代天文学的一些关键问题并提出了新的问题。

天文学家们很久以前就已经意识到太空望远镜的优点了。可见光是少数几类可以穿透地球大气层且相对无损的辐射中的一种，但是它穿透空气到达即使是在最高山顶的天文台时还是会受到干扰并失真。位于大气层上方的望远镜将不会受到这些问题的影响。虽然地面望远镜可能拥有更大的镜片，具备更强的聚光能力（理论上能看到更微弱的天体的能力），但在轨天文台将会连针尖那么小的细微处都能看得清清楚楚。

在轨运行的哈勃太空望远镜首先获得了莱曼·斯皮策（见右侧的说明框）的拥护。1977年，它终于获得资助并预计于1986年10月发射。但悲剧忽然降临到"挑战者"号航天飞机上（见本书第202~203页）。虽然其他航天飞机在1988年后期恢复了飞行，但直到1990年4月，才在"发现"号STS-31号任务中找到合适的档期来部署"哈勃"太空望远镜。

初期的困难

"哈勃"太空望远镜的光学设计与很多地面望远镜类似，使用一系列镜片把光弯折到巨大的主镜后方的焦点上，焦点位于四组仪器模块的任意一组上。最

人物小传
莱曼·斯皮策

美国天文学家和物理学家莱曼·斯皮策（1914-1997年）在1946年所写的《地球外部天文台之天文学优势》一文中，首次建议把一台光学望远镜送入地球轨道。早在第二次世界大战之前，他就已经是天体物理学界的后起之秀，年仅33岁时就成为普林斯顿大学他所在系的系主任。他的兴趣覆盖了从星际气体和星际尘埃到等离子物理学和核聚变等领域。在领导了NASA的"哥白尼"号紫外线望远镜（见本书第252页）的设计工作后，他于1965年受邀担任一个委员会的主席，主持规划"大型太空望远镜"，为说服国会和持怀疑态度的科学家们支持这个项目付出了大量心血。

初的仪器套件包含五台仪器（两台相机、两台用于分析光线的光谱仪和一台用于测量天体的精确亮度的光度计）。"哈勃"太空望远镜的设计宗旨是长寿命运行，且航天飞机可不定期造访进行修复和安装新仪器。幸好这样做了，因为当位于巴尔的摩市的太空望远镜科学研究所里的科学家们开始对望远镜进行彻底检验时，他们发现，主镜形状有个微小的缺陷，致使"哈勃"太空望远镜的所有图像都是模糊的。

虽然这个问题不会导致"哈勃"太空望远镜完全瘫痪，但却极为尴尬。幸运的是，他们找到了一种方法，可以弥补"哈勃"太空望远镜的近视问题（见下一页的说明框）。1993年12月的补救任务获得了巨大成功，为另外三次维修任务铺平了道路。

自修复以后，"哈勃"太空望远镜已经成为世界上最高产的科学仪器之一，执行了无数次观测，并帮助解开了很多关于宇宙的难解之谜。此外，它还为NASA的宣传工作提供了很多素材，它的图像美丽、壮观，而有时又有些深奥，时常登上头条。"哈勃"太空望远镜受欢迎程度极高，以至于NASA在2006年不得不向公众压力屈服，解除了自己对航天飞机非国际空间站任务的飞行禁令，在2009年执行了最后一次维修任务，使得"哈勃"太空望远镜又多运行了十年。

"哈勃"太空望远镜的构造
进入"哈勃"太空望远镜的光线被一个凸面主镜反射出去，沿着汇聚路径把射线反射回到一个小一点的副镜上。从这里，它再次折返，透过主镜中心的一个孔，然后在仪器上聚焦。

释放到轨道上
1990年4月，首次部署期间，"发现"号的机械臂谨慎地把"哈勃"太空望远镜安放到位于地球上方612千米处的轨道上。把望远镜安置在大气层上方意味着要让"航天飞机"抵达异乎寻常的高度。

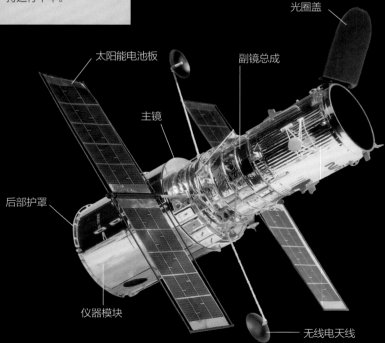

光圈盖

副镜总成

太阳能电池板

主镜

后部护罩

仪器模块

无线电天线

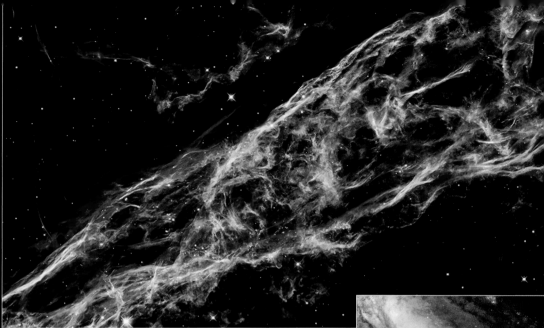

来自久远过去的微光

"'哈勃'深视场"是"哈勃"太空望远镜最具有标志性的图像——是通过连续几天把望远镜对准同一片天空而生成的全景图。此图是被熟知的"大天文台星系起源深空测绘南部视场"图景,是一项星系测绘的一部分,研究那些在宇宙形成的初始阶段就开始向地球发出光芒的星系。

"哈勃"太空望远镜的亮点

尽管"哈勃"太空望远镜的尺寸与一些地球望远镜相比相形见绌,但它在轨道上这一特殊的位置提供了独特的清晰度。假彩色图像结合了不同滤镜拍摄的视图,以揭示微妙的气体云中的复杂性,如"面纱星云"(上图)。其他目标如螺旋星系"梅西耶66"(右图),则不需要此类方法也能解析出数十亿恒星发出的光线中的细节。

技术
修复"哈勃"太空望远镜

由于无法在轨道上更换或修复"哈勃"太空望远镜的原装主镜,工程师和科学家们设计出了一种光学魔术盒——"矫正光学系统太空望远镜光轴替代器"(COSTAR)。这个仪器使用了10个经过精密研磨的镜片来调整光线穿过望远镜的路径,并将其焦距调准。它被插入到"哈勃"太空望远镜中的一个仪器舱里,能将经过矫正的光线转向后反射入其他三个仪器舱中的任何一个。COSTAR就位后,"哈勃"太空望远镜的图像改善效果极为显著。

矫正后

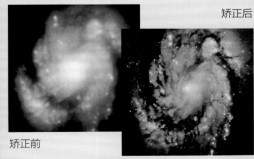

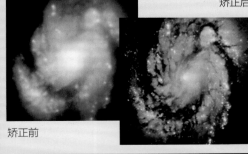

矫正前

在轨运行的天文台

"哈勃"太空望远镜（HST）的成功开启了天文学的黄金时代，人们或用卫星为天空中的不可见辐射物成像，或使用独创的新技术来更多地了解宇宙。

20世纪80年代，很多天文学家意识到了系列并行天文台所具备的优势——这些天文台可以以不同的波长研究天空。届时，"哈勃"太空望远镜提供的光学（和近紫外）图像就可以由其他望远镜同时进行的观测进行补充，以揭示出天体的可见外观在其他波长段是如何与其不断变化的特性相互关联的。这个想法最终在"大天文台"计划中得以实现，通过该计划发射了四颗卫星（包括"哈勃"太空望远镜），在可见光和近紫外光、伽马射线、X射线和红外线中观测宇宙。

"大天文台"

第二颗"大天文台"卫星被称为"康普顿"伽马射线天文台（CGRO），发射于1991年。为了探测出宇宙中能量最多的辐射物，这颗卫星配备了四台笨重的仪器——不是传统意义上的望远镜，而是"已调频的"探测器，可以探测能量不同的伽马射线，并定位它们的来源方向。运行九年间，"康普顿"伽马射线天文台探测到了400多个新的伽马射线源（这个数字是以前所知的10倍），这些射线源和宇宙中最奇特的一些天体相关。然而，由于"康普顿"伽马射线天文台重达17 000千克，在一次不受控制的再入大气层期间，大部分设备可能已经落到地面上了。所以，当它的制导陀螺仪失灵时，它就在受控情况下被谨慎地移出轨道。等到"康普顿"伽马射线天文台的任务被画上句号时，该计划中的第三颗卫星已经发射。"钱德拉"X射线天文台研究宇

宙中能量略少一些的辐射物。但正面射入的X射线可以直接穿透镜片，因此，对望远镜的设计提出了挑战。为此，"钱德拉"X射线天文台采用了系列独创的弧形金属片，互相嵌入，让X射线以较小的角度撞击到镜片上，逐个依次反弹并最终到达X射线探测器上的焦点处。"钱德拉"X射线天文台已经成功运行了二十多年。2012年，用于探测更高能量的X射线的"核光谱望远镜阵列"（NuSTAR）加入进来，其原理相同。

最后一个"大天文台"是"斯皮策"太空望远镜，它的目标是探测由宇宙中最冷的天体发出的微弱的红外线辐射。它发射于2003年，通过使用液氦冷却剂，它携带的仪器都被冷却到了-268°C，冷却剂会随着时间的流逝而被用尽。尽管如此，这项任务全力运行到了2009年。而且它还在以更短、色调更暖的波长段继续运行。而其他卫星，如欧洲航天局的"赫歇尔"太空天文台已经进行了远红外线探测的相关工作。

行星搜寻望远镜

在20世纪90年代，天文学取得了一项重大突破，发现了首批系外行星（绕其他恒星轨道运行的行星）。虽然早期的发现成果是通过使用地基望远镜获得的，但天文学家们很快意识到，有一项有效的搜索技术只有在轨道上才能发挥作用，这就是所谓的"凌日法"（也称过境法）。这种方法依赖于在长时间内连续地观察恒星场，当在轨行星在它们的母星前方经过时，探测

散热器将过剩的热量释放到太空

"钱德拉"：X射线
"钱德拉"X射线天文台探测的是由超新星遗迹和正在被拉进黑洞的物质这类天体所放射的高能量辐射物。

"斯皮策"：红外线
"斯皮策"太空望远镜研究的是红外线辐射，它可以透过不透明的气体云和尘埃云，探测我们所在的星系内外那些比较冷暗的物质。

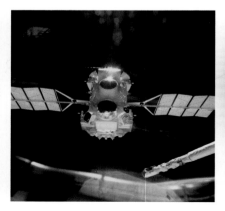

"康普顿"：伽马射线
"康普顿"伽马射线天文台曾测量到由宇宙中一些最剧烈的活动放射出的辐射物，这些活动包括超新星爆发和正反物质碰撞。

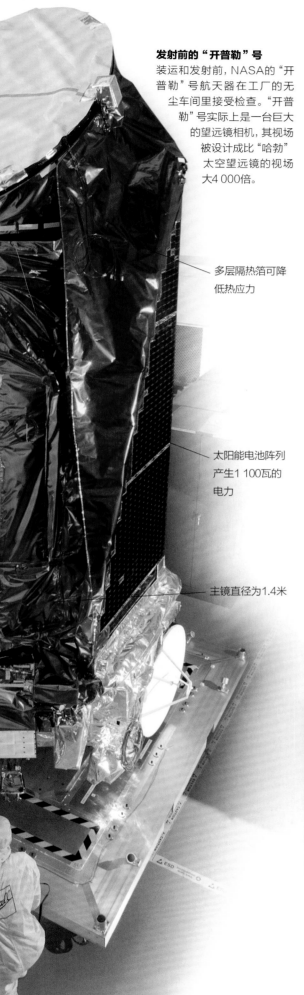

发射前的"开普勒"号

装运和发射前，NASA的"开普勒"号航天器在工厂的无尘车间里接受检查。"开普勒"号实际上是一台巨大的望远镜相机，其视场被设计成比"哈勃"太空望远镜的视场大4 000倍。

多层隔热箔可降低热应力

太阳能电池阵列产生1 100瓦的电力

主镜直径为1.4米

紫外线辐射

X射线图像

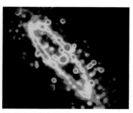

中红外线（"斯皮策"号）

地基无线电图像

同一星系，不同波长

距离我们所在的星系最近的大型星系是仙女座星系（M31），我们已经以很多不同的波长对它进行了研究，揭示出了它的大量隐藏特点——很多特点与环状尘埃云或其核心处的巨大黑洞有关联。

它们微微下降的亮度。NASA发射于2009年的"开普勒"号将这个想法应用到一项规模宏大的工作中。它连续几个月凝望一片遥远的星云，发现了成千上万颗可能存在的系外行星。于2018年发射的"凌日外行星探测卫星"任务正在将类似的原理运用到横贯整片天空的灿烂恒星上。

绘制宇宙图

除了类似于"大天文台"及其后继天文台这类通用的望远镜之外，一些卫星也肩负着以极为特定的方式研究整片天空的使命。欧洲航天局的"盖亚"号任务采用相对较小但较精确的望远镜来记录恒星从地球

轨道一侧到另一侧的视位置的微小移动。这种视差效应是由我们不断变换的视角引起的，对于距离更远的物体来说，这种视差效应更小，因此它可以用来直接测量恒星的距离。第一颗进行视差调查的卫星是于1990年年初发射的"依巴谷"卫星（或称高精度视差聚合卫星），但"盖亚"的精确度远高于它，而且将这项技术扩展到更远的距离，囊括了银河系里的十亿颗恒星。

一系列高度专业化的天文卫星揭露出了宇宙在远古时期而非现在的秘密。微波天文台用于探测大爆炸后宇宙背景辐射发出的微弱无线电波。这些波的性质变化，比如温度方面的微小变化，反映出极早期宇宙的结构。早在1992年，NASA的"宇宙背景探测器卫星"就发现了背景辐射中的涟漪。但后续任务，如"威尔金森微波各向异性探测器"和欧洲航天局的"普朗克"揭露了更为翔实的细节。

深邃的背景

欧洲航天局的"普朗克"号卫星提供的一张图像显示出源自整片天空的宇宙微波背景辐射，揭示了宇宙只有380 000岁时的温度变化。

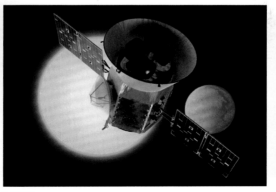

TESS

NASA的"凌日系外行星探测卫星"（TESS）一次对一大条天空扫描27天，搜寻有迹象的亮度变化，这种变化表示一颗行星正在越过远方的一颗恒星前方。这项任务预计会发现约2 000颗类似于地球的新的系外行星。

"盖亚"号

欧洲航天局的"盖亚"号航天器在距离地球150万千米处的引力"甜蜜点"（最佳位置）运行。在这个位置，它可以免受引力和热的干扰。五年多的时间里，它一直在对十亿颗恒星的位置进行多次精确的测量。

后期的月球探测器

整个20世纪70年代初期，苏联都在用一系列复杂的无人探测器弥补它未能把人类送上月球这一缺失。更近期的任务已经对月球矿物资源的情况进行了更详细的研究。

如果"月球"15号在1969年7月成功在月球着陆，即使"阿波罗"11号抢了风头，它也能为苏联的科学家们带来些许安慰。"月球"15号是新一代"月球"号探测器中的第一枚，配备了一个自动钻和一个可以在远程控制下将月尘样本带回地球轨道的小型舱。但事与愿违，降落时，反推发动机发生了故障，"月球"15号猛烈地撞向自己在危海的原定着陆区。

"月球"号二阶段

尽管这次失败了，但无人飞行器探索显然为苏联的科学家们持续探索月球提供了一种划算的方式。"月球"16号运行完美，于1970年9月在丰富海着陆，并钻取了100克岩石，安全返回到苏联领土。另一新型任务是由1971年11月发射的"月球"17号引领的。在雨海地区着陆之后，"月球"17号释放了一个自动探测车——"月球车"1号，它和一辆小型汽车一般大小，使用太阳能在月球表面持续探测了321天。

苏联的这项计划一直持续到1976年，其间又另外执行了七项任务——"月球"21号探测器携带着另一辆月球车，而"月球"18号、20号、23号和24号是样本返回任务（不过18号和23号失败了）。"月球"19号和22号是高级在轨测绘仪，它们都运行了一年有余。

极地快照

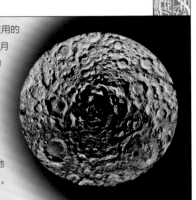

由于"阿波罗"系列任务和更早些的月球探测器使用的是有适度倾角的轨道，所以它们都没有仔细查看过月球的两极。然而，它们拍摄到的图像暗示了月球的南极可能有一大片洼地——最有可能是因一次远古时期的撞击而形成的盆地。"克莱芒蒂娜"号证实了这片广袤坑地的存在，这就是约2 500千米的南极——艾特肯盆地。在该区域，由于太阳升入天空中的角度总是只有几度，所以盆地内部有一些比较深的坑地从未见过阳光，而且，这些坑地中有一些似乎蕴藏着或许由彗星撞击形成的沉积冰。

重返月球

随着"月球"号计划的结束，月球被冷落了差不多20年。就在1994年，一个被称为"克莱芒蒂娜"号的小型航天器重新激起了我们对这颗卫星的兴趣。它是美

"月球车"号漫游车

"月球车"号长约2.5米，宽约1.5米，车轮上方有一个极像浴缸的东西。这辆探测车的盖子被太阳能电池板覆盖着。它可以倾斜，来面朝太阳，或闭合，以便在月球的夜间为探测器保暖。

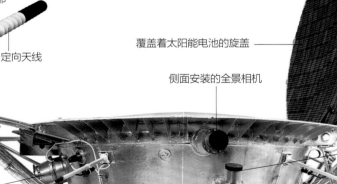

定向天线

覆盖着太阳能电池的旋盖

放射性加热装置

望远镜的天线

前向立体相机

电子设备的加压舱

每个车轮上的独立驱动装置

每个车轮上都有单独的减振装置

"月球"号的取样器
"月球"16号及后续探测器采用了两级航天器设计。降落级安装着相机和仪器，作为圆柱形返回舱的发射台。

"月球勘探者"号

1998年，在"月球勘探者"号发射之前，一名工程师为它做最后的调整。探测器已经被安装到将它从地球轨道送往月球轨道的上面级上了。

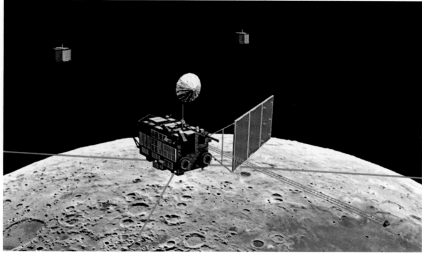

轨道测绘

JAXA的"月亮女神"号（全称为月球学与工程学探测器，又被称为"辉夜姬"）绕月球轨道运行了20个月，它使用高清电视相机汇编详细的地图并测量月球引力。

国NASA和国防部之间的合作项目，这是首颗遵循"更快、更好、更便宜"的准则开发出来的探测器，这一准则是NASA继一系列引人注目、造价昂贵的任务失败之后提出的。这颗探测器从概念提出到发射仅用了22个月，并且在轨道运行仅两个月内就传送回了180万张数字图像。"克莱芒蒂娜"号首先发现了月球两极存在冰的迹象，而且还以不同的波长拍摄到了月球的地形，显示出的色彩差别暗示了月球地表存在各种矿物。基于这些发现，NASA于1998年发射了目标更为宏大的"月球勘探者"号。它采用遥感技术来汇编第一批详细的月球矿物图，并进一步证明了月球地表存在冰。NASA希望在探测器的任务结束时，用这颗探测器撞击可疑的坑地来为这个论据下定论，但是撞击没有造成期望中的冰碴飞溅。

在千禧年，其他国家对月球重新产生了兴趣。2003年，欧洲航天局发射了一颗自己的月球探测器——（"先进技术研究小型任务"1号），首次使用一台离子推进器（见本书第285页）抵达月球。2007年，日本和中国都发射了探月任务（"月亮女神"号和"嫦娥"1号），两者都在执行预定撞击之前从轨道上对月球进行了测绘。第二年，印度随之也发射了自己的"月船"1号轨道器和一个专用的撞击探测器。NASA的"月球侦察轨道器"自2009年起就一直在以前所未有的精细程度测绘月球，不过美国近期的任务已经以解答具体问题为目标了。例如，2012年的"重力恢复与内部实验室"任务中的两个航天器绘制了月球的内部结构图，而"月球大气与尘埃环境探测器"（2013－2014年）则研究了太空中月球周围的粒子。

源自"克莱芒蒂娜"号的景观

在由"克莱芒蒂娜"号在月球夜半球上空拍摄的这张照片中，金星正好悬挂在月球的另一边。月球右侧微弱的光亮是由地球反射过来的阳光造成的。

1973年11月3日
"水手"10号离开地球前往水星。

1974年2月5日
"水手"10号掠过金星，首次使用引力辅助进行机动。

1974年3月29日
"水手"10号执行第一次水星近飞探测飞行。

1975年3月16日
"水手"10号通过利用太阳风得以稳定，执行第三次，也是最后一次与水星的交会。

2004年8月3日
"信使"号搭乘"德尔塔"Ⅱ号火箭从卡纳维拉尔角发射。

2005年8月2日
"信使"号在一次引力辅助机动过程中掠过地球，这次机动操作会先把它送向金星，然后送往水星。

2008年1月14日
"信使"号执行初次水星近飞探测飞行。这是它在进入轨道前的三次近飞探测飞行中的第一次。

2011年3月18日
"信使"号探测器成为首颗绕水星轨道运行的航天器。

2012年4月16日
继"信使"号完成首要任务并绘制了水星的完整表面图之后，NASA的工程师们将这颗探测器降低到一个更接近水星的运行周期为8小时的轨道上。

2015年4月30日
"信使"号于2014年底耗尽燃料后，撞击到水星的远地侧，标志着其任务的终结。

探索水星

到达最靠近太阳系中心的行星对于NASA而言是一项艰巨的挑战。但20世纪70年代初，用于飞越的技术为未来去往太阳系其他地方的任务铺平了道路。然而，直到一代人之后，太空探测器才再次光顾水星。

到达水星所遇到的问题是由亘古不变的行星运动定律引起的。这些定律说明，在更接近太阳的轨道上运行的行星比在更远处运行的行星移动得更快。小个头的水星在距离太阳平均只有5 800万千米远的地方绕轨运行，水星上的一年只相当于88个地球日，它以每秒约48千米的速度在太空运行。与之相比，地球沿着自己的轨道以相对迟缓的速度，即每秒30千米的速度移动，而这个速度决定了探测器离开地球轨道前往其他星球的"继承"速度。因此，从地球发射前往水星的航天器必须大幅提速。而当NASA于1968年将注意力转移到水星上时，根本没有办法发射一颗具备足够加速能力的探测器，即使是重量很轻的探测器也不行。

追逐水星

对于"水手"10号任务的策划者而言，幸运的是有另外一种解决办法——何不把航天器送入一个环绕着太阳的椭圆形轨道上？照此设计，航天器就会每两个水星年绕轨运行一圈，且运行到近日点时会靠近水星——不止一次，而可能是好几次。这样一条轨道对能量的需求会大幅减少，并且使任务能够实现。但即使是把"水手"10号送入这样的椭圆形轨道也是一个难题。最终的解决方案要求航天器在与金星交会时使用一种有待试验的理论技术，被称为引力辅助，或引力"弹弓"（见右侧说明框）。"水手"10号任务发射于20世纪70年代早期，借此，它不仅使科学家们首次对水星进行了近距离观测，还为后来那些将采用弹弓技术来探索系外行星的任务进行了演练，如"热电带外行星航天器"系列探测器（见本书第264页）任务。

"水手"10号

1974年3月，这枚航天器首次与水星交会并传回图像，图像显示水星

是一个多坑、灼热、没有大气层的星球，但有很多特征表明它的过去不同寻常。或许最壮观的发现要数巨大的卡洛里斯盆地了，它是一处宽约1 300千米的撞击痕迹，但是巨大悬崖穿过了这处景观的很多地方。密度测量显示，水星有一个异常大的金属核心。"水手"10号于1974年9月和1975年3月对水星进行了两次进一步近飞探测飞行，但是由于探测器的轨道和行星的轨道每两个水星年会合一次，而这个周期恰好是三个水星日，所以每次近飞探测时能看到的都是同样的地区，因此无法绘制出45%以上的地表图。

在水星的轨道上

尽管"水手"10号获得了成功，但是对水星进行进一步探索的计划停滞了一段时间——对这颗小型行星的兴趣似乎被把探测器送入轨道的成本和技术障碍所阻挠。然而，在20世纪80年代晚期，喷气推进实验

太阳帆船
当"水手"10号耗尽燃料并失去进行受控翻滚移动的能力时，地面控制人员利用太阳风粒子对其太阳能电池板施加的压力来引导探测器执行它最后一次，也是最接近的一次飞越。

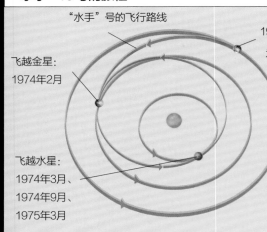

技术

"水手"10号的旅程

"水手"号的飞行路线

1973年11月从地球发射

飞越金星：
1974年2月

飞越水星：
1974年3月、
1974年9月、
1975年3月

为了抵达水星，"水手"10号必须进入一个精准的椭圆形轨道，运行周期为176天（两个水星年）。它不仅要与水星的轨道交会，还要与水星自身交会。它通过从金星"借来"能量得以加速并改变航向，从而做到了这一点。1974年2月，当它接近金星时，被其引力拉近，加速，这样它就沿着一条新的椭圆形路径继续前进，去到更靠近太阳的地方。在"水手"10号失去机动能力之前，它与水星交会了三次。

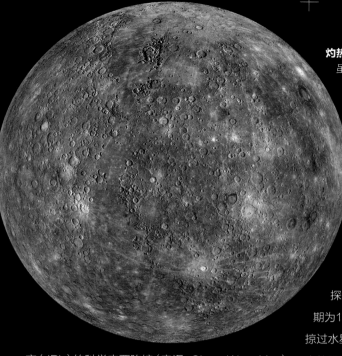

灼热的行星

虽然水星和月球在外形上显然很相像，但是这颗灼热的行星似乎拥有更为错综复杂的过去。

水星的矿物质

这张伪色拼接图（false-colour mosaic）是在"信使"号的第一次近飞探测飞行期间制作的，它显示出水星地表矿物质的差异，这些矿物质与发生在过去的撞击和火山喷发有关联。

光高度计和用于绘制水星的引力场和磁场的仪器。探测器如此接近太阳，因此温度控制问题显然值得关注。为此设计了一个巨大的遮阳板使精巧的电子设备免受太阳辐射的伤害。但是，水星表面太热了，来自它本身的热辐射也有可能造成损害。因此，探测器最终采用了高椭圆的极轨道，运行周期为12小时，它在高度低至200千米时飞快地掠过水星地表，接着就回归到更远的15 000千米的距离。

"信使"号在水星轨道上运行了四年多，远远超出了最初的预期，取得了很多发现。仪器揭示出与很多撞击坑相关的以前的火山活动，发现了这颗星球奇特的磁场方向——与水星的核心存在明显的偏移。有趣的是，它还探测出水冰和碳基有机化合物潜藏在水星两极永久阴影区的坑地里（可能是由彗星撞击遗落在那里的）。

2014年后期，"信使"号的燃料耗尽，它开始最后一次内螺旋式机动。2015年4月末，它撞向水星地表，撞出了一个新的撞击坑，直到撞击前几分钟，它还在传回图像。

室（JPL）的科学家严陈婉（音译，Chen-Wan Yen）展示了采用多重内行星飞越使任务能够抵达水星轨道的方式。十年后，NASA终于批准了一项水星轨道器任务，最终被称为"信使"号（全称为"水星地表、太空环境、地质化学与测距"探测器）。

"信使"号于2004年8月开启了它那漫长的旅程，并在通过进行向内螺旋式移动来与水星汇合期间，绕太阳环行了不少于15圈。途中，它借助一次地球重力加速、两次金星引力加速实现与水星的三次近飞探测。因此，等到它于2011年3月进入轨道时，"信使"号已经大增了我们对这颗最接近太阳系中心的行星的认知。

除了一系列相机外，这颗探测器还携带了用于分析矿物质和气体的光谱仪、一台用来测量地表高度的激

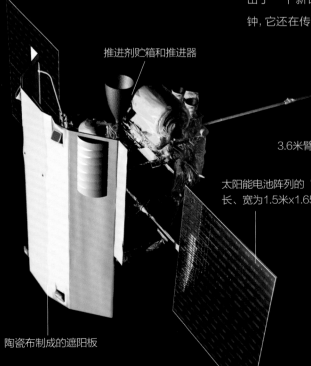

推进剂贮箱和推进器

3.6米臂架上的磁力计

太阳能电池阵列的"翼"，长、宽为1.5米x1.65米

陶瓷布制成的遮阳板

轻量式探测器

虽然"信使"号探测器采用了引力辅助，但还是需要尺寸小一些才能抵达水星。它的直立高度比一名普通的成年男性略高，发射质量为1 100千克，在轨机动时使用的推进剂占据了它的多半质量。

早期的火星任务

"水手"号前几次对火星进行的飞越探测表明,这颗行星是一个贫瘠、布满坑洞、由岩石构成的球体,但20世纪70年代期间的轨道器和着陆器则展现出一个复杂得多也更令人着迷的星球。

尽管"水手"4号、6号和7号都在20世纪60年代对火星进行了成功的飞越探测,但还没有一颗探测器进入到围绕着火星的轨道中——不过这一点会随着"水手"9号任务而改变。这颗探测器是由一枚"宇宙神-半人马座"号火箭发射的,它(连同未获得成功的孪生探测器"水手"8号)是首颗配备反推发动机的探测器,能够减速进入火星轨道。1971年11月,当它历经六个月的旅程后抵达时,火星正被一次周期性的全球尘暴笼罩着。但是,几周后,当大气层开始清透起来时,一幅意想不到的景观浮现出来——巨大的火山群耸立在平坦的低地平原之上,主宰着北半球。其中包括一座后来被

命名为奥林匹斯山的山峰——它是太阳系里最大的火山,宽约500千米,高出火星地表平均高度27千米。也许更令人印象深刻的是被称为"水手谷"的深邃峡谷。火星地表上的这些巨大的陡崖使地球上的美国大峡谷相形见绌。大峡谷围绕火星的赤道延伸超过4 000千米,在某些地方,深度超过10千米,宽度超过600千米。与地球上的山谷由水的侵蚀导致不同,很明显,这些山谷是由火星地壳中的断层造成的。不过,"水手"9号还在别的地方拍摄到了一些蜿蜒的山谷、"岛屿"和"水"渠,这些"水"渠看起来很像是在这颗行星的远古时期时由水流造成的。

那么,之前的三颗探测器为什么会误导科学家们呢?原来,由于其飞行路线的偶然性,每颗探测器都只拍摄到了有很多岩石和坑洞,以及高地耸立的南半球。火星的南北半球截然不同,而它有趣的一面直到1971年才被注意到。

火星上的前哨站

"水手"9号在轨运行349天,改变了科学家们对火星的印象。如今,水

第一个轨道器
"水手"9号与早前的"水手"号系列探测器在几个方面有所不同——它拥有更大的用来发电的太阳能电池阵,还有一枚制动火箭用来在它抵达火星时为它减速。

地面景观
"维京"号系列着陆器发现了这颗行星各处的地形变化。"维京"号着陆器1号的着陆处(下图)岩石较少,而风吹成的沙丘较多。着陆器2号的着陆处(右图)则散落着更多的岩石,颇似地球上的玄武质火山岩。

"维京"号的景观照
"维京"号系列轨道器汇编了一份全面的火星摄影地图集,可以制成完整的半球图。这张景观照被"水手"号大峡谷和其左侧巨大的火山群所占据。

1971年5月9日
"水手"8号从卡纳维拉尔角升空,但运载火箭发生故障导致发射失败。

1971年5月30日
"水手"9号发射成功,飞向火星。

1971年11月14日
"水手"9号进入火星轨道,沙尘暴正在火星表面肆虐。

1971年12月
"水手"9号传回首张图片。

1972年10月27日
"水手"9号在耗尽姿控发动机燃料后被迫关机。

1975年8月20日
"维京"1号从卡纳维拉尔角升空。

1975年9月9日
"维京"2号成功发射。

1976年6月19日
"维京"1号进入环绕火星的轨道。

1976年7月20日
原计划于7月4日——美国建国200周年纪念日降落的"维京"1号探测器,由于推迟了计划,最终在7月20日成功释放着陆器,使其通过降落伞进入火星大气层,成功着陆在赫里斯平原区域。

1976年8月7日
"维京"2号抵达火星。

1976年9月3日
"维京"2号于乌托邦平原着陆。

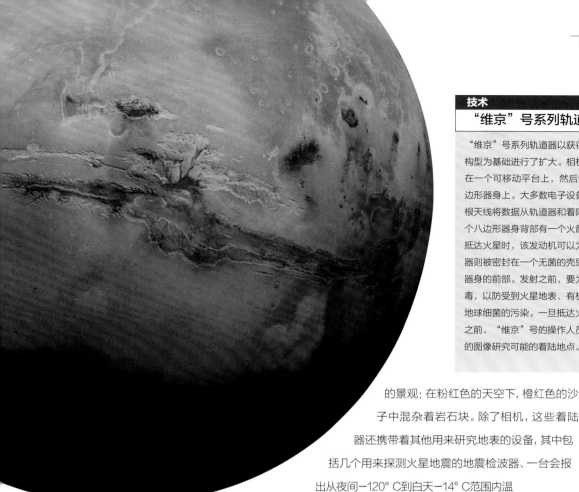

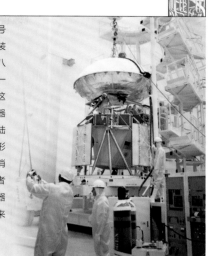
乃至生命曾经在火星历史上的某个时刻存在过的可能性被重新提上议程。更先进的"维京"号系列任务启动于1969年，原定于1975年发射，这个任务系列突然成了备受关注的焦点。

　　计划发射的两个"维京"号航天器各配备两个组件——一个轨道器和一个着陆器（见上方的说明框）。"维京"1号于1976年6月抵达围绕着火星的轨道，而"维京"2号于8月抵达。轨道器继续以较高的分辨率为整颗行星拍照，一直到1980年。但是关注点很快就切换到了着陆器上，这两个着陆器分别于7月和9月被空投到火星表面。它们传回的图片分别记录了克里斯平原和乌托邦平原地区非常相似

的景观：在粉红色的天空下，橙红色的沙子中混杂着岩石块。除了相机，这些着陆器还携带着其他用来研究地表的设备，其中包括几个用来探测火星地震的地震检波器、一台会报出从夜间−120° C到白天−14° C范围内温度值的气象站和一个用来获取并研究火星土壤的取样器臂。

　　不过，最受关注的还是生物学处理器。这是一套三件式的实验设备，它在土壤样本中寻找光合作用、细菌或者纯有机（碳基）质的证据。虽然没有找到进行光合作用的迹象，而且有机质测试也是一场空，但是当给土壤施放了一些养分时，土壤确实发生了反应。多数科学家认为，这是由特殊的化学成分，而不是生命物质造成的。但结果并无定论。接任"维京"号任务的探测器很久之后才抵达火星。

用于与地球直接联系的高增益天线

放射性同位素电源

相机

气象学传感器

气象学臂架组合

推进剂贮箱

着陆减振器

生物学处理器

地表取样器臂架

"维京"号火星着陆器

为了降低穿过稀薄火星大气层时的降落速度，每个"维京"号着陆器都会先使用降落伞再使用反推发动机。在大气进入过程中，无菌外壳将着陆器密封着，然后在最后的接近段脱落。着陆器携带的天线使它能够和地球通信，既可以直接发送信号，也可以通过轨道器中继信号。

1972年3月2日
"先驱者"10号发射，启程前往木星，航程时长20个月。

1973年4月5日
"先驱者"11号启程，经由木星前往土星。

1973年12月3日
"先驱者"10号首次飞掠木星。

1979年3月5日
"旅行者"1号飞掠木星。四个月后，"旅行者"2号也跟随而至。

1979年9月1日
"先驱者"11号首次飞掠土星。

1980年11月12日
"旅行者"1号飞经土星的天体系统，并近距离接近土卫六泰坦。

1986年1月24日
"旅行者"2号首次飞掠天王星。

1989年8月25日
"旅行者"2号首次飞掠海王星。

2012年8月25日
"旅行者"1号成为首个进入星际空间的人造天体。

去巨行星旅行

"水手"10号运用引力辅助的成功为一些艰巨的任务铺平了道路，这些任务要跨越巨大的太阳系外行星之间遥远的距离。

太阳系内类地行星的运行空间与四颗外侧行星的轨道相比，显得很是狭小。这些外侧巨行星中，即使是最近的木星，也在距离太阳5个天文单位（AU）的轨道上运行（一个天文单位就是地球到太阳的平均距离，约为1.5亿千米）。最外部的巨行星，海王星，距离太阳约有30个天文单位那么远。

这些巨行星是由气体构成的巨大球体，并被一大批卫星和小卫星围绕着——这些复杂的天体系统成为太空探测器的科研目标。但是它们的距离极为遥远，因此，不在太空竞赛时期那些容易实现的目标盛事之列，对它们的探索是一段长期奋斗的历程。

NASA于1972年和1973年分别向木星和土星发射了最早的两颗探测器——"先驱者"10号和11号。这些探测器成为首批跨越火星和木星之间的小行星带的人造天体，证明了那里基本是一片空旷的空间，而且发生碰撞的风险很小。"先驱者"10号于1973年12月抵达目标并传回了几张照片，这些照片胜过了地面望远镜，但仍旧遗留下很多问题有待解答。1974年，"先驱者"11号掠过木星，并利用巨行星的引力来让自己向土星飞行。1979年，它抵达了土星。那时，一对更精细复

高增益天线
粒子实验设备
放射性同位素电源（RTG）
宽角和窄角相机
主系统总线，带推进系统
红外和紫外仪器

"旅行者"号
这两颗孪生的"旅行者"号探测器完全不像它们的"水手"号原型。它们靠小型推进器维持平稳，通过追踪太阳和明亮的老人星在太空中确定自己的方位。

杂的探测器已经紧随其后了。

规划"旅行者"号系列

20世纪60年代，科学家们最开始研究引力辅助的时候，就已经注意到，巨行星会在20世纪70年代晚期时排成一条直线，这种情况每176年才会出现一次。在这段时期发射的航天器能够到外太阳系"畅游"一圈，轮流从每个巨行星获得引力辅助，帮助改变它的路线并为其加速，使其向下一个目标前进。这个百年难得一遇的机会实在不容错过，所以NASA开始为"热电推进式外行星航天器"制订计划。然而，随着任务愈发艰巨和复杂，其预算激增，致使在1972年的经费削减中被取消。

距发射窗口期仅剩几年之际，NASA从头开始，以"水手"号采用的技术为基础，设计了一款更简单的探测器。等到1977年任务准备就绪之时，这对孪生航天器的设计已经与"水手"号相去甚远，因此它们被赋予了新名字——"旅行者"号。

畅游者

"旅行者"号任务设计要求"旅行者"1号在一个比它的同胞所在轨道更快的轨道上运行。因此，1977年8月20日，"旅行者"2号先发射，15天后，"旅行者"1号起飞。"旅行者"1号于1979年3月5日掠过木星，它的孪生航天器紧随其后，于7月份掠过木星。这些探测器送回了大型卫星伊奥、欧罗巴、加尼米德和

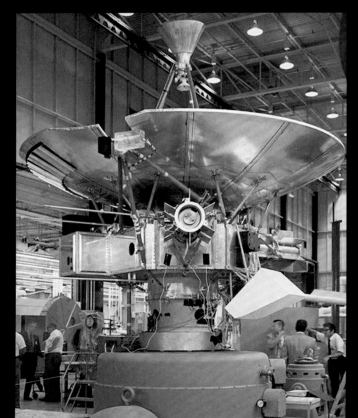

"先驱者"号
去往木星和土星的"先驱者"号系列探测器成为首批被送到太阳系外的人造天体。

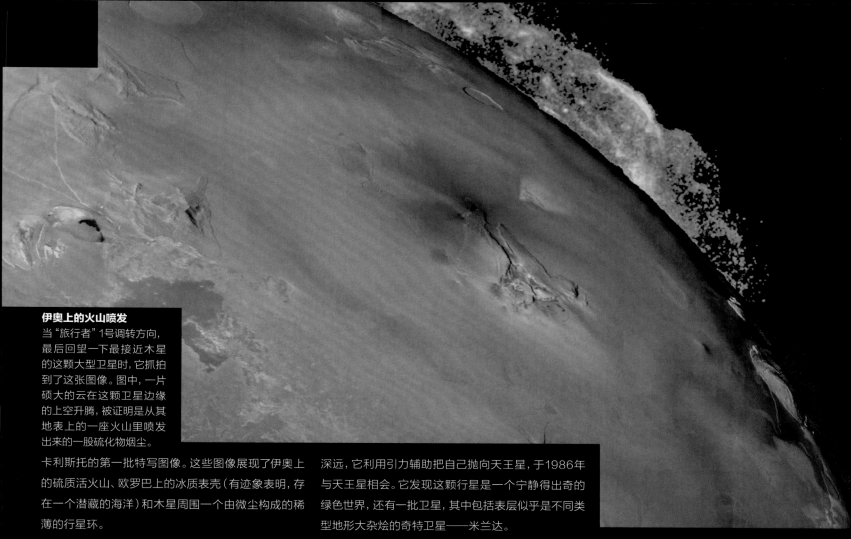

伊奥上的火山喷发

当"旅行者"1号调转方向，最后回望一下最接近木星的这颗大型卫星时，它抓拍到了这张图像。图中，一片硕大的云在这颗卫星边缘的上空升腾，被证明是从其地表上的一座火山里喷发出来的一股硫化物烟尘。

卡利斯托的第一批特写图像。这些图像展现了伊奥上的硫质活火山、欧罗巴上的冰质表壳（有迹象表明，存在一个潜藏的海洋）和木星周围一个由微尘构成的稀薄的行星环。

到土星时，两颗探测器的路径都偏离了。"旅行者"1号靠近这颗行星，拍摄了它那广为人知的行星环，并飞掠过巨大的卫星泰坦，后来证明，这颗卫星被烟雾弥漫的橙色大气层所覆盖。"旅行者"2号飞得更

深远，它利用引力辅助把自己抛向天王星，于1986年与天王星相会。它发现这颗行星是一个宁静得出奇的绿色世界，还有一批卫星，其中包括表层似乎是不同类型地形大杂烩的奇特卫星——米兰达。

这颗探测器的马拉松之旅的最后一程是于1989年抵达海王星。这颗行星被证明是一颗活跃得多的星球，阴沉沉的风暴和狂风在它的蓝色大气层里肆虐。它的大型卫星特里同更为奇特——有液态氮间歇泉和

温度为-238° C的表层。"旅行者"2号将海王星抛到身后，前往太阳系的外围边界——像"旅行者"1号和它的"先驱者"号同伴一样，它快速移动，速度快得足以让它永远离开太阳系，在群星之中游荡。

"旅行者"号

这两颗孪生的"旅行者"号探测器完全不像它们的"水手"号原型。它们靠小型推进器维持平稳，通过追踪太阳和明亮的老人星（Canopus）在太空中确定自己的方位。

技术
跨越太阳系的引力弹弓

引力辅助对"旅行者"系列探测器的飞行路线有严格限制。这项任务的主要目标是再次访问木星和土星，并仔细探测木星的四颗大型卫星和土星的卫星泰坦。天王星和海王星是事后的乐观设想，但是一次靠近泰坦的飞掠将使探测器无法继续向天王星和海王星飞行，所以任务设计者们提出了一个应变计划——让"旅行者"1号采用一条快速的路线抵达土星和泰坦，而"旅行者"2号则沿着一条比较缓慢的路径运行，如果出现什么差错，这条路径会被转移到泰坦那里。幸运的是，什么差错也没有出现，并且在"旅行者"2号与土星相会之后，它的任务期限延期立刻得到了批准。

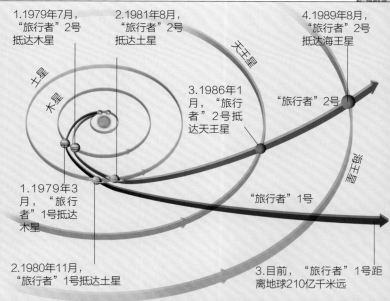

1.1979年7月，"旅行者"2号抵达木星

2.1981年8月，"旅行者"2号抵达土星

4.1989年8月，"旅行者"2号抵达海王星

3.1986年1月，"旅行者"2号抵达天王星

"旅行者"2号

1.1979年3月，"旅行者"1号抵达木星

"旅行者"1号

2.1980年11月，"旅行者"1号抵达土星

3.目前，"旅行者"1号距离地球210亿千米远

金星探测器

虽然对金星进行的一些早期调查已经挑明，这颗最临近地球的行星有可能是一个热带乐园的形象。但是对于后来的任务而言，即使富有挑战性，金星仍旧是一个很吸引人的目标。

尽管NASA在1962年和1967年对金星进行了成功的飞越探测（见本书第55页），但是在20世纪60年代，NASA探索太阳系的工作主要集中在火星以及月球。这就为苏联留下了空白区，几经奋斗，苏联成为金星探测领域的领头羊。

近飞探测和首次着陆

整个20世纪60年代，苏联的一系列均未获得成功的金星任务大多将其真实目的地隐藏，直到它们飞行进展顺利才为人所知。"金星"系列旨在进行飞越探测，但在途中就失败了。当时的"金星"系列3～6号都被设计成直接采用降落伞进入大气层的方式，但这实际上是自杀式任务（航天器并未进行改装以提供着陆缓冲）。据推测，"金星"3号于1966年3月撞击金星表面，但未能传回任何数据，而"金星"4号在同样失去联系之前，于1967年10月从大气层传回了简短的信号。1969年5月，"金星"5号和6号的进展并没有多大起色。

至此，有一点已十分明确，金星那像烤炉一样的大气层完全有能力摧毁脆弱的航天器。所以，后来的探测器都全副武装，以抵御恶劣的环境条件。虽然人们起初认为"金星"7号已经在降落过程中失灵了，但是对1970年12月"金星"7号发送出的无线电信号进行的分析表明，气压趋向于稳定在地球气压90倍的水平，而且温度稳定在475°C，证实着陆器实际上已经抵达金星地面，并首次从另一颗行星表面发回了信号。此后的着陆器继续取得进步，"金星"8号在金星表面上运行了差不多一个小时。

软着陆与轨道器

后续的"金星"系列任务改变了策略，由强大的"质子"号火箭发射一个两段式航天器——一个中继航天器携带着发动机，使它可以制动并进入轨道。这个方法最终可使着陆的探测器能够从金星表面传回图像。

同时，在"水手"10号在1974年对金星进行了短暂

"金星"10号着陆器
后期的"金星"号着陆器上安装的重甲使它们的重量增加到了可观的1 560千克。除了隔热罩，循环冷却剂会将热量再分配，使这个着陆器的生存时间延长到了65分钟。

的飞越探测飞行后（见本书第260页），NASA终于在20世纪70年代晚期将注意力重新转向金星。1978年5月和8月，执行了两次"先驱者金星"号发射任务，每次任务都有一个独特的目标。"先驱者金星轨道器"携带雷达测绘设备，用来研究云层下的行星表层。而"先驱者金星多探测器"部署了四颗小型大气探测器，当它们降落进有毒的云层中时，会发回有关气象状况的信息。最后一对"金星"号探测器——15号和16号，也携带了雷达设备，为最终揭晓金星景象的任务铺平了道路。

金星大气层
1979年2月，"先驱者金星轨道器"抵达轨道后不久，用它的紫外线相机以气象模式抓拍到了这张金星的眩目云层图像。"多探测器"任务（右图）携带着四颗圆锥形探测器，这些探测器会传回有关金星气象状况的详细信息。

技术
来自行星表面的图像

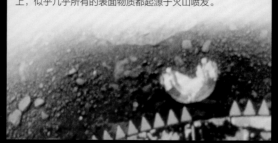

浓密的金星大气层如此完美地把从行星表面发送出的无线电信号淹没了，因此后来的苏联探测器采用了一种与早前的任务不同的策略。"金星"系列9～14号上的着陆器都是搭乘着一艘母舰被带到行星上的，当着陆器降落到行星表面时，母舰会留在轨道上。母舰充当信号中继器，接收下方的着陆器发来的数据，并把数据通过空旷的太空传输到地球。这些单色的图像和后来的彩色图像显示：金星表面有一层较深的"土壤"，上面散落着明显的火山岩——现在看来，事实上，似乎几乎所有的表面物质都起源于火山喷发。

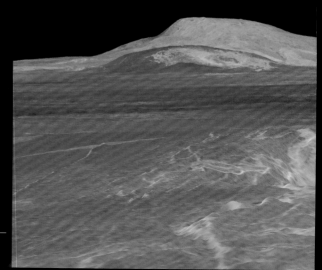

"麦哲伦"号收集的数据被用于制作金星的全球高程图，如右图所示。高地区域用淡黄色和白色表示，而低地区域用蓝色和紫色表示。

掀开面纱

自1961年起，地基望远镜就已经使用雷达测高法来识别金星表面的各种特征了。原理很简单——向目标发射无线电波短促的"咻"声脉冲，然后一个接收器接收反射回来的回声。因为波是以固定的光速传播的，它们返回来所需的时间可以透露与反射表面的距离。主要的挑战在于分辨率，即雷达波束对准的精确度。"先驱者金星"号和最后几颗"金星"号对之前的尝试做出了巨大的改进，但是到20世纪80年代，一项被称为合成孔径雷达的新技术被应用于对地遥感领域，而NASA很想把这个新技术送到金星上。

起初，这个任务只是被直白地称为"金星雷达测绘仪"任务。1986年，它被更名为"麦哲伦"号以纪念这位伟大的葡萄牙探险家。通过把雷达的"啁啾"声而不仅仅是"脉冲"信号发送出去，并测量沿着轨道移动时不同地点的回声，"麦哲伦"将不仅能生成分辨率比以前高得多的图像，还可以透露出其他的表面性质，比如坡度、粗糙度和地形的导电性。"麦哲伦"号于1989年5月从"亚特兰蒂斯"号航天飞机上发射，进入一条环绕金星的极地轨道，这条轨道可以确保当行星在下方缓慢转动时，航天器差不多能飞过行星表面上每个点的上空。到金星自转完三圈时（每自转一圈相当于243个地球日），"麦哲伦"号已经绘制了98%的景观，分辨率为100米。1994年10月，在轨运行四年后，它在最后一刻被送入金星大气层。

近期，在又一次暂停太空探索后，欧洲的"金星快车"探测器于2006年抵达轨道，进行长期的大气观测活动，这些观测已经揭露了金星气象的复杂秘密。这颗探测器的任务于2014年结束，恰好在日本的"晓"号探测器延期抵达之前，"晓"号用于搜寻闪电和活火山的迹象。

1970年12月15日
"金星"7号首次在金星成功着陆。

1975年10月22日
"金星"9号从金星表面传回第一批图像。

1978年11月16日
"先驱者金星多探测器"把它的第一个探测器释放到金星的大气层中。

1970

1978年12月4日
"先驱者金星轨道器"抵达，制作这颗行星的首个雷达测绘图。

1990年8月10日
"麦哲伦"号抵达并进入一条近极地轨道，每3小时15分钟环绕金星运行一圈。

1994年10月13日
"麦哲伦"号成功执行完其五年期任务后被投放到金星的大气层中焚毁。

2006年4月11日
欧洲航天局的"金星快车"号抵达轨道，开始执行一项长达9年的大气层研究任务。

2015年12月7日
由于错过了进入轨道的时机，日本的金星气候轨道器——"晓"号在历经五年的太空旅程后最终抵达金星。

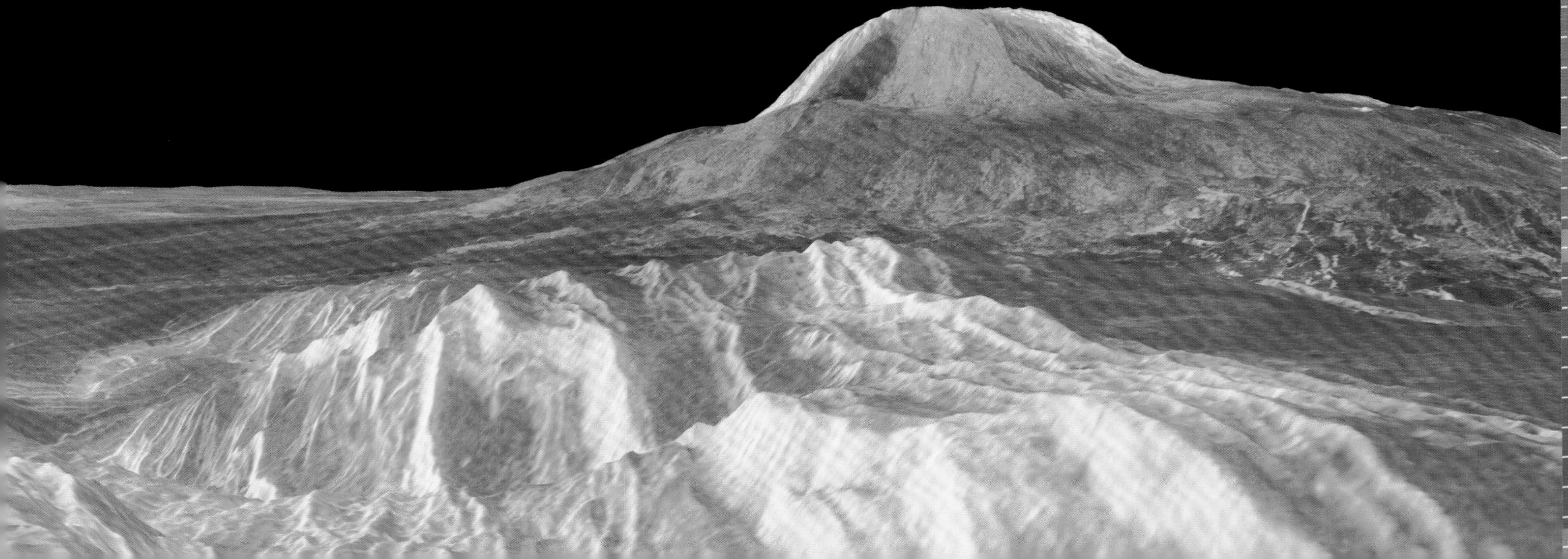

1961
1962
1963
1964
1965
1966
1967
1968
1969
1970
1971
1972
1973
1974
1975
1976
1977
1978
1979
1980
1981
1982
1983
1984
1985
1986
1987
1988
1989
1990
1991
1992
1993
1994
1995
1996
1997
1998
1999
2000
2001
2002
2003
2004
2005
2006
2007
2008
2009
2010
2011
2012
2013
2014
2015
2016
2017
2018
2019
2020

破损的天线
"伽利略"号的"伞"状高增益主天线碟在接受测试。当"伽利略"号在前往木星的途中试图打开其高增益天线时，其中的一根辐条被卡住了，致使飞行器的通信系统受到重创。

低增益天线

高增益天线
（完全展开状态）

推进器

总线遮阳罩，用于在内太阳系提供防护

长5米的RTG臂架

两个放射性同位素电源（RTG）之一，为航天器提供250瓦特的电力

主总线

反推模块

推进器

扫描平台

探测器中继天线

木星大气探测器

为航天器的电子设备遮挡RTG辐射的挡板

开发测试
在建造任何一个探测器之前，会制作很多个实物模型用于测试它在外太空中的运行模式。图中展示的是一个"伽利略"号的模型正在喷气推进实验室的设施里进行发射装配。

高度	5.3米
仪器数目	轨道器上有10个
总质量	2 223千克
电源	2个7.8千克的钚放射性同位素电源
制造商	喷气推进实验室
发射日期	1989年10月18日
任务终止日期	2003年9月21日

技术
NASA的木星探测器

"伽利略"号航天器

"伽利略"号起初只是被称为"木星轨道器/探测器"，与很多行星际探测器类似，它是自旋稳定式的。当航天器的一部分旋转时，它可以通过像陀螺仪那样转动来帮助飞行器保持预定姿态，而无须浪费时间通过推进器不断校正。就"伽利略"号而言，上面部分包括天线、场和粒子实验设备以及计算机，以每分钟三转的转速旋转。下面部分包含相机、其他遥感仪器以及制导传感器，保持固定的方向。

整装待发
1989年发射前，"伽利略"号在肯尼迪航天中心的垂直处理设施（VPF）里矗立着，准备好与它的惯性上面级助推器进行组合。

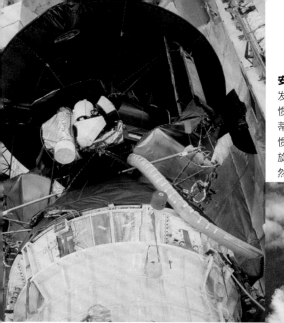

安装

发射（下图）前，"伽利略"号和它的惯性上面级（IUS）被装进"亚特兰蒂斯"号的有效载荷舱（左图）里。惯性上面级固定在一个旋转台上，旋转台会在轨道上垂直转动，旋转，然后释放探测器。

终至木星

"伽利略"号经过多年发射推迟以及随后6年的穿越太阳系之旅后，终于在1995年12月7日抵达木星——它将在这里工作8年。

前往木星的庞然大物

根据设计，"伽利略"号探测器要在太阳系最恶劣的环境之一——木星周围的辐射带中，运行较长一段时间。它携带的计算机很容易受到辐射和强烈的电场伤害。因此在设计和编程方面采用了高水平的故障防护，以降低出错风险。

10.9米长的玻璃纤维臂架将灵敏的仪器与探测器自身的电磁场隔离

磁力计传感器

等离子波子系统，用于测量电场

监测"伽利略"号

任务控制中心位于加利福尼亚州帕萨迪纳市的喷气推进实验室。在"伽利略"号前往木星的漫长期间，控制人员找到了一种弥补受损天线的方法。

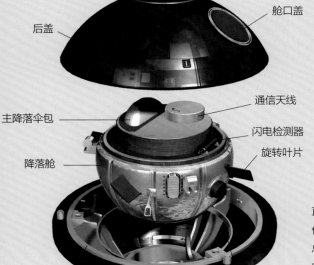

发动机盖

舱口盖

后盖

主降落伞包

通信天线

闪电检测器

降落舱

旋转叶片

导轨

有效载荷环

隔热罩

木星大气探测器

"伽利略"号探测器的设计意图是把它投入这颗巨行星的上层云顶，在它降落时，把数据传回轨道器。和主航天器一样，它利用旋转来为自己穿越太空的运动保持稳定——在释放探测器之前，特ူ将航天器自身的旋转速度增加到更高的速率。经过差不多五个月的旅程后，探测器进入了木星的大气层。在进入大气层的前三分钟，隔热罩会为它提供保护，然后隔热罩会充当拖曳伞掉落，之后主降落伞得到部署。在失去联系之前，探测器将大约59分钟的数据传回轨道器。

直径	1.3米
仪器数目	6个
总质量	339千克
电源	随载电池
制造商	德国航天局
部署日期	1995年7月13日
进入木星大气层的日期	1995年12月7日

降落舱

探测器在特别设计的"巨行星厂房"里接受测试，以确保其设计能够经受住木星引力、热和大气压的考验。

降落伞测试

在NASA兰利中心的风洞里，技术人员对探测器降落伞的制动性能进行测试。不过，它的最终部署时间还是比预计延迟了片刻。随后，技术人员诊断出了一处线路故障。幸运的是，降落伞最终还是展开了。

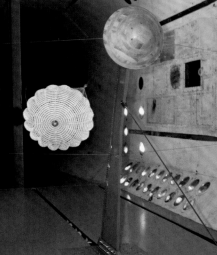

前往木星的"伽利略"号

"旅行者"号探测器为人们提供了关于木星及其各个卫星的诱人信息。接下来的挑战就是把探测器送入围绕着这颗巨行星的轨道并对木星系进行长期研究。

尽管"伽利略"号探测器直到1995年才抵达木星，但是它的酝酿期很长。携带大气探测器的木星轨道器早在1977年就开始研制了，甚至早于"旅行者"号系列发射之前。同年，德国加入了这个项目，提供"伽利略"号的推进系统作为对参与科研计划的回报。

"伽利略"号在准备好发射后，又遭遇了一波三折的延期，推迟了整整八年。起初，计划于1981年部署，但是"航天飞机"初期遇到的困难毁掉了该计划，发射时间重新定为1984年，但又因如何从地球轨道为探测器助推引发争论使它错失机会。最后定于1986年5月发射，却又受制于"挑战者"号灾难事件后造成的延期。最终，于1989年10月发射。

行星际弹球

"挑战者"号事件之后引进的安全限制条例限制了"伽利略"号助推火箭的尺寸设计，因此，为了获得木星之旅所需的加速度，需要通过一系列曲折的引力辅助完成助推，涉及一次飞掠金星和两次飞掠地球。这次"金星－地球－地球引力辅助"（VEEGA）将"伽利略"号送入可以使它于发射六年后抵达目标的飞行轨道上。即使在探测器去往木星的漫长飞行途中，控制人员和技术人员仍旧十分

火山之星
"伽利略"号拍摄的照片显示，伊奥卫星上布满了无数火山，火山喷发产生的硫化物为它染上了颜色。这些火山活动都是由木星附近的潮汐力引发的。

繁忙。第一次飞掠地球之后，本应该将"伽利略"号的高增益天线打开以实现长途通信，但是这个装置被卡住了，变得一无所用。"伽利略"号曾一度被视为一次代价高昂的失败。但幸运的是，工程师们找到了一种通过应急低增益天线以较为缓慢的速率发送数据的方法。"伽利略"号的星载计算机和地基接收器必须被重新编程以处理新程序。这个问题得到解决后，当"伽利略"号穿过火星和木星之间的小行星带（见本书第272页）时，它被引导着与两颗小行星近距离交会。1994年7月，当距离木星还有一年飞行距离时，它见证了苏梅克－列维彗星撞击木星这颗巨行星的壮观景象。最终抵达时，"伽利略"号的主发动机点火，然后进入围绕着木星的轨道。在最终接近时，大气探测器从主航天器中被释放出来，并被

从"亚特兰蒂斯"号发射

从航天飞机上进行部署意味着"伽利略"号只能使用一个惯性上面级助推火箭，而不能使用更强大的"半人马座"上面级以更直接的轨道前往木星。

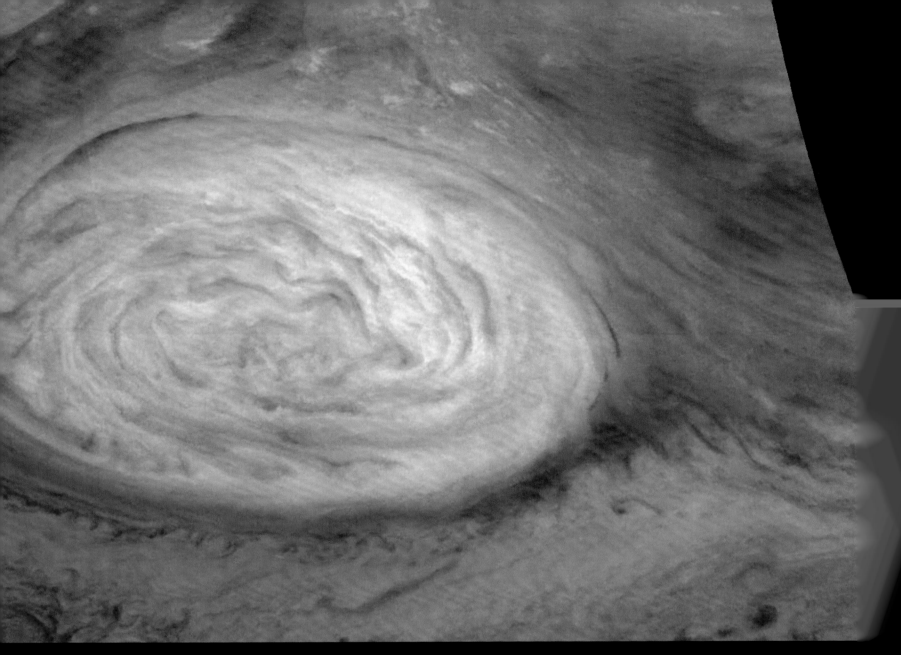

投入大气层（见右侧说明框）。

八年探索

至此，"伽利略"号开始执行长期科研任务。在长椭圆形轨道上，它大约每两个月绕木星轨道运行一圈，可以靠近所有主要的卫星。任务原计划设定该探测器可能会运行两年左右——围绕着木星的辐射带比围绕地球的辐射带要强烈得多，这些辐射带会随着时间的推移摧毁电子设备。事实上，"伽利略"号甚至完胜最乐观的预测，

存续了八年以上。

随着时间的流逝，探测器渐渐地被带到越来越接近木星的地方，在辐射区度过更长时间。2002年1月，在与伊奥的最后几次近距离交会中，它的相机毁坏到无法修复的程度。"伽利略"号在轨期间，已经彻底改变了对木星系统的认识。特别是它展现出了伊奥上如此范围巨大的火山喷发（现在被认为是太阳系里最大的火山）。它还证实了欧罗巴布满裂痕的冰质表壳下潜藏着一个盐水海洋的证据，这个海洋覆盖全球并因火山活动而保持温暖。这样的海洋甚至有可能孕育生命。为了防止污染，"伽利略"号于2003年9月21日被最终引导到木星的大气层焚毁。

冰层覆盖的欧罗巴
欧罗巴的褐色斑块被认为是它的冰质表壳破裂的地方，可以渗入含有化学物质的水并将裂痕抚平。

技术
探测器的故事

"伽利略"号的大气探测器以每秒47千米的速度进入木星大气层。它降落时，在仅仅两分钟内就降到了声速（每秒0.35千米）以下。与大气层产生的摩擦使探测器变成了一颗燃烧的子弹，并把它那质量为152千克的隔热罩烧毁了一多半。直到那时，探测器才能打开降落伞并开始传输数据。59分钟内的温度和压力数据连同有关大气层化学成分的信息一道，通过"伽利略"号主航天器被中继到地球。结果证明，木星大气层比预想的更为干燥，含有的水蒸气更少。探测器最后在深度为146千米时因过热而停止传输数据。

彗星与小行星

太阳系里有大量的小天体，有自诞生之日起就基本保持不变的小天体，也有地质情况复杂到足以与任何行星相匹敌的小天体。自20世纪80年代以来，探测器已经访问了其中的很多天体。

在八大行星的轨道之间和之外，存在无数的小天体，就尺寸而言，相对于卫星来说，它们仅是块大石头或是较小的天体。就成分而言，有靠近太阳的岩质小行星，也有位于巨行星之间和之外的冰冻彗星和"冰矮星"。有的彗星循着长椭圆形轨道运行，当到达接近太阳的近日点时，表面的冰层会蒸发，形成向外延伸的大气，被称为"彗发"以及"彗尾"。一般认为，大多数彗星和小行星都保存着自太阳系形成之初就存在的原始物质，未受到塑造了更大的行星及其卫星的地质和化学过程的影响。

早期的侦查器

1986年，著名而又可预测的哈雷彗星成为这些小星球中首个被太空探测器侦查的目标。欧洲航天局、苏联和日本的太空与航空科学研究所开展了一次史无前例的合作，发射了一支探测器舰队，从不同角度对这颗彗星展开探测。NASA没有参与合作，不过它早在1985年就对首个彗星探测器做出了规划，将此前拦截贾可比尼-金纳彗星的任务用途进行转变。

这支前往哈雷彗星的探测器舰队包括：苏联的"织女星"系列中的1号和2号、日本的"先驱者"号和"彗星"号以及欧洲的"乔托"号。它们均在1986年3月在哈雷彗星的活动高峰期时飞掠，一同制作了一张哈雷彗星的概貌图，包括"乔托"号从距离彗星仅600千米处拍摄的"脏雪球"彗核的图像。

几年后，当"乔托"号探测器在前往木星的途中穿越主小行星带时，它传回了第一批小行星的特写

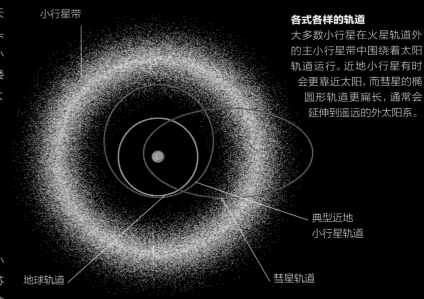

各式各样的轨道
大多数小行星在火星轨道外的主小行星带中围绕着太阳轨道运行。近地小行星有时会更靠近太阳，而彗星的椭圆形轨道更扁长，通常会延伸到遥远的外太阳系。

小行星带

典型近地小行星轨道

彗星轨道

地球轨道

图。1996年，NASA发射了一颗致力于小行星研究的太空探测器，即执行近地小行星交会任务的NEAR-舒梅克号。经过漫长的旅程后，它于2000年2月14日情人节这一天进入围绕433号小行星厄洛斯（Eros）的轨道。接下来的数月期间，这颗探测器用一组仪器为厄洛斯绘制了地图。在抵达一年后，它才最终轻缓地降落到厄洛斯表面。

自"NEAR-舒梅克"号成功以来，对彗星和小行星的研究已经加速推进，旨在研究其特性的任务范围更广。1999年2月，NASA发射"星尘"号探测器，与维尔特2号彗星交会，并从这颗彗星的彗发中采集到了一种被称为气凝胶的轻质物质颗粒样本。2006年，"星尘"号探

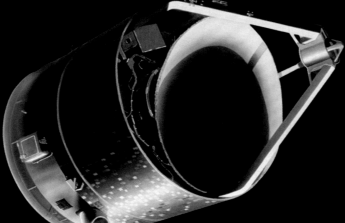

"乔托"号
欧洲航天局的首个地球轨道外任务飞行器——"乔托"号，基于地球静止轨道试验卫星研制。当它飞进哈雷彗星的核心时，一个由铝和凯夫拉纤维制成的防尘罩会为它提供防护。

测器返回地球轨道并将物品用返回舱弹射送回地面。

NASA的另一项令人印象深刻的任务是名如其任务的"深度撞击"号探测器。2005年7月,探测器发射了一颗370千克的桶状钢弹撞击"坦普尔"1号彗星的彗核,以研究撞击后喷射到太空中的物质。结果令很多科学家感到诧异,并引发了对之前的彗星模型的反思——"坦普尔"1号的尘埃含量比预期要多得多,冰含量却比预期少。

2003年5月,JAXA发射了自己的"隼鸟"号探测器,目标是在近地小行星25143号——糸川小行星上着陆并采集样本带回地球。尽管用来把物质从糸川小行星表面爆破出来的装置失灵了,但采集系统仍旧收集到了一些浮尘,2010年6月,当"隼鸟"号飞经地球时,这些浮尘被放入再入舱中送回地球。

不过,迄今为止目标最宏大的彗星探测器要数欧洲航天局的"罗塞塔"号。它发射于2004年,历经十年的旅途才与丘留莫夫-格拉西缅科彗星(也被称为67P号彗星)交会。2014年5-8月,"罗塞塔"号进入了一个精致平衡的轨道,然后在彗星接近太阳并活跃起来时,伴随在彗星旁边飞行了两年。虽然一个被称为"菲莱"号的小型着陆器在着陆于永久阴影区后出现故障,但是任务结束时却得到了一些补偿——"罗塞塔"号轻轻着陆在彗星表面。

绕轨运行的小行星

然而,并不是所有小行星和彗星都是又小又原始

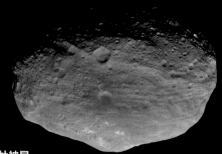

灶神星

灶神星是小行星带中的第二大天体,它的形状被两个巨大的陨石坑(雷亚希尔维亚和维纳尼亚)扭曲。"黎明"号揭示出灶神星上由火山活动形成的两种不同地形对照:远古地形和年代较近的地形。

的天体——一些更大的小行星显示出长期地质活动的迹象。最大的两颗小行星——1号谷神星和4号灶神星,是NASA 2007年发射的"黎明"号任务的探测对象,"黎明"号由离子推进器(见本书第285页)提供动力,于2011年7月抵达太阳系里的第二大小行星——灶神星,并在轨道上停留了14个月。然后它飞向更大的谷神星,于2015年3月进入轨道。这个航天器携带着可见光相机和红外相机、用于为小行星表面成像的光谱仪,以及用来识别表层岩石里单个元素的伽马射线和中子检测器(GRaND)。在对谷神星的探测中,它识别出了这个小行星的表壳下潜藏着一个液态水海洋的迹象。

与上面级连接

在卡纳维拉尔角的一间无尘室里,"黎明"号被固定到"德尔塔"II运载火箭的上面级上。这项任务的发射之旅十分坎坷,2003年被取消,2004年又重新启动,然后在2005-2006年又被搁置了几个月。

碎石堆小行星

近地小行星25143号,又名糸川小行星,是JAXA的"隼鸟"号任务的探测目标,其表面撞击坑少得惊人。它被认定为不过是一个空腔体,由一些在过去某次碰撞后产生的碎片重新松散地聚合而成。

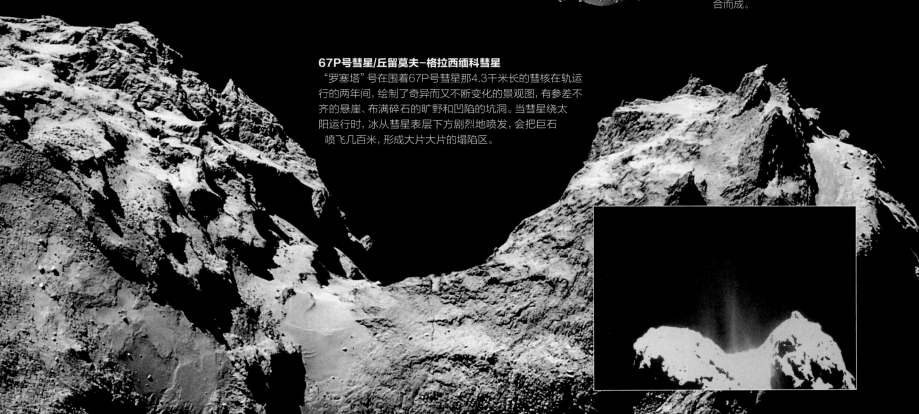

67P号彗星/丘留莫夫-格拉西缅科彗星

"罗塞塔"号在围着67P号彗星那4.3千米长的彗核在轨运行的两年间,绘制了奇异而又不断变化的景观图,有参差不齐的悬崖、布满碎石的旷野和凹陷的坑洞。当彗星绕太阳运行时,冰从彗星表层下方剧烈地喷发,会把巨石喷飞几百米,形成大片大片的塌陷区。

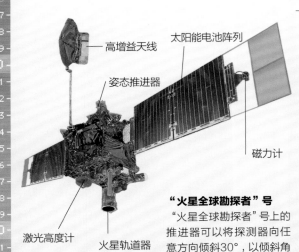

高增益天线

太阳能电池阵列

姿态推进器

磁力计

激光高度计

火星轨道器相机

"火星全球勘探者"号

"火星全球勘探者"号上的推进器可以将探测器向任意方向倾斜30°，以倾斜角度拍摄火星表面，甚至可用来观察火星附近的天体，如火星的两颗小卫星及其他在轨运行的航天器。

回归火星

20世纪90年代晚期，在火星探索中断了将近20年后，轨道器、着陆器和漫游车，这些更精密的探测器掀起了火星探索的新浪潮，它们改变了我们对火星的认知。

从20世纪80年代到90年代初期，对于飞往火星的太空探测器而言，这是一段不景气的时光。NASA原计划持续跟进"维京"号取得的成就，但却因航天飞机计划不断攀升的成本导致不得不削减其他开支而被搁置。苏联方面，一系列探测器遭遇了各种事故和小灾小难。如20世纪80年代晚期，两颗精密的"福波斯"号探测器丢失了——第一次时是从地球发出的一个错误信号意外地命令探测器关闭；第二次时，"福波斯"2号已经进入轨道，但不久后由于不明原因而丢失。

甚至当NASA终于向火星发射了一个新任务时，事实证明这也只是一场空欢喜——1992年9月，"火星观察者"号在进入火星轨道前神秘失联。遭此厄运，一些人甚至开始笑称这是"火星的诅咒"。

终结漫长的等待

直到1997年，一个相对较小的航天器——火星"探路者"号，才终于在火星上的阿瑞斯谷地区着陆。探测器在把三个花瓣状的太阳能电池板展开后，释放出一个名为"旅居者"号的小型漫游车。"旅居者"号从7月4日开始在火星的土壤上缓缓行进并着手探索它周围的岩石景观。"旅居者"号运行了83个火星日，远远超出其预期寿命周期。甚至当另一项任务已进入它上方的轨道时，它还在火星表面漫游。"火星全球勘探者"号携带着精密的高分辨率相机，可以辨别只有几米宽的物体。不过，为了让自己降速到达一个更低的轨道，这个探测器采用了气动制动技术，该技术已经由"麦哲伦"号金星任务（见本书第267页）验证过。利用气动制动，它缓缓地向内做螺旋运动，直到1999年4月才为重要工作的开展做好准备。"火星全球勘探者"号大约持续运行了七年半——超出其原定的6年的任务期限，它传回了大量详细的图片，让我们看到了火星上的很多新的极美风光。其中，最重要的发现是火星上存在一些峡谷斜坡和火山口壁上的侵蚀沟。很多专家认为，这些侵蚀沟是不久之前在火星上有液态物质流淌的证据。在别的地方，存在新近的熔岩流，暗示了火星上可能还有火山活动。

"旅居者"号探测车

"旅居者"号探测车是一辆小而结实的车，65厘米长，但重达10.6千克。它的最高速度为每分钟60厘米，可以在"探路者"号着陆器周围500米范围内活动。

太阳能帆板

天线

相机

阿尔法质子X射线光谱仪

摇臂转向架移动系统

电子设备暖箱

有不锈钢胎面的铝制车轮

全景图

这是一张用火星"探路者"号着陆器拍摄的十张照片拼接而成的图，即所谓的全景图，图上还有"旅居者"号漫游车正在周边探测。着陆器被泄气的安全气囊包围，这些气囊曾为其着陆提供了缓冲。

"比格尔"2号以博物学家查尔斯·达尔文旅行时乘坐的船只命名,是一颗小型探测器,专门为寻找火星上的生命迹象而设计。这颗探测器于2003年12月19日与"火星快车"轨道器分离,并于圣诞节那天进入大气层。它本应该在伊希地平原(Isidis Planitia)的赤道地区着陆、展开并在用机械臂采集岩样后将其放置在各种仪器中进行分析。但是,人们没有收到从火星表面发来的任何信息——"比格尔"2号可能在着陆时撞上了火山口壁而导致瘫痪。

在陶玛斯山脉的火山口

这片由"火星快车"的高分辨率立体相机(HRSC)捕捉到的景色展现了一个20千米宽的火山口,它位于火星南部高地的陶玛斯山脉。类似此图的立体图像可以使行星科学家们更深入地了解火星的真实地貌,并对其形成方式有新的理解。

在1999年发射窗口期,NASA的两枚航天器——火星极地着陆器和火星气候轨道器都在接近最终目的地时丢失。不过,两年后的2001年,火星"奥德赛"号抵达轨道,NASA再次为成功干杯。"奥德赛"号的设计意图是弥补火星"全球勘探者"号的不足之处,配备有成像仪和光谱仪,用来以不同的波长研究火星并探测其岩石中的化学成分。它最重要的发现是探测到有大量氢存在于火星两极周围(后来证实为冰封的永久冻土层)。

欧洲前往火星

ESA的第一颗行星际探测器——"火星快车"号,于2003年圣诞节抵达火星。这颗探测器有两个部分,一个轨道器和一个最终失败的由英国制造的着陆器,名为"比格尔"2号(见右上方说明框)。其轨道器携带着

用来侦查表层和大气化学组成的光谱仪、用来研究被埋物质特征的探地雷达,以及一台可以通过从两个略有不同的角度拍摄火星表面来生成三维视图的相机。这项任务已经持续了15年以上,取得了极大成功。它最新奇

的发现是,火星大气层中存在甲烷(见本书第282~283页)。2004年,NASA的两辆新型漫游车抵达火星。它们是"勇气"号和"机遇"号探索漫游车(见下一页)。它们均比"旅居者"号更大、更结实。"勇气"号在古谢夫撞击坑中的着陆地点有一条宽广的、像河流一样的沟渠通向环形山,科学家们希望在这里发现远古湖泊的踪迹。然而,令人意外的是,这一地区的岩石被证明主要是火山岩。在此后的任务中,"勇气"号拍摄到了尘卷风,并意外借助这些风,使它的太阳能帆板得到了清洁。它还在地表下方发现了亮闪闪的石英砂——可能是由古时的温泉形成的。探测车在驶过大约7.7千米的区域后,于2009年5月被困在松软的土壤中,并在2010年3月最终与地球失去联系。

"机遇"号在梅里迪亚尼平原中的着陆地点位于一片被认为是古时浅海的海岸附近,而当探测器来到附近的一个小坑地时,操作员很高兴地发现那些岩石和矿物质可能是在水下形成的。这辆探测车继续探索了火星表面逾15年,跨越行进了45千米,最终于2018年在一次火星尘暴后完全失去了联系。

火星探索漫游车

NASA的第二代火星探测车是在1997年的"火星探路者"号任务成就的基础上建造的。不过这两辆火星探索漫游车（MER）都是尺寸大得多且更坚固的漫游车，无需使用基站中继就能与地球或各种火星轨道器直接通信。它独特的悬架和驱动系统由火星探索漫游车外壳上的太阳能电池阵列提供动力，使车辆可以轻松越过火星表面的几乎任何障碍。相机和其他科研仪器被安装在一个凸起的杆架以及一个像小型机械臂的仪器部署装置（IDD）上面。

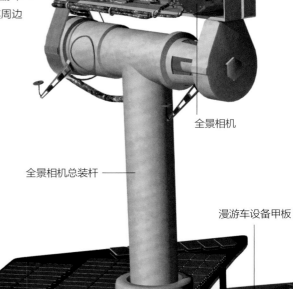

立体导航相机使漫游车可以逐渐构建出其周边环境的3D模型

全景相机

全景相机总装杆

漫游车设备甲板

俘获/滤选磁体器，用于寻找尘埃中的铁

摇臂转向架移动系统

仪器部署装置

仪器部署装置上的仪器和工具——光谱仪、相机和岩石研磨工具

两代探测漫游车

火星探索漫游车在喷气推进实验室的实验间里与"旅居者"号碰面。这辆更大的漫游车借用了为"旅居者"号开发的摇臂转向悬架系统——每个车轮都有独立的悬架，能一直和地面保持接触，减少了突发性碰撞和震动的风险。火星探索漫游车已经翻过了巨大的石块和崎岖不平的地形，极少发生故障。

孪生探测漫游车

这两辆火星探索漫游车是在喷气推进实验室里同时建造的。开发成对的探测器一直都是一项良策，因为这是一种成本效益比更高的方式，不仅能使项目的科研成果翻番，而且还有助于有效应对任务失败。

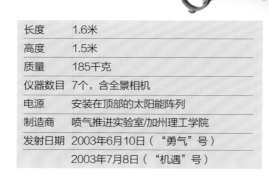

长度	1.6米
高度	1.5米
质量	185千克
仪器数目	7个，含全景相机
电源	安装在顶部的太阳能阵列
制造商	喷气推进实验室/加州理工学院
发射日期	2003年6月10日（"勇气"号）
	2003年7月8日（"机遇"号）

缓慢但可靠

火星探索漫游车是高性能的漫游车：每个车轮上都有独立电机，能使它越过大部分障碍物，且能以最小的角度转弯。不过，它不是最快的车——它在火星上的最高速度大约是每秒5厘米，而且每隔几秒就要停一下，以便让它的计算机研究前方的路线。

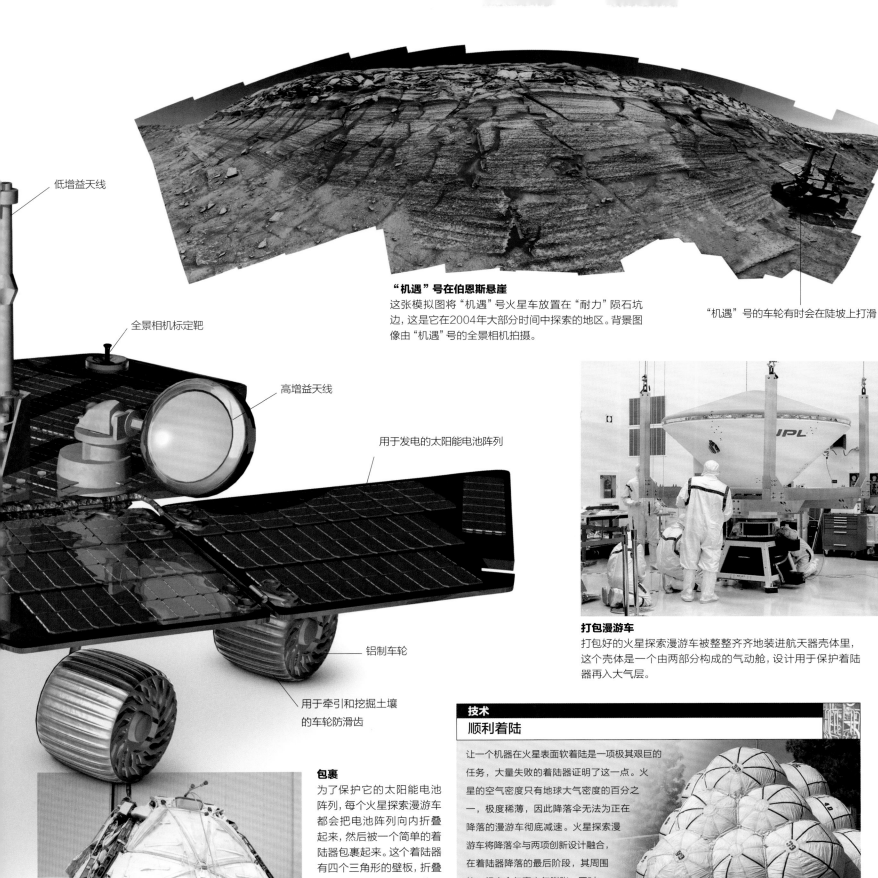

低增益天线

全景相机标定靶

高增益天线

用于发电的太阳能电池阵列

铝制车轮

用于牵引和挖掘土壤的车轮防滑齿

"机遇"号在伯恩斯悬崖

这张模拟图将"机遇"号火星车放置在"耐力"陨石坑边，这是它在2004年大部分时间中探索的地区。背景图像由"机遇"号的全景相机拍摄。

"机遇"号的车轮有时会在陡坡上打滑

打包漫游车

打包好的火星探索漫游车被整整齐齐地装进航天器壳体里，这个壳体是一个由两部分构成的气动舱，设计用于保护着陆器再入大气层。

包裹

为了保护它的太阳能电池阵列，每个火星探索漫游车都会把电池阵列向内折叠起来，然后被一个简单的着陆器包裹起来。这个着陆器有四个三角形的壁板，折叠起来共同构成一个四面体。这个四面体转而被航天器壳体封装。为着陆提供缓冲的安全气囊系统（见右图）被固定在着陆器外部，而整个火星探索漫游车的总装是用系绳固定到制动火箭和制动降落伞上的。

技术

顺利着陆

让一个机器在火星表面软着陆是一项极其艰巨的任务，大量失败的着陆器证明了这一点。火星的空气密度只有地球大气密度的百分之一，极度稀薄，因此降落伞无法为正在降落的漫游车彻底减速。火星探索漫游车将降落伞与两项创新设计融合，在着陆器降落的最后阶段，其周围的一组安全气囊充气膨胀，同时，降落伞和缓冲着陆器之间有一个反推火箭装置，在火星表面正上方点火来协助降低冲击速度。一旦它们停止弹跳，安全气囊就开始泄气。然后着陆器装置"花瓣"里的强大电动机会将漫游车推到水平位置。

"卡西尼-惠更斯"号

11米长的磁力计臂架

"卡西尼"号是迄今为止最精密复杂的太空探测器，它成功地在土星的多个卫星和行星环之间运行了十余年。

泰坦的表面

这是一张由"卡西尼"号的可见光与红外测绘光谱仪（VIMS）以三倍波长拍摄的多张照片合成的图像。透过泰坦那朦胧的大气层依稀展现了其表面特征。

2004年6月11日
"卡西尼"号飞经土星的冰封卫星——菲比。

2004年7月1日
"卡西尼"号历经六年多的旅程后，进入了土星周围的轨道。

2004年12月25日
"惠更斯"号着陆器从"卡西尼"号上分离，按照自己的轨迹前往泰坦。

2005年1月14日
"惠更斯"号进入泰坦的大气层，在整个降落和着陆过程中都传回了照片和数据。

2006年7月21日
"卡西尼"号利用雷达成像探测到泰坦表面似乎存在湖泊。

2008年3月12日
"卡西尼"号从土卫二的一股冰柱中飞过，距离土卫二表面仅50千米。

2010年12月5日
"卡西尼"号观察到了一场每30年才出现一次的土星大风暴的初期。

2017年9月15日
"卡西尼"号主动撞进土星的大气层，它的任务随之终结。

随着"旅行者"号在20世纪80年代早期与土星交会，这颗拥有行星环的行星和它的卫星显然仍有很多秘密，迫切需要一项类似于"伽利略"木星轨道器那样的土星探测任务。恰好，NASA和ESA为寻求双方的未来合作，成立了一个委员会，该委员会也建议进行一项轨道器加探测器的任务，这与NASA的想法不谋而合。于是，该项目成为了一项国际合作。"卡西尼"号的命名源自17世纪意大利裔法国籍天文学家吉安·多梅尼科·卡西尼，他发现了土星行星环内部的主要环缝。

尽管"卡西尼"号后来逐渐发展成一个更大更重的航天器，但它最初的设计和"伽利略"号类似——两者都是"水手马克"Ⅱ型飞行器，该系列还有第三个，名为"彗星交会小行星近飞探测飞行"的任务，不过被取消了。

当"伽利略"号携带着一个大气探测器到达木星的云层时，"卡西尼"号"乘客"的目标更为宏大——它是一个着陆器，将通过空投穿越泰坦外围阴暗的雾霭，并从其表面传回数据和照片。这个着陆器名为"惠更斯"号，是ESA为此项目做出的主要贡献。

为了给大批科学仪器供电，在"卡西尼"号的放射性同位素电源里部署了一件含钚的大型有效载荷。这

在"卡西尼"号发射前以及在1999年飞掠地球期间因概率事故引发了诸多争议（虽然此前的太空探测器已经使用过少量的钚）。幸运的是，1997年10月15日，由"大力神ⅣB型/半人马座"号火箭进行的发射进展很顺利。这颗探测器发射时的总质量达5 655千克，由于太重，所以它需要一系列复杂的引力辅助才能达到适宜的速度。因此，它前往土星的航程耗费了六年多，对金星（两次）、地球和木星都进行了飞掠。"卡西尼"号于2000年后期抵达木星，并制造了一个独特的科研机会——飞往土星的这颗探测器能够与木星探测器"伽利略"号同时对木星这颗巨行星及它的卫星进行远距离探测。

抵达土星

2004年7月1日，"卡西尼"号的主发动机执行了一次96分钟的点火，以使航天器落入环绕土星的轨道。在探测器进入土星系的途中，它就已经传回了土星的外围卫星——菲比的第一批特写照片。至此，它可以开始认真地工作了，使用相机、光谱仪、磁力计及各式

建造"惠更斯"号

工程师们将底盖安装到"惠更斯"号探测器上。金制瓦片为它提供了防护，使它在进入泰坦大气层期间免受极端温度的伤害。

背光的行星环

2006年9月15日，"卡西尼"号飞进了土星的阴影区。三个多小时内，它拍摄了165张仍旧被阳光照亮的行星环图像，生成了这张壮丽的全景图。小方框标示的是遥远的地球发出的微光。

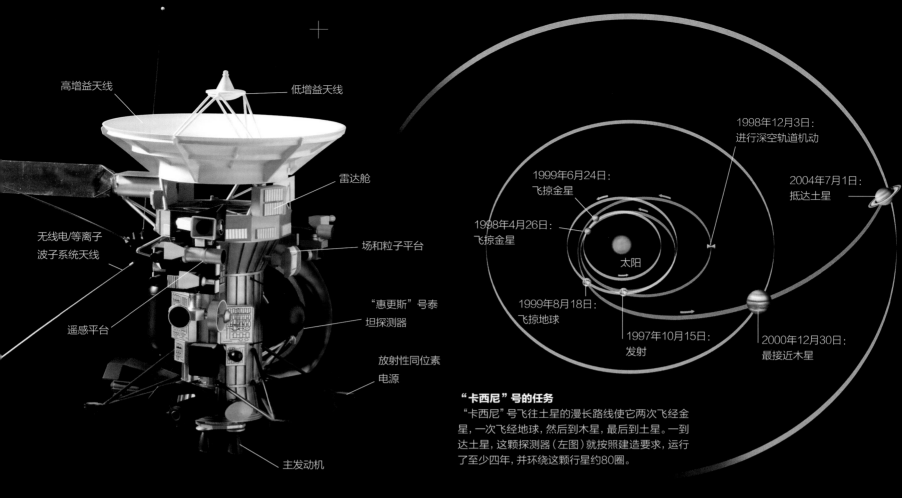

高增益天线

低增益天线

雷达舱

场和粒子平台

"惠更斯"号泰
坦探测器

无线电/等离子
波子系统天线

遥感平台

放射性同位素
电源

主发动机

1998年12月3日：
进行深空轨道机动

1999年6月24日：
飞掠金星

2004年7月1日：
抵达土星

1998年4月26日：
飞掠金星

太阳

1999年8月18日：
飞掠地球

1997年10月15日：
发射

2000年12月30日：
最接近木星

"卡西尼"号的任务

"卡西尼"号飞往土星的漫长路线使它两次飞经金星，一次飞经地球，然后到木星，最后到土星。一到达土星，这颗探测器（左图）就按照建造要求，运行了至少四年，并环绕这颗行星约80圈。

各样的设备来记录这颗行星及行星环与卫星的方方面面。圣诞节那天，"惠更斯"号着陆器从主航天器上分离，于2005年1月14日坠入泰坦的大气层。

当"惠更斯"号向泰坦坠落时，传回的照片展现出受过侵蚀的海岸线，这与地球上的情景类似到令人毛骨悚然的地步，并且，"惠更斯"号着陆在一片看起来像是铺着鹅卵石的河流三角洲上。这证实了对泰坦这颗星球的一些猜想——泰坦上的甲烷（凝固点为-182℃）发挥着和地球上的水类似的作用，以固态、液态和气态等形式出现。

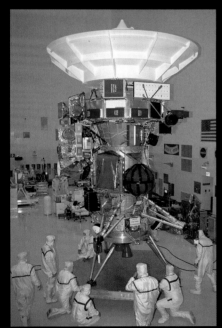

巨大的探测器

发射前，技术人员正在肯尼迪航天中心的危险有效载荷维修设施里为"卡西尼"号安装仪器，庞大的"卡西尼"号使他们显得很矮小。

轨道上的发现

随着早期的这一重点发现，"卡西尼"号轨道器开始认真履行职责。按照最初的设计，"卡西尼"号任务只持续三年，但它的大型发动机和充足的推进剂最终使它可以继续环绕着这颗行星、行星环以及卫星周围的轨道又运行了相当长的时间。这颗轨道器的首个也是最惊人的发现之一就是观测到从土星的小型内环卫星——土卫二表层的裂缝中喷发出很多巨大的冰晶柱。2008年3月，"卡西尼"号被指引着执行了一次大胆的近飞探测，飞到距离这颗空气稀薄的卫星表面不

到50千米的范围内，并直接穿过其中一个冰晶柱，使它携带的仪器能够确认水是否存在。现在很清楚的一点是，土卫二的表层下方隐藏着一片深海，这使它成为太阳系中有可能存在外星生命的头号研究目标。

"卡西尼"号还能够应对泰坦那朦胧的大气层，它使用一台近红外相机，能透过橙色的雾气看清下方的地形并进行测绘。同时，探测器的雷达还证实了季节性液态甲烷和乙烷湖泊的存在，它们是在这颗卫星的寒冷的极地周围形成的。

其他卫星并不那么活跃，但似乎有耐人探寻的发展历程。土卫四有高耸的冰崖，土卫七似乎是一颗大得多的卫星破碎后的一块残骸，而土卫八的一个半球上空覆盖着一层黑沉沉的"烟煤灰"，还有一条奇异的山脊爬过它赤道区的大部分。就土星自身而言，虽然表面上看去很平静，但是已经显露出有强烈的风暴，如木星上的风暴一样猛烈。同时，由于它的行星环因受到附近卫星引力的作用而扭曲，所以它们似乎始终处于不断的变化中。

在土卫二上可能有宜居环境这一发现使安全处理"卡西尼"号、避免造成污染成为当务之急。因此，2017年9月，这颗探测器以一种壮丽的"压轴戏"式风格，俯冲进土星的大气层中自我摧毁，终结了自己的使命。

冰封的土卫二

土卫二直径约为500千米，大部分是由冰和一些岩石构成。"卡西尼"号提供的增强图像显示出与水-冰柱的喷发有关联的蓝色"虎皮条纹"。

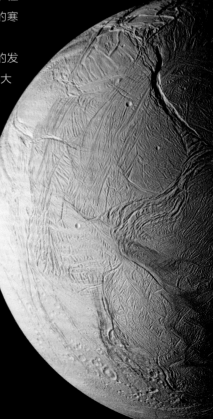

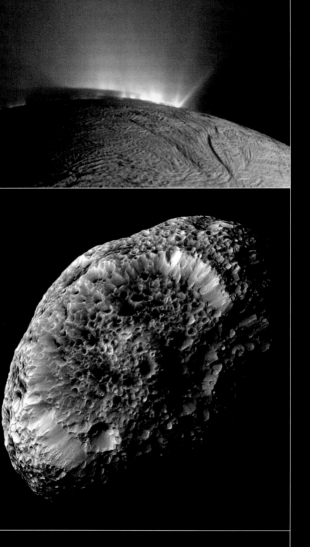

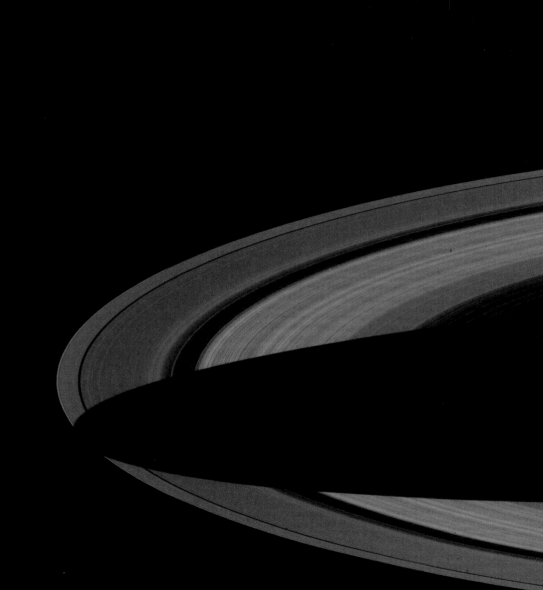

"卡西尼"号的土星之旅

所有巨行星周围都有行星环，但土星的行星
环是迄今为止最蔚为壮观的。宽阔明亮的土

面貌一新的火星

随着新的轨道探测器和表面勘探器不断发射，探索这颗红色星球的步伐日益加快，火星正向我们展现出其越来越多的与地球相似的过往。

2006年，NASA的"火星侦察轨道器"抵达火星轨道，接替老化的"火星全球勘探者"探测器。这次飞行任务抵达的时机很完美，在"火星侦察轨道器"进入既定轨道两个月后，"火星全球勘探者"就最终失去了联络。"火星侦察轨道器"携带了一款改进型高分辨率成像科学实验相机，在最大分辨率下，对小到只有1米宽的物体都可以拍出可辨识的照片。"火星侦察轨道器"的主要作用就是拍摄环形山、峡谷岩壁和沉积物层的详尽图像，寻找有水存在的更多证据，以及尝试判断出什么时候水从火星表层消失（见下一页）。它还携带着用来研究岩石化学成分的光谱仪，以及用来查看火星表层以下地质结构的雷达，还可以作为表面任务的通信中继站。

从轨道上发来的全新景色

由于"火星侦察轨道器"和ESA正在持续进行中的"火星快车"任务仍旧在传送着火星表面的照片，后续更多的火星轨道器已经聚焦于专业的科学研究了。NASA的"火星大气层与挥发性物质演化"飞行任务利用源自地球遥感卫星的技术来评估火星大气层的化学成分和大量性质，而ESA的火星地外生命探测项目中的"痕量气体轨道器"则侧重于研究微量气体。特别是希望它能发现关于甲烷季节性"打饱嗝"（随季节变化而出现暴增或骤减）的更多信息，这个现象曾被地基望远镜和"好奇"号火星车（见下一页）探测到过。这些有趣的气体暴增现象要么是与罕见的地质作用有

关，要么是与微生物生命体有关。

令人遗憾的是，2011年，俄罗斯的一项宏大火星探测任务在探测器离开地球轨道前就失败了。该探测器名为"福布斯-土壤"，它的目标是到火星的卫星——福布斯上采集岩石样本并返回地球，同时把中国的一颗探测器放入火星轨道。不过，印度空间研究组织（ISRO）取得了更大的成功，2014年，它的火星轨道器抵达了火星。而更早期的探测器继续传来令人震惊的探测成果——2018年，"火星快车"的科学家们宣布，根据数年来的雷达测量结果，他们发现在火星南极极冠之下存在一个巨大的咸水湖。

在冰层上着陆

2008年5月，一个叫做"凤凰"的静态着陆器抵达火星。它重用了为1999年末成功着陆的火星极地着陆器和另一个已经被取消的飞行任务而研制的设备，发射它的目的是研究火星北极极冠周围的环境。为了应对寒冷的环境和微弱的极地阳光，"凤凰"号额外携带了一些电热器和一对很大的、像风扇似的太阳能电池

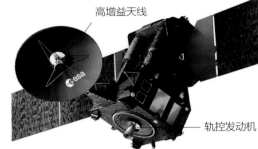

长17.5米的太阳能翅膀

高增益天线

轨控发动机

esa

火星地外生命探测项目中的"痕量气体轨道器"

"痕量气体轨道器"任务是ESA宏大的火星地外生命探测任务的第一阶段，于2016年10月抵达轨道。不幸的是，同去的"夏帕雷利"号静止火星车在降落火星时坠毁了。

"凤凰"号着陆器

在NASA的极地着陆器"凤凰"号的一张拼接式自拍照上，显示出两个扇形太阳能电池阵列之中的一个。这两个太阳能电池阵列是用来收集微弱的高纬度阳光的。

板来供电。"凤凰"号降落在火星北极周围一块被称为"北极大平原"的区域。由于"凤凰"号的反推火箭把尘埃吹走了，下面掩藏的闪闪发亮的物质就被暴露出来了，"凤凰"号很快就确认了那是水冰。除相机外，这个着陆器还携带了一个气象站、一个配备了近距离成像仪和样本采集器的机械臂，以及位于着陆器内的几个用于研究土壤的化学成分和物理性质的实验室。

从一开始人们就知道，这个任务可能只会持续大概几个月，然后屈服于火星冬季的威力。但"凤凰"号超出了预期——最初的任务设计是让它在北部盛夏时节运转90个火星日，但它最后运行了157个火星日才被秋季霜冻所打败。

好奇的探索者

与"勇气"号和"机遇"号前辈相比，NASA的"好奇"号火星车在大小和任务规划两方面都有很大进步。"好奇"号于2012年8月在伊奥利亚山附近降落，这座山是直径为154千米的盖尔撞击坑的中心峰。"好奇"号的首要目标就是评估远古时期的火星环境是否可能孕育过生命。盖尔撞击坑是一个已存在了30亿年的湖床，现在覆盖了一层沉积岩，这是一个理想的探索目标。

"好奇"号携带的仪器包括全景相机和近景相机，一台用于分析岩石化学成分的X射线谱仪，并首次配备了在火星上钻孔的机械臂，以及两个样本分析实验室。初步研究表明，"好奇"号漫游车已经着陆在一个曾经水流湍急的河床上，并且当漫游车向伊奥利亚山进发

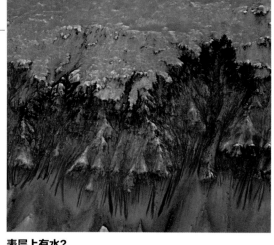

表层上有水？
2011年，"火星侦察轨道器"拍摄到了牛顿陨石坑阳坡上随季节而变化的深色条痕。它们可能是由从陨石坑壁渗出的水流形成的。

时，它继续采集岩石和大气样本，寻找充足的证据来证明这里曾经环境宜人，并且有大量的冰与泥土混杂在一起。"好奇"号的大气科学仪器发现，随着季节的不同，甲烷含量会发生急剧变化。后来，在2018年，它的钻头在沉积岩里发现了复杂的碳基"有机"化学物质。这类化学物质并不是生命体存在的必要证据，但它们可能是生命体遗留下来的残留物。

火星上的"好奇"号
将几个轨道探测器发来的数据融合生成的盖尔陨石坑的3D模型（上图）显示出火星科学实验室"好奇"号（左图）的着陆地点。在火星表面度过的五年多时间里，这辆漫游车已经探索了伊奥利亚山中心峰的四周，在火星走过的路程超过18千米。

1998年10月24日
NASA发射"深空"1号技术测试台,尝试用离子推进器作为航天推进系统。

1999年7月29日
"深空"1号飞经小行星9969布拉耶。

2001年9月22日
"深空"1号飞经彗星19P/波雷尔。

2006年1月19日
NASA的"新视野"号探测器搭乘一枚"宇宙神"5号运载火箭发射升空。

2007年2月28日
"新视野"号在一次引力借力近飞探测期间,对木星进行观察。

2010年5月21日
H-IIA型火箭发射JAXA的太阳帆探测器"伊卡洛斯"号。

2011年8月5日
"朱诺"号从卡纳维拉尔角发射。

2015年7月14日
"新视野"号飞到冥王星12 500千米(7 800英里)范围内。

2016年7月5日
"朱诺"号抵达木星轨道。

2019年1月1日
"新视野"号在穿过柯伊伯带的航程中,飞经2014 MU69小行星。

极限探索

近年来,新一代航天探测器已经突破了技术的界限,从太阳系深处那些遥远而无法触及的地方传来令人惊叹的新图像和科研数据。

随着2006年行星被正式重新分类,NASA可以宣称,其已经向太阳系的所有主要天体发送了探测器。但是前第九大行星,冥王星,是什么情况呢?如今天文学家把它归类为矮行星,即柯伊伯带的一分子。柯伊伯带是由杰勒德·柯伊伯(见下方说明框)于1951年预测出的一圈冰质天体,位于海王星之外。2006年1月,NASA发射了一颗探测器,在一趟高速航程中对冥王星及其伴星进行了探测,它们位于太阳系未经探索的外围地带。

快速前往冥王星

"新视野"号是所有离开地球的航天器中飞行速度最快的探测器,达到58 536千米/小时。2007年,借助木星的引力,它的速度得到进一步提升,由此它在短短八年内就越过了海王星的轨道,并进入了柯伊伯带。设置这样风驰电掣般的速度,一大原因就是冥王星处于相对邻近的位置——这颗行星在1989年处于最接近太阳的位置,而现在它正离这个位置越来越远。

2015年1月,"新视野"号短暂地穿过冥王星系统,不仅为这颗行星和它巨大的卫星卡戎拍摄了照片,还鉴定了两颗星球表层的化学组成成分,测量了冥王星的大气,并研究了这两颗星球组合与越来越微弱的太阳风之间的相互作用。对于大多数科学家来说,冥王星的第一批特写照片给人们带来了巨大惊喜——它们展现出来的,不是一个从太阳系混沌之初就未发生过

变化的、被深冻起来的遗迹,而是一个有着极为丰富多变的地貌景观的星球。很明显,在不远的过去,这里的地质活动就十分活跃了。

继这次成功之后,这颗探测器飞向了一个小很多的柯伊伯带天体(KBO),被称为2014 MU69,2019年,"新视野"号与它交会。随着"新视野"号向恒星际空间飞驰,它将继续监测进入范围以内的其他柯伊伯带天体。

贴近木星

NASA的"朱诺"号航天器以更熟悉的地区为目标,但它以其他方式突破着太空技术的极限。它于2011年8月从地球发射,是完全依赖于太阳能动力飞行最遥远的太空任务器。它有三个巨大的"翅膀",可以在阳光强度仅为地球上4%的地方产生435瓦特电力。2016年7月,"朱诺"号抵达木星,它进入了一个独特的高椭圆形轨道,绕轨一周需53天。这条轨道带"朱诺"号飞越未被探索过的木星极地地区,它飞跃海拔只有4 200千米的云层。在"近木星点"加速,然后再离开去往最远

一种粒子检测实验装置

用于分析冥王星的大气

光学与红外测绘仪

去往冥王星,超越冥王星
若"新视野"号要借用木星的引力,就得在狭窄的发射窗口期起飞。如果错过了这个窗口期,它将不得不多花三年时间穿越太空。

冻结的表层
"新视野"号拍摄的冥王星图像展示出一个拥有复杂地质状况的星球。由于新冰从下层向上翻涌,大片区域的冰质表层正在不断更新。

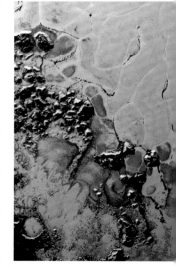

人物小传
杰勒德·柯伊伯

出生于荷兰的天文学家杰勒德·彼得·柯伊伯(Gerard Peter Kuiper,1905-1973年)曾经从事的职业是涵盖整个太阳系的。在莱顿大学完成学业后,柯伊伯去往美国工作,于1937年进了芝加哥大学的叶凯士天文台(Yerkes Observatory)。在这里工作期间,他发现了天王星的卫星米兰达(Miranda)和海王星的卫星涅瑞伊得斯(Nereid),发现了土星的卫星泰坦(Titan)有大气层,还预测出后来被称为柯伊伯带的天体带的存在。1960年,他搬到图森市,成为亚利桑那大学新建的月球与行星实验室的第一任主任。他还曾担任NASA的"徘徊者(Ranger)"系列月球撞击式着陆器的首席科学家。

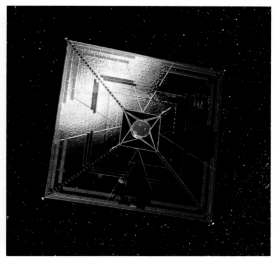

快速旋流的云景

这幅经过色彩增强的木星动荡的云团风景图片覆盖了一片比地球还要大的区域，是"朱诺"号在云顶之上，海拔高度为13 345千米处拍到的。这项任务使用的朱诺相机成像仪视野范围极广，当成像仪处于最接近这颗行星的位置时，它生成的图像最高分辨率为每个像素代表15千米。

"伊卡洛斯"号

JAXA的推进系统测试台包含一个快速旋转的卫星，配备一个反光的太阳帆，表面面积为400平方米（4 300平方英尺）。在这个航天器向金星漫游期间，它利用太阳光的辐射压力成功实现了加速和导向。

为810万千米的地方。这将使航天器能安全地待在大部分巨行星轨道都有的强烈辐射带以外，同时还能提供错综复杂、千变万化的木星云团精细特写。

"朱诺"号航天器携带的仪器设备中包括一个用于探测短波无线电波的微波辐射计，短波无线电波可以穿透木星上部的云层，还可以显示出大气结构和化学成分，可向下探测到600千米左右。同时，一个巧妙的追踪实验可通过测量"朱诺"号无线电信号的轻微频移来探测这颗行星的更深层结构和内部密度。这种轻微频移是当"朱诺"号的轨道受到木星引力场的影响而改变时出现的。"朱诺"号调查的最后一个关键领域就是木星那广阔而强大的磁场。

如果把"朱诺"号改到一个运行一周只需14天的轨道上，就可以在原本只有两年的任务计划期内进行更多次的科学探索飞掠。但这样的计划在2017年早期因发现一处发动机阀门故障而被放弃。因为如果发动机万一没有点火，将可能会把航天器送到一个不稳定的轨道上。然而，2018年6月，由于航天器状态良好，NASA宣布把"朱诺"号任务再延长三年，然后再计划让它脱离轨道，坠入木星的大气层。

新型推进

很多任务以其他方式推动科技进步，比如测试未来将被其他探测器所采用的创新型推进系统。NASA在1998年"深空"1号任务中所取得的成功就具有持久的影响力。它并未使用传统的化学火箭，而是首个测试离子推进器（见右侧说明框）的航天器。这个效率极高的系统在数月里产生了极少量的力，逐渐为航天器增加了4.3千米/秒的速度，并把它送去与一颗小行星和一颗彗星交会。此后，离子推进器被用于JAXA的"隼鸟"号彗星探测器、NASA的"黎明"号小行星轨道器（见本书第272~273页）和ESA与JAXA的"贝皮·科伦坡"号任务（见本书第306页）。

日本的"伊卡洛斯"号发射于2010年，它可能会对未来的太空飞行产生同样的影响，因为它是第一个对久经探讨的太阳帆概念进行验证的任务。"伊卡洛斯"（通过太阳辐射加速的行星际风筝式飞行器）通过利用微小但持久的力，无需推进剂就可加速，这种力来自于巨大的反光帆所反射的阳光和其他放射物。21世纪20年代后期，JAXA的一项去往木星附近的特洛伊小行星群的任务可能会采用同样的技术。

术语

离子推进器

太阳能电力推进器（通常被称为离子推进器）是可替代化学火箭的效率极高的推进系统——不过不幸的是，它还不能产生把航天器发射到一个强引力场外所需的巨大推力。太阳能电池板或另外的电源产生的电力通过电离室生成高电压。当氙气这类惰性气体的原子被输入电离室时，它们会被离子化，形成带电离子束。氙离子被电离室里的电极板排斥，并被排出发动机后部，产生推力。离子发动机可以推进航天器到极高的速度，并使其运行几个月而不是几分钟。

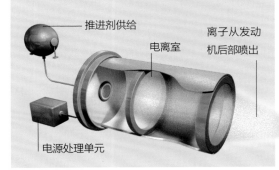

推进剂供给
电离室
离子从发动机后部喷出
电源处理单元

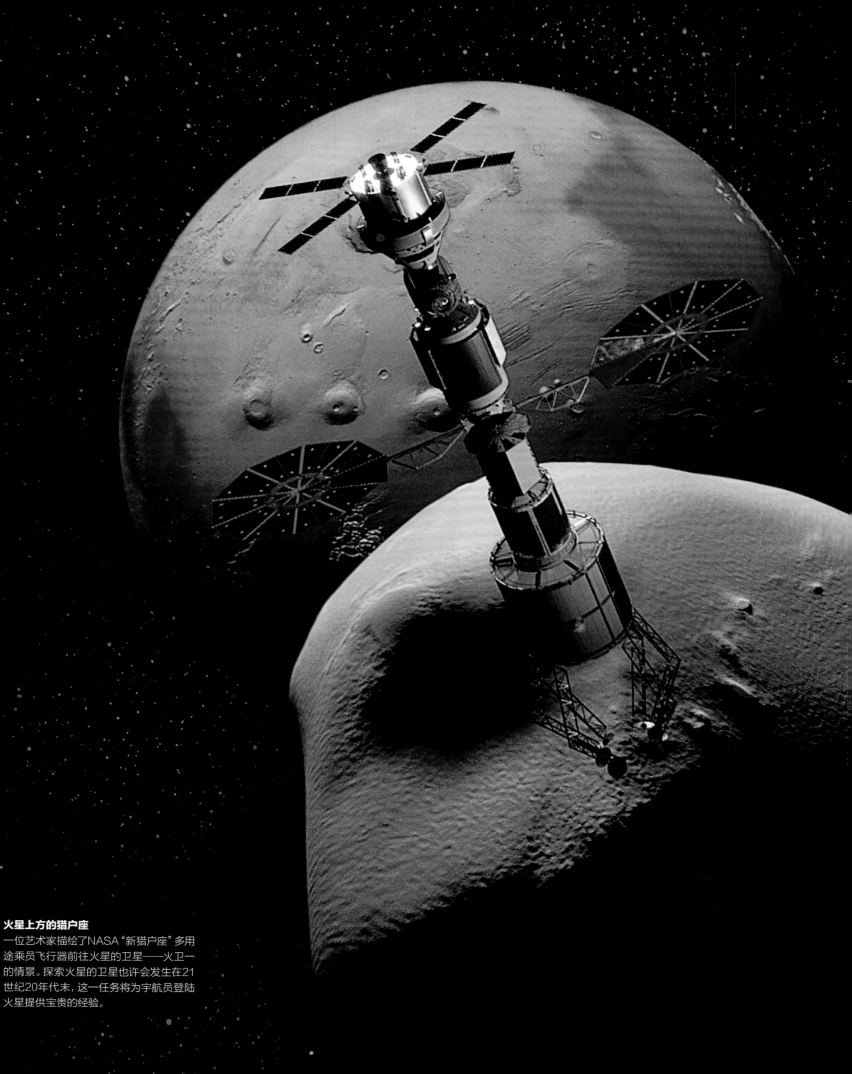

火星上方的猎户座
一位艺术家描绘了NASA"新猎户座"多用途乘员飞行器前往火星的卫星——火卫一的情景。探索火星的卫星也许会发生在21世纪20年代末,这一任务将为宇航员登陆火星提供宝贵的经验。

走进未来

当未来的历史学家从更遥远的视角讲述人类早期对太空的探索故事时，2000年10月30日可能是一个具有特殊意义的日子。这一天，是人类被地球完全限制的最后一天。因为，第二天下午，一枚"联盟"号火箭将国际空间站的第一批乘员送上了太空，准备去占领那本应成为我们在太空的第一个永久前哨的地方。国际空间站是由曾经敌对的国家之间合作而成的结晶。

但国际空间站仅仅是太阳系的一个中转站——下一站在哪里？NASA最近将其载人航天任务的重点转移到地球轨道以外的太阳系，并将月球及附近的小行星作为潜在目标。与此同时，一个年轻的太空强国——中国——已经发射了它的载人飞船以及空间站，中国还有包括月球基地在内的更长期的计划。随着这些目标的实现，人类将走向更远的地方——首先是火星，然后是太阳系，也许有一天是更远的星系。

国际空间站构想

20世纪80年代，美国的"自由"号空间站最初被西方设计用来对抗"礼炮"号和"和平"号空间站，最终演变成一个真正意义上的全球性项目——国际空间站。

20世纪70年代初，预算削减迫使NASA在航天飞机和大型空间站之间做出选择。但在80年代初，政治风向又发生了变化。航天飞机飞行终于成为常规项目，超级大国之间的关系从冷战转变到一个新阶段，即竞争再次延伸到太空（见下一页）。1984年，里根总统宣布美国终于要建造一个永久性的空间站——该空间站被命名为"自由"号。

从竞争到合作

新空间站的研制漫长而曲折。最初的计划是要建立一个真正庞大的前哨基地，能容纳12名乘员，欧洲、日本和加拿大的航天机构很快加入了这个项目，同意提供自己的实验舱及其他组件。各种设计方案被提出，预计成本也随之递增，而且每次重新设计都在减少空间站的功能。

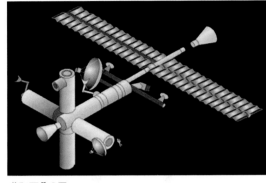

"和平"2号
1976年被批准作为"和平"号的最终继承者。为回应美国的星球大战计划，"和平"2号的设计经历了许多变化，当时有可能成为一个在轨作战平台。

同时，进行了各种航天飞机飞行实验，以测试可能在空间站上用到的技术和工艺。但是，"挑战者"号航天飞机的损失打击了美国载人航天飞行的信心，而苏联的自由化和最终解体终结了冷战对抗，也给了为"自由"号辩护的机会。1993年，"自由"号空间站在国会的取消提案投票中得以幸存。

这本是"自由"号自己的事情，但与俄罗斯关系的改善为美国开拓了一条新的道路。尽管俄罗斯的经济状况很糟糕，但他们拥有建造空间站的经验，可以帮助NASA使其空间站成为现实。1993年，美国和俄罗斯航天机构的官员举行会议，达成一项联合决议：新的空间站将是美国的"自由"号和俄罗斯停滞的"和平"2号的联合体。最初被称为阿尔法空间站，不久就变成了国际空间站（ISS）。

建造开始

20世纪90年代中期的"航天飞机-'和平'"号任务检验了新的合作精神（见本书第216页）。当这些任务结束时，就开启了建造工程。

首个进入轨道的舱体是俄罗斯建造的"曙光"号功能货舱。它具有双重用途：在建造初期，它将作为空间站的核心产生能量并提供推进动力；随着国际空间

> **"我们能够追随梦想去遥远的星球，在太空生活和工作……"**
>
> ——美国总统罗纳德·里根，
>
> **1984年1月25日**

太空出租车
NASA考虑了多种将乘组人员运送到空间站的方案。其中之一就是HL-20升力体结构，但最终只完成了工程模拟样机。

能量缆绳
20世纪90年代初，两次航天飞机飞行任务进行了一项名为"绳系卫星系统"（TSS）的实验。用一根长导线将卫星与航天飞机相连，通过卫星在地球磁场中的运动产生电能。当时考虑将这项技术用于未来的空间站。

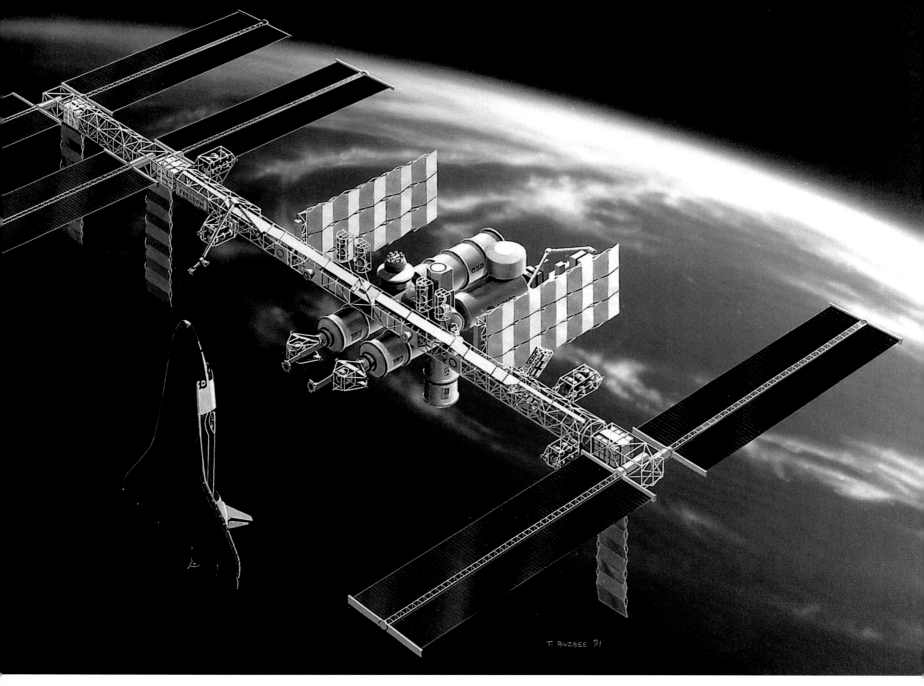

T. BUZBEE 91

"自由"号空间站

20世纪90年代初,不断削减的预算和重新设计使"自由"号空间站演变成一个小型化的国际空间站。两者的主要相似之处是使用水平桁架,两端有太阳能电池阵列,中心是加压舱模块。

的规模扩大,这些功能转移到其他地方,"曙光"号就成为一个存储设施。

　　"奋进"号航天飞机于1998年12月与"曙光"号进行了交会对接,并将NASA的"团结"号节点舱部署在空间站上。这是空间站上连接各舱段的三个节点舱中的第一个。然而,要很久之后,下一个关键组件——俄罗斯的"星辰"号服务舱才能发射。它将提供生活住宿、生命支持和环境控制等功能。2000年7月,"星辰"号被送抵国际空间站,终于为第一批乘员入驻做好了准备。

技术
星球大战

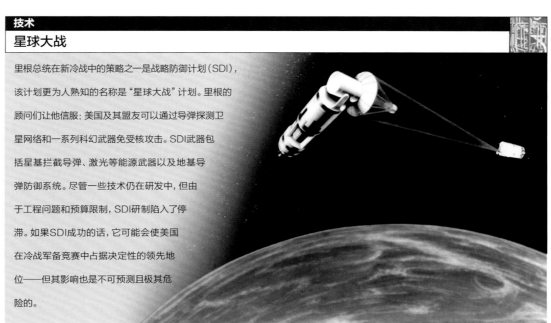

里根总统在新冷战中的策略之一是战略防御计划(SDI),该计划更为人熟知的名称是"星球大战"计划。里根的顾问们让他信服:美国及其盟友可以通过导弹探测卫星网络和一系列科幻武器免受核攻击。SDI武器包括星基拦截导弹、激光等能源武器以及地基导弹防御系统。尽管一些技术仍在研发中,但由于工程问题和预算限制,SDI研制陷入了停滞。如果SDI成功的话,它可能会使美国在冷战军备竞赛中占据决定性的领先地位——但其影响也是不可预测且极其危险的。

国际空间站

国际空间站的设计一再改变，甚至在开始建造之后仍在变化。新千年初确定的设计是由NASA最初的"自由"号和俄罗斯的"和平"2号组成的混合体，并由欧洲、日本和加拿大提供了国际援助。空间站的主体结构是从节点舱1两侧延伸出来的中心桁架，它构成了空间站的整体长度。以"星辰"号服务舱为基准，空间站右舷侧的桁架部分被顺序命名为S1~S6，它们从中央Z0和S0桁架中延伸出来。相对应的左侧的系统则依次命名为P1~P6。

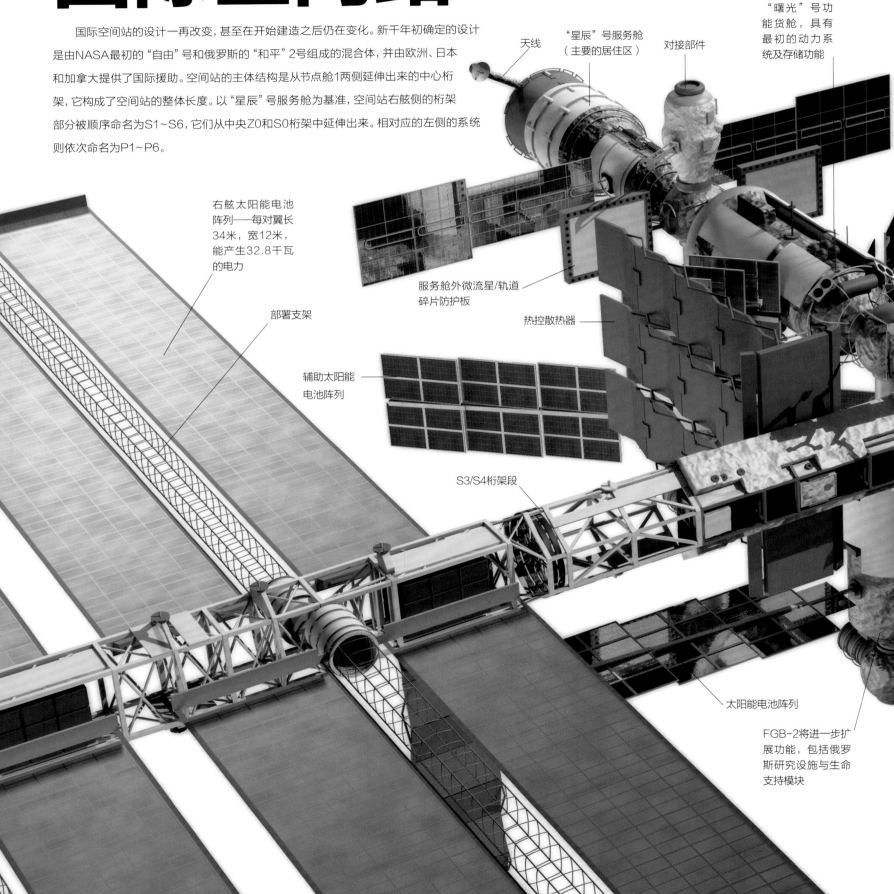

天线

"星辰"号服务舱（主要的居住区）

对接部件

"曙光"号功能货舱，具有最初的动力系统及存储功能

右舷太阳能电池阵列——每对翼长34米，宽12米，能产生32.8千瓦的电力

部署支架

服务舱外微流星/轨道碎片防护板

热控散热器

辅助太阳能电池阵列

S3/S4桁架段

太阳能电池阵列

FGB-2将进一步扩展功能，包括俄罗斯研究设施与生命支持模块

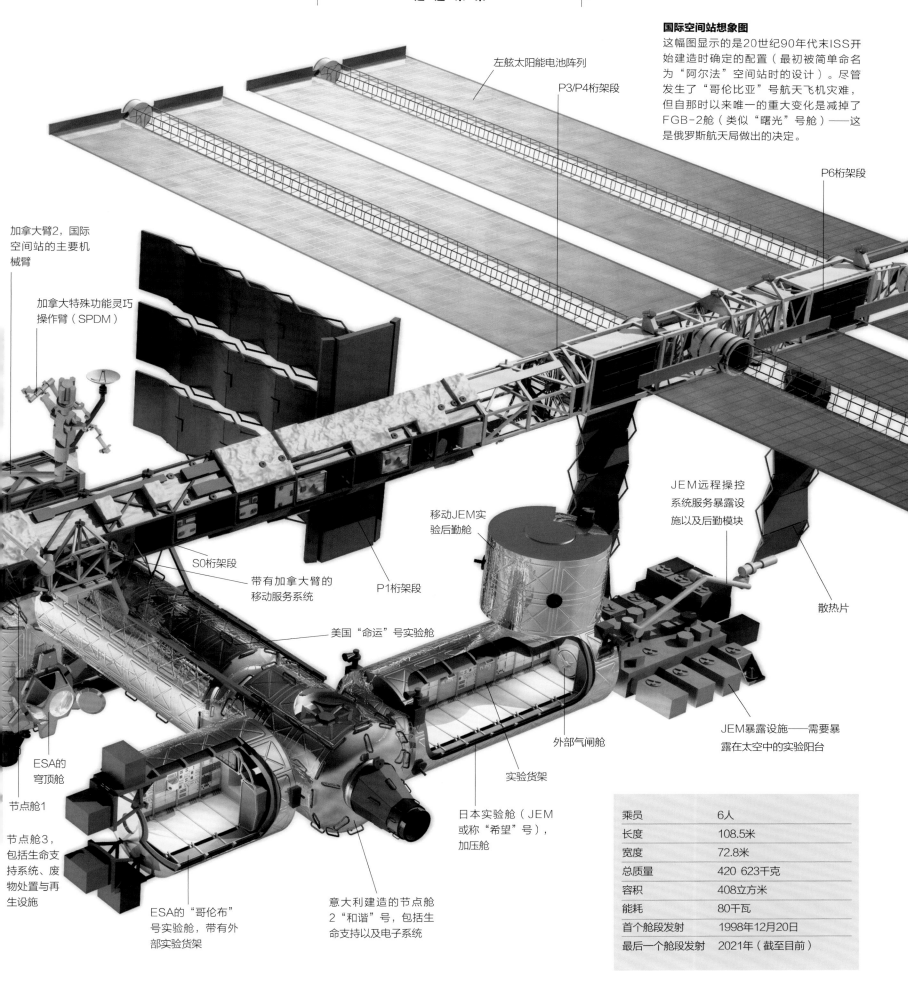

左舷太阳能电池阵列

P3/P4桁架段

国际空间站想象图
这幅图显示的是20世纪90年代末ISS开始建造时确定的配置（最初被简单命名为"阿尔法"空间站时的设计）。尽管发生了"哥伦比亚"号航天飞机灾难，但自那时以来唯一的重大变化是减掉了FGB-2舱（类似"曙光"号舱）——这是俄罗斯航天局做出的决定。

P6桁架段

加拿大臂2，国际空间站的主要机械臂

加拿大特殊功能灵巧操作臂（SPDM）

JEM远程操控系统服务暴露设施以及后勤模块

移动JEM实验后勤舱

S0桁架段

带有加拿大臂的移动服务系统

P1桁架段

散热片

美国"命运"号实验舱

JEM暴露设施——需要暴露在太空中的实验阳台

外部气闸舱

ESA的穹顶舱

节点舱1

实验货架

节点舱3，包括生命支持系统、废物处置与再生设施

日本实验舱（JEM或称"希望"号），加压舱

ESA的"哥伦布"号实验舱，带有外部实验货架

意大利建造的节点舱2"和谐"号，包括生命支持以及电子系统

乘员	6人
长度	108.5米
宽度	72.8米
总质量	420 623千克
容积	408立方米
能耗	80千瓦
首个舱段发射	1998年12月20日
最后一个舱段发射	2021年（截至目前）

早期阶段

（最上面的图）1998-2000年，国际空间站的最初部件——"团结"号和"曙光"号——在轨道上停靠了18个月，等待下一阶段的建造。

成长中的空间站

（上图）2000年年底，一系列的建造工作开始了，Z1桁架被部署（P6桁架和第一个大型太阳能电池阵列的临时安装点），"命运"号实验舱以及加拿大臂2遥控机械臂也先后加入。

建设重启

（右图）在舱外行走安装太阳能电池板设备期间，航天飞机宇航员丹尼尔·伯班克和史蒂文·麦克莱恩在移动基座系统上搭便车，随着加拿大臂2沿中央桁架移动。2006年，"亚特兰蒂斯"号的STS-115号飞行任务竭尽全力恢复因"哥伦比亚"号航天飞机事故而延误的国际空间站建设。

早期远征队

自2000年10月首批长期驻留宇航员抵达后，国际空间站一直在持续载人。在它的第一个十年里，工作人员在开展各种科学实验的同时也忙于建造和装饰工作。

"和平"号复活

国际空间站上的"星辰"号服务舱内景，这里是空间站上宇航员的主要居所。"星辰"号最初作为"和平"2号空间站的核心舱，其设计理念可以追溯到"礼炮"号空间站。

2000年12月2日
首批乘员乘坐"联盟"TM-31号飞船抵达国际空间站。

2001年3月10日
第二批长期驻留宇航员乘坐"发现"号航天飞机抵达国际空间站，完成首次交接班。

2001年4月30日
国际空间站迎来丹尼斯·蒂托——首位乘坐"联盟"号飞船来访的太空游客。

2001年10月8日
国际空间站首次舱外活动由宇航员在俄罗斯Pirs对接舱外完成。

2003年4月26日
由于"哥伦比亚"号航天飞机事故的发生，"联盟"TMA-2号将第7期驻留宇航员送上国际空间站，驻站乘员短期内减至两人。

2009年5月29日
"联盟"TMA-15号飞船的对接正式开启了第20期驻站任务，指令长为根纳季·帕达尔卡，同时，国际空间站首次达到6人满员驻站。

长期驻留国际空间站的人员被称为长期驻留宇航员，每期任务通常持续6个月左右。由于通常用特定的发射或返回任务来称呼乘组，因此各期任务往往有重叠。在建造国际空间站的最初几年中，驻留宇航员人数仅限于3人（在"哥伦比亚"号灾难后缩减到仅2人，见本书第224页），但乘坐航天飞机或俄罗斯的"联盟"号飞船到空间站的访客到访比较频繁。从2007年起，随着空间的增大，长期驻留宇航员的标准人数增加到了6人。而从重叠的任务期可发现，3名宇航员在返回地球途中，取代他们的3名新来者正在空间站上开启自己6个月的长期驻站生活。

早期驻留宇航员

第1期驻留宇航员为其他早期乘组树立了一种模式。指令长是NASA宇航员威廉·谢泼德，另外两名乘组人员是俄罗斯人谢尔盖·克里卡列夫和尤里·吉登科。他

首次交接班
2001年3月，宇航员安德鲁·托马斯从"发现"号航天飞机上观赏正在接近的国际空间站。这次STS-102任务将完成首期和第二期驻留宇航员之间的交接班。

人物小传
斯科特·凯利

NASA资深宇航员斯科特·凯利（生于1964年）担任国际空间站第26、44和45驻站指令长。在1999年首次乘坐"发现"号飞行之后，他还于2007年率领STS-118号飞行任务前往国际空间站。凯利还作为一只人类"小白鼠"，在完成2015—2016年"国际空间站一年期任务"过程中研究长期航天飞行的影响，通过与他在地球上的同卵双胞胎马克（另一位NASA宇航员）的比较而彰显其飞行医学价值。

们乘坐"联盟"TM-31号抵达空间站，在太空驻留了4个月，大部分时间用来使国际空间站全面运转起来并执行组装任务（见本书第296~297页）。2001年2月，他们迎来"亚特兰蒂斯"号乘组和美国"命运"号实验舱。3月，"发现"号航天飞机抵达，带来了第2期驻留宇航员：尤里·乌萨切夫、苏珊·赫尔姆斯和詹姆斯·沃斯（一名俄罗斯宇航员、两名NASA宇航员）。4月，"联盟"TM-32号的乘员加入，其中包括第一位太空游客丹尼斯·蒂托（见本书第308页）。8月，"发现"号带来了一批新乘员，他们花了4个月时间专注于科学研究。

第4期和第5期驻留宇航员（2001年12月－2002年11月）使站上进行的实验数量增加了一倍，并获得了由私营公司提供的有效载荷的首批科学成果。第6期驻留宇航员见证了俄罗斯"联盟"号飞船升级版——"联盟"TMA号的首次飞行，该飞船有较大升级，可以容纳个子更高的乘客。

在此期间，空间站持续扩大，增加了气闸舱、主框架部件以及主要机械臂加拿大臂2。

回到基础

这一扩张阶段在6个月后戛然而止。原因是"哥伦比亚"号航天飞机事故使空间站失去了主要的运输与建造工具。随着空间站上的乘员削减到两名，只能依靠俄罗斯飞船运输乘员，第7~11期驻留宇航员的主要任务是保持空间站正常运转，科学研究排在了日常维护和维修之后，位居第二。2005年7月下旬，"发现"号航天飞机终于返回国际空间站执守STS-114号任务，这次任务为执守到任务中期的第11期乘员谢尔盖·克里卡列夫和约翰·菲利普斯运送了补给。

在地球上方工作
在2007年11月的一次出舱活动中，国际空间站的指令长佩吉·惠特森悬停在空间站一侧。建造空间站需要973个小时的太空行走，其中大部分是由国际空间站的乘员完成的。

"命运"号实验舱
第2期驻留宇航员詹姆斯·沃斯在美国实验室舱内工作，此时，来访的宇航员斯科特·霍罗维茨正从"团结"舱的舱口漂过。

太空教育者
第7期驻留宇航员艾德·卢在ISS上做了《周六早间科学》系列节目，这些节目被传回地球播出，展现了微重力在美国"命运"号实验舱内的各种影响。

航天飞机接连不断的问题导致了又一次长达一年的搁浅，第12期乘组的运输和补给也不得不依赖俄罗斯的"联盟"号飞船和"进步"号飞船。

乘员增多

2006年7月，"发现"号第二次成功返回，使空间站恢复了正常状态。欧洲首批国际空间站乘员——德国宇航员托马斯·雷特乘坐航天飞机抵达并加入帕维尔·维诺格拉多夫和杰弗里·威廉姆斯，使第13期乘组恢复到3人状态。在接下来的几年里，航天飞机任务与"联盟"号飞船乘员运输任务交织在一起，形成了一个更加复杂交错的时间表。在2007年"斯普特尼克"1号卫星发射50周年之际，第16期乘组迎来了第一位女国际空间站指令长佩吉·惠特森，也标志着乘员人数开始逐步增加。2008年，欧洲的"哥伦布"号舱和日本"希望"号实验舱的首批组件先后到来。到了2009年的第20期任务时，国际空间站的环境系统得到了改善，第二艘"联盟"号飞船作为"救生艇"来到空间站，"进步"号的货运补给能力增强，这使得国际空间站第一次能够在接纳6名乘员的情况下正常运行。随着未来两年最终组件的到来，2011年7月19日，"亚特兰蒂斯"号航天飞机完成最后一次发射任务，为国际空间站历史的第一阶段划下了一条分界线。

"寻求"号气闸舱
2001年7月，"寻求"号连接气闸舱由"亚特兰蒂斯"号航天飞机送抵国际空间站，成为美国和俄罗斯两国宇航员进入太空的共同出口。右图为第4期驻留宇航员丹尼尔·伯奇（左）和卡尔·沃尔兹正在气闸舱内进行测试。

货运飞船
从航天飞机携带的加压舱到自动对接的货运飞船，多种货运飞船被用于国际空间站补给。图中加拿大臂2正在捕获日本的HTV-6号货运飞船。

技术
穹顶舱

2010年2月，国际空间站迎来了一个创新型舱段，上面装有空间站上的最大号窗户。这个由ESA提供、安装在"宁静"号节点舱的舱段叫做Cupola（意大利语，意为"穹顶"），是一个"观测台"，上有7个窗口，可用于地球观测、实验和跟踪对接操作。图中，第24期驻留宇航员特蕾西·考德威尔·戴森正在利用短暂的闲暇时光欣赏风景。

"阿尔法"的驻站乘组

官方形象
首位空间站指令长威廉·M·谢泼德与他的乘员同伴谢尔盖·克里卡列夫（左）和尤里·吉登科（右）身着索科尔宇航服在飞行前合影。

国际空间站首批乘组任务艰巨。首先要使连接在一起的"曙光"号、"星辰"号和"团结"号舱段全面运行，然后要为在空间站开展科学研究工作做好准备。

2000年10月31日，"联盟"TM-31号飞船从拜科努尔发射，搭载宇航员谢泼德、克里卡列夫和吉登科于11月2日与空间站对接。此前1个月有航天飞机任务乘组到访，他们安装了各种外部配件，包括通信天线和Z1桁架。生命支持系统也已经启动，因此乘员能够打开"联盟"号飞船的舱门进入空间站，然后直接开始工作。驻站指令长谢泼德是一位训练有素的海军军官，国际空间站没有名字，他很不习惯。于是，他在第一次对地无线电对话中提出，至少本次任务可以恢复使用20世纪90年代用过的名字——"阿尔法"。NASA局长丹尼尔·戈丁在任务控制中心以鼓掌的方式表示默许。

"我认为空气质量一直很好。我对过滤器能处理如此大量的空气感到惊讶——出气量的确相当可观。任何逸散的东西，比如食物，它们在一两分钟内就会进入过滤器，这令人感到相当惊奇。臭味儿？不存在的。到目前为止，所有的环控设备都运转得很好，我对此感到非常惊讶。"

——谢泼德在2000年12月18日接受CNN采访时如是说。

在轨道上工作
乘坐"联盟"号飞船从拜科努尔发射升空后，首期乘组入驻空间站安顿下来并开启空间站运行系统。通信是早期的优先事项——乘组人员起初必须依靠俄罗斯的通信设备，配备限制行动的有线耳机。当"亚特兰蒂斯"号于2001年2月带着"命运"号实验舱抵达时，空间站上开始变得更加温馨如家了。

从太空看火山喷发
2001年1月下旬，当墨西哥波卡塔佩特尔火山开始冒黑烟时，在太空的首期驻留宇航员拍下了这张令人惊叹的照片，空间站当时正运行至火山东北部的上空。

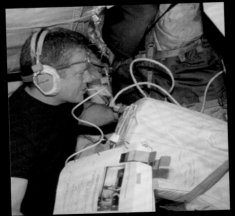

"我们打开了舱门……发现自己在一个有着良好清洁空气的地方，那感觉真是愉快极了。"

——谢尔盖·克里卡列夫，**2000年11月2日**

头一个月，乘组人员被限制在两个俄罗斯舱内活动，因为没有足够的动力运行"团结"号节点舱，直到12月"奋进"号航天飞机抵达并带来第一组巨大的太阳能电池阵列。然而，还有很多事情要做，比如拆包整理从衣服到笔记本电脑等的物品以及大量设备。这些东西有些是在他们抵达之前被到访的航天飞机任务留下的，还有更多的是在驻站任务期间由两艘"进步"号货运飞船运抵的。"团结"号节点舱里面也放置了类似的设备，当把这些设备全部部署完毕后，下一个航天飞机任务随即到来。2001年2月中旬，"亚特兰蒂斯"号执行STS-98号任务，主要任务是安装美国"命运"号实验舱。建立新的实验室还有很多工作要做，尽管实验项目的设备还没有到来。首个实验项目的设备于2001年3月10日随"发现"号航天飞机一起抵达。同时，航天飞机也带来了一组新乘员，他们将开启新的空间站工作内容——科学研究。

"……来自休斯敦、莫斯科和世界各地的所有在这次飞行任务中给予你们支持的人员，这是一种荣誉和特权，我们衷心感谢你们对'阿尔法'的杰出贡献。你们的成就令人难忘。我们带着遗憾和幸福见证你们离开空间站。遗憾是因为我们会怀念和你们一起工作的时光，幸福是因为你们正快马加鞭地回家，与家人和朋友团聚，将享受当之无愧的休息。"

——卡迪·科尔曼，指令舱通信员，
2001年3月18日

运行中的国际空间站

2011年，随着最后一次航天飞机任务搭载第28期驻留宇航员离开，国际空间站完成功能性建造。从此，国际空间站继续开展开创性的空间研究。

随着航天飞机的退役，国际空间站再次完全依靠我罗斯的"联盟"号飞船来运输乘员并在任务结束时将其送回地球。"进步"号货运飞船也继续成为国际空间站的货运支柱。

单独干

有点尴尬的是，距离最后一次航天飞机任务结束又一个月后，新时代的第一次"进步"号货运飞船在发射后因第三级发动机过早关闭，未能进入轨道。幸运的是，当时空间站储备充足，但随着下一次"进步"号任务的仓促提前和一次"联盟"号乘员发射的推进，发射时间表出现了连锁反应。

当然，"进步"号不再是唯一的货运选择。2012年，各种无人货运飞船与空间站对接，包括ESA的自主转移飞行器（ATV）、日本的HTV以及首次可重复使用的两个SpaceX 公司的"龙"太空舱。（见本书第308、309页）。第二年，又有美国轨道ATK公司的"天鹅座"货船加入了货运补给任务竞争。2013年的另一个标志性事件是第35期驻留宇航员克里斯·哈德菲尔德成为首位来自加拿大的国际空间站指令长，他是继2009年比利时籍ESA宇航员弗兰克·德温纳之后，第二位非美国或俄罗斯籍的国际空间站指令长。

全面投入运行

虽然需要持续的定期维护，偶尔还要安装新的部件，但此时国际空间站乘员的大部分时间已可以用于科学研究，开展包括地球观测、材料科学、医学设计以及动物行为学研究等领域的大量实验。2014年，站上实验室增加了一台多用途的3D打印机，并在ESA的"哥伦布"号舱内增加了一台新的电磁炉，能够在失重条件下熔化材料样品。另外，2018年，NASA部署了冷原子实验室。这是一个尖端物理实验设施，利用磁场冷却单个原子，使它们在微重力条件下停顿下来，以便研究它们的特性。

传播达人
国际空间站指令长克里斯·哈德菲尔德在第35期任务期间成了一名社交媒体达人。他在YouTube上发布了一系列的太空解说视频，并在太空微重力环境下弹奏吉他。他演绎的大卫·鲍伊的《太空怪杰》被浏览了4 000多万次。

释放立方星
2012年10月，日本的"希望"号实验舱使用机械臂将三个小立方星从国际空间站释放，使他们在太空自由飘浮。这些小而低成本的设备被设计用于学校和业余无线电爱好者的无线电通信实验。

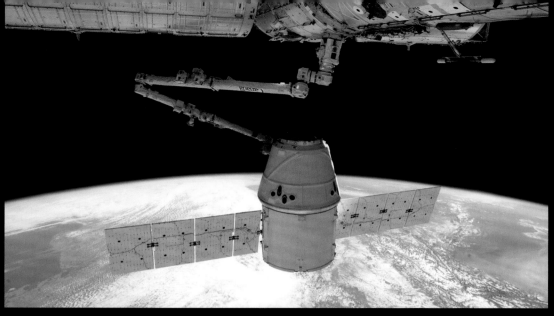

SpaceX的"龙"飞船

2013年3月，加拿大臂2抓取执行SpX-2号任务的SpaceX"龙"飞船。对接过程包括机械臂在对接前将"龙"飞船捕获并使其移动到空间站美国段旁边。

迈向更高边疆

　　随着航天机构越来越多地将其直接优先任务事项从低地球轨道转移到探索太阳系内更远的领域，国际空间站开展的很多研究也为此铺平了道路。如试验了促进太空植物生长的方法以确保新鲜食物的供应，探究了机器人协助宇航员的潜力（见上一页的插图），甚至安装了一个潜在的革命性的太空新栖息舱（见下文）。此外，从2015年3月到2016年3月，NASA宇航员斯科特·凯利和俄罗斯宇航员米哈伊尔·科尼恩科成为"在太空一年"项目的"小白鼠"，开展了一系列详尽的试验，以使空间医学专家能够更好地了解太空旅行对人体的影响。

太空科学

ESA的德国籍宇航员亚历山大·格斯特在2014年执行"蓝点"任务期间开展电磁悬浮器实验。2018年，在第57期任务中，格斯特成为第二位来自欧洲的国际空间站指令长。

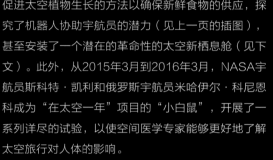

太空温室

NASA宇航员夏恩·金布鲁正在采摘国际空间站上种植的红叶生菜，这是2018年Veg-03实验的一部分。生菜生长在布满营养成分的"植物枕头"上，并在一个特殊的光箱中培育。

可折叠太空舱

2016年，比格罗公司的一个试验性太空舱——可折叠活动太空舱（BEAM）被安装在国际空间站上。它可以在发射前折叠，在发射后在轨展开。

人物小传
蒂姆·佩克

英国第一位ESA宇航员蒂姆·佩克少校实际上是第二位佩戴英国国旗的宇航员（在私人赞助的海伦·莎曼飞行之后，见本书第217页）。2015年12月，他乘坐"联盟"TMA-19M号飞船发射升空，在第46、47期任务期间，他在空间站待了6个月。除了完成一项复杂的舱外活动外，他还进行了各种实验以及宣传工作，包括与小学生进行天地通话，以及在空间站跑步机上跑伦敦马拉松。

2011年7月19日
随着"亚特兰蒂斯"号航天飞机的离开，国际空间站的宇航员再次依赖俄罗斯的"联盟"号飞船飞往太空。

2012年5月25日
首艘无人"龙"飞船与国际空间站对接，并驻留了5天。

2013年9月29日
首艘无人轨道ATK"天鹅座"货运飞船与国际空间站对接。

2015年3月27日
"联盟"TMA-16M号载着斯科特·凯利和米哈伊尔·科尼恩科发射升空，前往国际空间站执行长达一年的任务。

2015年9月30日
NASA与国际空间站主承包商波音公司续签合同，将空间站的使用寿命延长至2028年。

2016年3月2日
凯利和科尼恩科在太空生活了342天后返回地球。

2016年4月16日
比格罗公司的可折叠活动太空舱与国际空间站上一个未被占用的气闸舱对接并展开，开始在轨一年的性能测试。

1955
1956
1957
1958
1959
1960
1961
1962
1963
1964
1965
1966
1967
1968
1969
1970
1971
1972
1973
1974
1975
1976
1977
1978
1979
1980
1981
1982
1983
1984
1985
1986
1987
1988
1989
1990
1991
1992
1993
1994
1995
1996
1997
1998
1999
2000
2001
2002
2003
2004
2005
2006
2007
2008
2009
2010
2011
2012
2013
2014
2015

航天飞机的接班人

航天飞机退役后，NASA的新航天器"猎户座"将见证阿波罗时代"锥形太空舱"样式的回归。然而，带翼航天器的构思似乎太棒了，不能完全弃之。

可重复使用是带翼航天器最具吸引力的特点。尽管由于其复杂程度令人难以招架，航天飞机系统只有一部分是可重复使用的，且饱受摧残，但它能在发射后完好无损地重返地球，并在简单维修后就能准备好再次起飞，这可以大幅削减抵达轨道所需的成本。多年以来，已经提出过无数个可重复使用航天器的方案，现在这个构想似乎终于快实现了。

其他发射方案

为了从地面飞抵太空，燃料是必不可少的。对于真正可重复使用的航天飞机而言，主要的挑战就是如何处理燃料——这是个巨大的负担。有些航天器系统采用的方法与早先的"贝尔"X-1型和X-15型（见本书第34、188页）这类美国试验飞机所用的方法类似——也就是由一架巨型运输机先完成大部分苦力活儿，负责飞到高空，然后再释放出一个小很多的飞行器，随后小飞行器的火箭点火，以推动它完成飞向太空的剩余航程。

这一原理在2004年获得成功演示。当时，由航空工程师伯特·鲁坦（生于1943年）设计的带有飞行翼的"太空船"1号在两周内实现了两次从亚轨道跃升入太空的飞行，赢得了1 000万美元的安萨里X大奖。随后，鲁坦与维珍银河公司合伙，扩大自己的创新设计的尺寸，还采用了一种特殊的方法来处理再入的问题（见下一页上部的说明框）。他雄心勃勃地计划在接下来的几年内让付费的太空游客登上更大的"太空船"2号。不过，这种独特的设计暂时仅限于用在亚轨道太空飞行中。

桑格的"美洲"轰炸机
奥地利工程师尤金·桑格在20世纪30年代首次构想出了航天飞机。他设想的是一架从铁轨发射、起飞前由火箭提供加速动力的轨道轰炸机。

太空一日游？
此图展示的是维珍银河公司的亚轨道飞行器——"太空船"2号已与自己的载机"白骑士"2号对接。这艘飞船的速度可达4 200千米／小时，只使用了一个混合式火箭发动机。实际工作时，它将运载六名乘客和两名飞行员。

另一种减少到达太空所需燃料的替代方法是混合"航空航天飞机"。这种航天器在大气层内表现得像普通飞机，通过使用空气将燃料氧化燃烧而加速到高超声速，然后在高空转变为火箭。这个概念在20世纪80年代被首次提出，以英国的"霍托尔（HOTOL）"和美国的"国家空天飞机（NASP）"为代表。当时使这类飞行器成为现实所需的技术仍处于早期开发阶段。由于冲压式喷气发动机已发展成熟（见右下方的说明框），这个构思重新被认真考虑。一项名为"云霄塔（Skylon）"的计划前景很好，采用英国反应发动机有限公司（Reaction Engines Limited）出产的"佩刀"（SABRE）发动机，把大气层空气液化，用作火箭的氧化剂。

迷你航天飞机

除全尺寸航天飞机以外，各种小巧紧凑又与"航天飞机"类似的航天器提案出现又消匿。其中大多数航天器打算搭乘一枚垂直起飞的火箭进入太空，利用"升力体"的空气动力学原理（类似于20世纪60年代"戴纳-索尔"项目中采用的那些"升力体"，见本书第188页）在返回降落时穿越地球大气层。举例来说，这类"迷你"航天飞机包括20世纪80年代法国航天局的"赫尔墨斯"项目、20世纪90年代日本的"希望"号（H-II型轨道飞机）以及国际空间站规划阶段所考虑的乘员返航飞船。21世纪早期，俄罗斯航天项目承包商能源公司为一个名为"快船"号的航天器提出过一个类似的构思，ESA和JAXA都曾短暂地参与过这个项目，但是由于预算问题，这个项目在2006年以后被无限期推迟了。

在这些项目案例全部被取消的同时，无人驾驶的波音X-37型飞机成为该方法最成功的应用案例。这架小巧的航天飞机，搭乘"宇宙神"5号火箭和太空探索技术公司（SpaceX）的"猎鹰"号火箭发射，由美国空军和国防部先进研究项目局（DARPA）用于未指明的军事太空行动。这类行动可能包括推进和监测系统测试。由于没有需要提供支持的乘员，X-37型飞机每次可以在轨运行几个月的时间。

单级入轨

一种彻底解决可重复使用运载火箭问题的终极方法就是将航天器与火箭合而为一。这样，整个飞行器会

DARPA的XS-1项目
XS-1项目目前正在开发中，它是航天飞机概念与单级入轨概念混合的产物——是个可重复使用、类似飞机外形的第一级，可以把上面级和有效载荷部署到轨道，然后再返回基地、补充燃料并再次起飞。

完整地飞入太空并返回地球。20世纪90年代，通过使用被称为"麦克唐纳·道格拉斯DC-X"或"德尔塔-快船"的比例样机，单级入轨（SSTO）概念得到了验证，而且这个概念还被应用在NASA计划中的运载火箭X-33上。1996年，一场大火烧毁了DC-X样机，此后这些项目都日渐式微，但单级入轨的概念却得到了完好的保留，而且一枚可完全重复使用的火箭所拥有的成本节省潜力是令人难忘的。最近，私营航天公司已经奋起迎接这个挑战，不过像SpaceX和蓝色起源公司这类火箭公司正在研发的是可完全重复使用的多级火箭，而不是一体式飞行器。

术语
"太空船"1号

安萨里X大奖得主"太空船"1号的外观极为独特。它由"白骑士"携带飞向高空，通过自带的火箭点火进入亚轨道轨迹，它像羽毛那样再入大气层，而且它像航天飞机那样滑翔返回地球。这架航天器本身只有8.5米长，但载机翼展28米。从高空发射有助于减轻燃料的重量，同时，其缓慢的再入速度降低了对隔热防护的需求。

1．"白骑士"靠两个喷气发动机提供动力，将"太空船"1号带到15千米的高空。

2．"太空船"1号独特的火箭发动机脱离"白骑士"，然后点火，推动航天器以高达马赫数3的速度飞到地球上空100千米处。

3．当"太空船"1号降落返回进入大气层时，其机翼"平掠"，旋转成可减缓再入速度的样式。

4．再入后，机翼展开，"太空船"1号以滑翔方式着陆。

术语
冲压式喷气发动机

很多航天飞机构型要靠冲压式喷气发动机技术的协助来飞越大气层。冲压式喷气发动机几乎没有活动组件，它并不是使用涡轮吸入空气用来燃烧，而是靠自己的前进运动强行将空气高速压进来。然后，依靠发动机的外形将空气压缩并加热，接着燃料注入并燃烧产生推力。冲压式喷气发动机通常是作为一个勺形进气口被装入飞机机身的。但是只有在速度达到1 600千米／小时及以上时它才能发挥作用。所以，为了达到这个速度，还需要另一个发动机。幸运的是，在太空中运行所需的火箭发动机可以达到这个速度要求。

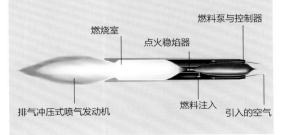

燃料泵与控制器 / 燃烧室 / 点火稳焰器 / 燃料注入 / 排气冲压式喷气发动机 / 引入的空气

中国的载人航天

21世纪以来，中国载人航天工程取得了一系列令人瞩目的成就。

神舟

"神舟"号飞船和俄罗斯的"联盟"号飞船都采用了三舱式布局，但"神舟"号略大一些，而且有些型号在轨道舱上还额外安装了一对太阳能电池板。

1999年11月20日
"神舟"1号无人试验飞船成功发射。

2003年1月5日
"神舟"4号在轨运行六天后安全返回，为中国的载人航天开辟了道路。

2003年10月15日
杨利伟搭乘"神舟"5号，成为中国首个进入太空的航天员。

2003年10月16日
"神舟"5号的返回舱在轨运行14圈，历时21小时后，将杨利伟带回地球。

2005年10月12日
"神舟"6号首次将中国两人乘组送入太空。

2008年9月27日
在中国首次三人乘组任务期间，"神舟"7号乘员执行了出舱活动。

2011年9月29日
"天宫"1号无人实验室发射入轨。

2012年6月18日
"神舟"9号与"天宫"1号在轨对接，使三名中国航天员能够在组合体内开展实验。

虽然中国早在20世纪60年代就在规划载人航天事业，但是20世纪70年代，该计划被搁置。1992年，中国政府批准了一项新的载人航天计划，全世界都深感震惊。这项计划最初被称为"921"工程。

中俄渊源

1994年，中国与俄罗斯签订了一份协议，这份协议允许中国接触俄罗斯的"联盟"号载人飞船、蓝图及专业技术，但是，虽然总体上与苏联可靠的航天器相像，但中国的载人飞船，名为"神舟"，是完全由中国人设计及制造的。像"联盟"号那样，"神舟"号也有三个单独的组成部分——一个轨道舱、一个返回舱和一个服务舱。不过，它明显比"联盟"号要大多了，而且可以靠两对太阳能电池板飞行。这两对翅膀，一对在服务舱上，而另一对在轨道舱上。这样，即使轨道舱已经与另外两舱分离，且航天员已经返回地球，其运行也还能继续有电力支持。

"神舟"1号是一艘无人试验飞船，于1999年搭乘"长征"2号F火箭发射。"神舟"1号飞船绕地球运行了14圈，中国海上船载测控系统对其进行了跟踪测控。启动再入返回程序后，中间的返回舱在中国内蒙古地区安全着陆。

开辟中国航天员之路

随后，"神舟"号飞船又进行了三次试飞，利用航天员假人模型来研究生命支持系统的情况和性能。每次飞行都带有实验设备，为执行长期任务，有些实验设备和轨道舱一起被留在了太空。

前往"天宫"2号之路
2016年10月，一枚"长征"2号F运载火箭搭载着"神舟"11号载人飞船从酒泉卫星发射中心的发射台上发射升空。

回收太空舱

工程师们从"神舟"6号的着陆点——内蒙古四子王旗地区回收返回舱。与早先美国和苏联的飞天情况相比，中国的所有"神舟"飞船都是在面积相对较小的着陆场内降落的。

"神舟"5号任务，是中国航天员的首次飞天之旅。当地时间2003年10月15日9时，杨利伟（见下方的说明框）从酒泉起飞升空。在返回内蒙古着陆前，他完成了绕地球轨道飞行14圈，几乎是"神舟"1号任务的翻版。此次飞行中，杨利伟自始至终留在返回舱，轨道舱分离后被留在太空，持续开展了五个月的多项实验。

两年后，"神舟"6号发射。这次，两名中国航天员在轨道上停留了差不多五天时间，首次进入轨道舱工作并对飞船系统开展试验。"神舟"7号发射于2008年

人物小传

杨利伟

中国太空第一人杨利伟1965年出生于中国辽宁省，年少时他就是个航空迷，1983年考入中国人民解放军空军第八飞行学院并入伍。毕业后，他成为了一名战斗机飞行员，在其空军生涯中累积了1 300多个小时的飞行时长。1998年，他被选拔加入执行中国载人航天飞行任务的航天员大队，在北京航天员训练中心经历了五年的强化学习与模拟训练。得益于此，他当选为2003年10月"神舟"5号任务的航天员。

9月，它又向前迈进了一步，搭载了三名中国航天员。虽然这次任务仅持续了三天，但实现了中国的第一次太空行走，由翟志刚和刘伯明执行22分钟的出舱活动。

"天宫"

2011年9月，中国的航天计划挂上了"加速挡"，发射了一个名为"天宫"1号的无人实验室。"天宫"1号原本是用作中国空间站的概念验证。一个月后，"神舟"8号无人飞船进入太空，在地面远程控制下，"神舟"8号无人飞船与"天宫"1号成功进行了两次交会对接。2012年6月，"神舟"9号载人任务紧随其后，搭载的三名中国航天员（包括中国第一位女航天员刘洋）在"天宫"1号上度过了六天时间。"天宫"1号的任务于2016年3月正式结束，但它在轨道上又多留了两年，直到2018年4月再入大气层焚毁。

"天宫"2号实验室于2016年9月发射入轨，并在次月接受了"神舟"11号乘组的访问。此后，"天宫"2号也没闲着。2017年4—9月，它参与了一次对接演练，无人货运飞船"天舟"1号在远程控制下与"天宫"2号进行了三次交会对接，每次都进行了燃料补给，以维持其在轨运行。

在历经诸多猜测后，"921"工程的最后一个阶段于2017年得到确认。该阶段将涉及发射一个更大的模块化空间站，其核心是一个细长的"天宫"3号核心舱（已被命名为"天和"核心舱——译

准备起飞

首次飞往中国空间实验室的三名中国航天员为"神舟"9号飞船发射做好准备。从左到右为：刘洋、刘旺和任务指令长景海鹏，其中，景海鹏是第二次执行"神舟"任务。与众多中国航天员一样，这三名航天员也曾经是经验丰富的空军飞行员。

者注），还有其他几个实验舱。这个空间站拟建于2019－2022年（已于2022年建成），是中国成为航天强国的重要标志，它可能接纳国际航天员并为载人探月任务铺平道路。

中国空间站

这幅艺术设计图展示的是2022年年底全面建成的中国空间站。建造空间站、建成国家太空实验室，是实现中国载人航天工程"三步走"战略的重要目标，是建设科技强国、航天强国的重要引领性工程。

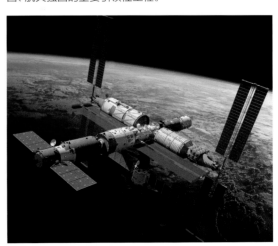

探索太阳系

随着低地球轨道上的运行活动越来越多地由商业航天公司来处理，NASA这样的航天机构已经将重点重新调整到了长期目标上，以实现人类探索距离我们的母星更深远的太空。

2003年，"哥伦比亚"号航天飞机事故以及逐步终止航天飞机计划的决定导致美国对航天优先事项再次进行基本评估。为了可预见的未来，美国一直致力于建成及运营国际空间站，但是航天飞机设计从一开始就有致命风险这一共识更加凸显美国对航天事业未来的疑问，这一疑问也困扰了一代航天人。

"猎户座"飞船成型

这幅艺术设计图展示的是"猎户座"多用途乘员运载器（MPCV）。它包括一个圆锥形的乘员舱和圆柱形的服务舱，服务舱配备了用于发电的太阳能电池板。

下一步去往何方？

即使是在21世纪早期，其他机构和商业运营商接管相对常规的航天任务，比如把货物（甚至宇航员）发射到国际空间站，这种可能性也在变得愈加明晰。从那时起，商业运营商们当然已经证明了自己的可靠性（见本书第308页），而把NASA的载人航天目标调整成地球轨道外。

2004年，乔治·W·布什总统通过一次演讲为新时代奠定了基础，他在演讲中公布了美国的"太空探索新愿景"。这是一项雄心勃勃的计划，要求在2019年"阿波罗"11号50周年之际重返月球，在下一个十年里建立永久性月球基地，以及于21世纪30年代执行期待已久的火星任务。

受到新任务的激励，NASA迅速开始研究如何用更大的航天器并搭载更重的货物重返月球的细节问题。次年，这项计划公布出来，被称为"星座"计划，该计划十分复杂但功能全面，既需要地球轨道也需要月球轨道的交会，包括名为"猎户座"（见下文）的新型可重复使用航天器以及两枚新型"战神"号运载火箭，这种运载火箭源自航天飞机时代技术的可靠部分。"战神"I号将是一个经过调整的固体火箭助推器（SRB），携带一个用于载人发射的新型液体燃料上面级；而"战神"5号由液体燃料提供动力，最初计划主要依靠一组共五个航天飞机主发动机（SSME）来发射重型货物。但是，预算急剧上涨，进度拖延，加上全球经济发展放缓，这给"星座"计划造成了一连串打击。2009年，巴拉克·奥巴马总统命令委员会对美国航天活动进行审查，并在一年后公布了一项重大政策变化。"战神"号运载火箭，连同"星座"计划和重返月球的各项计划，都被废弃了。"猎户座"被留了下来，有所改动，同时，

一枚新型重型运载火箭"太空发射系统"（见下一页的说明框），将取代"战神"5号。NASA的宇航员们将使用商业研发的航天器和运载火箭去往地球轨道，而"猎户座"将即刻把目光投向更为深远的地方去找寻探索目标，设定的目标是在21世纪20年代中期与一颗近地小行星交会，以及在2035年前后执行进入火星轨道的任务。

2017年特朗普政府上台，对与商业公司合作在"猎户座"的宏伟目标达成之前，把宇航员送返月球这件事展开了新一轮讨论，但NASA当时的重大航天器与火箭研发计划基本未发生变化。

NASA的新型航天器

"猎户座"飞船的最终版本被称为"多用途乘员运载器"（MPCV），取代"星座"计划下提出的三个变体版本。"猎户座"与"阿波罗"飞船在基本的外形轮廓方面相像，但"猎户座"配备的技术对"阿波罗"的宇航员来说是难以想象的。"猎户座"包括一个乘员舱（CM）和一个欧洲研制的服务舱（ESM）。CM能搭载四人进行几周时间的长期任务。若额外增加一个居住舱，任务时间可延长到几个月。ESM由ESA的自动转移飞行器（ATV，见本书第231页）改造而来。

经过多种测试后，首个无人"猎户座"飞船于2014年12月5日由"德尔塔"4号重型火箭发射，绕地球轨道飞行了两圈。主乘员舱预期会被重复使用多达10次，当"太空发射系统"可以投入使用以后，"猎户座"在

发射中止系统

发射期间，"猎户座"飞船被对接到一个发射中止系统上。这是一个虽然小巧但威力强大的火箭，可以在出现故障时把乘员舱安全地带离运载火箭。

为"太空发射系统"加燃料

"太空发射系统"的液氢罐在直立状态下有40米高，是有史以来建造出的最大的低温燃料罐。液氢罐再加上一个小一些的液氧罐和四个RS-25火箭发动机，构成了"太空发射系统"运载火箭的芯级。

太空发射系统

功能全面的"太空发射系统"（SLS）包括一个芯级、两个助推器以及上面级。芯级是有史以来建造出的最大的低温火箭，威力强大，由液氢和液氧提供动力；两个助推器是由航天飞机采用过的固体火箭助推器衍生而来。SLS针对不同的任务运送不同的有效载荷。最初的Block1型配置只是额外使用了一个小型过渡低温推进级。这个推进级后期会被一个远比它威力强大的探索上面级取代，用于深空载人任务（称为Block 1B型）和货物载重发射（Block 2型），其中，Block 2型火箭总高度为111米。

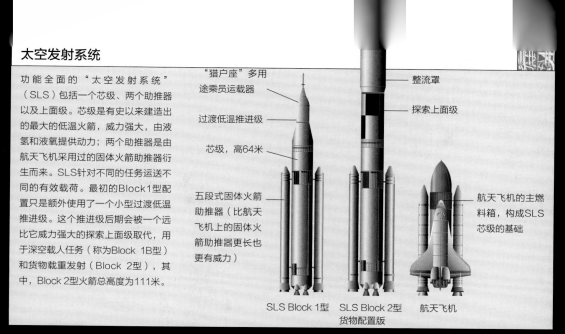

"猎户座"多用途乘员运载器

过渡低温推进级

芯级，高64米

五段式固体火箭助推器（比航天飞机上的固体火箭助推器更长也更有威力）

整流罩

探索上面级

航天飞机的主燃料箱，构成SLS芯级的基础

SLS Block 1型　　SLS Block 2型　　航天飞机
　　　　　　　　　货物配置版

2022年进行了一次无人绕月飞行，未来计划在月球轨道上建立一个空间站。

探索的可选目标

展望未来，人类探索太阳系的步伐接下来会把我们带往何处？火星似乎是一个明显的目标。不过，对火星这一邻近行星的探索将涉及从火星表面起飞到火星轨道等一系列问题，因此，在尝试火星着陆之前对其卫星进行探索的可能性也越来越大。

20世纪90年代初期，美国航天倡导者罗伯特·祖布林为到这颗行星表面并返回的任务设计了一份很有影响力的方案，称之为"火星直击"。在他的设计中，先让装满燃料的航天器着陆到火星表面的风险，这是此类任务的关键要素。后来，人类在火星土壤中发现了水这类资源，也为祖布林的论点提供了支撑。同时，一小群"留居火星"的支持者们主张通过把宇航员志愿者送上单程旅程来简化整个过程，因为无须考虑把他们带回来需要面对的挑战和风险。

那么，其他航天强国有什么进展呢？ESA的载人探索计划全部与"猎户座"项目融为一体了。俄罗斯正在研发一个叫做"雄鹰"的新型航天器，目标是在2028年登陆月球。中国也有自己的探月雄心，包括载人登月和探索火星等。

为火星准备的太空舱

这幅艺术设计图所示的是两个"猎户座"飞船对接到火星转移飞行器的一端。该飞行器包括一个加压居住舱、生命支持舱和一级（仍是假想状态的）核动力火箭，能通过一系列无人发射在地球轨道上完成组装。

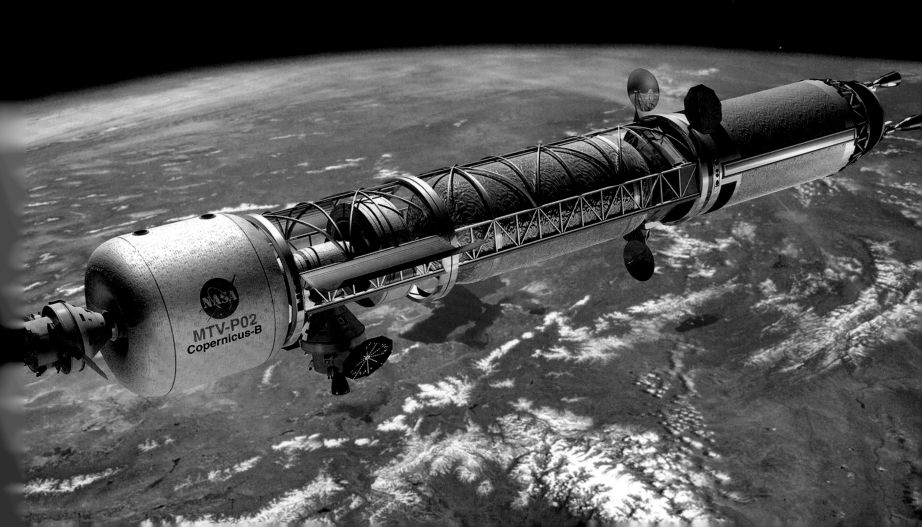

NASA
MTV-P02
Copernicus-B

未来的太空探测器

未来十年，新的任务将探索太阳系不为人知的地方和为人熟知的行星们的崭新面貌，从火星腹地到偏僻的特洛伊小行星群以及更远的太空。

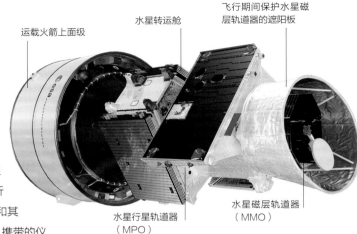

众所周知，未来的无人太空探测计划极易发生变化——优先级变更、预算上涨太多，当然还有出现差错等原因。不过，有些未来计划与其他计划相比确定性更高。不出意外的话，目前处于最后开发阶段的探测器或者正在前往目的地途中的探测器不久就会有新的发现，为我们带来惊喜。

向太阳进发

2018年后期，向我们本星系的恒星发射了两个探测器来执行任务。"帕克"太阳探测器将直面太阳外冕层的灼热高温，执行一项为期7年的任务，在这项任务中，这颗探测器将比以往任何人造天体都更接近太阳。同时，ESA和JAXA的"贝皮·科伦坡（Bepi Colombo）"号踏上前往水星的漫漫征途，涉及对地球、金星和水星进行一连串复杂的引力借力飞越飞行，然后才能在2025年最终进入最靠近行星的轨道。"贝皮·科伦坡"号使用离子推进器（见本书第285页）作为它的主推进系统，只有小型的化学火箭可用于最后的在轨调整。一旦安全抵达水星，就会从水星转运舱的发动机单元处分离出两个单独的航天器，开始在水星轨道上进行大约30个

月的数据收集工作。ESA建造的水星行星轨道器（MPO）携带着各类相机、用于分析水星表面成分的分光计、一个激光高度计和其他仪器。JAXA的水星磁层轨道器（MMO）携带的仪器用于研究行星磁场和太阳风暴经过行星时所造成的粒子环境。由于预算紧张，一个小型表面着陆器计划于2003年被取消。

对火星的新认识

"好奇"号火星车（见本书第283页）带来了令人兴奋的成果和成倍的工作量，加上仍未确定的载人计划，火星不可避免地将仍旧是我们进行的太阳系探索的核心。2019年，"洞察"号带来第一批成果。"洞察"号是NASA的一个携带钻机和地震仪的着陆器，用于调查行星的内部结构。此外，2020年发

"贝皮·科伦坡"号
这幅插图所示的是"贝皮·科伦坡"号航天器在运送状态下的各种重要部件。到达水星后，水星行星轨道器和水星磁层轨道器将被部署到单独的轨道上。

射窗口期的航天任务可能会组成一个系列。NASA2020年的火星探测任务以"好奇"号为基础（火星车已被命名为"毅力"号——译者注），但它携带的实验会专门聚焦于搜索火星生命体。它还会携带一个叫做"火星侦察直升机"的无人机。

火星"地外生命漫游器"是ESA与俄罗斯的联合项目，也打算在这个窗口期发射；而中国正在规划一场火星

为"洞察"号做准备
"洞察"号着陆器的防护背壳在洛克希德·马丁航天系统公司的无尘间里被安装就位，该公司位于科罗拉多州丹佛市。由于一个地震仪出现问题，导致这个航天器错过了原定于2016年的发射日期。

"露西"号的轨迹

NASA的"露西"号将借助一次地球引力把自己送到一个需运行12年的环形飞行路径上。这条路径将带它穿越"头部"和"尾部"的特洛伊小行星群，即环绕被称为L4和L5的引力平衡点运行的小行星。在2024年与一颗小的主带小行星相遇后，"露西"将会先飞行到领头的L4小行星群，在2027—2028飞经四颗小行星，届时它将在自己的轨道外部边缘处速度变慢。然后，它会经过内太阳系转回来，在去和"普特洛克勒斯–墨诺提俄斯"相遇的途中路过地球。"普特洛克勒斯–墨诺提俄斯"是双星系统，也是最大的特洛伊小行星之一，位于尾部的L5小行星群。

特洛伊小行星都在位于拉格朗日点处稳定的轨道上。在这里，太阳的引力与木星的作用力相互抵消。

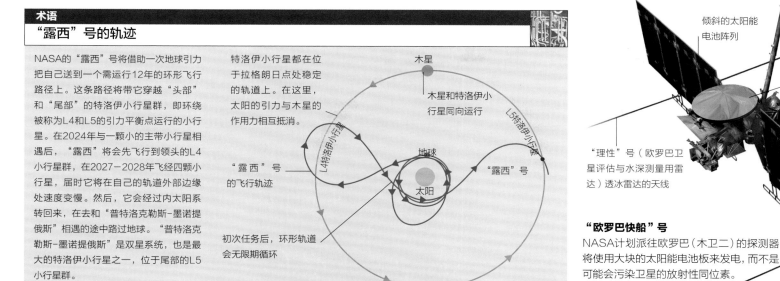

初次任务后，环形轨道会无限期循环

"欧罗巴快船"号

NASA计划派往欧罗巴（木卫二）的探测器将使用大块的太阳能电池板来发电，而不是可能会污染卫星的放射性同位素。

倾斜的太阳能电池阵列

3米（10英尺）高的增益天线

"理性"号（欧罗巴卫星评估与水深测量用雷达）透冰雷达的天线

首秀，将包括一个轨道器、一个着陆器和一个小型探测车，由单个火箭发射。此外，凭借"希望"号，阿拉伯联合酋长国可能成为第一个向火星发送航天任务的阿拉伯国家。"希望"号是一个轨道器，计划用于收集火星大气层的更多相关数据。

展望未来，已经有各种其他任务在讨论之中

了。ISRO在积极地部署印度火星轨道器的后续行动，还有不同国家似乎都有可能成为第一个把样本从火星表面送回地球的国家。

外太阳系

NASA和JAXA都有前往特洛伊小行星群秘境的任务计划，那里是太阳系中更远的地方。特洛伊小行星群是一群奇特的小行星，它们和木星共用轨道，但通过在拉格朗日点处（在行星两侧约60°处的引力平衡区）聚集成两团，避免了巨行星的引力干扰。了解特洛伊小行星的构成和分布，将使我们更了解太阳系的早期进化。有一种理论说，这些小行星是在巨行星们的一次早期重组和迁移过程中被驱逐到它们现在的位置的。NASA雄心勃勃的"露西"号任务（见上方的说明框）将对这两个特洛伊小行星群进行探测，已于2021年发射。继"伊卡洛斯"号（通过太阳辐射加速的星际风筝式飞行器）之后，JAXA已经计划在十年规划期的后期发射"俄刻阿洛斯"号（外太阳系探索与航空用超

大型风筝式飞行器），这也是一个采用太阳帆技术的航天器。

同时，去往木星的那几个巨大的卫星——"伽利略"的两项新任务计划也正在制订中。ESA的"果汁"号（木星冰卫星探测器）将对三颗外围卫星——木卫二、木卫三和木卫四——进行探测。现在认为，这三颗卫星表层之下都藏有海洋。"果汁"号已于2023年发射，应该会在2030年左右抵达木星。然后，在与欧罗巴卫星和卡利斯托卫星接连相遇后，到2033年最终进入位于木卫三附近的轨道，这颗卫星是太阳系里最大的卫星。这次任务也在考虑增加一个小型木卫三着陆器。

与此同时，NASA的"欧罗巴快船"号将着重于探测这三颗冰质卫星组合的最中心处，它们的海洋在最接近表层的地方，这里也被认为是太阳系里最有可能让外星生命进化的地方之一。"欧罗巴快船"号已于2024年发射，它将进入木星周围的一个椭圆形轨道，可允许对木卫二进行至少45次近距离探测飞行。

在火星上的"洞察"号着陆器

这幅艺术设计图展示的是在火星的埃律西昂平原地区着陆后的"洞察"号。它借用了"凤凰"号任务的设计要素，还将把一个自掘洞式的5米热量探测器送进火星地壳，以探测其地下属性。

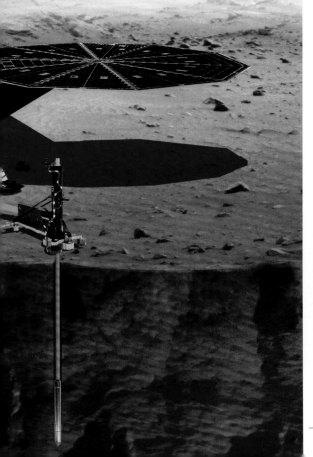

测试火星地外生物探测车

2013年，ESA的机器人式火星地外生物探测车原型机在测试期间对干旱的智利沙漠进行探索。这类任务是远程执行的，有时间延迟，就好像探测车在火星上一样。这样有助于科学家了解如何在火星上"驾驶"以及收集科研数据。

一场商业革命

进入21世纪，无论是对私营企业还是对潜在的太空游客来说，在获准进入太空方面都发生了重大转变。
航天事业不再为超级大国所独有，而被更多赋予了商业化、市场化，甚至度假宣传的特色。

早在20世纪50年代初期，冯·布劳恩和他的同事们就经常在《科利尔》上发表文章。在那时的他们看来，有朝一日人类能去太空度假的想法就已经完全行得通了。但是由于冷战时期政治活动和持续削减预算的阻碍，太空是向大众开放的这一想法逐渐消失，或者至少是退隐到了遥不可及的未来。太空旅行，自此似乎将只对专业人士开放——飞行员、工程师以及少数幸运的科学家。令人跌破眼镜的是，今天，形势峰回路转，太空旅游成为现实，还有一些公司在不断研发价格更低、更可行的太空旅游计划。与此同时，新兴行业的"新航天"部门如破土春笋般涌现，将价格更低廉的运载火箭和更小的成品卫星应用在各种各样的领域。这在20年前看来，似乎是不可思议的。

向企业开放

太空游客身份得到广泛认可的第一人是美国商人丹尼斯·蒂托。2001年，他花费2 000万美元换取了自己在"联盟"-TM32号飞船上的一席之位。几次这样的飞行帮助俄罗斯联邦航天局的金库充盈起来，直到2009年这个项目才逐渐告停。不过，早期乘坐"联盟"号的太空游客之一，伊朗裔美籍软件企业家阿努什·安萨里，凭借由她联合出资的安萨里X大奖，影响力更为持久。安萨里X大奖是一个奖金为1 000万美元的竞

女性太空游客

这是在为国际空间站之旅接受培训期间的阿努什·安萨里。2006年9月18日，安萨里搭乘"联盟"T-MA9号飞船升空，在空间站度过了9天后于9月29日返回地球。

立方星

NASA的手机卫星2.4版（PhoneSat 2.4）设计在一个10厘米的立方体架构之上，是一个典型的单一模块立方体卫星。这些小型装置提供了一种低成本测试创新技术的模式。该手机卫星使用一部安卓智能手机来提供关键的卫星功能。

赛，目的是研发出一款可重复使用、有人驾驶的亚轨道航天器。这项大奖最终于2004年由伯特·鲁坦的"太空船"1号斩获（见本书第301页），大赛收到了26个参赛作品，有效地刺激了商业航天。从那以后，商业航天在几年时间里蓬勃发展起来。

虽然安萨里X大奖预示的相对便宜的太空旅游业本身仍处于即将成为现实的边缘，但这次竞赛展示了用更快、更便宜、适应性更强的方式去"开展"太空事业是有可能的。比如，在卫星行业，企业家们很快就采用了创新型立方体卫星。这是一种用又简单又便宜的方式建造卫星的模式，使用的都是质量不超过1.33千克的小立方体。更快而且造价更低的微电子技术甚至使这类小型卫星能够进行各种不同的实验，且借助更大的有效载荷的发射能力，它们能够以极低的成本被发射，为学术机构、小型企业甚至众筹项目提供了通往太空的机会。

SpaceX及其竞争对手

与此同时，发射行业也被后起之秀撼动了。几名互联网企业家，包括贝宝（Paypal）的联合创始人埃隆·马斯克（见右侧说明框）和亚马逊（Amazon）的杰夫·贝索斯，已经利用他们的财富来资助私人航天公司的发展了。特别是马斯克的太空探索技术公司（SpaceX），已经开始挑战传统的航天企业，与之竞争商业合同和政府的发射合同。在得到一份前往国际空间站送货的合同激励后，SpaceX的"猎鹰"（Falcon）号系列火箭已经在运载能力和技术成熟度方面获得

了稳步发展。它还已经掌握了发射系统界的"神"级技术——可重复使用能力。

SpaceX在这个领域取得了卓越成就。其幕后原理是：分离后将燃料留在火箭的下面级里，然后利用火箭上的制导系统返航进行垂直降落。经过几次试验后，SpaceX于2015年12月首次成功实现回收降落。2017年3月，回收利用的"猎鹰"9号一级再次发射升空。SpaceX还在研发航天器——无人"龙"飞船以及载人型"龙"2号飞船。2012年以来，"龙"飞船已经多次向国际空间站运送货物。为载人而设计的"龙"2号飞船已经于2020年开始把美国宇航员带到空间站，随后又见证了轨道太空旅游业的回归。

到目前为止，其他私营发射公司已经稍微偏离这场商业航天舞台中心了。杰夫·贝索斯的蓝色起源公司开始为其他公司研发运载火箭使用的火箭发动机，不过

人物小传
埃隆·马斯克

在南非出生的美国公民埃隆·马斯克生于1971年，在美国加利福尼亚州的斯坦福大学攻读博士学位期间，他退学从商，在20世纪90年代后期和21世纪初成为软件和互联网领域的先驱，赚了数十亿美元。他先后创立了特斯拉公司（一家电动车公司——译者注）、SpaceX公司和Boring公司（一家隧道交通公司——译者注），其间他又找回了自己对工程学的激情。他被大众誉为技术创新者。

也仍在钻研自己的可重复使用航天系统——"新谢泼德"号亚轨道运载火箭和"新格伦"（New Glenn）号运载火箭。尽管有几次成功的试验，可惜进度已落后，且载人航天计划已被推迟。

贝索斯有资本并致力于挺过航天不可避免的不确定性，但一些"新航天"企业就没有那样的优势了。特别是对风险投资的依赖，已导致很多前景很好的项目半途而废。不过，也有一些公司发展壮大起来了——例如火箭实验室公司（见本书第239页）于2018年6月开始提供自己的商业发射业务，使用自家的"电子"号火箭从新西兰发射，内华达山脉公司正在努力研发名为"追梦者"号的小型升力体航天飞机，用于低地球轨道任务。

"重型猎鹰"及其未来

商业航天将如何拓展到地球轨道以外？这无疑是个有趣的问题。私营公司很早就想开采小行星上可能存在的丰富的金属资源。那些小行星已经基本不会受到地质作用的影响，而正是地质作用令地球上的珍贵元素难以提取。与此同时，SpaceX的"重型猎鹰"火箭在2018年的首秀令人惊叹。它向世人展示，一家商业公司也能发射有效载荷来探索更广阔的太阳系。SpaceX甚至在研发更大的"超重-星舰"火箭（BFR）且进展迅速。这家公司当前的目标似乎可以说是无止境的。这个巨大的发射系统由一个69米的可重复使用一级和集成了星际飞船的二级组成。到21世纪20年代后期时，SpaceX是否能实现它在火星建造人类居住区的非凡计划，还要拭目以待。

"重型猎鹰"火箭回收
和"重型猎鹰"火箭发射同样给人留下深刻印象的就是一个"猎鹰"9号"助推"火箭的同步返航。由于发动机故障，间的芯级火箭在接近无人机驳船时丢失了。

"重型猎鹰"火箭发射
Space X的"重型猎鹰"运载火箭的首秀在2018年2月6日，它从肯尼迪航天中心的39A发射台发射。三个完全一样的"猎鹰"9号一级火箭和一个小型上面级组合到一起，创造出了自苏联的"能源"号火箭以来，人们所见过的最强大的火箭。

离开摇篮

人类在太空的未来是什么样的？大规模的太空旅行以及移民去其他星球会在某时成为现实吗？还是说，太空旅行将永远为少数精英所独享？

一个多世纪以前，康斯坦丁·齐奥尔科夫斯基就已经给出了肯定的答案。他滔滔不绝地谈论，人类需要展开自己的翅膀，然后去其他星球旅行。很多人都同意他的观点并努力实现他最初的梦想，奥伯特、戈达德、冯·布劳恩和科罗廖夫皆是如此。然而，正当技术达到了近乎让这样的梦想成真的程度时，政治现实介入，然后未来就被偷走了。

如今，很多人认为，战争、贫穷和环境危机是地球最大的问题，载人探索太空又烧钱又分散处理这些问题的精力。然而，具有讽刺意味的是，批评家们的生态意识之所以发生剧变，一部分原因可以追溯到1968年，当时，"阿波罗"8号的宇航员发回了第一批人们现在熟知的照片，照片上是太空中孤独的地球。

到了20世纪90年代，载人航天面临着成为无关紧要之事的风险。甚至很多爱好者都觉得，退缩到地球轨道偏离了探索太阳系和定居其他星球的真正目标。罗伯特·祖布林（见本书第305页）称，这样的形式就像探险家在哥伦布发现新大陆之后却放弃探索美洲。

然而，太空旅游业突然出现，且NASA转向载人探索地球轨道以外的太空，这些可能是发生急剧变化的开端。太空探索新时代的爱好者们将祖布林的类比继续下去，他们认为，在为定居和探索"新大陆"而进行了最初一波拓荒航行之后，还要花几十年的时间才算正式起步。现在，NASA已确立自己的首个月球基地计

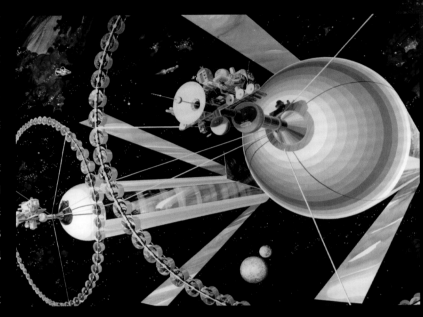

在轨道上生活
在一个未来主义风格的太空居住舱设计图中，有一对长22千米、宽6.2千米的旋转式圆柱状舱体，可以供多达2 000万人在太空中延续独立文明。

划，也有将来继续前往火星的意愿。中国已经迈出了抵达太空的步伐，不过其已经看向了火星和土星那样遥远的地方。另外，凭借能够抵达轨道并能够与现有的或未来的空间站对接的航天器，敢于创新的太空旅游业界正计划跟随亚轨道飞船的第一波浪潮。

对未来的展望

到"斯普特尼克"1号百年纪念之际，或许会有绕轨运行的酒店和去月球的商业航班。各国的航天局可能已经在火星上建立了基地，而且载人探险队可能正在冒险去更远的地方。对月球和小行星的商业勘探已经在计划中，我们的这颗卫星——月球——有丰富的矿物资源，任何重大的太空建设项目都几乎可以全部使用从这里开采到的物料，而不必以巨大的代价从地球发射而来。小行星虽然更难以抵达，却有可能是更为丰富的珍贵矿物和金属的富矿地。

我们这一代人可能无法见到像美国物理学家杰拉德·奥尼尔（见左侧说明框）提议的太空居住舱那样宏伟的空间站。但是随着我们对散落在太阳系里的资源了解得更多，在其他星球建立自给自足的基地的想法似乎看起来越来越可信。甚至有一天我们可能将其他星球地球化——在其他星球上播撒细菌和气体，最终将它

茫茫星海中
爱尔兰人约翰·德斯蒙德·伯纳尔（John Desmond Bernal, 1901－1971年）是物理学家、科学史学家和大规模太空居住舱的最初提议人之一，他曾预言，有一天，人类可能最终会分化成两个种族：地球人和太空人。

人物小传
杰拉德·奥尼尔

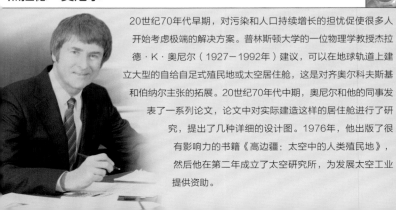

20世纪70年代早期，对污染和人口持续增长的担忧促使很多人开始考虑极端的解决方案。普林斯顿大学的一位物理学教授杰拉德·K·奥尼尔（1927－1992年）建议，可以在地球轨道上建立大型的自给自足式殖民地或太空居住舱，这是对齐奥尔科夫斯基和伯纳尔主张的拓展。20世纪70年代中期，奥尼尔和他的同事发表了一系列论文，论文中对实际建造这样的居住舱进行了研究，提出了几种详细的设计图。1976年，他出版了很有影响力的书籍《高边疆：太空中的人类殖民地》，然后他在第二年成立了太空研究所，为发展太空工业提供资助。

"地球是人类的摇篮，但人类不会永远停留在摇篮里。"

——康斯坦丁·齐奥尔科夫斯基，1903年

们转变成适宜的环境，就像在地球上曾发生过的那样。

也许，终极梦想是穿越众多恒星去探险，并变得真正不再依赖于地球和太阳系。涉及的距离是真正意义上的天文数字，毕竟，即使最近的恒星也比海王星遥远8 900倍。去茫茫恒星中探险可能几个世纪内也不会发生，如果确实发生了，那么几乎可以肯定，届时它们将用到的是目前刚处于初级阶段的（例如核动力推进）或者还未提出的技术。但是正如著名的宇宙学家斯蒂芬·霍金曾说过的那样，太空移民可能是最终确保人类长远未来的唯一出路。

术语
核动力太空旅行

要在一段合理的时间跨度内进行恒星之旅，需要一种新型推进系统，因为无论是化学火箭还是离子发动机都无法胜任这一职责。20世纪50年代，美国物理学家西奥多·泰勒和弗里曼·戴森展示了如何通过在发动机里引爆小型核弹所产生的一系列爆炸，来为航天器提供动力。他们的"猎户座计划"的原型机就是使用化学爆炸物做测试的，但使用核物质争议性太大，所以这个概念就被搁置下来了。20世纪70年代，英国行星际协会在"代达罗斯计划"中重新启用了这个构想，首次对切实可行的星际飞船设计进行了详细研究。

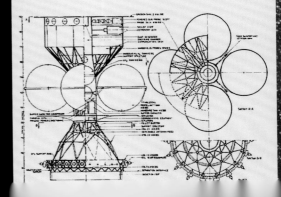

GLOSSARY ①

A4 The original designation of the early German rocket that flew as the V-2 missile.

ablative heat shield *see* **heat shield**

aerospaceplane A spaceplane designed to operate in the Earth's atmosphere using an alternative to rocket propulsion – usually a ramjet or scramjet.

Aerozine A rocket fuel consisting of a mixture of hydrazine and unsymmetrical dimethylhydrazine (UDMH).

Agena An upper rocket stage used on Thor, Atlas, and Titan launch vehicles and also as a docking target for several Gemini missions.

Almaz A Soviet military space-station design, flown as Salyuts 2, 3, and 5.

apogee The point in the orbit of a satellite or spacecraft where it is furthest from the Earth.

Ariane A series of European launch vehicles, operating since 1979 and widely used for commercial and scientific satellite launches.

Atlas A long-running US launch-vehicle series, originating from the first US Air Force Intercontinental Ballistic Missile.

attitude The orientation of a spacecraft or space station in space. Attitude adjustments can be made in roll, pitch, or yaw axes.

Baikonur Cosmodrome The main launch centre for the Soviet and Russian space programmes, located in Kazakhstan near the town of Tyuratam (originally named to deceive intelligence agencies into believing it was near the town of Baikonur itself).

ballistic A term used to describe a missile or spacecraft that makes its descent through the atmosphere under the influence of gravity and atmospheric drag alone, with no aerodynamic lift: the term also describes the behaviour of projectiles such as cannonballs.

boilerplate capsule A full-sized but not fully equipped replica of a finished spacecraft design, used in the early stages of testing for studying aerodynamic characteristics and other properties.

booster A small rocket attached to the side of a larger rocket stage to give extra thrust during launch.

Capcom An abbreviation for Capsule Communicator, normally the only person at NASA Mission Control who communicates with astronauts in space. Typically, the role is taken by a trained astronaut.

Centaur A type of upper rocket stage used to launch spaceprobes and satellites. The Centaur was the first rocket to successfully use high-energy cryogenic propellants.

Chang Zheng *see* **Long March rocket**

CM Abbreviation for the Command Module of the US Apollo spacecraft.

combustion chamber The part of a rocket engine where the fuel and the oxidant mix and combust, generating thrust against the forward-facing part of the chamber as the exhaust escapes from the nozzle at the rear.

comsat An abbreviation of communications satellite – a satellite used for receiving and re-transmitting signals to and from ground stations.

Cosmos A long-running series of Soviet and Russian satellites, comprising several different concealed programmes and often used to hide failed missions in other series.

cryogenic propellant A rocket propellant (fuel or oxidant) that must be stored at extremely low temperatures and which usually requires ignition in order to start a chemical reaction. Despite the problems in handling them, cryogenic propellants can be extremely powerful.

CSM Abbreviation for the combined Command and Service Module of the US Apollo spacecraft.

CZ *see* **Long March rocket**

Delta A long-running and highly successful series of US launch vehicles.

DOS A Russian acronym for Permanent Orbital Station, the Soviet space-station design developed in the late 1960s by the Korolev design bureau as an adaptation of the military Almaz station.

drogue parachute A small parachute used to slow a spacecraft down, usually directly after re-entry to the atmosphere and before the main parachute opens.

elliptical orbit An orbit with the shape of an ellipse (a "stretched circle"). As well as a centre, an ellipse has two foci, with the centre of mass being orbited at one focus. Because an orbiting object's speed is dependent on its distance from the mass that it orbits, it moves more slowly at one end of the ellipse than at the other.

Energia The Soviet/Russian space company formed from the former OKB-1 design bureau of Sergei Korolev. Also a heavy-lift rocket produced by the company for launching the Soviet Buran space shuttle.

equatorial orbit An orbit directly above the Earth's equator. Equatorial orbits are comparatively easy to reach because the Earth's rotation gives rockets an immediate boost if they are launched eastwards from on or close to the Earth's equator.

ESA The European Space Agency, formed from the merger of the European Launcher Development Organization (ELDO) and the European Space Research Organization (ESRO) in 1975.

escape velocity The speed at which a spacecraft must travel if it is to escape the Earth's gravitational field – 11.2km (7 miles) per second. It is not necessary to reach escape velocity in order to orbit the Earth.

ET Abbreviation for the large external fuel tank of the Space Shuttle.

flight deck In the Space Shuttle orbiter, the upper deck containing flight controls and seating for most of the crew during launch.

fuel One element of a spacecraft's propellant. The fuel mixes with an oxidant and combusts to create exhaust that pushes the spacecraft forward.

① 本书中的术语表、索引、致谢均保持原版书中的形式不变。

g force A measure of acceleration forces. 1g is typical Earth gravity. but during launch and re-entry spacefarers experience accelerations of several g.

geostationary orbit Also known as geosynchronous orbit. An orbit in which a satellite above the Earth's equator moves around the planet in the same direction as the Earth's rotation and with the same period (roughly 23 hours. 56 minutes). This means that the satellite remains over the same point on the equator and occupies a fixed point in the sky as seen from Earth. Geostationary satellites are ideal for weather-observation and comsats.

GPS An abbreviation for Global Positioning System – a network of satellites that allows a computerized Earthbound receiver to work out its position by receiving signals from three or more satellites in orbit. The original GPS system uses US NAVSTAR military satellites. but rival systems. including the Russian GLONASS and the European Galileo. are also often known simply as GPS.

gravitational slingshot *see* **gravity assist**

gravity An attractive force generated by a massive object. which pulls other objects towards it or holds them in orbit.

gravity assist A technique used to speed up and change the direction of a spaceprobe without burning fuel. by flying close to and 'borrowing' a small amount of energy from a planet or moon.

ground station A radio receiving dish for communication with spacecraft. satellites. and spaceprobes.

Guiana Space Centre The launch site for the European Space Agency's Ariane rockets. at Kourou. French Guiana.

heat shield A protective layer that shields a spacecraft from the heat of re-entry. Most heat shields are ablative – they burn away during re-entry. carrying the heat away from the spacecraft. Other systems. such as the Space Shuttle orbiter's ceramic tiles. must absorb heat without transmitting it to the hull.

H-series rocket Japan's most widely used launch vehicle.

hydrazine A toxic chemical. commonly used as a rocket fuel because of its violent and spontaneous chemical reaction with many oxidants. It is used in the Space Shuttle's Auxiliary Power Units.

hypergolic propellant A rocket fuel that reacts spontaneously with its oxidant (avoiding the need for an ignition system). and which can usually be stored at relatively normal temperatures.

inertial guidance A guidance system that uses gyroscopes and accelerometers to calculate a vehicle's position and motion by dead reckoning (a method of navigation in which position is determined relative to a known point of departure using measurements of speed. heading. and time).

Inertial Upper Stage A large independent rocket stage used for putting satellites or other payloads into their final orbit or escape trajectory after they have been deployed to low Earth orbit by the Space Shuttle or another launch vehicle.

ion engine A propulsion system that uses the ionization of a chemical propellant in a strong electric field in order to generate thrust. Ion engines are very efficient but produce very small amounts of thrust for very long periods. contrasted with chemical rockets that produce large amounts of thrust for brief periods. They are usually powered by solar arrays.

JAXA The Japan Aerospace Exploration Agency. Japan's space agency. founded in 2003 from the merger of the Institute of Space and Astronautical Science (ISAS). the National Aerospace Laboratory of Japan (NAL). and the National Space Development Agency (NASDA).

Johnson Space Center (JSC) The site of NASA's main Mission Control and many other elements of its manned spaceflight programme. at Houston. Texas.

Juno An adapted version of the Jupiter-C used to launch some of the first US satellites.

Jupiter-C A modified Redstone missile used to carry the warhead of a Jupiter missile into space for re-entry tests.

Kennedy Space Center (KSC) The main US launch complex at Cape Canaveral in Florida. The Cape itself was known as Cape Kennedy between 1963 and 1973 in memory of the assassinated US President.

kick motor A small rocket motor built into a satellite and used to move it from low Earth orbit to its final location.

Korabl Sputnik Any of the later Soviet Sputnik satellite launches (4 onwards) that were in fact unmanned tests of Vostok spacecraft.

launch vehicle A complete vehicle. usually consisting of several rocket stages. boosters. and perhaps other components. used to launch payloads into space (often simply referred to as a rocket).

LH2 An abbreviation for liquid hydrogen. a powerful cryogenic fuel.

lifting body An aircraft or spaceplane that has only small wings. if it has wings at all. Lifting bodies rely on the shape of the fuselage to generate aerodynamic lift – they are typically triangular. with convex upper or lower hulls.

liquid-fuelled rocket A rocket in which fuel and oxidant are mixed together and react explosively. creating an expanding mixture of exhaust gases that escape through an exhaust nozzle. The reaction against the escaping gases pushes the rocket forwards. Liquid-fuelled rockets are more complex than solid-fuelled ones. but they are also more versatile. since the flow of fuel can be throttled. stopped. and restarted.

LM An abbreviation for the Apollo spacecraft Lunar Excursion Module (also LEM) – the spiderlike lander that actually put astronauts on the Moon.

Long March rocket A series of Chinese launch vehicles. used in manned and unmanned space programmes.

low Earth orbit An orbit a few hundred kilometres above the Earth. often abbreviated to LEO. Low Earth orbits are typically used by manned spacecraft and space stations. Earth-observing satellites. and as a temporary orbit for satellites later launched into higher orbits by an Inertial Upper Stage. a Payload Assist Module. or a kick motor.

LOX An abbreviation for liquid oxygen. a powerful cryogenic oxidant.

Marshall Spaceflight Center (MSFC) The principle US centre for launch-vehicle development and testing. developed from the US Army's former Redstone Arsenal facility at Huntsville. Alabama.

mass A property of the amount of material present in an object. Mass is unaffected by a gravitational field. unlike weight.

microgravity The term for conditions experienced in orbit – although the effects of gravity are much reduced, they are almost never completely absent.

mid-deck The lower habitable deck of the Space Shuttle orbiter, where equipment and, sometimes, experiments are stored.

MKS A Russian abbreviation for Reusable Space System, the Soviet attempt to develop a reusable space shuttle, also known as Buran.

Molniya orbit A highly elliptical, inclined orbit typically used by communications satellites for countries at high latitudes and named after the Soviet Molniya comsat system. A Molniya orbit sees a satellite spend a large amount of time visible in the skies of a particular part of the Earth, so that it can be easily tracked by ground stations.

monopropellant A class of rocket propellants that can act as both fuel and oxidant in the right conditions – one example is hydrogen peroxide.

multispectral imaging A technique used by remote-sensing satellites and other spacecraft that involves photographing areas at different wavelengths of light (different colours) and analyzing the images to bring out hidden features and reveal surface composition.

N_2O_4 Dinitrogen tetroxide, a commonly used hypergolic propellant that functions as an oxidant.

NASA The National Aeronautics and Space Administration, the US space agency, established in 1958 as successor to NACA, the National Advisory Committee for Aeronautics.

nozzle The exhaust outlet from the combustion chamber of a rocket. Exhaust gases typically escape from the combustion chamber at high temperatures through a narrow opening – the bell-shape of the nozzle forces the gases to expand rapidly, cooling them but increasing their speed so that they leave the rocket at up to ten times the speed of sound.

nuclear propulsion A theoretical propulsion system that would use the explosions of countless small nuclear devices to push a large spacecraft forwards. Nuclear propulsion is one potential way of accelerating a future starship to very high speeds.

OKB-1 The design bureau run by Sergei Korolev from 1946 until his death in 1966. OKB-1 (sometimes known simply as Korolev) was responsible for much of the Soviet space effort. Since 1974 it has been known as Energia.

OMS The Orbital Maneuvering System, a pair of medium-sized rocket engines at the rear of the Space Shuttle orbiter that are used for adjusting the spaceplane's orbit and as retrorockets for re-entry.

orbit A path that one object follows around another, more massive one due to the force of gravity. An orbit traces a path through space along which the tendency of the object to fly off in a straight line is precisely balanced by the inward gravitational pull of the more massive object.

orbiter The proper name for the spaceplane element of the Space Shuttle system – the orbiter is the vehicle that reaches space, carries out its mission, and then returns to Earth.

oxidant A chemical, used as a rocket propellant, that undergoes a chemical reaction (combustion) with a fuel to generate exhaust gases and push a rocket forwards. Unlike other types of engine, rockets require an oxidant as well as fuel because they must operate in a vacuum – other engines use oxygen from the atmosphere to burn their fuels.

payload The cargo that a launch vehicle delivers into orbit.

Payload Assist Module An independent rocket engine (smaller than an Inertial Upper Stage) attached to the base of a satellite released from the Space Shuttle, which is used to put the satellite into its final orbit.

perigee The point in the orbit of a satellite or spacecraft at which it comes closest to the Earth.

perihelion The point on its orbit when a planet or other body comes closest to the Sun.

pitch The rotation of a spacecraft about its lateral (side-side) axis – for example, the angle from nose to tail of a Space Shuttle.

Plesetsk Cosmodrome The northern launch site for Soviet and Russian rockets, located close to the Arctic Circle and ideal for launching rockets into polar and high-inclination orbits.

polar orbit An orbit around the Earth that passes over (or very close to) the planet's poles. Typically used by Earth-observing satellites, a polar orbit allows the satellite to fly over most of the Earth's surface as our planet rotates beneath it each day.

Proton rocket A Soviet heavy-lift rocket used for launching heavy unmanned payloads such as space-station components.

R-7 A Soviet ballistic missile developed by Sergei Korolev that forms the basis of Soviet launch vehicles such as the Sputnik, Vostok, and Soyuz rockets.

ramjet A jet engine with few moving parts and no turbine, in which the speed of the aircraft through the atmosphere forces air into the engine at high pressure. Fuel is then added, with the combustion producing forward thrust. Ramjets are a key element of many aerospaceplane concepts, but they only function efficiently at supersonic speeds.

RCS An abbreviation of Reaction Control System, a series of small rocket engines (thrusters) scattered over the surface of a spacecraft and used for adjusting its attitude in yaw, roll, and pitch axes.

Redstone An American ballistic missile, developed by Wernher von Braun at Redstone Arsenal, which formed the basis for many early US launch vehicles.

re-entry The return of a spacecraft or other object into the Earth's atmosphere, during which it may be heated to extreme temperatures by friction with air molecules.

remote sensing The scientific study of the Earth from space.

retropack A set of discardable retrorockets strapped over the heat shield of the Mercury space capsule in order to slow it for re-entry.

retrorocket A rocket system used for slowing a spacecraft down rather than accelerating it. Retrorockets are used to begin re-entry to the Earth's atmosphere, or to slow spaceprobes down when they arrive at their destination.

rocket A propulsion system that drives a vehicle forwards through the principle of action and reaction and is capable of working in a vacuum. The term is also used casually to refer to entire launch vehicles.

roll The rotation of a spacecraft about its longitudinal (front-back) axis – for example, the tilt of the Space Shuttle's wings.

RP-1 A form of kerosone used as fuel in US rockets.

RSA An abbreviation for the Russian Federal Space Agency, formed in the early 1990s to manage various aspects of the former Soviet Union space programme. It is also known as Roskosmos.

RTG An abbreviation for Radioisotope Thermoelectric (or Thermal) Generator. An RTG uses heat produced by a sample of radioactive material to generate electricity for spaceprobes travelling in distant parts of the Solar System.

Salyut A series of Soviet space stations, incorporating both DOS (Salyuts 1 and 4) and Almaz (Salyuts 2, 3, and 5) stations, along with more advanced designs (Salyuts 6 and 7).

satellite Any object that moves around a more massive one due to the effect of its gravitational attraction. Satellites may be either natural (moons of the various planets) or artificial.

Saturn rockets A series of US heavy-lift launchers developed by Wernher von Braun in the early 1960s. Saturn I was based on a cluster of Redstone-type rockets, while the Saturn V used massive new engines and high-energy cryogenic propellants. Saturn IB was a hybrid, based on Saturn I but with an upper stage borrowed from the Saturn V.

scramjet A modified ramjet design in which combustion happens while the fuel and air are moving at supersonic speed.

shaft and trunnion NASA's term for the two axes in which the telescope and sextant of the Apollo guidance computer could be moved for targeting the Sun, stars, and other astronomical objects.

solar array A panel-like or wing-like arrangement of solar cells that converts sunlight into electricity for use by spacecraft.

solar sail An experimental propulsion method that uses the pressure of radiation from the Sun to push a spacecraft forwards. Solar sails are only capable of low acceleration but can reach very high speeds.

solid-fuelled rocket A rocket in which fuel and oxidant are mixed (usually with other chemicals) and stored in a solid state. When ignited, the rocket burns like a firework and gases escape through an exhaust nozzle, pushing it forwards. A solid-fuelled rocket can only be ignited once.

Soyuz A long-running Soviet spacecraft series, first launched in 1967 and later upgraded to Soyuz-T (1980), Soyuz-TM (1987), and Soyuz-TMA (2002).

Soyuz rocket A reliable Soviet/Russian rocket, derived from the R-7 missile and used to launch Soyuz spacecraft.

spaceplane A spacecraft with aerodynamic properties that allow it fly like an aircraft or glider for at least part of its time in the atmosphere.

spaceprobe An automatic vehicle sent to explore the Solar System away from Earth. Spaceprobes can include flyby missions, orbiters, and landers.

Sputnik rocket A Soviet rocket developed by Sergei Korolev from the R-7 missile and used to launch the first satellites.

SRB An abbreviation of Solid Rocket Booster, the rockets that assist the Space Shuttle during launch.

SSME An abbreviation of Space Shuttle Main Engine, the engines on the back of the Shuttle orbiter that burn fuel from the External Tank during launch.

stage A section of a launch vehicle that burns its fuel and then separates and falls away from the rest of the vehicle.

steering vane A movable deflector that can affect the path of exhaust from a rocket engine, controlling the direction in which the vehicle moves.

STS An abbreviation for Space Transportation System, the official name of the US Space Shuttle. Each Shuttle mission is given an STS designation followed by a number (though the numbers do not necessarily indicate launch order).

Sun-synchronous orbit A polar orbit that also circles the Earth's equator once a year, keeping pace with the angle of the Sun so that the ground below is illuminated at a constant angle.

telemetry A stream of data sent automatically from a spacecraft to Earth, containing information about the status of its onboard systems.

thrust The forward force generated by a rocket engine, often measured in kilograms-force (kgf). One kilogram-force is the force exerted by a weight of one kilogram in Earth gravity, equivalent to 9.81 newtons (the official SI unit of force).

thruster A small rocket engine used, for example, in attitude adjustments, such as in an RCS.

thrust structure A structure above a rocket engine that takes the brunt of the engine's forward thrust, thereby preventing it from pushing into its own fuel tanks.

Titan A long-running series of US launch vehicles, originating in the US ballistic missile programme.

TKS A Soviet ferry spacecraft that was developed for use with the Almaz space stations but was eventually used as the basis for several of the modules on the Mir station.

translunar Literally "moon-crossing" – the path taken by a spacecraft from the Earth to the Moon.

turbopump A high-speed pump that supplies fuel and propellant from the tanks of a liquid-fuelled rocket to the combustion chamber.

UDMH Unsymmetrical dimethylhydrazine, a widely used hypergolic rocket fuel.

V-2 The first large liquid-fuelled rocket, designed by Wernher von Braun and used as a missile by Germany during the Second World War.

Vernier engine A small rocket engine on a movable gimbal, mounted away from the main engines and used to steer a launch vehicle.

VfR An abbreviation of *Verein für Raumschiffahrt*, the German rocketry society of the 1930s.

Vostok rocket A Soviet launch vehicle, derived from the R-7 missile, used to launch the first manned spacecraft.

weight The force that acts on an object with mass in a gravitational field – while an object's mass remains constant, its weight may vary depending on the strength of local gravity.

weightlessness The condition of "free fall" experienced by people and objects when the effects of gravity are cancelled out in orbit.

yaw The rotation of a spacecraft around its vertical axis, the "crossways" orientation of a vehicle such as the Space Shuttle.

zero gravity *see* **microgravity**

INDEX

ACKNOWLEDGMENTS

Author's acknowledgments

I'd like to thank everyone at DK, MP3, and elsewhere who helped turn this book from my personal hobby-horse into a reality. If I try to list them all I'll be sure to miss someone out, but particular thanks are due to Liz Wheeler and Peter Frances at DK and David Preston at MP3, without whom it really wouldn't have happened. I should give a special mention to everyone at South Florida Science Museum, Kennedy Space Center, and the US Space and Rocket Center, for their help and hospitality during our mad photographic dash around the United States.

Thanks also to friends and family for their interest, encouragement, and patience when I dropped off the radar during long periods of writing.

And I'd like to dedicate this book to my Mum and Dad – my never-failing sources of support and encouragement.

Publisher's acknowledgments

DK would like to thank Tamlyn Calitz for her editorial contribution. Miezan van Zyl, Rebecca Warren, Rob Houston, Ed Wilson, and Manisha Thakkar also gave editorial assistance. Initial presentation design work was done by Mark Lloyd at On Fire and Peter Laws. Jim Jackson did additional design work, and John Goldsmid provided DTP design help. For their work on the second edition, DK would like to thank Vanessa Bird for revising the index, Jamie Ambrose for proof-reading, and Bharti Bedi for editorial assistance.

MP3 acknowledgments

Many thanks to Rick Newman of HighTechScience.org for the kind loan of his space artefacts, and Elizabeth Dashiell and all the staff at the South Florida Science Museum, West Palm Beach for their assistance in photographing the collection; the Kennedy Space Center and the US Space and Rocket Center, Huntsville for granting access to their exhibits; Anatoly Zak and James Oberg for granting access to their private photography collections; Jody Russell at the Johnson Space Center and Houston One Great Photo Lab for processing help; Dave Shayler at Astro Info Service Ltd for supplying mission patches; INP Media Ltd for producing video grabs; Carole Ramsey and Sally Wortley for editorial assistance; Bob Bousfield and Jeff Carroll for DTP help.

Smithsonian Enterprises

Carol LeBlanc Senior Vice President, Consumer and Education Products
Brigid Ferraro Vice President, Consumer and Education Products
Ellen Nanny Senior Manager Licensed Publishing
Kealy Gordon Product Development Manager

Picture credits

(a=above, b=below/bottom, c=centre, f=far, fp=full page, l=left, r=right, t=top)

2–3. NASA/JPL-Caltech: 4tl. Getty Images: 4bl. NASA: 4bc. NASA: 5tl. Science Museum/Science & Society Picture Library: 5cl, NASA: 5c. NASA: 5. John Frassanito & Associates Inc: 5cra. NASA: 6–7. NASA: 8tc. NASA: 8bc. Bettmann/Corbis: 9c. NASA: 10–11. Getty Images: 12tl. NASA: 12bl. NASA: 12tr. Science Photo Library: 12cr. Science Museum/Science & Society Picture Library: 13t. Western Reserve Historical Society: 13bl. NASA: 13br. Bettmann/Corbis: 14tr. NASA: 14bl. Mary Evans Picture Library: 14bc. Mary Evans Picture Library: 14br. Mary Evans Picture Library: 14–15c. Mary Evans Picture Library: 15tr. NASA: 15cl. Mary Evans Picture Library: 16. RIA Novosti/Science Photo Library: 17tr. RIA Novosti/Science Photo Library: 17cr. NASA: 17br. Hugh Johnson: 18cl. Bettmann/Corbis: 18bc. NASA: 18–19c. NASA: 19t. Bettmann/Corbis: 19c. NASA/Science Photo Library: 19b. Hugh Johnson: 20tl. Austrian Archives/Corbis: 20bl. NASA: 20bc. Hulton Archive/Getty Images: 20br. UFA/The Kobal Collection: 20–21t. Akg-Images, London: 21tr. Bettmann/Corbis: 21br. Hulton-Deutsch Collection/Corbis: 22l. RIA Novosti/Science Photo Library: 22tr. Science Museum/Science & Society Picture Library: 22br. V2rocket.com: 23bc. RIA Novosti/Science Photo Library: 23r. Hugh Johnson: 23tl. NASA: 24tl. Detlev van Ravenswaay/Science Photo Library: 24bl. V2rocket.com: 25–25c. NASA: 25c. Science Museum/Science & Society Picture Library: 25bc. V2rocket.com: 25tr. Julian Baum: 25br, Science Museum/Science & Society Picture Library: 26tl. Hulton-Deutsch Collection/Corbis: 26b. NASA: 27tl. FoxPhotos/Getty Images: 27r. Images de Dora, Le Maner & Sellier: 27b. Images de Dora, Le Maner & Sellier: 26–27c V2rocket.com: 28tl. Nina Leen/Pix Inc/Time Life Pictures/Getty Images: 28l. V2rocket.com: 28bl. V2rocket.com: 28bc. V2rocket.com: 28br. V2rocket.com: 28–29t. Corbis: 29bl. Imperial War Museum: 29br. V2rocket.com: 29tr, Bettmann/Corbis: 30tl. NOAA: 30b. NASA: 30–31t. Akg-Images, London: 31tr. NASA: 31cr. Bonestall Space/NASA: 31bl. NASA: 32tl. RIA Novosti/Science Photo Library: 32b. RIA Novosti/Science Photo Library: 32br. RIA Novosti/Science Photo Library: 33l. NASA: 33tl. RIA Novosti/Science Photo Library: 33tr. RIA Novosti/Science Photo Library: 33br. Anatoly Zak: 34tl. USAF: 34br. Bettman/Corbis: 35r. Anatoly Zak: 35r. NASA: 36tl. USAF: 36bl. USAF: 36t. USAF: 36tc. USAF: 36c. USAF: 36cb. USAF: 36b. USAF: 37t. USAF: 37cr. USAF/Air Force Flight Test Center History Office: 37br. USAF: 38tl. Bettman/Corbis: 38bc. NASA: 38tr. US Army: 38–39c. NASA: 39tr. RIA Novosti/Science Photo Library: 39b. Terry Pastor (The Art Agency): 40–41. NASA: 42bl. Novosti: 42br. Bettmann/Corbis: 42tr. Hank Walker/Time Life Pictures/Getty Images: 43bc. RIA Novosti/Science Photo Library: 43cr. Nat Farbman/Time Life Pictures/Getty Images: 43bc. Dmitri Kessel/Life Magazine/Copyright Time Life Pictures/Getty Images: 44bl. NASA: 44cb. Bettmann/Getty Images: 44–45c. NASA: 45tc. NASA: 45br. Hugh Johnson: 46bl. Novosti/Science Photo Library: 46br. Bill Bridges/Time Life Pictures/Getty Images: 46–47t. Bettmann/Corbis: 47tc. Blank Archives/Getty Images: 47tr. Fox Photos/Getty Images: 47bc. RIA Novosti/Science Photo Library: 48bc. NASA: 48tr. IMP BV: 49tl. NASA: 49c. NASA: 49tr. NASA: 49bl. NASA/Science Photo Library: 49b. Hugh Johnson: 49br. NASA: 50bl. Keystone/Getty Images: 50br. Hulton-Deutsch Collection/Corbis: 50–51t. NASA: 51br. Hugh Johnson: 52b. Hugh Johnson (background)/Terry, Pastor (The Art Agency): 53t. NASA: 53bl. Novosti: 53br. mentallandscape.com: 54bl. Bonestell Space Art: 54br. Andy Salmon: 54–55t. Galaxy Picture Library: 55tc. Galaxy Picture Library: 55tr. Galaxy Picture Library: 55c. Galaxy Picture Library: 55br. NASA/Science Photo Library: 56b. Genesis Picture Library: 56tr. RAF: 57tc. CNES: 57c. SIRPA-ECPA 1995/ESA: 57bl. Science Museum/Science & Society Picture Library: 57tr. Anatoly Zak: 57br. NASA/Science Photo Library: 58tr. Bettmann/Corbis: 58bl. Novosti: 58br. Novosti: 59. VideoCosmos: 60bl. Novosti: 60bc. Novosti: 60br. Bettmann/Corbis: 60–61c. Novosti: 61tc. Bettmann/Corbis: 61br. Novosti: 62cl. Anatoly Zak: 62bl. Anatoly Zak: 62c. Anatoly Zak: 62tr. RIA Novosti/Science Photo Library: 62br. Hugh Johnson: 63l. Hugh Johnson: 63tr. Novosti-Kosmonautiki: 63c. Anatoly Zak: 63cr. Novosti-Kosmonautiki: 64tl. Anatoly Zak: 64b. VideoCosmos: 64–65b. Anatoly Zak: 64tr. Anatoly Zak: 65tl. VideoCosmos: 65tc. Anatoly Zak: 65tr. Anatoly Zak: 65br. Anatoly Zak: 66bl. NASA: 66br. NASA: 67. NASA: 68l. NASA: 68br. NASA: 69t. USAF: 69c. NASA: 69bl. NASA: 70tl. NASA: 70l. NASA: 70c. NASA: 70bc. NASA: 70br. NASA: 70–71. Julian Baum: 71tc. NASA: 71tr. NASA: 71br. Hugh Johnson: 72–73. NASA: 74tr. NASA: 74bc. NASA: 74–75c. NASA: 75tr. NASA: 75cr. National Geographic Image Collection: 75br. NASA: 76. Novosti/Science Photo Library: 77l. RIA Novosti/Science Photo Library: 77r. Russian State Archive: 78tl. Novosti: 78bl. NASA: 78bc. Roger Ressmeyer/Corbis: 78–79t. Novosti: 78–79c. Novosti: 78–79bc. Novosti: 78–79b. Novosti: 79bc. Science Museum/Science and Society Picture Library: 79cr. Novosti: 80bl. Novosti: 80bc. IMP BV: 80br, Novosti: 80cr. Novosti/Science Photo Library: 80–81tc. Hulton-Deutsch, Collection/Corbis: 81bl. Novosti: 81bc. Novosti: 81br. Bettmann/Corbis: 81tr. Novosti: NASA: 82tr. Ralph Morse/Time Life Pictures/Getty Images: 83. Ralph Morse/Time, Life Pictures/Getty Images: 84tl. Dean Conger/Corbis: 84l. Ralph Morse/Time Life Pictures/Getty Images: 84cl. Ralph Morse/Time Life Pictures/Getty Images: 84cr. NASA: 84r. NASA: 84–85tc. NASA/Getty Images: 85bl. NASA: 85br. MPI/Getty Images: 86bl. NASA: 86bc. NASA: 86br. NASA: 86tr. NASA: 86–87t. NASA: 87tr. NASA: 87cr. NASA: 87br. NASA: 88. NASA: 89tl. NASA: 89bl. NASA: 89tl. NASA: 90–91. NASA: 92bl. Galaxy Picture Library: 92bc. Galaxy Picture Library: 92tr. NASA: 92–93t. NASA: 93br. NASA: 94tr. NASA: 94cl. NASA: 94br. NASA: 94–95c. Julian Baum: 95bl. NASA: 95tr. NASA: 95bc. NASA: 95br. NASA: 96br. RIA Novosti/Science Photo Library. 96–97t. RIA Novosti/Science Photo Library: 97cr. Russian Space Archive: 97bc. Novosti: 98tl. NASA: 98bl. Bettman/Corbis: 98tr. NASA: 98br. NASA: 99. NASA: 100–101. NASA: 102–103c. NASA: 103tc. Bettmann/Corbis: 103bl. Bettmann/Corbis: 104tl. AP/Empics. 104tc. Novosti: 104–105c. Bettmann/Corbis: 104tr. AP/Empics: 105tl. Novosti: 105tc. Empics: 105tr. Empics: 105cr. Novosti: 105bl. Time Life, Pictures/Getty Images: 105bc. Rykoff Collection/Corbis: 106–107. Bettmann/Corbis: 107t. Bettmann/Corbis: 107bl. Lynn Pelham/Time Life Pictures/Getty Images: 108–109. NASA: 108bl. NASA: 108tr. Hugh Johnson: 109tl. NASA: 109tc. NASA: 109tr. NASA: 110bl. Time Life Pictures/NASA/Time Life Pictures/Getty Images: 110r, NASA: 111t. NASA: 111bl. NASA: 111bc. NASA: 111br. NASA: 112tr. NASA: 112bl. NASA: 112bc. NASA: 112br. NASA: 113t. NASA: 113bl. NASA: 113cr. NASA: 113br. NASA: 116tr. NASA: 116b. NASA: 117t. NASA: 117b. Peter Bull: 118l. NASA: 118tr. NASA: 118br. NASA: 119tr. NASA: 119bl. NASA: 119br. NASA: 120cl. NASA: 120tc. NASA: 120tr. NASA: 120c. NASA: 120cb. NASA: 120br. NASA: 121tl. NASA: 121c. NASA: 121br. Galaxy Picture Library: 122–123t. Terry Pastor (The Art Agency): 122bc. NASA: 122br. Genesis Picture Library: 123cl. NASA: 123bl. NASA: 124tl. NASA: 124tr. NASA: 124c. NASA: 124bl. NASA: 124br. NASA: 124–125c. Julian Baum: 125tl. NASA: 125tr. NASA: 125bl. NASA: 125bc. NASA: 126bl. Dean Conger/Corbis: 126r. Edwin Cameron/Energia: 127tl. Hugh Johnson: 127tr. Novosti/Science Photo Library: 128l. Novosti: 128tr. Anatoly Zak: 128br. Anatoly Zak: 129tl. Novosti: 129tr. Novosti: 129bl. NASA: 129br. Novosti: 130tc. Anatoly Zak: 130tl. Anatoly Zak: 130br. Anatoly Zak: 130–131. Chris Taylor: 131cl. VideoCosmos: 131bl. Anatoly Zak: 131tr. VideoCosmos: 131cr. VideoCosmos: 132bl. NASA: 132cl. NASA: 132br. NASA: 133tr. NASA: 133tl. NASA: 133tr. NASA: 133bl. Ralph Morse/Time Life Pictures/Getty Images: 133c. NASA: 133br. NASA: 134tl. NASA: 134bc. NASA: 135bl. NASA: 135bc. NASA: 135br. NASA: 136bl. NASA: 136tr. NASA: 137t. NASA: 137bl. NASA: 137bc. NASA: 137br. NASA: 139–139. Time Life Pictures/NASA/Getty Images: 140b. Galaxy Picture Library: 140bc. NASA: 140rt. NASA: 140rtc. NASA: 140rc. NASA: 140rcb. Getty Images: 140rb. NASA: 141tc. NASA: 141cr. NASA: 141br. NASA: 142tr. NASA: 142bl, NASA/Galaxy Picture Library: 142bc. NASA: 142br. NASA: 143t. NASA: 143br. NASA: 144tl. NASA: 144bl. Science & Society, Picture Library: 144tr. NASA: 145tl. NASA: 145bl. NASA: 145cr. NASA: 145br. NASA: 146br. NASA: 148tc. NASA: 148bl. NASA: 149tl. NASA: 149tr. NASA: 149cr. NASA: 149b. Chris Taylor: 150–151t. NASA: 150bl. NASA: 150cl. NASA: 150bc. NASA: 150cr. NASA: 150bl. NASA: 151tr. NASA: 151cr. Ronald Grant Archive: 152–153. NASA: 153c. NASA: 153t. NASA: 153b. NASA: 154tl. NASA: 154bl. NASA: 154br. NASA: 155. NASA/Science Photo Library: 156tr. NASA: 156cl. NASA: 156c. NASA: 156–157b. NASA: 157tr. NASA: 158tl. NASA: 158cl. NASA: 158–159. Julian Baum. 159tl. NASA: 159tc. NASA: 159bc. NASA: 159tr. NASA: 159c. Julian Baum: 159bc. Julian Baum: 159br. Julian Baum: 160–161. NASA: 162–163. Corbis: 162tr. NASA: 162bc. NASA: 163t. NASA: 163bl. NASA: 163cr. NASA: 164bl. NASA: 164–165. NASA: 165tr. NASA: 165cr. NASA: 165br. Galaxy Picture Library: 166tl. NASA: 166tc. NASA: 166tr. NASA: 166bl. NASA: 166bc. NASA: 166br. NASA: 167tl. NASA: 167tc. NASA: 167tr. NASA: 167bl. NASA: 167bc. NASA: 167br. NASA: 166–167b. NASA: 168–169. Science Museum/Science & Society Picture Library: 170tr. NASA: 170c. NASA: 170bl. AP/Empics: 170br. NASA: 171l. NASA: 171tr. NASA: 171cr. NASA: 171br. NASA: 172tc. NASA: 172cl. NASA: 172–173. Hugh Johnson: 172br. NASA: 173tc. NASA: 173cr. NASA: 173bl. NASA: 173bc. NASA: 173br. Science & Society Picture. Library: 174tr. NASA: 174c. NASA: 175tl. NASA: 175cl. NASA: 175tr. Novosti: 175br. RIA Novosti/Science Photo Library: 176tl. NASA: 176bl. Arthur Rothstein/Corbis: 176tr. AFP/Getty Science & Society Picture Library: 176cr. NASA: 176c. Bettmann/Corbis: 176bc. NASA: 176br. Bettmann/Corbis: 177t. NASA: 177br. NASA: 178tl. Bettmann/Corbis: 178bl Eric Preau/Sygma/Corbis: 178–179b. Novosti: 179tl. VideoCosmos: 179tr. Novosti: 179br. James Oberg: 180bl. Anatoly Zak: 180br. Anatoly Zak: 180tr. Anatoly Zak: 180–181b. VideoCosmos: 182bl. James Oberg: 182bc. James Oberg: 182tr. Novosti: 183t. Novosti: 183c. Corbis: 183br. Novosti: 186–187. NASA: 188cl. Molniya: 188tr. NASA: 188bl. BAE Systems: 188–189b. NASA: 189fp. USAF: 189br. NASA: 190bl. NASA: 190b. NASA: 190r. Julian Baum: 190–191t. Adrian Thompson: 191bl. NASA: 191bc. NASA: 191br. NASA: 192bl. NASA: 192b. NASA: 192tr. NASA: 192–193c. NASA: 193tr. NASA: 193br. NASA: 194bl. Science & Society Picture Library: 194tr. NASA: 194–195. NASA: 195tr. NASA/Science Photo Library: 196cr. Corbis: 196bl. NASA: 196bc. NASA: 196–197c. Julian Baum: 197tc. NASA: 197cr. NASA: 198bl. AP/Empics. 198br. ESA: 198tr. NASA: 199tl. NASA/Science Photo Library: 199tr. Bettmann/Corbis: 199bl. AP/Empics: 199br. Ed Kolenovsky/AP/Empics: 200bl. NASA: 200tr. Science & Society Picture Library: 201fp. NASA: 201bl. NASA/Science Photo Library: 202–203. NASA: 202bl. NASA/Getty Science & Society Picture Library: 203cl. NASA/Science Photo Library. 203bl. NASA: 203tr. Diane Walker/Time Life Pictures/Getty Science & Society Picture Library. 204tl. NASA: 204bl. Bettmann/Corbis: 204bc. Bettmann/Corbis: 204cb. Time Life Pictures/NASA/Getty Science & Society Picture Library: 204br. NASA: 204tr. Bettmann/Corbis: 204–205c. Corbis: 205bl. Space Frontiers/Hulton Archive/Getty Science & Society Picture Library: 205cr. Corbis: 206tl. NASA: 206–207b. NASA: 207tr. NASA: 207tl. Time Life Pictures/NASA/Getty Science & Society Picture Library: 207br. NASA: 208–209. NASA: 210bl. VideoCosmos: 210tr. Detlev van Ravenswaay/Science Photo Library: 210br. VideoCosmos: 211. VideoCosmos: 212cl. Novosti: 212–213. Ian Palmer: 213tr. NASA/Time Life Pictures/Getty Science & Society Picture Library: 213cl. VideoCosmos: 214–215. Molniya: 215tl. Molniya: 215c. Novosti: 215br. Molniya: 215bl. Molniya: 216tl. NASA: 216tr. NASA: 216cl. NASA: 216bl. NASA: 216br. NASA: 217tl. NASA: 217bl. NASA: 217tr. Novositi: 218–219. NASA: 220tl. Reuters/Corbis: 220tr. Empics: 220br. Reuters/Corbis: 221. NASA/Science Photo Library: 221br. NASA: 222tl. NASA: 222bl. NASA: 222bc. NASA: 222tl. NASA: 222cl. NASA: 222c. NASA: 222bc. NASA: 222br. NASA: 223t. NASA: 223br. NASA: 224tl. NASA: 224tr. NASA/Science Photo Library: 224bc. NASA: 224br. Robert. McCullough/Dallas Morning News/Corbis: 224–225t. NASA: 225bc. NASA/Sandra Joseph and Kevin O'Connell: 226–227. NASA: 228c. ESA: 228–229b. ESA: 228–229c. CNES: 229cl. ESA: 229tr. ESA: 230bl. ESA: 230bc. ESA: 230tr. Tony Ranze/Getty Science & Society Picture Library: 231l. ESA: 231crb. ESA-David Ducros, 2015: 232tl. ESA: 232tc. Safran: 232–233c. Adrian Thompson: 232bc. Ariane Space: 233bl. Ariane Space: 233tr. ESA-D. Ducros, 2014: 234bl. VideoCosmos: 234tr. Courtesy of JAXA: 234cr. Courtesy of JAXA: 234–235b. Courtesy of JAXA: 235tl. Courtesy of JAXA: 235tr. Japan Aerospace Exploration Agency (JAXA): © JAXA: 236. Roger Ressmeyer/Corbis: 236tl. Stefan, R. Landsberger/International Institute of Social History, Amsterdam: 237tr. Bettmann/Corbis: 237bl. Reuters/Corbis: 238tc. Canadian Space Agency: 238bl. Art Directors/Dinodia: 238br, Indian Space Research Organisation: 238–239c. Indian Space Research Organisation: 239tr. Reuters/Eric. Sultan/Corbis: 239crb. Rocket Lab: 240tl. Empics: 240cl. NASA: 240bl. NASA: 240tr. Hulton-Deutsch, Collection/Corbis: 240br. Stanislav Krasilnikov/TASS/Alamy Stock Photo: 241. Canadian Space Agency: 242–243. Reuters/Corbis: 244br. Peter Bull: 244cra. Science History Images/Alamy Stock Photo: 245t. NASA/Science Photo Library: 245bl. Camera Press/ITAR-TASS: 245crb. Joe Davila/U.S. Air Force photo: 246bl. Luis Enrique Ascui/Getty Science & Society Picture Library: 246br. Rolls Press/Popperfoto/Getty Images: 246cra, Keystone/Getty Science & Society Picture Library: 247cr. Panther Media GmbH/Alamy Stock Photo: 247b. Tommy Eliassen/Science Photo Library: 248br. Peter Bull: 248bc. National Reconnaissance Office: 248–249t. ESA-P. Carril: 249br. Denis Charlet/Getty Images: 249cra. ESA: 250bc. National Reconnaissance Office: 250cra. NASA: 251cra. NASA/JPL: 251br, NASA: 251t. Courtesy of GeoEye: 252b, IRAS: 252bl. Corbis: 252tr. NASA: 252cr. NASA: 253t. NASA: 253tr. ESA/NASA: 253c. NASA: 253bc. ESA: 254bl. NASA: 254tr. Al Fenn/Time Life Pictures/Getty Science & Society Picture Library: 255cr. ESA/Hubble: http://creativecommons.org/licenses/by/3.0/NASA, ESA and the Hubble Heritage (STScI/AURA)-ESA/Hubble Collaboration. Acknowledgement: Davide De Martin and Robert Gendler: 255tr. NASA/ESA/Hubble Heritage Team: 255cla. NASA, ESA, the GOODS Team, and M. Giavalisco (University of Massachusetts, Amherst): 255br. NASA: 256bl. NASA: 256bc. NASA/JPL-Caltech: 256br. NASA: 256–257c. NASA: NASA/JPL-Caltech/Ball Aerospace: 257crb. ESA/ATG medialab; background: ESO/S. Brunier: 257cr. ESA, Planck Collaboration: 257cr. DSS/Galaxy Picture Library: 257cb. NASA/GSFC: 257tl. MPE: 257tc. GALEX: 257tr, Philip. Perkins/Galaxy Picture Library: 257cl. IRAS: 257c. NASA/JPL-Caltech: 257r. Rainer Beck/Philipp Hoernes/MPIfR: 258bl. RIA Novosti/Science Photo Library: 258tr. BMDO/NRL/LLNL/Science Photo Library: 259ca. Japan Aerospace Exploration Agency (JAXA): 259tl. NASA: 259b. NASA: 260tr. Science & Society Picture Library: 260bc. Peter Bull: 261tl. NASA/Johns Hopkins University Applied Physics Laboratory/Carnegie Institution of Washington: 261bl. NASA/Johns Hopkins University Applied Physics Laboratory/Carnegie Institution of Washington: 261r. NASA/Johns Hopkins University Applied Physics Laboratory/Carnegie Institution of Washington: 262c. NASA: 262–262b. NASA: 262cr. NASA: 262–263t. NASA: 263tr. NASA/Science & Society Picture Library: 264tr. NASA: 264bl. NASA: 264bc. NASA: 264–265t. NASA: 265bl. NASA: 265br. Peter Bull: 266tl. NASA: 266cl. NASA: 266clb. Novosti/Science Photo Library: 266cra. ITAR-TASS News Agency/Alamy Stock Photo: 266–267b. BP/NRSC/Science Photo Library: 267ca. NASA/JPL/USGS: 268tl. US Naval Observatory/Science Photo Library: 268cl. NASA/Science Photo Library: 268–269c. Hugh Johnson: 268br. NASA: 269tl. TLP/NASA/Getty Science & Society Picture Library: 269tc. NASA: 269tr. NASA: 269r. Dan Groshong/AFP/Getty Science & Society Picture Library: 269bl. IMP BV: 269c. NASA: 269br. NASA: 270tl. NASA: 270tr. NASA/Galaxy Picture Library: 270bl. NASA: 270–271b. NASA/Galaxy Picture Library: 271t. NASA: 271br. NASA: 272cr. Peter Bull: 272bl. Detlev van Ravenswaay/Science Photo Library: 273b. ESA/Rosetta/NAVCAM, CC BY-SA IGO 3.0: 273cr. Japan Aerospace Exploration Agency (JAXA): 273crb. NASA: ESA/Rosetta/MPS/UPD/LAM/IAA/SSO/INTA/UPM/DASP/IDA: 273tr. NASA/JPL: 273tc. NASA/JPL/MPS/DLR/IDA/Björn Jónsson: 274tl. NASA: 274bc. Science Museum/Science & Society Picture Library: 274–275b. NASA: 275tl. ESA/DLR/FU Berlin: 275tr. ESA: 275c. ESA: 276cl. NASA: 276bl. NASA: 276–277c. Julian Baum: 277t. NASA/JPL-Solar System Visualization Team: 277cr. NASA: 277br. NASA: 277bl. NASA: 278tl. NASA/JPL/University of Arizona/University of Idaho: 278b. NASA: 278tr. ESA: 279tl. Science & Society Picture Library: 279tr. Peter Bull: 279bl. NASA: 279br. NASA/JPL/Space Science Institute: 280tl. NASA/JPL-Caltech/Space Science Institute: 280cl. NASA/JPL/Space Science Institute: 280–281. NASA: 282cra. ESA-D. Ducros: 282b. NASA/JPL-Caltech/University of Arizona/Texas A&M University: 283tr. NASA/JPL-Caltech/Univ. of Arizona: 283c. NASA/JPL-Caltech/ESA/DLR/FU Berlin/MSSS: 283bl. NASA/JPL-Caltech/MSSS: 284br. NASA/Johns Hopkins University Applied Physics Laboratory/Southwest Research Institute: 284bc. Bettmann/Corbis: 284cr. NASA: 285cr. IAXA/Military Collection/Alamy Stock Phoo: 285tl. NASA/JPL-Caltech/SwRI/MSSS/Gerald Eichstadt/Sean Doran: 285br. Hugh Johnson: 286–287. NASA: 288bl. NASA: 288tr. NASA: 288cr. NASA: 289t. NASA: 289br. RKK Energia: 290–291. Hugh Johnson: 292tl. NASA: 292cl. NASA: 292–293. NASA: 294bc. NASA/Robert Markowitz: 294tl. NASA: 294ca. NASA: 294crb. NASA: 294–295t. NASA: 295bc. NASA: 295br. NASA/Johnson: 295c. NASA: 295cra. NASA: 296tl. NASA: 296cr. NASA: 296bl. NASA: 296bcl. NASA: 296bc. NASA: 296bl. NASA: 296–297t. NASA: 297tr. NASA: 297br. NASA: 298bl. Copyright Airbus 2018: 298tr. NASA: 298–299b. NASA: 299cra. ESA/NASA: 299cb. NASA/Robert Markowitz: 299tl. NASA: 299c. NASA: 299cr. NASA: 300cl. Joshua Hildwine, through Dan Johnson, Luft46.com: 300–301b. Bloomberg/Getty Images: 301cb. DARPA Outreach: 301br. NASA: 301tr. Hugh Johnson: 302tl. China, Photos/Getty Science & Society Picture Library: 302–303c. STR/AFP/Getty Images: 303br. Alejandro Miranda/Alamy Stock Photo: 303cra. AFP/Getty Images: 303bl. Li Gang/China Features/CORBIS: 304br. NASA Image Collection/Alamy Stock Photo: 304ca. ESA: NASA: 304cb. NASA/MAF/Steven Seipel: 305. NASA Image Collection/Alamy Stock Photo: 306tr. ESA/ATG medialab: 306bl. NASA/JPL-Caltech/Lockheed Martin: 306–307b. NASA/JPL-Caltech: 307cb. ESO/G. Hüdepohl (atacamaphoto.com): 307tr. NASA/JPL-Caltech: 308crb. ROBYN BECK/AFP/Getty Images: 308ca. NASA: 308bl. Sergei Ilnitsky/Corbis: 309cr. Science Collection/Alamy Stock Photo: 309b. Joe Raedle/Getty Images: 310–311tr. NASA: 310tr. NASA/Ames Research Center: 310bl. Space Studies Institute: 311br. British Interplanetary Society. **Endpaper images:** *Front and Back:* **Alamy Stock Photo:** Dennis Hallinan.

All other images © Dorling Kindersley
For further information see: www.dkimages.com

Every effort has been made to trace the copyright holders. Dorling Kindersley apologizes for any unintentional omissions and would be pleased, in such cases, to add an acknowledgement in future editions.